Abitur 2020
Mathematik-Training mit den Abi-Aufgaben von
2011 bis 2019

Klaus Messner

15. Dezember 2019

Herstellung und Verlag:
BoD- Books on Demand, Norderstedt

ISBN 9783750432192

Autor: Klaus Messner
klaus_messner@web.de
www.elearning-freiburg.de

Vorwort

Liebe Leserinnen, liebe Leser,

dieses Buch dient vor allem der Wiederholung. Ich möchte Ihnen zeigen, wie man an Abi-Aufgaben herangeht und sie löst. Hier steht also das Wie im Vordergrund, das Warum ist Sache des Schulunterrichts! Sie finden hier also keine Beweise, dafür umso mehr Verfahren, Formeln und viele anschauliche Beispiele und Rechenaufgaben.

Formeln und Verfahren erkläre ich immer zuerst in kleinen einfachen Rechenbeispielen, weil es für die Schwächeren unter Ihnen wichtig ist, den grundlegenden Umgang mit Ihrem Handwerkszeug einzuüben. Falls Sie schon genügend geübt sind, können Sie sich direkt an die entsprechenden Abituraufgaben heranwagen. So erhoffe ich mir, den verschiedenen Leistungsständen etwa zwischen 4 und 11 Punkten gerecht zu werden.

Im vorliegenden Band werden die abiturrelevanten Themen Differenzial- und Integralrechnung und Geometrie behandelt. Weitere Themen wie „Die Bedienung des GTR" oder „Mathematische Techniken", die früher enthalten waren, finden Sie jetzt auf meiner Homepage. Im letzten Kapitel finden Sie Abi-Aufgaben der vergangenen Jahre zusammen mit meinen Lösungsvorschlägen. Die Lösungsvorschläge haben keinerlei offiziellen Charakter!

Auf meiner Internetseite www.elearning-freiburg.de finden Sie außerdem einige Abi-Themen, Prüfungsaufgaben und deren Lösungsvorschläge als Videovorträge sowie in ausdruckbarer Form. Hier stehen auch Materialien bereit, die im Buch nicht veröffentlicht wurden, etwa die Abi-Aufgaben früherer Jahre. Eine DVD mit Video-Tutorials und Prüfungsaufgaben können Sie über meine Internetseite auch käuflich erwerben.

Wenn Sie Anregungen haben oder Kritik üben wollen, schreiben Sie mir ein E-Mail an klaus_messner@web.de, vor allem wenn Sie irgendwo einen Fehler entdeckt haben. Und nun liebe Leserin, lieber Leser, wünsche ich Ihnen viel Spaß beim Durcharbeiten der Lektüre, beim Üben und Verstehen und viel Erfolg in Ihrer Prüfung,

Klaus Messner

Inhaltsverzeichnis

1 Differenzialrechnung

1.1 Grundlagen

1.1.1 Begriffe und Zusammenhänge

Am Anfang der Differenzialrechnung steht die einfache geometrische Frage, wie man die Steigung der Tangente in einem beliebigen Punkt P_0 einer Funktion bestimmt. Gibt es denn in jedem Fall eine Steigung bzw. eine Tangente? Wie kann man die Gleichung der Tangente in P_0 bestimmen? In der Schule haben Sie gelernt, dass man Ableitungen bilden muss und dass die Ableitungen in einem engen Zusammenhang zu Tangenten und Steigungen stehen. Das wichtigste Handwerkszeug der Differenzialrechnung ist also das Ableiten. Es folgen ein paar grundlegende Bezeichnungen und Zusammenhänge.

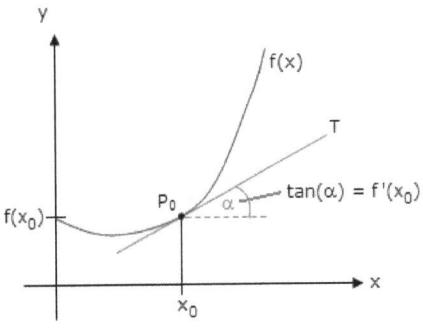

Die erste Ableitung einer Funktion $f(x)$ bezeichnet man mit $f'(x)$ (gelesen: f Strich von x). Es sei nun $P_0(x_0|y_0)$ ein beliebiger Punkt auf dem Schaubild von f, dann ist $f'(x_0)$ die erste Ableitung von f in x_0. Geometrisch ist damit der Tangens des Steigungswinkels der Tangente in P_0 gemeint. Die nebenstehende Abbildung zeigt den Zusammenhang noch einmal.

Wir halten fest:

> Die erste Ableitung $f'(x_0)$ einer Funktion gibt den Steigungswinkel der Tangente in x_0 an, genauer gesagt, den Tangens dieses Steigungswinkels.

Die Erkenntnis, dass Sie mit der Ableitung einen Steigungswinkel berechnen können, ist schon eine der wichtigsten Grundlagen der Differenzialrechnung. In den nächsten beiden Abschnitten beschäftigen wir uns damit, wie man nun konkret Ableitungen bildet.

1.1.2 Ableitung elementarer Funktionen

Um später allgemeine Funktionen ableiten zu können, bildet man in der Schule zunächst die erste Ableitung einiger elementarer Funktionen, beispielsweise von Potenzen und trigonometrischen Funktionen. Die Ergebnisse dieser Untersuchungen sind in der folgenden Tabelle dargestellt, die Sie möglichst auswendig lernen sollten.

f(x)	f'(x)
c	0
x	1
x^n	nx^{n-1}
$\sin(x)$	$\cos(x)$
$\cos(x)$	$-\sin(x)$
e^x	e^x
$\ln(x)$	$\dfrac{1}{x}$

In der obigen Tabelle ist $c \in \mathbb{R}$ eine beliebige reelle Zahl, also eine beliebige Konstante. Die Ableitung einer Konstanten ist also immer 0. Wir müssen noch nicht einmal rechnen, um das einzusehen! Schauen wir uns dazu einmal das Schaubild einer konstanten Funktion $f(x) = c$ an.

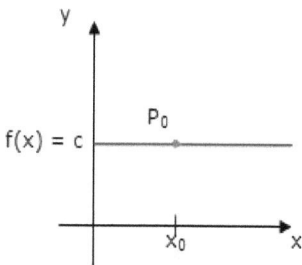

Egal welchen Punkt P_0 Sie sich aussuchen, die Tangente verläuft in diesem Punkt immer waagrecht. Mit anderen Worten: Die Steigung der Tangente ist immer 0 und damit ist auch $f'(x)$ immer 0.

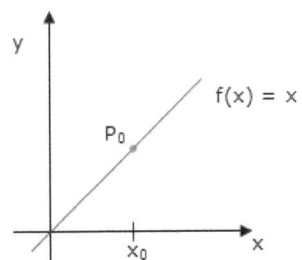

Auf dieselbe Weise macht man sich klar, dass für $f(x) = x$ in jedem beliebigen Punkt die Ableitung $f'(x) = 1$ ist, denn das Schaubild von $f(x)$ ist nichts anderes als die Winkelhalbierende. Deren Steigung ist 45° und der Tangens davon ist 1, also $f'(x) = \tan(45) = 1$.

Bemerkenswert an der Tabelle ist, dass $\sin(x)$ abgeleitet zu $\cos(x)$ wird, aber $\cos(x)$ wird nach der Ableitung nicht wieder zu $\sin(x)$ sondern zu $-\sin(x)$.

Besonders bemerkenswert ist aber die Tatsache, dass die e-Funktion beim Ableiten erhalten bleibt!

Im G8-Gymnasium kommt die Ableitung von $\tan(x)$ offenbar nicht mehr vor und wird daher auch hier nicht weiter untersucht.

Wichtig ist, dass Sie diese Ableitungstabelle auswendig lernen. Das ist sozusagen Ihr Handwerkszeug. Sie verlieren im Abitur sehr viel Zeit, wenn Sie jedes Mal nachschlagen müssen!
Kommen wir noch einmal darauf zurück, dass sich aus der ersten Ableitung der Steigungswinkel der Tangente in einem beliebigen Punkt x_0 einer Funktion $f(x)$ berechnen lässt. Zwei Rechenbeispiele sollen den Vorgang verdeutlichen.

Rechenbeispiel 1:

Es sei $f(x) = x^2$. Gesucht ist der Steigungswinkel der Tangente im Punkt $P(1|1)$.

Lösung:

Bilde mit der Potenzregel zunächst f' und erhalte $f'(x) = 2x^{2-1} = 2x$. Nun setzt man einfach die x-Koordinate von P, nämlich $x_0 = 1$ ein und erhält $f'(1) = 2$. Dies ist der Tangens des gesuchten Steigungswinkels. Folglich gilt $\tan(\alpha) = 2$ woraus sich der Steigungswinkel selbst mit $\alpha = 63{,}43°$ ergibt. Mit dem GTR geben Sie hierzu {2ND TAN 2} ein. Vergessen Sie nicht, den GTR über {MODE} in den Modus {DEGREE} einzustellen, damit der Winkel im Gradmaß berechnet wird.

Rechenbeispiel 2:

Es sei $f(x) = e^x$. Gesucht ist der Steigungswinkel der Tangente im Punkt $P(0|1)$.

Lösung:

Mit $f(x) = e^x$ folgt $f'(x) = e^x$. $x_0 = 0$ eingesetzt ergibt $f'(0) = e^0 = 1$, also folgt $\tan(\alpha) = 1$ und damit $\alpha = 45°$.

1.1.3 Rechenregeln

Bisher können wir nur elementare Funktionen ableiten, aber Funktionen sind in der Regel nicht elementar. Sie können auf vielfältige Weise zusammengesetzt oder verknüpft sein, z.B. mit + oder ·. Hier einige Beispiele:

1. $f(x) = x^2 + x$. Hier ist f(x) die Summe der Funktionen $u(x) = x^2$ und $v(x) = x$. f hat also die Form $f(x) = u(x) + v(x)$

2. $f(x) = x^2 \sin(x)$. Hier ist $f(x)$ das Produkt der Funktionen $u(x) = x^2$ und $v(x) = \sin(x)$. Somit hat f die Form $f(x) = u(x) \cdot v(x)$

3. $f(x) = \sin(2x)$. Das ist eine besondere Form. Hier steckt sozusagen eine Funktion in einer anderen drin. Im Beispiel steckt die Funktion $v(x) = 2x$ in der Funktion $u(x) = \sin(x)$. Man sagt, dass die Funktionen ineinander verschachtelt sind. f hat die Form $f(x) = u\big(v(x)\big)$, wobei $v(x)$ die innere und $u(x)$ die äußere Funktion ist.

4. $f(x) = e^{x/2}$. Auch hier steckt wieder eine Funktion in einer anderen. Im Beispiel sind die Funktionen $v(x) = x/2$ und $u(x) = e^x$ ineinander verschachtelt. f hat wieder die Form $f(x) = u\big(v(x)\big)$, mit $v(x) = x/2$ als innerer und $u(x) = e^x$ als äußerer Funktion.

Um auch zusammengesetzte Funktionen ableiten zu können, entwickelt man in der Schule eine Reihe von Rechenregeln. Die wichtigsten fassen wir wieder in einer Tabelle zusammen.

Rechenregel	f(x)	f'(x)
Konstanter Faktor:	$c \cdot u(x)$	$c \cdot u'(x)$
Summenregel:	$u(x) + v(x)$	$u'(x) + v'(x)$
Produktregel:	$u(x) \cdot v(x)$	$u'(x) \cdot v(x) + u(x) \cdot v'(x)$
Kettenregel:	$u(v(x))$	$u'(v(x)) \cdot v'(x)$

Die Quotientenregel kommt im G8-Abitur nicht mehr vor!

Die erste Regel in dieser Tabelle besagt, dass ein konstanter Faktor $c \in \mathbb{R}$ beim Ableiten erhalten bleibt. Dies ist nicht zu verwechseln mit der Aussage aus der vorangehenden Tabelle. Steht die Konstante allein, so wird sie beim Ableiten zu 0, d.h. für $f(x) = c$ gilt $f'(x) = 0$.

Hier einige Rechenbeispiele zur Verdeutlichung.

Rechenbeispiel 1 (Potenz- und Summenregel):

Es sei $f(x) = \frac{1}{2}x^4 + \frac{1}{3}x^3 + 2x^2 - x + 1$. Gesucht ist $f'(x)$.

Lösung:

Beim Ableiten werden alle Exponenten als Faktor nach vorne gezogen, die neuen Exponenten sind um eins erniedrigt und die Konstante +1 am Ende fällt weg.

$$f'(x) = 4 \cdot \frac{1}{2}x^3 + 3 \cdot \frac{1}{3}x^2 + 2 \cdot 2x - 1 = 2x^3 + x^2 + 4x - 1$$

Rechenbeispiel 2 (Produktregel):

Es sei $f(x) = x^2 \cdot e^x$. Gesucht ist $f'(x)$.

Lösung:

f hat die Form $f(x) = u(x) \cdot v(x)$ mit $u(x) = x^2$ und $v(x) = e^x$. Zum Ableiten wird demnach die Produktregel verwendet. Es gilt $u'(x) = 2x$ und $v'(x) = e^x$ und damit $f'(x) = u'(x) \cdot v(x) + u(x) \cdot v'(x) = 2xe^x + x^2e^x = (x^2 + 2x)e^x$.

Die Kettenregel gilt von allen als die schwierigste, denn bei einer zusammengesetzten Funktion der Form $f(x) = u(v(x))$ müssen Sie erkennen lernen, welches die „äußere" und welches die „innere" Funktion ist.

Beispiele zu „äußere/innere" Funktion:

1) $f(x) = \ln(x^2)$ 2) $f(x) = \sin^2(x)$ 3) $f(x) = e^{2x}$

äußere Funktion   äußere Funktion   äußere Funktion

$u(x) = \ln(x)$ $u(x) = x^2$ $u(x) = e^x$

innere Funktion   innere Funktion   innere Funktion

$v(x) = x^2$ $v(x) = \sin(x)$ $v(x) = 2x$

In Beispiel 1) ist klar zu erkennen, was innen und was außen ist. In Beispiel 2) gibt es eigentlich eher ein „oben" und „unten". Wenn Sie in einem solchen Fall nicht sehen, was innen und außen ist, können Sie dies leicht durch ineinander Einsetzen herausfinden. In Beispiel 2) setzen Sie also $v(x)$ in $u(x)$ ein und prüfen, ob Sie $f(x)$ erhalten. In unserem Fall gilt $u(v(x)) = u(\sin(x)) = \sin^2(x)$ und dies ist offensichtlich $f(x)$. Hätten Sie stattdessen $u(x)$ in $v(x)$ eingesetzt, so hätten Sie $v(u(x)) = v(x^2) = \sin(x^2)$ erhalten, also nicht $f(x)$. Folglich muss, wie im Beispiel angegeben $u(x) = x^2$ die äußere und $v(x) = \sin(x)$ die innere Funktion sein. Überprüfen Sie dies zur Übung noch einmal an Beispiel 3).

Die Kettenregel besagt nun, dass man die äußere Funktion ableitet (die innere bleibt dabei unverändert) und mit der Ableitung der inneren Funktion malnimmt. Somit ergeben sich für die drei obigen Beispiele die folgenden Ableitungen:

1) $f(x) = \ln(x^2) \Rightarrow f'(x) = \frac{1}{x^2} \cdot 2x = \frac{2}{x}$

2) $f(x) = \sin^2(x) \Rightarrow f'(x) = 2\sin(x)\cos(x)$

3) $f(x) = e^{2x} \Rightarrow f'(x) = 2e^{2x}$

Es folgen nun weitere Rechenbeispiele zur Kettenregel.

Rechenbeispiel 3 (Kettenregel):

Es sei $f(x) = e^{x/2}$. Gesucht ist $f'(x)$.

Lösung:

f hat die Form $f(x) = u\big(v(x)\big)$ mit $u(x) = e^x$ als äußerer und $v(x) = x/2$ als innerer Funktion. Wir leiten mit der Kettenregel ab und bilden $u'\big(v(x)\big)$. Es wird also zunächst nur die äußere Funktion abgeleitet und deren Argument $v(x)$ bleibt erhalten. Mit $u'(x) = e^x$ folgt $u'\big(v(x)\big) = e^{x/2}$. Jetzt wird die innere Funktion $v(x)$ abgeleitet: $v'(x) = 1/2$. Nach der Kettenregel müssen wir nun das Produkt bilden und erhalten $f'(x) = u'\big(v(x)\big) \cdot v'(x) = \frac{1}{2}e^{x/2}$.

Rechenbeispiel 4 (Kettenregel):

Bestimme die erste Ableitung von $f(x) = \sin\big(\ln(x)\big)$.

Lösung:

f hat wieder die Form $f(x) = u\big(v(x)\big)$ mit $u(x) = \sin(x)$ als äußerer und $v(x) = \ln(x)$ als innerer Funktion. Wir leiten mit der Kettenregel ab und bilden zunächst $u'(x) = \cos(x)$, folglich ist $u'\big(v(x)\big) = \cos\big(\ln(x)\big)$. Die Ableitung der inneren Funktion ist $v'(x) = 1/x$. Nach der Kettenregel folgt dann $f'(x) = u'\big(v(x)\big) \cdot v'(x) = \frac{1}{x}\cos\big(\ln(x)\big)$.

In der Praxis werden Sie die Regeln u.U. kombiniert anwenden müssen!

Neben der ersten Ableitung gibt es auch höhere Ableitungen einer Funktion. Um beispielsweise die zweite Ableitung zu kennzeichnen schreibt man einfach $f''(x)$, für die dritte Ableitung $f'''(x)$. Bei noch höheren Ableitungen wird diese Schreibweise unpraktisch. Statt der Striche schreibt man dann die Nummer der Ableitung, eingefasst in runden Klammern, nämlich so: $f^{(4)}(x)$, $f^{(5)}(x)$ usw. Im Abitur werden bei der Kurvendiskussion normalerweise höchstens dritte Ableitungen benötigt.

Beispiele für höhere Ableitungen:

1. $f(x) = x^5$, $f'(x) = 5x^4$, $f''(x) = 20x^3$, $f'''(x) = 60x^2$, $f^{(4)}(x) = 120x$, $f^{(5)}(x) = 120$, $f^{(6)}(x) = 0$
2. $f(x) = \sin(x)$, $f'(x) = \cos(x)$, $f''(x) = -\sin(x)$, $f'''(x) = -\cos(x)$, $f^{(4)}(x) = \sin(x)$

Sie sehen, dass es auch beim Bilden höherer Ableitungen noch Gesetzmäßigkeiten zu entdecken gibt. Im Fall von Beispiel 1 sogar zwei Gesetzmäßigkeiten! Im Falle von Potenzen der Form x^n landen alle höheren Ableitungen irgendwann einmal bei 0, nämlich genau ab der (n+1)-ten Ableitung. Wenn man beim Ableiten die Faktoren nicht gleich ausrechnet, sondern einfach nur hinschreibt, sieht man, wie sich Stück für Stück eine Faktorenreihe aufbaut: $f(x) = x^5$, $f'(x) = 5x^4$, $f''(x) = 5 \cdot 4 \cdot x^3$, $f'''(x) = 5 \cdot 4 \cdot 3 \cdot x^2$, $f^{(4)}(x) = 5 \cdot 4 \cdot 3 \cdot 2 \cdot x$, $f^{(5)}(x) = 5 \cdot 4 \cdot 3 \cdot 2 \cdot 1$ und zuletzt wieder $f^{(6)}(x) = 0$.

Im zweiten Beispiel sehen Sie, dass Ableitungen auch zyklisch sein können. Wir beginnen mit $\sin(x)$ und kehren nach dem vierten Ableiten wieder zurück zu $\sin(x)$.

Mit den höheren Ableitungen werden wir uns später, beim Thema Kurvendiskussion noch einmal genauer beschäftigen.

1.1.4 Tangentengleichung, Normalengleichung

In den Abi-Aufgaben kommt es immer wieder vor, dass man nicht nur die Steigung der Tangente in einem bestimmten Punkt berechnen soll, sondern die gesamte Tangentengleichung. Gegeben ist also die Funktion $f(x)$ und ein Punkt $P(x_0|y_0)$ der auf dem Graphen von f liegt. Gesucht ist die Geradengleichung der Tangente an den Graphen von f durch den Punkt P. Ebenso kann es vorkommen, dass die Gleichung der zugehörigen Normalen gesucht ist. Zur Erinnerung: Die Normale ist diejenige Gerade, die im Punkt P senkrecht zur Tangente steht. In der Schule haben Sue hierfür entsprechende Formeln hergeleitet.

Tangentengleichung

$$y = f'(x_0)(x - x_0) + f(x_0)$$

Normalengleichung

$$y = \frac{-1}{f'(x_0)}(x - x_0) + f(x_0)$$

Rechenbeispiel 1:

Es sei $f(x) = x^2 + 2x - 1$. Gesucht ist die Gleichung der Tangente im Punkt $P(1|2)$ an den Graphen von f.

Lösung:

Berechne zuerst f' mit $f'(x) = 2x + 2 \Rightarrow f'(1) = 4$. Mit $f(1) = 2$ folgt durch Einsetzen $y = 4(x - 1) + 2 = 4x - 2$. Dies ist die gesuchte Tangentengleichung.

Fragen zur Tangenten- oder Normalengleichung kommen immer mal wieder im Pflichtteil vor. Hier ein Ausschnitt aus dem Pflichtteil 2007 als Beispiel.

Aufgabe 4 (Pflichtteil 2007):

Gegeben ist die Funktion f mit $f(x) = \frac{x^2}{x+1}$.

b) Das Schaubild von f hat im Punkt $P\left(1 \middle| \frac{1}{2}\right)$ die Normale n. Ermitteln sie eine Gleichung von n.

Lösung:

Zunächst benötigen wir f' (im Jahr 2007 war die Quotientenregel noch prüfungsrelevant). Es gilt $f'(x) = \frac{2x(x+1) - x^2}{(x+1)^2} = \frac{x^2 + 2x}{(x+1)^2}$ und damit $f'(1) = \frac{3}{4}$. Mit $f(1) = \frac{1}{2}$ folgt nun nach Einsetzen in die Normalengleichung $y = \frac{-1}{3/4}(x - 1) + \frac{1}{2} = -\frac{4}{3}x + \frac{4}{3} + \frac{1}{2}$ also $y = -\frac{4}{3}x + \frac{11}{6}$. Dies ist die gesuchte Normalengleichung.

1.2 Kurvendiskussion

Eine Kurvendiskussion hat zum Ziel zu einer gegebenen Funktion f gewisse Kenngrößen zu ermitteln. Man versucht dabei, charakteristische Merkmale der Funktion zu beschreiben. Hat die Funktion Hoch- oder Tiefpunkte? Gibt es Wendepunkte? Hat sie Nullstellen, und wenn ja, wo? Gibt es Polstellen, Asymptoten, Symmetrien? Für welche x-Werte ist die Funktion definiert und welche Werte kann sie annehmen? Dies sind die Fragen, die man bei der Diskussion einer Kurve im Allgemeinen beantworten will.

1.2.1 Bestimmung von Hoch- und Tiefpunkten

Mit den bisherigen Rechenregeln haben wir bereits das gesamte Handwerkszeug, das wir brauchen, um die Extrempunkte einer Funktion zu bestimmen, falls es solche überhaupt gibt. Schauen Sie sich einmal die folgende Abbildung an.

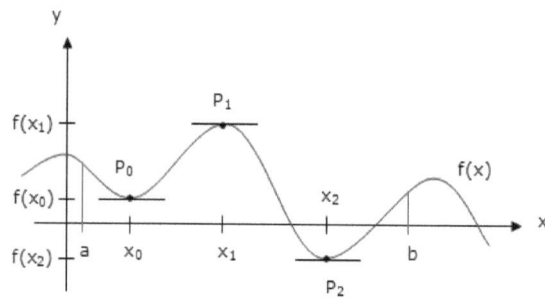

Wir haben an jedem Hoch- und Tiefpunkt die Tangente eingezeichnet. Was fällt Ihnen auf? Genau! Die Tangenten verlaufen waagrecht! Die Steigung der Tangente in einem Hoch- bzw. Tiefpunkt ist also gleich 0. Im letzten Kapitel haben wir erfahren, dass die Steigung der Tangente etwas mit der ersten Ableitung der Funktion in dem betreffenden Punkt zu tun hat. Die erste Ableitung ist nämlich nichts anderes als die Steigung der Tangente (genauer gesagt: der Tangens des Steigungswinkels). Bei einer waagrechten Tangente ist der Steigungswinkel 0, folglich ist auch der Tangens des Steigungswinkels also die erste Ableitung gleich 0. Damit haben wir eine erste wichtige Entdeckung gemacht: Damit wir überhaupt Extrempunkte finden können, muss zumindest einmal $f'(x) = 0$ gelten. Wir müssen also diejenigen x-Werte finden, für die $f'(x) = 0$ wird. Diese x-Werte sind unsere Kandidaten für Hoch- und Tiefpunkte. Warum nur Kandidaten? Weil es sein kann, dass in einem gewissen Punkt x_0 zwar $f'(x_0) = 0$ ist aber dennoch weder ein Hoch- noch ein Tiefpunkt vorliegt. Schauen Sie sich dazu folgende Abbildung an:

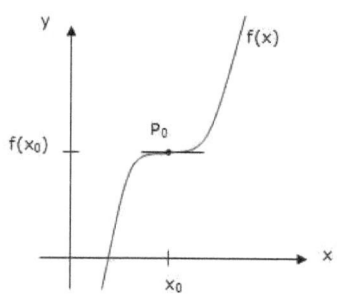

Sie sehen, dass die gezeigte Kurve mit zunehmenden x-Werten immer mehr abflacht, bis die Tangente in x_0 waagrecht verläuft, dann aber wieder zunehmend steigt. Hier haben wir den Fall einer waagrecht verlaufenden Tangente und dennoch ist P_0 weder ein Hochpunkt noch ein Tiefpunkt. Das bedeutet, dass die Bedingung $f'(x) = 0$ notwendig ist, um überhaupt Extrempunkte zu finden, aber nicht ausreichend! Man sagt, die Bedingung sei notwendig, aber nicht hinreichend.

Wir brauchen ein weiteres Kriterium, um die Nicht-Extrempunkte sozusagen herauszufiltern. Dazu betrachten wir die nächste Abbildung.

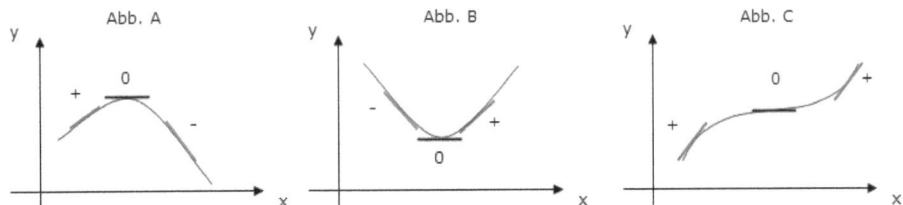

In Abbildung A haben wir einen Hochpunkt vorliegen. Links vom Hochpunkt haben die Tangenten eine positive Steigung, zum Hochpunkt hin werden sie immer flacher, im Hochpunkt selbst ist die Steigung Null, und nach dem Hochpunkt sind die Tangentensteigungen negativ.

In Abbildung B haben wir einen Tiefpunkt. Hier sind die Verhältnisse genau umgekehrt. Links vom Tiefpunkt haben die Tangenten negative Steigung, zum Tiefpunkt hin werden sie immer steiler und nach dem Tiefpunkt sind die Tangentensteigungen positiv.

In Abbildung C haben wir ebenfalls einen Punkt mit $f'(x_0) = 0$. Links von x_0 sind die Steigungen positiv und werden zu x_0 hin immer flacher, bis die Steigung in x_0 genau 0 ist. Im Gegensatz zu Abbildung A nimmt die Steigung nach x_0 jedoch wieder zu. Einen solchen Punkt nennt man einen Sattelpunkt. Sattelpunkte sind eine spezielle Form von Wendepunkten, die Sie später noch kennenlernen werden.

Damit haben wir das entscheidende Merkmal entdeckt, um Hoch- und Tiefpunkte zu finden bzw. diese von Sattelpunkten zu unterscheiden. Bei Hoch- und Tiefpunkten findet ein Vorzeichenwechsel in der Tangentensteigung statt. Bei einem Sattelpunkt ist dies nicht der Fall.

Im Falle eines Hochpunkts müssen wir also testen ob die Tangentensteigung von + nach – wechselt. Man setzt dazu einfach zwei x-Werte nahe genug(!) links und rechts vom vermeintlichen Hochpunkt in f' ein und testet das Vorzeichen. Umgekehrt muss man für einen Tiefpunkt lediglich testen, ob das Vorzeichen der Tangentensteigung von – nach + wechselt. Technisch gesehen ist ein Vorzeichenwechsel der Tangentensteigung von + nach – gleichbedeutend mit der Bedingung $f''(x) < 0$ (Hochpunkt!) bzw. von – nach + mit der Bedingung $f''(x) > 0$ (Tiefpunkt!). Ob Sie nun auf Vorzeichenwechsel testen, oder den Weg über die zweite Ableitung gehen, bleibt Ihnen überlassen. Nehmen Sie den Weg des geringsten Wiederstands! Da die

Bestimmung von Hoch- und Tiefpunkten zumeist in den Wahlteilen vorkommt, haben Sie dort auch den GTR zur Verfügung, so dass Sie sich die Kurve zeichnen lassen und mit {2ND CALC minimum} bzw. {2ND CALC maximum} bequem das Minimum bzw. Maximum bestimmen können.

Wir halten fest:

Notwendige Bedingung für Hoch- und Tiefpunkte: $f'(x) = 0$
Finde alle x-Werte in denen $f'(x) = 0$ wird. Dies sind die Kandidaten für Hoch- und Tiefpunkte.

Hinreichende Bedingung für Hoch- und Tiefpunkte: $f''(x) \neq 0$
Setze der Reihe nach alle aus $f'(x) = 0$ erhaltenen x-Werte in $f''(x)$ ein.

Ist $f''(x) > 0$, so liegt ein Tiefpunkt vor, für $f''(x) < 0$ ein Hochpunkt.

Um die konkreten Koordinaten der Hoch- und Tiefpunkte zu bestimmen, müssen Sie die x-Werte natürlich noch in die ursprüngliche Funktion $f(x)$ einsetzen und die Funktionswerte bestimmen, damit Sie die noch fehlenden y-Koordinaten bekommen. Nur für den Fall, dass Ihnen der Begriff im Abitur begegnet: x-Werte nennt man auch Abszissen. Die Abszisse ist die x-Achse im Koordinatensystem, die Ordinate ist die y-Achse.

Rechenbeispiel 1:

$f(x) = x^3 + 2x^2$. Bestimmen Sie alle Extrempunkte des Schaubilds von f.

Lösung:

Mit $f'(x) = 3x^2 + 4x = 0$ folgt $x(3x + 4) = 0$, also $x_1 = 0$ oder $x_2 = -\frac{4}{3}$. Dies sind die Kandidaten für Hoch- und Tiefpunkte. Wir überprüfen dies durch Einsetzen in die zweite Ableitung. Mit $f''(x) = 6x + 4$ folgt $f''(0) = 4 > 0$, d.h. dass an der Stelle $x_1 = 0$ ein Tiefpunkt vorliegt. Weiterhin

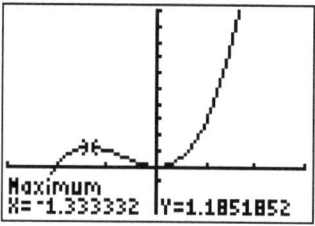

Maximum
X=-1.333332 Y=1.1851852

gilt $f''\left(-\frac{4}{3}\right) = -4 < 0$, also liegt an der Stelle $x_2 = -\frac{4}{3}$ ein Hochpunkt vor. Wir bestimmen noch die y-Koordinaten durch Einsetzen in $f(x)$ und erhalten $f(0) = 0$ und $f\left(-\frac{4}{3}\right) \approx 1{,}185$ und schließlich $H\left(-\frac{4}{3}\Big|1{,}185\right)$ und $T(0|0)$.

Falls Sie die Aufgabe lieber mit dem GTR lösen wollen, geben Sie den Funktionsterm einfach bei Y₁ ein, lassen sich den Graphen mit {GRAPH} anzeigen und bestimmen anschließend mit {2ND CALC minimum} bzw. {2ND CALC maximum} die jeweiligen Extremstellen, siehe Abbildung oben.

Im zweiten Rechenbeispiel zeigen wir, dass die herkömmlichen Methoden zur Berechnung von Hoch- und Tiefpunkten auch einmal versagen können, nämlich dann, wenn die Ableitungen kompliziert werden, so dass man nicht mehr problemlos die Nullstellen bestimmen kann oder die Aufgabenstellung den Einsatz des GTR verbietet. Im Wahlteil Analysis I 2 der Abiturprüfung Mathematik 2007 haben wir einen solchen Fall. Dargestellt wird nur ein kleiner Ausschnitt der Aufgabe a) und der Wortlaut wird sinngemäß wiedergegeben.

Rechenbeispiel 2:

Geben Sie alle Tiefpunkte der Funktion $f(x) = \dfrac{4}{2+\cos\left(\frac{\pi}{2}x\right)}$ an.

Lösung:

Wenn Sie hier auf dem üblichen Weg mit Ableitungen arbeiten, werden Sie schnell merken, wie aufwändig und schwierig das wird. Versuchen Sie es! Man könnte vielleicht mit dem GTR einen Tiefpunkt bestimmen, aber es wird ja nach allen(!) Tiefpunkten gefragt. Wir kommen also nicht um „echte" Überlegungen herum! Wir werden gleich sehen, dass es möglich ist, diese Aufgabe komplett ohne GTR und ohne Ableitungen zu lösen! Überlegen wir uns dazu was passiert, wenn in einem Bruch der Zähler fest bleibt und der Nenner immer größer wird. Wir können uns dies bequem an einem Beispiel verdeutlichen: $\frac{1}{1} = 1$; $\frac{1}{10} = 0{,}1$; $\frac{1}{100} = 0{,}01$. Offensichtlich wird der Bruch am kleinsten, wenn der Nenner den größten Wert annimmt! Dasselbe gilt für unsere Aufgabe. Hier ist der Nenner $2 + \cos\left(\frac{\pi}{2}x\right)$. Da cos nur Werte zwischen -1 und 1 annehmen kann, wird der Nenner am größten, wenn cos den Wert 1 annimmt. Dies ist z.B. bei $x = 0$ der Fall. Somit hat der Bruch bei $x = 0$ den minimalen Wert $\frac{4}{2+1} = \frac{4}{3}$. Damit haben wir bereits einen Tiefpunkt bei $T\left(0\Big|\frac{4}{3}\right)$ gefunden. Mit der bekannten Formel $p = \frac{2\pi}{a}$ können wir die Periode von Ausdrücken wie $\cos(ax)$ oder $\sin(ax)$

bestimmen. In unserem Fall gilt $p = \frac{2\pi}{\pi/2} = 4$. Somit wiederholt sich unser Tiefpunkt alle 4 Längeneinheiten und mit $T_k\left(4k\left|\frac{4}{3}\right.\right)$ mit $k\epsilon\mathbb{Z}$ haben wir nun alle Tiefpunkte. Gehen Sie nun die Argumentation noch einmal Schritt für Schritt durch, indem Sie alle Hochpunkte der Funktion bestimmen. (Lösung: $H_k(4k+2|2)$ mit $k\epsilon\mathbb{Z}$).

1.2.2 Bestimmung von Wendepunkten

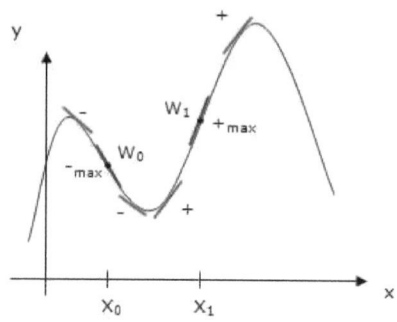

Bei der Untersuchung auf Hoch- und Tiefpunkte im vorigen Abschnitt ist uns bereits ein spezieller Vertreter der Wendepunkte begegnet. Es stellt sich die Frage was Wendepunkte nun eigentlich sind. Betrachten Sie dazu den Verlauf der Steigungen in der nebenstehenden Abbildung. Links von W_0, nach dem Hochpunkt, haben wir negative Tangentensteigungen. Die Steigungen selbst nehmen zu W_0 hin immer mehr ab, bis sie in W_0 ihren Tiefstwert erreicht haben. Von da an nehmen sie wieder zu, bleiben aber bis zum lokalen Tiefpunkt immer noch negativ. Links von W_1, nach dem Tiefpunkt, haben wir positive Tangentensteigungen. Die Steigungen nehmen zu W_1 hin immer mehr zu, bis sie in W_1 ihren Maximalwert erreicht haben. Von da an nehmen die Steigungen wieder ab, bleiben aber bis zum nächsten lokalen Hochpunkt immer noch positiv. Sie sehen also, dass in den Punkten W_0 und W_1 die Tangentensteigungen (betragsmäßig) maximal sind und es findet kein Vorzeichenwechsel statt. Punkte für die diese beiden Bedingungen gelten, nennt man Wendepunkte. Wenn wir solche Wendepunkte finden wollen, müssen wir uns folglich fragen, an welchen Stellen die Tangentensteigungen maximal bzw. minimal werden. Anders ausgedrückt: Wir müssen die Hoch- und Tiefpunkte der Tangentensteigungen finden. Die Tangentensteigungen werden wiedergegeben durch $f'(x)$. Die Hoch- und Tiefpunkte einer Funktion finden wir, indem wir deren Ableitung Null setzen. Also suchen wir alle x-Werte für die $f''(x) = 0$ wird. Auch dies ist wieder nur eine notwendige Bedingung für Wendepunkte. Die hinreichende Bedingung ist, dass für die gefundenen x-Werte $f'''(x) \neq 0$ sein muss. Andernfalls liegt kein Wendepunkt vor.

Wir fassen zusammen:

> **Notwendiges Kriterium für Wendepunkte: $f''(x) = 0$**
> Finde alle x-Werte für die $f''(x) = 0$ wird. Dies sind die Kandidaten für Wendepunkte.
>
> **Hinreichendes Kriterium für Wendepunkte: $f'''(x) \neq 0$**
> Setze der Reihe nach alle aus $f''(x) = 0$ erhaltenen x-Werte in $f'''(x)$ ein.
>
> Ist $f'''(x) \neq 0$, so liegt ein Wendepunkt vor, andernfalls nicht.

1.2.3 Untersuchung auf Monotonie

Mit der ersten Ableitung $f'(x)$ lässt sich auch feststellen, ob eine Funktion $f(x)$ in einem Intervall [a;b] (streng) monoton wächst oder (streng) monoton fällt. Grund: $f'(x)$ gibt, wie wir ja bereits wissen, die Steigung der Tangente in x an.

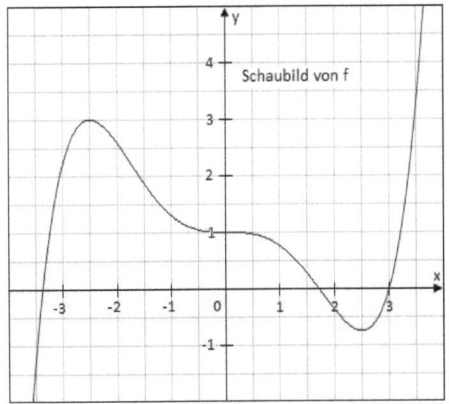

Wir haben folgende Zusammenhänge:

$f'(x) > 0 \Rightarrow$ streng monoton wachsend
$f'(x) \geq 0 \Rightarrow$ monoton wachsend
$f'(x) < 0 \Rightarrow$ streng monoton fallend
$f'(x) \leq 0 \Rightarrow$ monoton fallend

In [-2,5;2,5] ist f monoton fallend. An der Stelle $x = 0$ gilt $f'(x) = 0$, d.h. wir haben eine waagrechte Tangente und daher ist f nicht streng monoton fallend!

1.2.4 Symmetrien

Viele Betrachtungen werden erheblich vereinfacht, wenn man festgestellt hat, dass eine Funktion symmetrisch ist. Hat man beispielsweise auf einer Seite einer achsensymmetrischen Funktion einen Extrempunkt gefunden, so kennt man aufgrund der Symmetrie auch den Extrempunkt auf der anderen Seite. Dasselbe gilt für Polstellen, Nullstellen, Wendepunkte usw. Im Schulunterricht haben Sie zwei verschiedene Arten von Symmetrien kennengelernt, die Achsensymmetrie und die Punktsymmetrie.

Wenn wir uns gleich mit dem Nachweis von Symmetrien beschäftigen, werden wir ein mathematisches Hilfsmittel benötigen, das hier noch einmal kurz erläutert wird. Es geht um das Verschieben einer Funktion im Koordinatensystem. Wenn Sie eine Funktion parallel zur x-Achse um den Wert a nach rechts verschieben wollen, so bilden Sie $f(x-a)$ bzw. $f(x+a)$, wenn Sie nach links verschieben wollen. Achtung: Minus bedeutet in diesem Fall tatsächlich eine Verschiebung nach rechts und Plus eine Verschiebung nach links! Eine Verschiebung entlang der y-Achse erreicht man durch addieren eines Wertes b zum Funktionsterm, also durch Bildung von $f(x)+b$. Für $b>0$ ist dies eine Verschiebung nach oben bzw. für $b<0$ eine Verschiebung nach unten. Natürlich kann man beides auch kombinieren. So ist z.B. $f(x-3)+1$ gegenüber $f(x)$ um 3 Einheiten nach rechts und um eine Einheit nach oben verschoben.

1.2.4.1 Achsensymmetrie

Eine Funktion kann, wenn überhaupt, nur zur y-Achse symmetrisch sein (andernfalls handelt es sich nicht um eine Funktion). Wie kann man nun von einer gegebenen Funktion $f(x)$ feststellen, ob sie achsensymmetrisch ist? Betrachten wir dazu folgende Abbildung:

Man sieht sofort: Der Wert x und der spiegelbildliche Wert $-x$ besitzen denselben Funktionswert. Daraus ergibt sich schon das Kriterium für Symmetrie zur y-Achse:

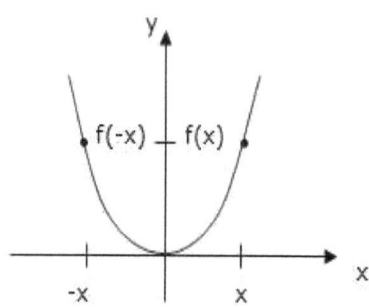

Kriterium für Symmetrie zur y-Achse:
$$f(x) = f(-x)$$

Sie testen also lediglich, ob die Bedingung $f(x) = f(-x)$ stets (also für jedes x) erfüllt ist oder nicht.

Rechenbeispiel 1:

Untersuche $f(x) = x^4 + 2x^2 - 1$ auf Achsensymmetrie.

Lösung:

$f(-x) = (-x)^4 + 2(-x)^2 - 1 = x^4 + 2x^2 - 1 = f(x)$. Also ist $f(x)$ achsen-symmetrisch. Aus dem Beispiel sieht man sofort, dass geradzahlige Potenzen ein Vorzeichen eliminieren.

Erkenntnis:

Kommen im Funktionsterm einer ganzrationalen Funktion nur gerade Potenzen vor, so ist die Funktion achsensymmetrisch.

Rechenbeispiel 2:

Untersuche $f(x) = x^3 - x^2$ auf Achsensymmetrie.

Lösung:

$f(-x) = (-x)^3 - (-x)^2 = -x^3 - x^2 \neq f(x)$. Also ist $f(x)$ nicht achsen-symmetrisch. Aus diesem Beispiel sieht man, dass ganzrationale Funktionen nicht achsensymmetrisch sind, sobald im Funktionsterm ungerade Potenzen vorkommen.

Rechenbeispiel 3:

Untersuche $f(x) = x^2 \cos(x)$ auf Achsensymmetrie.

Lösung:

$f(-x) = (-x)^2 \cos(-x) = x^2 \cos(x) = f(x)$. Also ist f (x) achsensymmetrisch.

Eine Funktion muss nicht unbedingt zur y-Achse symmetrisch sein. In der folgenden Abbildung sehen Sie eine Funktion, die zu einer Parallelen der y-Achse symmetrisch ist.

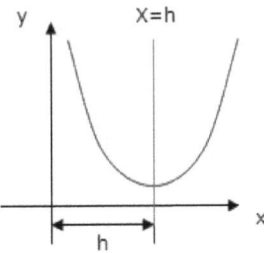

In der nebenstehenden Abbildung wird die Symmetrieachse durch die Gleichung $x = h$ be-schrieben, wobei h eine beliebige reelle Zahl sein kann. Durch ein Verschieben der Funktion um den Wert h (nach links), erreichen Sie, dass die Funktion nunmehr zur y-Achse symmetrisch ist. Formal bilden Sie durch das Verschieben eine neue Funktion $g(x)$ mit $g(x) = f(x + h)$, wenn Sie, wie im Beispiel, $f(x)$ nach links verschieben. Anschließend testen Sie mit dem vorherigen Kriterium, ob $g(-x) = g(x)$ gilt. Wenn ja, dann ist $f(x)$ symmetrisch zur Achse $x = h$.

Rechenbeispiel 4:

Untersuche $f(x) = x^2 - 4x + 4$ auf Symmetrie zur Achse $x = 2$.

Lösung:

Es gilt $f(x) = x^2 - 4x + 4 = (x - 2)^2$. Verschiebe nun f um $h = 2$ nach links: $g(x) = f(x + 2) = ((x + 2) - 2)^2 = x^2$. Mit $g(x) = x^2$ ist $g(-x) = (-x)^2 = x^2 = g(x)$. Also ist $f(x)$ symmetrisch zur Achse $x = 2$.

1.2.4.2 Punktsymmetrie

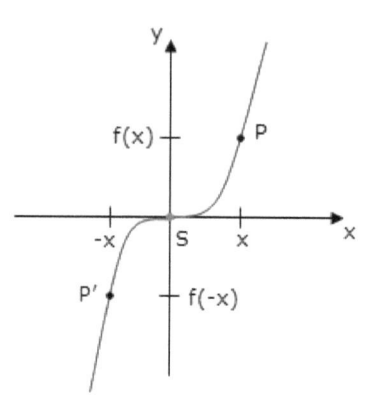

Eine andere Art der Symmetrie ist die Punktsymmetrie. Wenn eine Funktion punktsymmetrisch ist, dann gibt es irgendwo auf der Kurve einen Punkt S, der die Kurve in zwei Zweige aufteilt. Dreht man den einen Zweig am Punkt S um 180°, so kommt er genau auf dem anderen Zweig zu liegen. Nach einer Drehung um 180° sind die beiden Zweige also deckungsgleich. Um ein Kriterium für Punktsymmetrie zu entwickeln, beginnen wir mit einer einfachen Variante. Zunächst versuchen wir festzustellen, wann eine Funktion symmetrisch zum Punkt $S(0|0)$, also zum Ursprung, ist. Wähle auf dem rechten Zweig irgendeinen Punkt $P(x|f(x))$. Punktsymmetrisch dazu ergibt sich auf dem linken Zweig der Punkt $P'(-x|f(-x))$. Betrachten Sie nun die Funktionswerte $f(x)$ und $f(-x)$. Sie liegen genau entgegengesetzt zueinander. Wenn die Funktion wirklich punktsymmetrisch (zum Ursprung) ist, dann muss $f(x) = -f(-x)$ gelten! Manchmal wird das auch in der Form $-f(x) = f(-x)$ notiert. Dies ist das Kriterium für Punktsymmetrie (zum Ursprung)!

Kriterium für Punktsymmetrie zum Ursprung: $-f(x) = f(-x)$

Rechenbeispiel 5:

Untersuche $f(x) = x^3 - 9x$ auf Punktsymmetrie zum Ursprung.

Lösung:

Es gilt einerseits $-f(x) = -x^3 + 9x$ und andererseits $f(-x) = (-x)^3 - 9(-x) = -x^3 + 9x$. Es folgt $-f(x) = f(-x)$ und damit ist $f(x)$ punktsymmetrisch zum Ursprung. Sie sehen an diesem Beispiel, dass bei ungeraden Potenzen ein Vorzeichen erhalten bleibt. Wir formulieren dies als Erkenntnis.

Erkenntnis:

> Kommen im Funktionsterm einer ganzrationalen Funktion nur ungerade Potenzen vor, so ist die Funktion punktsymmetrisch zum Ursprung.

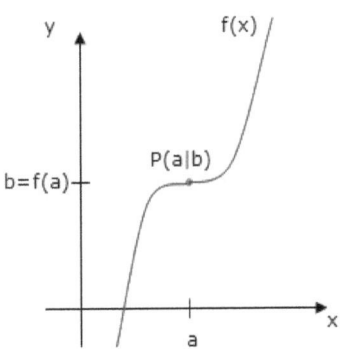

Sehen Sie sich nun den allgemeinen Fall der Punktsymmetrie an. Die in der Abbildung gezeigte Funktion ist punktsymmetrisch zum Punkt P, der nicht der Ursprung ist. In einem solchen Fall behelfen Sie sich mit einem kleinen Trick. Verschieben Sie die Funktion einfach zurück in den Ursprung und weisen Sie mit dem eben gezeigten Kriterium die Punktsymmetrie zum Ursprung nach! Angenommen es soll Punktsymmetrie zum Punkt $P(a|b)$, wie in der Abbildung gezeigt, nachgewiesen werden, so bilden Sie zunächst $g(x) = f(x + a) - b$. Dadurch haben Sie f so verschoben, dass P nunmehr im Ursprung liegt. Jetzt testen Sie, ob $-g(x) = g(-x)$ gilt. Das war's!

Rechenbeispiel 6:

Untersuche $f(x) = x^3 - 9x^2 + 27x - 22$ auf Punktsymmetrie zum Punkt $P(3|5)$.

Lösung:

Verschiebe f so, dass P im Ursprung liegt, bilde also $g(x) = f(x + 3) - 5$:

$$g(x) = f(x+3) - 5 = (x+3)^3 - 9(x+3)^2 + 27(x+3) - 22 - 5$$
$$= (x^3 + 9x^2 + 27x + 27) - 9(x^2 + 6x + 9) + 27x + 81 - 22 - 5$$
$$= x^3 - 9x^2 + 27x + 27 - 9x^2 - 54x - 81 + 27x + 54 = x^3$$

Damit ist $-g(x) = -x^3$ und $g(-x) = (-x)^3 = -x^3$. Folglich ist $-g(x) = g(-x)$, d.h. die ursprüngliche Funktion f ist punktsymmetrisch zu $P(3|5)$.

1.2.5 Definitions- und Wertebereich

Häufig sind Funktionen nicht für alle Werte $x \in \mathbb{R}$ definiert. Will man jetzt z.B. Nullstellen oder Polstellen bestimmen, so muss hinterher geprüft werden, ob die Funktion für die gefundenen x-Werte überhaupt definiert ist. Betrachte beispielsweise die Funktion $f(x) = x \cdot ln(x)$. Die Nullstellen sieht man ja sofort, nämlich $x_1 = 0$ und $x_2 = 1$. FALSCH! Diese Funktion hat nur eine Nullstelle, nämlich bei $x = 1$, da $ln(1) = 0$. Für den Wert $x = 0$ ist der Logarithmus und damit die ganze Funktion f nicht definiert! Gehen Sie also in Zukunft nicht zu schnell über solche vermeintlich einfachen Aufgaben hinweg. Schauen Sie genauer hin! Auch für negative Werte ist der Logarithmus nicht definiert. Der Definitionsbereich von f ist demnach $D_f = \mathbb{R}^+$. Im Gegensatz dazu kann f jeden beliebigen Wert $y \in \mathbb{R}$ annehmen, der Wertebereich ist also $W_f = \mathbb{R}$.

In einigen Abituraufgaben sind Funktionen auf bestimmte Intervalle beschränkt. Auch in solchen Fällen müssen Sie von Ihren gefundenen Hoch- und Tiefpunkten, Wendepunkten, Nullstellen, etc. diejenigen herausfischen, die im vorgegebenen Intervall liegen. Gerade periodische Funktionen wie $sin(x)$ und $cos(x)$ werden gern auf das Intervall einer Schwingung begrenzt, z.B. auf $[-\pi; \pi]$. Rechnen Sie hier nicht versehentlich innerhalb des Intervalls $[0; 2\pi]$!

Die Frage nach dem Definitionsbereich wird vor allem gerne bei gebrochen rationalen Funktionen gestellt. Hier müssen Sie die Nullstellen des Nenners finden und diese ausschließen. Falls mehrere Nenner vorkommen, müssen für jeden Nenner einzeln die Nullstellen gefunden und ausgeschlossen werden.

Rechenbeispiel 1:

Wie lautet der Definitionsbereich der Funktion $f(x) = \frac{x^2-4}{x^2-9}$.

Lösung:

Die Nullstellen des Nenners sind $x_1 = 3$ und $x_2 = -3$, folglich ist $D_f = \mathbb{R}\setminus\{-3, 3\}$.

Rechenbeispiel 2:

Wie lautet der Definitionsbereich der Funktion $f(x) = \sqrt{x - 2}$?

Lösung:

Hier müssen wir beachten, dass die Zahl unter der Wurzel nicht negativ werden darf. Wir müssen also alle x-Werte ausschließen, für die $x - 2 < 0$ also $x < 2$ wird. Dies kann man auf verschiedene Arten notieren, z.B. in der Form $D_f = \{x \in \mathbb{R} | x < 2\}$ oder mit Hilfe von Intervallen $D_f = (-\infty; 2)$. Benutzen Sie die Schreibweise, die Sie in der Schule gelernt haben.

Bei der Bestimmung des Definitionsbereichs einer Funktion, fragt man sich, welche Werte man in die Funktion einsetzen darf. Im Gegensatz dazu fragt man beim Wertebereich danach, welche Werte die Funktion annehmen kann. Das Symbol für den Wertebereich ist W_f.

Rechenbeispiel 3:

Bestimmen Sie den Wertebereich der Funktionen

1) $f(x) = \ln(x)$
2) $f(x) = \sin(x)$
3) $f(x) = \sqrt{x}$
4) $f(x) = e^x$

Lösung:

1) $W_f = \mathbb{R}$, der natürliche Logarithmus kann jeden reellen Wert annehmen.
2) $W_f = [-1; 1]$, Die Sinus-Funktion schwingt zwischen -1 und 1.
3) $W_f = \mathbb{R}_0^+$ nicht $W_f = \mathbb{R}$!
4) $W_f = \mathbb{R}^+$. Die e-Funktion ist immer positiv!

Die nachfolgenden Abbildungen zeigen die „Steckbriefe" der wichtigsten elementaren Funktionen. Prägen Sie sich vor allem die Kurvenverläufe gut ein, Sie ersparen sich in der Abiturprüfung dadurch eine Menge Nachschlagezeit. Wenn Sie den Verlauf einer Kurve kennen, hilft Ihnen das bei vielen Aufgaben!

Sinus und Cosinus

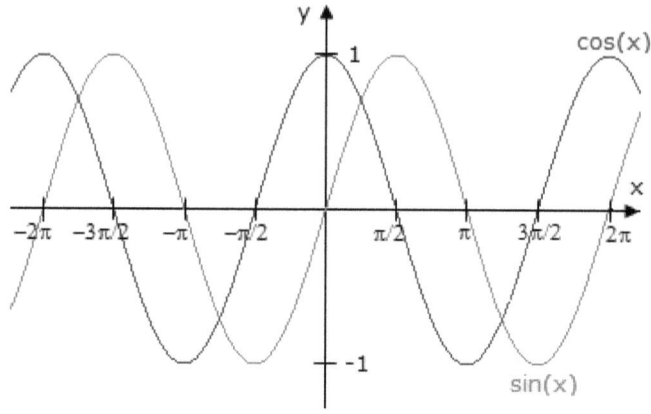

Steckbrief	
$\sin(x)$:	$D_f = \mathbb{R};\ W_f = [-1; 1]$
Periode:	2π
Symmetrie:	Punktsymmetrie zum Ursprung
	$\sin(0) = \sin(\pi) = \sin(2\pi) = \cdots = 0$ $\sin\left(\dfrac{\pi}{2}\right) = \sin\left(\dfrac{5\pi}{2}\right) = \sin\left(\dfrac{9\pi}{2}\right) = \cdots = 1$ $\sin\left(\dfrac{3\pi}{2}\right) = \sin\left(\dfrac{7\pi}{2}\right) = \sin\left(\dfrac{11\pi}{2}\right) = \cdots = -1$
$\cos(x)$:	$D_f = \mathbb{R};\ W_f = [-1; 1]$
Periode:	2π
Symmetrie:	Symmetrie zur y-Achse
	$\cos(0) = \cos(2\pi) = \cos(4\pi) = \cdots = 1$ $\cos\left(\dfrac{\pi}{2}\right) = \cos\left(\dfrac{3\pi}{2}\right) = \cos\left(\dfrac{5\pi}{2}\right) = \cdots = 0$ $\cos(\pi) = \cos(3\pi) = \cos(5\pi) = \cdots = -1$

e-Funktion und natürlicher Logarithmus

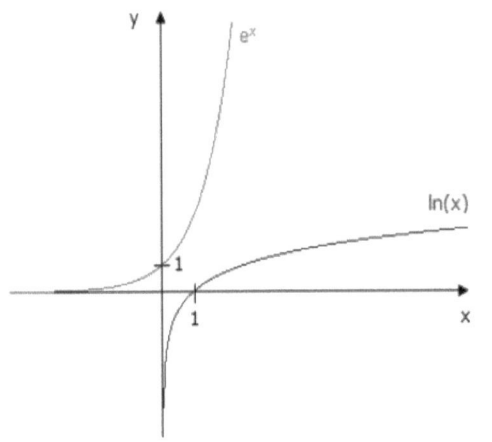

Steckbrief	
e^x	$D_f = \mathbb{R};\ W_f = \mathbb{R}^+$
Periode:	keine
Symmetrie:	keine
	$e^0 = 1,\ \lim\limits_{x \to -\infty} e^x = 0$
$\ln(x)$	$D_f = \mathbb{R}^+;\ W_f = \mathbb{R}$
Periode:	Keine
Symmetrie:	Keine
	$\ln(1) = 0, \ln(e) = 1$ $\lim\limits_{x \to 0} \ln(x) = -\infty$

Gerade und ungerade Potenzen

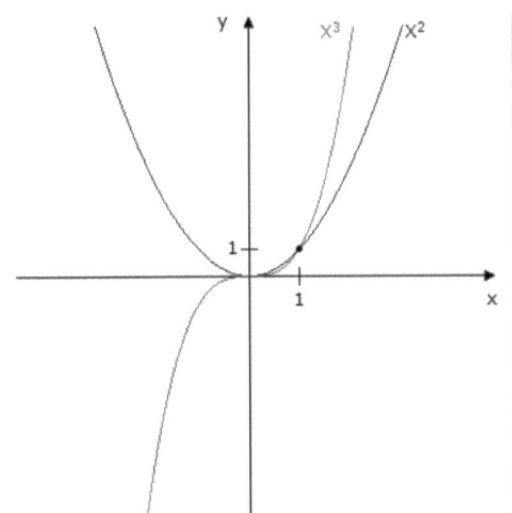

Steckbrief		
$x^2, x^4,\ x^6, \dots$	$D_f = \mathbb{R};\ W_f = \mathbb{R}_0^+$	
Periode:	keine	
Symmetrie:	y-Achse	
$x, x^3,\ x^5, \dots$	$D_f = \mathbb{R};\ W_f = \mathbb{R}$	
Periode:	keine	
Symmetrie:	Punktsymmetrie zum Ursprung	

1.2.6 Asymptoten

In manchen Schaubildern lassen sich Geraden einzeichnen, denen sich die Funktionswerte anzunähern scheinen. Solche Geraden nennt man Näherungsgeraden oder Asymptoten. Man unterscheidet waagrechte Asymptoten, senkrechte Asymptoten, welche man auch Polstellen nennt und schiefe Asymptoten. Schiefe Asymptoten kommen im G8-Abitur nicht mehr vor und werden hier auch nicht mehr wiederholt.

1.2.6.1 Waagrechte Asymptoten

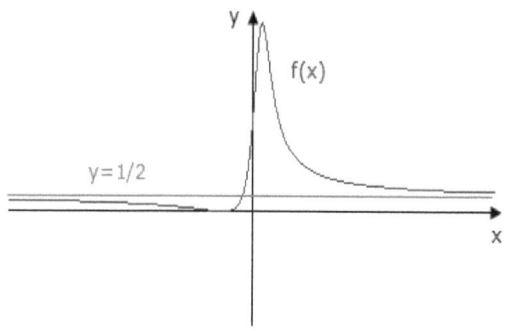

Die Abbildung links zeigt den Graphen der Funktion

$$f(x) = \frac{2x^2 + 5x + 3}{4x^2 - 2x + 1}$$

Sie sehen, dass sich die Funktionswerte mit größer werdenden x-Werten immer mehr dem Wert $\frac{1}{2}$ annähern. Dieselbe Situation ergibt sich, wenn die x-Werte immer kleiner werden. Auch hier nähert sich f dem Wert $\frac{1}{2}$. In beiden Fällen ist die Gerade $y = \frac{1}{2}$ eine Asymptote von f. Sie untersuchen eine Funktion auf waagrechte Asymptoten, indem Sie die x-Werte gegen ∞ oder $-\infty$ gehen lassen, d.h. Sie berechnen $\lim\limits_{x \to \infty} f(x)$ bzw. $\lim\limits_{x \to -\infty} f(x)$, falls diese Grenzwerte überhaupt existieren. Wenn Sie konkrete Zahlenwerte erhalten, etwa $\lim\limits_{x \to \infty} f(x) = a$, dann hat f eine waagrechte Asymptote, nämlich die Gerade $y = a$. Das Berechnen der Grenzwerte ist besonders einfach, wenn f eine gebrochen rationale Funktion ist. Man unterscheidet drei Fälle:

1) Falls der höchste Exponent im Zähler höher ist als der höchste Exponent im Nenner, wie in $f(x) = \frac{2x^3 - x + 1}{8x^2 + 1}$, dann gibt es keine waagrechten Asymptoten. Es gilt dann $\left| \lim\limits_{x \to \infty} f(x) \right| = \infty$ bzw. $\left| \lim\limits_{x \to -\infty} f(x) \right| = \infty$. Da in einem solchen Fall der Zähler „schneller" wächst als der Nenner, ist dies auch anschaulich klar.

2) Ist der höchste Exponent des Zählers kleiner als der höchste Exponent im Nenner, wie in $f(x) = \frac{3x^2 + 1}{-x^3 - 2x + 4}$, so besitzt f nur eine waagrechte Asymptote,

nämlich die Gerade $y = 0$, d.h. es gilt $\lim\limits_{x \to -\infty} f(x) = \lim\limits_{x \to \infty} f(x) = 0$. In diesem Fall wächst der Nenner schneller als der Zähler.

3) Sind die höchsten Exponenten im Zähler und im Nenner gleich, so können Sie sich mit einem kleinen Trick behelfen. Angenommen es sei a der Koeffizient der bei der höchsten Potenz von x im Zähler steht und b der Koeffizient der bei der höchsten Potenz im Nenner steht. Dann ist $\lim\limits_{x \to \infty} f(x) = \frac{a}{b}$ und f hat eine waagrechte Asymptote bei der Geraden $y = \frac{a}{b}$. Warum das funktioniert wurde bereits im Schulunterricht gezeigt.

Rechenbeispiel 1:

Besitzt die Funktion $f(x) = \frac{x^2-4}{x^2+x-9}$ waagrechte Asymptoten? Wenn ja, welche?

Lösung:

Die höchsten Exponenten im Zähler und Nenner sind gleich, also kann der Trick aus Fall 3) angewendet werden. Der Koeffizient bei der höchsten Potenz im Zähler ist $a = 1$, derjenige im Nenner ist $b = 1$. Folglich hat f eine waagrechte Asymptote bei der Geraden $y = \frac{1}{1} = 1$.

Wir müssen in diesem Fall also gar nichts rechnen, man kann den Grenzwert sofort „sehen":

$$f(x) = \frac{\cancel{1}x^2 - 4}{\cancel{1}x^2 + x - 9}$$

Rechenbeispiel 2:

Bestimme die waagrechten Asymptoten der Funktion $f(x) = \frac{8x^7-3x^5+x^2-14}{4x^7+x^3+3}$.

Lösung:

Auch hier wird wieder der Trick aus Fall 3) angewendet. Der Koeffizient bei der höchsten Potenz im Zähler ist $a = 8$, derjenige im Nenner ist $b = 4$. Folglich hat f eine waagrechte Asymptote bei der Geraden $y = \frac{8}{4} = 2$.

Wie in Rechenbeispiel 1 kann man den Grenzwert sofort sehen:

$$f(x) = \frac{8x^7 - 3x^5 + x^2 - 14}{4x^7 + x^3 + 3}$$

Rechenbeispiel 3:

Besitzt die Funktion $f(x) = \frac{6x^3 - 2x^2 + 5}{4x^2 - 2}$ waagrechte Asymptoten und wenn ja, welche?

Lösung:

Der höchste Exponent im Zähler ist höher als derjenige im Nenner. Dies ist Fall 1), d.h. f hat keine waagrechten Asymptoten.

1.2.6.2 Senkrechte Asymptoten / Polstellen

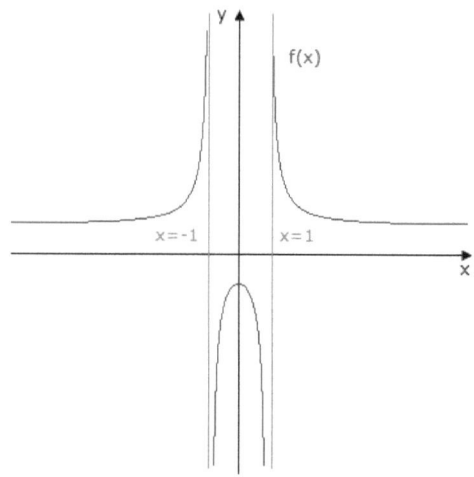

Die nebenstehende Abbildung zeigt das Schaubild der gebrochen rationalen Funktion

$$f(x) = \frac{x^2 + 1}{x^2 - 1}$$

Der Nenner besitzt zwei Nullstellen, nämlich bei $x_1 = -1$ und $x_2 = 1$. An diesen Stellen werden die Funktionswerte unendlich groß. Ist das immer so? Kann man allgemein feststellen, wie sich die Funktionswerte verhalten, wenn x sich einer Nullstelle des Nenners nähert? Werden die Funktionswerte unendlich groß oder klein? Hat die Funktion an dieser Stelle einen definierten (endlichen) Wert? Macht es einen Unterschied, ob man sich der Nullstelle des Nenners von links oder von rechts nähert?

Sich der Stelle x_0 einer Funktion $f(x)$ zu nähern bedeutet $\lim_{x \to x_0} f(x)$ zu bilden. Wie Sie am vorliegenden Beispiel sehen, macht es aber sehr wohl einen Unterschied, ob man sich nun von links oder von rechts dem Wert $x_0 = 1$ nähert. Im Falle einer Annäherung von rechts werden die Funktionswerte unendlich groß, im Falle der

Annäherung von links werden sie unendlich klein. In der Schule verwendet man für das Annähern von rechts die Schreibweise $\lim\limits_{x \to x_0} f(x)$ und $x > x_0$ bzw. $\lim\limits_{x \to x_0} f(x)$ und $x < x_0$ für die Annäherung von links. Falls der jeweilige Grenzwert nicht existiert, d.h. falls $\lim\limits_{x \to x_0} f(x) = \pm\infty$ mit $x > x_0$ oder $\lim\limits_{x \to x_0} f(x) = \pm\infty$ mit $x < x_0$, dann hat $f(x)$ an der Stelle x_0 eine senkrechte Asymptote bzw. eine Polstelle.

Rechenbeispiel 1:

Untersuche die Funktion $f(x) = \frac{x^2+1}{x^2-1}$ (siehe Abbildung) auf Polstellen.

Lösung:

Die Nullstellen des Nenners sind $x_1 = -1$ und $x_2 = 1$. Beachten Sie, dass bei x_1 und x_2 der Zähler nicht ebenfalls Null wird (da er keine Nullstellen hat). Wir untersuchen das Verhalten der Funktionswerte zunächst bei x_1 indem wir uns einmal von links und einmal von rechts nähern. Es folgt:

$$x < -1: \quad \lim\limits_{x \to -1} f(x) = \lim\limits_{x \to -1} \frac{x^2+1}{x^2-1} = \infty$$

Erklärung: Der Zähler ist wegen x^2 immer positiv. Der Nenner ist ebenfalls positiv, denn wegen $x < -1$ ist $x^2 > 1$, daher ist $x^2 - 1 > 0$. Bei der Division erhalten wir ein positives Vorzeichen, was beim Grenzübergang zu $+\infty$ wird.

Jetzt untersuchen wir das Verhalten der Funktionswerte bei Annäherung von rechts an x_1.

$$x > -1: \quad \lim\limits_{x \to -1} f(x) = \lim\limits_{x \to -1} \frac{x^2+1}{x^2-1} = -\infty$$

Erklärung: Der Zähler ist wie vorher positiv. Beachte nun, dass zwar $x > -1$ gilt aber, da wir uns der -1 von rechts her nähern überschreiten wir irgendwann die 0 und es gilt dann $x < 0$. Damit wird dann $x^2 < 1$ und folglich $x^2 - 1 < 0$. Der Nenner wird somit negativ, was beim Grenzübergang zu $-\infty$ führt.

Wir sehen: $f(x)$ hat an der Stelle $x = x_1 = -1$ eine Polstelle mit Vorzeichenwechsel. Auf dieselbe Weise finden Sie heraus, dass auch an der Stelle $x = x_2 = 1$ eine Polstelle mit Vorzeichenwechsel vorliegt. Üben Sie, indem Sie die Rechnung jetzt selbst nachvollziehen. Sie sehen, dass im ersten Fall das Vorzeichen von + nach −

und im zweiten Fall von − nach + wechselt (wenn man von links kommend die Polstellen überquert).

1.2.7 Nullstellen

Das Thema Nullstellen kann hier sehr verkürzt dargestellt werden. Im G8-Abitur entfällt die Polynomdivision, so dass Sie die Nullstellen von ganzrationalen Funktionen nicht mehr „von Hand" bestimmen müssen. Für quadratische Funktionen gibt es die p-q-Formel bzw. die abc-Formel und für die restlichen Funktionstypen reicht der GTR. Nun gibt es in den Abi-Aufgaben aber dennoch hin und wieder den Fall, dass Sie Nullstellen von Hand berechnen müssen, oder dass Sie eine Formel für alle(!) Nullstellen irgendeiner Schwingung herleiten sollen. Dies möchte ich Ihnen an zwei kleinen Rechenbeispielen erläutern.

Rechenbeispiel 1:

Finde alle Nullstellen der Funktion $f(x) = \sin(2x)$.

Lösung:

Im Steckbrief der Sinus-Funktion können Sie ablesen, dass Sinus bei allen ganzzahlig Vielfachen von π eine Nullstelle hat. Wenn also das Argument unserer Funktion $f(x)$ ein ganzzahlig Vielfaches von π annimmt, dann hat $f(x)$ eine Nullstelle. Wir setzen demnach $2x = k\pi$ und erhalten $x = \frac{k}{2}\pi$ mit $k \in \mathbb{Z}$. Das bedeutet, dass durch $x = \frac{k}{2}\pi$ mit $k \in \mathbb{Z}$ alle Nullstellen von $f(x)$ bestimmt sind.

Rechenbeispiel 2:

Finde alle Nullstellen der Funktion $f(x) = \cos\left(\frac{x^2}{2}\right)$.

Lösung:

Hier ist die Situation etwas komplizierter, aber auch hier können Sie im Steckbrief der Cosinus-Funktion nachschlagen, dass Cosinus bei allen ungeradzahlig Vielfachen von $\frac{\pi}{2}$ seine Nullstellen hat. Wie also drückt man dies als Formel aus? Nun, wenn k irgendeine ganze Zahl ist (also $k \in \mathbb{Z}$), dann ist $2k$ sicherlich eine gerade Zahl und folglich ist $2k + 1$ (oder auch $2k - 1$) eine ungerade Zahl. Ein ungeradzahlig Vielfaches von $\frac{\pi}{2}$ kann demnach in der Form $(2k + 1)\frac{\pi}{2}$ oder $(2k - 1)\frac{\pi}{2}$ mit $k \in \mathbb{Z}$

ausgedrückt werden. Wir verwenden für die Berechnung die erste Variante. Damit nun $f(x) = 0$ wird, muss also $\frac{x^2}{2} = (2k + 1)\frac{\pi}{2}$ mit $k \in \mathbb{Z}$ gelten. Dies lässt sich nach x auflösen. Sie erhalten zunächst $x^2 = (2k + 1)\pi$ und daraus $x = \pm\sqrt{(2k + 1)\pi}$ mit $k \in \mathbb{Z}$. Damit sind die Nullstellen von $f(x)$ vollständig beschrieben!

1.3 Extremwertaufgaben

Extremwertaufgaben zu lösen bedeutet grob gesagt, eine Funktion zu maximieren bzw. zu minimieren. Die Schwierigkeit besteht in der Regel darin, die Funktion aus der Aufgabenstellung zu konstruieren. Zumeist sind mehrere voneinander abhängige Einflussgrößen beteiligt. Sie müssen dann die Funktion so formulieren, dass nur noch eine Einflussgröße x übrigbleibt. Mit den Mitteln der Differenzialrechnung können Sie dann die Extrempunkte dieser Funktion finden. Im Abitur finden sich Extremwertaufgaben häufig im Zusammenhang mit Flächenberechnungen und Integralen. Integrale werden jedoch erst im nächsten Kapitel behandelt, weshalb das Lösen von Extremwertaufgaben hier an einfacheren Beispielen verdeutlicht werden soll.

Rechenbeispiel 1:

Aus einem rechteckigen Stück Blech soll ein oben offener Behälter hergestellt werden. Das Blech ist 60cm lang und 48cm breit. An den vier Ecken werden Quadrate ausgeschnitten. Die Quadrate sollen so ausgeschnitten werden, dass das Fassungsvermögen des Behälters möglichst groß wird. Klebeflächen werden dabei nicht berücksichtigt. Bestimmen Sie die Abmessungen des Behälters und dessen Volumen.

Lösung:

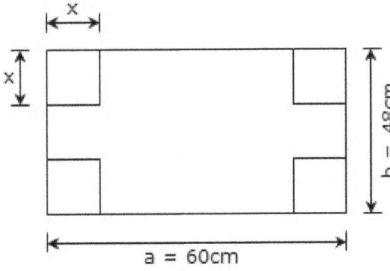

Im ersten Schritt fertigen Sie sich am besten eine Skizze an und bestimmen anschließend eine Funktionsgleichung für das Volumen des Behälters. Wenn Sie die Aufgabe ein wenig zu schnell angehen, machen Sie vielleicht den Fehler, das Volumen mit $V = a \cdot b \cdot x$ zu bestimmen, wobei x die Höhe ist. Aufgepasst! Wenn Sie die Seitenteile hochklappen, haben Sie nicht mehr die volle

Länge a und nicht mehr die volle Breite b. Sie müssen jeweils $2x$ abziehen und es verbleiben $a - 2x$ für die Länge und $b - 2x$ für die Breite. Daher ist das Volumen des Behälters gegeben durch $V = (a - 2x)(b - 2x)x$. Mit $a = 60$ und $b = 48$ haben wir $V(x) = (60 - 2x)(48 - 2x)x = (2880 - 216x + 4x^2)x = 4x^3 - 216x^2 + 2880x$.

Im zweiten Schritt soll dieses Volumen maximiert werden, d.h. wir suchen das Maximum der Funktion $V(x) = 4x^3 - 216x^2 + 2880x$. Dazu setzen Sie die erste Ableitung gleich Null und erhalten $V'(x) = 12x^2 - 432x + 2880 = 0$ bzw. $x^2 - 36x + 240 = 0$. Das liefert mit der p-q-Formel $x_1 = 25{,}17$ und $x_2 = 8{,}83$ (die Ergebnisse sind jeweils auf zwei Stellen gerundet). x_1 kann für eine Lösung nicht in Frage kommen, denn sonst bekämen wir mit $b = 48 - 2 \cdot 25{,}17 < 0$ für die Seite b eine negative Länge, was nicht sein kann. Die einzig verbleibende Lösung führt über $x_2 = 8{,}83$. Damit erhalten wir $a = 42{,}34$cm, $b = 30{,}34$cm und $h = x = 8{,}83$cm für die Abmessungen des Behälters sowie $V(8{,}83) = 11343$cm^3 für dessen Volumen.

Rechenbeispiel 2:

Gegeben ist eine Rolle mit 50m Zaun. Damit soll nun ein rechteckiges Stück Land so umzäunt werden, dass die Landfläche möglichst groß wird. Wie lauten dann die Abmessungen des Rechtecks und wie groß ist dessen Fläche?

Lösung:

In dieser Aufgabe sparen wir uns die Skizze, sondern stellen uns das Rechteck einfach vor. Ein wenig Training schadet ja nicht! Die Länge des Rechtecks sei x, die Breite sei y. Der Umfang U ist dann gegeben mit $U = 2x + 2y = 50$. Die Fläche ist $A = x \cdot y$. Die Fläche ist diejenige Größe, die maximiert werden soll, also müssen wir A in Abhängigkeit von x (oder von y) ausdrücken. Dazu formen wir $2x + 2y = 50$ um zu $y = 25 - x$. Eingesetzt in die Flächenformel erhalten wir $A(x) = x(25 - x) = -x^2 + 25x$. Wir setzen wie immer die Ableitung gleich Null, um die Extremwerte zu finden: $A'(x) = -2x + 25 = 0$ was zu $x = 12{,}5$m und damit zu $y = 12{,}5$m führt. Offenbar handelt es sich um ein Quadrat mit der Fläche $A = 156{,}25$m^2 und damit ist die Frage beantwortet.

Diese beiden Rechenbeispiele zeigen das allgemeine Verfahren beim Lösen von Extremwertaufgaben:

1. Bestimmen Sie aus der Aufgabenstellung eine Zielfunktion $f(x)$, die nur noch von einem Parameter abhängt.
2. Setzen Sie die erste Ableitung gleich Null, um die x-Werte für die Extrempunkte zu finden. Lösen Sie also die Gleichung $f'(x) = 0$.
3. Aus den gefundenen x-Werten schließen Sie diejenigen aus, die nicht den Anforderungen aus der Aufgabenstellung genügen.

1.4 Funktionsscharen und Ortskurven

In den Abituraufgaben kommt es immer wieder vor, dass eine Funktion einen zusätzlichen Parameter t enthält, beispielsweise bei $f_t(x) = \frac{tx^3+2}{2x^2}$ mit $t \in \mathbb{R}$. Hier hat man es nicht mit einer einzelnen Funktion zu tun, sondern mit einer Funktionen-schar. Indem man für t einen speziellen (gültigen) Wert einsetzt, erhält man eine konkrete Funktion. Für $t = 2$ ergibt sich $f_2(x) = \frac{2x^3+2}{2x^2}$, für $t = 0{,}5$ haben wir $f_{0,5}(x) = \frac{0{,}5x^3+2}{2x^2}$ usw. Wenn man t als beliebige aber fest gewählte Zahl betrachtet, kann man mit Funktionenscharen

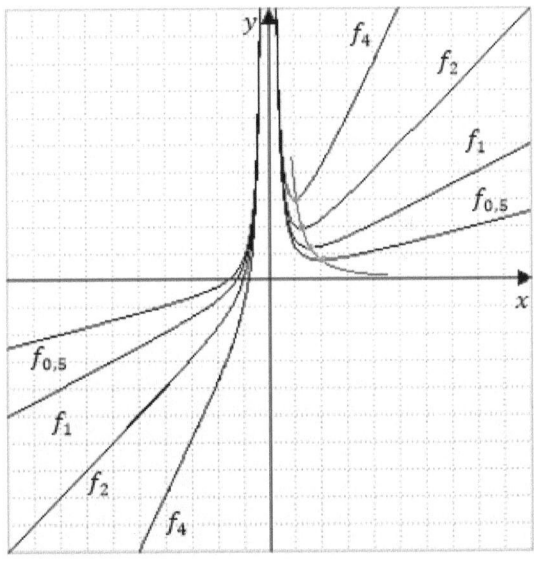

genauso rechnen wie mit gewöhnlichen Funktionen. Man kann Ableitungen bilden, Hoch- und Tiefpunkte berechnen, Asymptoten bestimmen usw. Die Ergebnisse enthalten jedoch immer den Parameter t, sofern dieser sich nicht herauskürzt.

Rechenbeispiel 1:

Bestimmen Sie die Ableitung der folgenden beiden Funktionsscharen:
$f_t(x) = tx^2$ und $g_n(x) = \sin(nx)$.

Lösung:

Betrachten Sie die Parameter t bzw. n als festen Zahlenwert und leiten Sie nach den üblichen Regeln ab. Sie erhalten $f'_t(x) = 2tx$ und $g'_n(x) = n\cos(nx)$.

Rechenbeispiel 2:

Bestimmen Sie alle Extrempunkte der Funktionenschar $f_t(x) = (x + t)^3 + 2t$.

Lösung:

Es gilt $f'_t(x) = 3(x + t)^2$, $f''_t(x) = 6(x + t)$ und $f'''_t(x) = 6$. Mit $f'_t(x) = 0$ folgt $3(x + t)^2 = 0$ also $x = -t$. Eingesetzt in $f''_t(x)$ erhalten wir $f''_t(-t) = 0$. Hier haben wir den Fall, dass für $x = -t$ sowohl $f'_t(x)$ als auch $f''_t(x)$ Null sind. Da außerdem $f'''_t(-t) = 6 \neq 0$, erkennen wir, dass es sich hier um einen Sattelpunkt handeln muss. Es gibt also keine Hoch- und Tiefpunkte, dafür aber einen Sattelpunkt an der Stelle $S_t(-t|2t)$. Die y-Koordinate des Sattelpunkts erhalten Sie, indem Sie wie üblich $x = -t$ in $f_t(x)$ einsetzen.

Rechenbeispiel 3:

Bestimmen Sie alle Extrempunkte der Funktionenschar $f_k(x) = ke^{-kx}$; $k > 0$.

Lösung:

Es gilt $f'_k(x) = -k^2 e^{-kx}$. Mit $f'_k(x) = 0$ folgt $-k^2 e^{-kx} = 0$, aber dies ist unmöglich, da die e-Funktion nicht Null wird und wir außerdem $k > 0$ vorausgesetzt hatten. Die Funktionenschar $f_k(x)$ besitzt also für kein k Extrempunkte.

Im Zusammenhang mit Funktionenscharen ergeben sich besondere Fragestellungen. Beispielsweise könnte man für spezielle Werte von t die Tiefpunkte der Funktion berechnen. Wenn Sie für verschiedene Werte von t nun das jeweils zugehörige Schaubild in ein Koordinatensystem zusammen mit den Tiefpunkten einzeichnen, siehe nebenstehende Abbildung, so lassen sich diese miteinander verbinden. Je mehr Kurven und zugehörige Tiefpunkte Sie einzeichnen, desto mehr kristallisiert sich die zugehörige Kurve der Tiefpunkte heraus. Eine solche Kurve nennt man Ortskurve. Wie findet man nun die Funktionsgleichung für die Ortskurve der Tiefpunkte? Wie lautet die Funktionsgleichung für die Ortskurve der Hochpunkte und der Wendepunkte? Wir erklären das Vorgehen anhand des nächsten Rechenbeispiels.

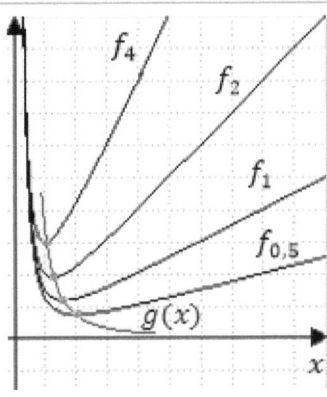

Rechenbeispiel 4:

In Rechenbeispiel 2 hatten wir für die Funktionenschar $f_t(x) = (x + t)^3 + 2t$ die Sattelpunkte $S_t(-t|2t)$ bestimmt. Nun soll die Ortskurve dieser Sattelpunkte berechnet werden.

Lösung:

An der y-Koordinate in S_t sehen Sie, dass diese vom Parameter t abhängt. Damit wir daraus eine Funktionsgleichung für die Ortskurve bekommen, müssen wir erreichen, dass die y-Koordinate nur noch von x abhängt. Dazu verwenden Sie einfach die x-Koordinate, lösen $x = -t$ nach dem Parameter t auf und erhalten $t = -x$. Dies wird nun in die y-Koordinate eingesetzt, so dass wir $y = 2 \cdot (-x) = -2x$ erhalten. Damit ist $g(x) = -2x$ die gesuchte Ortskurve der Sattelpunkte.

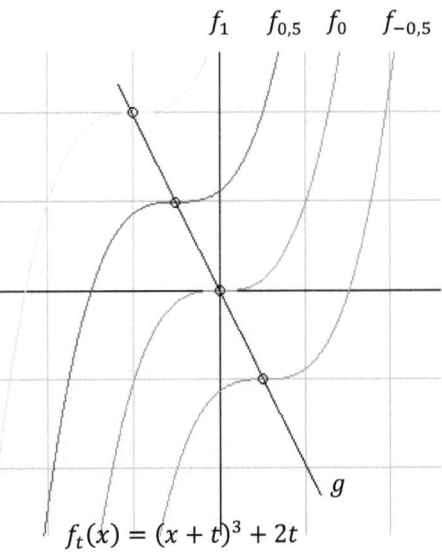

Anhand der Vorgehensweise in der Lösung lässt sich nun ein allgemeines Verfahren ableiten, mit dem sich Ortskurven bestimmen lassen.

Bestimmung der Ortskurve eines Extrempunkts E_t
- Löse die x-Koordinate nach t auf.
- Setze den gefundenen Ausdruck für t in die y-Koordinate ein und vereinfache.
- Der so gefundene Ausdruck hängt nur noch von x ab und stellt die Ortskurve von E_t dar.

Rechenbeispiel 5:

Es sei $f_n(x) = 10(x - n)e^{-x}$, $n \in \mathbb{N}_0$. Gesucht ist der Funktionsterm derjenigen Kurve auf der alle Hochpunkte von f_n liegen.

Lösung:

Die ersten beiden Ableitungen erhalten Sie unter Beachtung von Produkt- und Kettenregel mit $f_n{}'(x) = 10e^{-x}(1 + n - x)$ und $f_n{}''(x) = -10e^{-x}(2 + n - x)$. Mit $f_n{}'(x) = 0$ folgt $(1 + n - x) = 0$, da die e-Funktion bekanntlich nicht Null wird. Somit ist $x = 1 + n$ der einzige Kandidat für eine Extremstelle. Eingesetzt in $f_n{}''(x)$ erhält man $f_n''(1 + n) = -10e^{-(1+n)}(2 + n - (1 + n)) = -10e^{-(1+n)} \cdot 1 < 0$ da $e^{-(1+n)} > 0$. Das bedeutet, dass für alle $x = 1 + n$ Hochpunkte vorliegen. Eingesetzt in $f_n(x)$ folgt $f_n(1 + n) = 10(1 + n - n)e^{-(1+n)} = 10e^{-1-n}$ und damit $H_n(1 + n | 10e^{-1-n})$. Dies sind zunächst die Hochpunkte. Wegen $x = 1 + n$ folgt $n = x - 1$. Damit wird der Parameter n in der y-Koordinate ersetzt und es folgt $y = 10e^{-1-(x-1)} = 10e^{x}$. Somit ist $g(x) = 10e^{x}$ die gesuchte Ortskurve der Hochpunkte.

Aufgabe:

Es sei $f_k(x) = k \sin\left(x - \frac{k\pi}{2}\right)$; $0 \leq x \leq \pi$, $1 \leq k \leq 2$. Bestimme alle Hochpunkte von f_k und die zugehörige Ortskurve.

Lösung:

Wir geben hier nur die Endresultate ohne Rechenweg an:

$$f'_k(x) = k \cos\left(x - \frac{k\pi}{2}\right)$$
$$f''_k(x) = -k \sin\left(x - \frac{k\pi}{2}\right)$$
$$HP_k\left((k+1)\frac{\pi}{2}\Big|k\right)$$

Ortskurve: $g(x) = \frac{2}{\pi}x - 1$

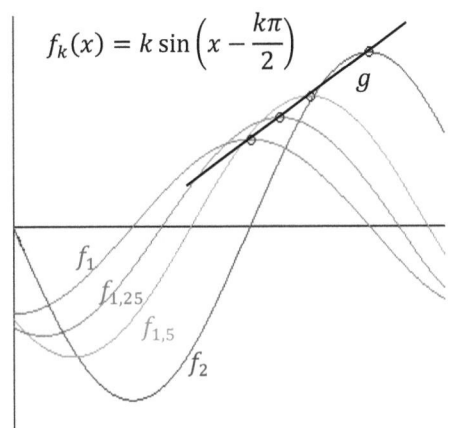

$$f_k(x) = k \sin\left(x - \frac{k\pi}{2}\right)$$

1.5 Wachstumsprozesse

Es gibt verschiedene Arten von Wachstum bzw. Zerfall:

1. Natürliches Wachstum bzw. exponentielles Wachstum
2. Größenbeschränktes Wachstum
3. Logistisches Wachstum

Wir beschäftigen uns hier nur mit den ersten beiden Wachstumsformen, da das logistische Wachstum in den Abituraufgaben bisher nicht vorkam.

1.5.1 Natürliches bzw. exponentielles Wachstum

Exponentielles Wachstum bzw. Zerfall kann in der Form $f(t) = c \cdot a^t$ ausgedrückt werden. Dabei ist

t	der Zeitpunkt der Messung bzw. der Beobachtung
$f(t)$	der gemessene Wert bzw. Bestand
c	der Anfangsbestand zum Zeitpunkt $t = 0$
a	der Wachstumsfaktor bzw. die Zerfallsrate

Die Funktion $f(t)$ wird in diesem Zusammenhang auch Wachstumsfunktion genannt. In der Regel verwendet man aber nicht die allgemeine Wachstumsfunktion mit der Basis a sondern eine mit Basis e. Man möchte also statt a die e-Funktion verwenden, weil sich damit einfacher rechnen lässt. Ein großer Vorteil bei der e-Funktion besteht ja z.B. darin, dass sie beim Ableiten erhalten bleibt. Mit dem Ansatz $a^t = e^{kt}$ kann man die Formel tatsächlich in eine e-Funktion umwandeln, wobei sich herausstellt, dass für k dann $k = ln(a)$ gilt (Beweis durch nachrechnen). Wir haben also die

Wachstumsformel für exponentielles Wachstum

$$f(t) = c \cdot e^{kt} \text{ mit } k = ln(a)$$

Dies ist dann die Formel, mit der man üblicherweise arbeitet. In diesem Zusammenhang nennt man k die Wachstumskonstante, falls $k > 0$ ist bzw. Zerfallskonstante, falls $k < 0$ ist.

Eine der wichtigsten Aufgaben ist es, zu einer vorgegebenen Messreihe das zugehörige Wachstumsgesetzt zu finden.

1. Nach welcher Gesetzmäßigkeit entlädt sich ein Kondensator? Man misst die Ladung des Kondensators in gleichbleibenden Zeitabständen und erhält eine Messreihe. Gesucht ist dann ein Gesetz, das die Abnahme der Ladung möglichst realistisch wiedergibt.
2. Wachstum von Bakterienkulturen. Man misst die Menge der Bakterien in gleichbleibenden Zeitabschnitten und erhält wieder eine Messreihe. Aus dieser soll ein Gesetz abgeleitet werden, welches das Wachstum der Bakterienkultur möglichst realistisch wiedergibt. Man möchte damit vorhersagen können, zu welchen Zeitpunkten wie viele Bakterien vorhanden sind.

Dies sind nur zwei Beispiele von vielen. Allgemein haben wir eine Messreihe wie folgt

t	0	1	2	3	...
Messwert	a_0	a_1	a_2	a_3	...

Ist in dieser Messreihe der Quotient aufeinanderfolgender Messwerte annähernd konstant, dann kann von exponentiellem Wachstum ausgegangen werden. Warum? Weil sich dann jeder neue Messwert durch Multiplikation mit einem Faktor aus dem vorhergehenden ergibt und sich dadurch die Faktoren potenzieren. Teste also in der vorgelegten Messreihe, ob der Quotient $a = \frac{a_{i+1}}{a_i}$ für alle i annähernd konstant ist. Wenn das der Fall ist, dann ist die Wachstumskonstante gegeben durch $k = ln(a)$

und der Anfangsbestand zum Zeitpunkt $t = 0$ ist a_0. Das führt zum Wachstumsgesetzt für diese Messreihe:

$$f(t) = a_0 e^{kt} \text{ mit } k = ln(a).$$

Charakteristische Größen für Wachstums- bzw. Zerfallsprozesse sind die Verdopplungszeit t_V bzw. Halbwertszeit t_H. Die Formeln kennen Sie aus der Schule.

Verdopplungszeit: $\quad t_V = \dfrac{ln(2)}{k}$

Halbwertszeit: $\quad t_H = -\dfrac{ln(2)}{k}$

Wie man sieht, hat sich hier lediglich das Vorzeichen geändert. Für Ihr Abitur ist es nicht wichtig, die Herleitung dieser Formeln zu kennen, Sie müssen sie lediglich anwenden können.

Rechenbeispiel 1:

Wir betrachten einen Gegenstand, dessen Temperatur fällt und messen die Temperatur nach jeder Minute. Dabei ergibt sich die folgende Messreihe:

t in Minuten	0	1	2	3	4
Temperatur in °C	10	7,2	5,18	3,72	2,68

Nach welcher Gesetzmäßigkeit fällt die Temperatur und wie lange dauert es, bis die Temperatur erstmals unter 0,5°C fällt?

Lösung:

Um diese Frage zu beantworten untersuchen wir zunächst die Quotienten aufeinanderfolgender Messwerte. $\frac{7,2}{10} = 0,72$; $\frac{5,18}{7,2} \approx 0,719$; $\frac{3,72}{5,18} \approx 0,718$ und $\frac{2,68}{3,72} \approx 0,72$. Man sieht, dass diese Quotienten annähernd konstant sind. Wir können demnach von natürlichem Zerfall (wegen der Abnahme der Messwerte) nach der Formel $f(t) = c \cdot e^{kt}$ ausgehen. Als Zerfallsrate wählen wir z.B. $a = 0,72$ (noch besser wäre es, wenn wir einen Mittelwert aller Quotienten bilden würden). Wegen $k = ln(a) = ln(0,72) \approx -0,3285$ und $c = f(0) = 10$ (=Anfangstemperatur) erhalten wir: $f(t) = 10e^{-0,3285t}$.

Wie lange dauert es nun, bis die Temperatur erstmals unter 0,5°C fällt? Wann also wird $f(t) < 0,5$? Umstellung nach t ergibt:

$$10e^{-0,3285t} < 0,5 \qquad |: 10$$
$$e^{-0,3285t} < 0,05 \qquad | \ln$$
$$-0,3285t < \ln(0,05) \qquad |: -0,3285$$
$$t > \frac{\ln(0,05)}{-0,3285} \approx 9,12$$

Nach etwa 9,12 Minuten kühlt sich der Gegenstand auf 0,5°C ab.

Bei exponentiellem Wachstum wird häufig nur die prozentuale Zu- bzw. Abnahme pro Zeitschritt angegeben. Das wichtigste Beispiel ist hier die Kapitalverzinsung. Ein Kapital K_0 wächst in einem Zeitschritt (z.B. in einem Jahr) um p Prozent an. Nach diesem Zeitschritt hat man folglich $K_1 = K_0 + \frac{p}{100} K_0 = \left(1 + \frac{p}{100}\right) K_0$. Damit sieht man sofort, wie sich der eigentliche Wachstumsfaktor aus dem Prozentsatz ergibt. Es gilt $a = 1 + \frac{p}{100}$ bei Wachstum und $a = 1 - \frac{p}{100}$ bei Zerfall bzw. Abnahme.
Wegen $k = \ln(a)$ folgt dann

$$k = \ln\left(1 + \frac{p}{100}\right) \qquad \textbf{bei Wachstum}$$

$$k = \ln\left(1 - \frac{p}{100}\right) \qquad \textbf{bei Zerfall}$$

Rechenbeispiel 2:

Nach einem Jahr sind etwa 2,3% des chemischen Elements Cäsium zerfallen.

1. Bestimme die Wachstumskonstante k und die Halbwertszeit t_H.
2. Nach welcher Zeit sind mindestens 90% zerfallen?

Lösung:

1. In der Aufgabenstellung ist der Zerfall durch eine Prozentzahl angegeben. Daraus errechnet sich $a = 1 - \frac{2,3}{100} = 0,977$, woraus sich die Wachstumskonstante zu $k = ln(0,977) \approx -0,0233$ ergibt. Die Halbwertszeit ist dann $t_H = \frac{-ln(2)}{-0,0233} \approx$ 29,78 (Jahre).

2. In der Aufgabenstellung gibt es im Wesentlichen zwei Hürden zu überwinden. Erstens fehlt scheinbar die Angabe des Anfangsbestandes. Dieser wird sich, wie wir nachher sehen werden, herauskürzen, spielt also tatsächlich keine Rolle. Zweitens rechnet das Zerfallsgesetz mit tatsächlichen Beständen und nicht mit bereits zerfallenen Mengen! Wir kennen zwar nicht den konkreten Wert des Anfangsbestandes, wissen aber, dass dieser durch $f(0)$ gegeben ist. Das Zerfallsgesetz lautet daher $f(t) = f(0) \cdot e^{-0,0233t}$. Wenn 90% des Materials zerfallen sein sollen, dann bleiben noch 10% nicht zerfallenes Cäsium übrig (wie gesagt: wir rechnen mit Beständen, nicht mit dem zerfallenen Material!). Es gilt also $0,1f(0) = f(0) \cdot e^{-0,0233t}$. Wie man sieht kürzt sich der Anfangsbestand $f(0)$ heraus. Wir stellen nach t um und erhalten $t \approx 98,82$ (Jahre). Nach etwa 99 Jahren sind also mindestens 90% des Cäsiums zerfallen.

1.5.2 Beschränktes Wachstum

Obwohl „natürliches Wachstum" genannt, gibt dieser Begriff in der Regel nicht die natürlichen Verhältnisse wieder. Natürliches Wachstum ist nämlich unbeschränkt, was in der Natur nicht vorkommt.

- Bäume wachsen nicht beliebig hoch.
- Bakterienkulturen wachsen nicht unermesslich.
- Kaninchen vermehren sich nicht beliebig.
- Kondensatoren entladen sich nicht vollständig.

In der Natur vorkommende Wachstumsprozesse werden beschränkt durch begrenzt vorhandene Ressourcen bzw. durch Umweltbedingungen. Daher werden solche Wachstumsprozesse sehr viel genauer durch „beschränktes Wachstum" beschrieben. Ausnahmsweise werden wir die Formel für beschränktes Wachstum aus derjenigen des natürlichen Wachstums in einer Bildersequenz herleiten und üben dabei gleich noch einmal den Umgang mit Funktionen.

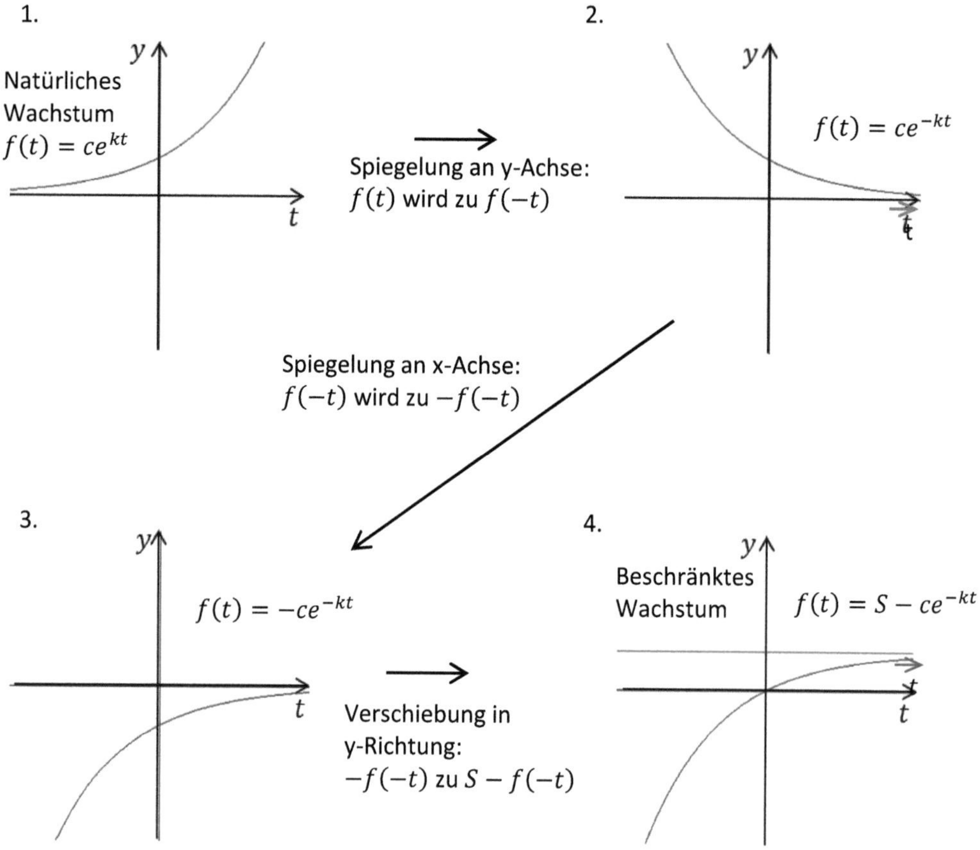

1.
Natürliches
Wachstum
$f(t) = ce^{kt}$
y
t
Spiegelung an y-Achse:
$f(t)$ wird zu $f(-t)$
2.
$f(t) = ce^{-kt}$
y
t
Spiegelung an x-Achse:
$f(-t)$ wird zu $-f(-t)$
3.
$f(t) = -ce^{-kt}$
y
t
Verschiebung in
y-Richtung:
$-f(-t)$ zu $S - f(-t)$
4.
Beschränktes
Wachstum
$f(t) = S - ce^{-kt}$
y
t

5.
Beschränkter
Zerfall
$f(t) = S + ce^{-kt}$
y
t

Um die Formel für den <u>beschränkten Zerfall</u> herzuleiten, beginnen wir in der Bildersequenz wieder bei Bild 1., wechseln zu Bild 2., lassen Bild 3. aus und verschieben f stattdessen gleich um die Schranke S nach oben. Dadurch erhalten wir die in Bild 5 notierte Formel.

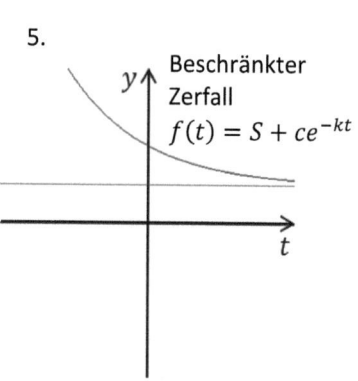

Nach dieser bildlichen Herleitung haben wir nun diese beiden Formeln:

$$f(t) = S - ce^{-kt} \qquad \text{für beschränktes Wachstum}$$

$$f(t) = S + ce^{-kt} \qquad \text{für beschränkten Zerfall}$$

Hierbei ist S eine zahlenmäßig gegebene Schranke. Die Bedeutung der restlichen Variablen ist dieselbe wie beim natürlichen Wachstum.

Rechenbeispiel 1:

Ein größenbeschränkter Wachstumsprozess sei gegeben durch $f(t) = 10 - 2e^{-0,02t}$. Der Zeitschritt t wird dabei in Minuten gemessen.

1. Berechne den Anfangsbestand und den Bestand nach einer Stunde.
2. Welche Schranke S beschränkt das Wachstum? Ist dies eine obere oder untere Schranke?
3. Wann hat der Bestand 90% von S erreicht?

Lösung:

1. Setze $t = 0$ in die Wachstumsformel ein. Man erhält $f(0) = 10 - 2e^{-0,02 \cdot 0} = 10 - 2 = 8$. Der Zeitschritt wird in Minuten gemessen, also setzen wir $t = 60$ ein, um den Bestand nach einer Stunde zu berechnen. Wir erhalten $f(60) = 10 - 2e^{-0,02 \cdot 60} \approx 9{,}398$.

2. Die Formel hat die Gestalt $f(t) = S - ce^{-kt}$, wodurch beschränktes Wachstum beschrieben wird. Wir können die obere Schranke $S = 10$ direkt ablesen. Natürlich kann S auch rechnerisch ermittelt werden: Für $t \to \infty$ strebt $f(t)$ der oberen Schranke zu und es gilt $\lim\limits_{t \to \infty} f(t) = 10$, da $e^{-0,02t}$ für $t \to \infty$ eine Nullfolge ist.

3. Wenn $S = 10$ ist, dann sind 90% davon 9. Um festzustellen, zu welchem Zeitpunkt t der Bestand $f(t) = 9$ erreicht wird, muss die Gleichung $9 = 10 - 2e^{-0,02t}$ nach t aufgelöst werden. Wir erhalten:

$$9 \quad\; = 10 - 2e^{-0,02 \cdot t} \qquad |-10, : (-1)$$
$$1 \quad\; = 2e^{-0,02 \cdot t} \qquad\quad |: 2, \ln$$
$$\ln(0,5) = -0,02 \cdot t \qquad\quad |: -0,02$$
$$t = \frac{\ln(0,5)}{-0,02} \approx 34{,}68$$

Nach etwa 34,7 Minuten werden 90% des Endbestandes erreicht.

1.5.3 Beschreibung durch Differenzialgleichungen

Wir können Wachstumsprozesse nicht nur durch explizite Formeln beschreiben, sondern auch vermittels so genannter Differenzialgleichungen (DGL). Eine Gleichung nennt man DGL (erster Ordnung), wenn neben der Funktion $f(x)$ auch deren erste Ableitung $f'(x)$ vorkommt. Beim natürlichen Wachstum ist die Vermehrungsrate bzw. die Zerfallsrate proportional zum aktuellen Bestand. Es gilt demnach die DGL:

$$f'(t) = k \cdot f(t) \qquad \textbf{DGL für natürliches Wachstum}$$

Auch bei beschränktem Wachstum gibt es einen Zusammenhang zwischen momentaner Änderungsrate und aktuellem Bestand. Hier wird zusätzlich die Schranke S berücksichtigt. Es gilt die folgende DGL:

$$f'(t) = k \cdot \big(S - f(t)\big) \qquad \textbf{DGL für beschränktes Wachstum}$$

Es ist nicht wichtig, die Herleitung dieser Formeln zu kennen. Sie müssen aber in der Lage sein, anhand einer vorgegebenen Wachstumsformel zu bestimmen, welche Art von Wachstum vorliegt. Genügt die Formel der ersten DGL, so handelt es sich um natürliches Wachstum, genügt sie der zweiten DGL, so haben wir beschränktes Wachstum. In manchen Abitur-Aufgaben ist das Wachstumsgesetz nicht explizit vorgegeben. Dann enthält der Aufgabentext aber in der Regel spezielle Hinweise. Bei Formulierungen wie „Der aktuelle Bestand ist proportional zur momentanen Änderungsrate" muss sofort klar sein, dass es sich um natürliches Wachstum handelt, siehe oben. Als Wachstumsgesetz können wir folglich nur eines der Form $f(t) = c \cdot e^{kt}$ verwenden. Bei der DGL für beschränktes Wachstum wird der Ausdruck in der

Klammer $(S - f(t))$ Sättigungsmanko genannt. Entsprechend weißt eine Formulierung wie „Der aktuelle Bestand ist proportional zum Sättigungsmanko" auf beschränktes Wachstum hin.

Rechenbeispiel 1:

Beweise, dass es sich bei folgendem Wachstumsgesetz um natürliches Wachstum handelt: $f(t) = 2e^{0,1t}$

Lösung:

Mit $f(t) = 2e^{0,1t} \Rightarrow f'(t) = 0,2e^{0,1t}$. Wir setzen nun f und f' in die DGL für natürliches Wachstum ein und testen, ob die DGL erfüllt wird:

$f'(t) = k \cdot f(t)$: $0,2e^{0,1t} = 0,1 \cdot 2 \cdot e^{0,1t} = 0,2e^{0,1t}$

Da es hier zu keinem Widerspruch kam ist die DGL offenbar erfüllt und $f(t)$ beschreibt demnach tatsächlich natürliches Wachstum.

Rechenbeispiel 2:

Eine Bakterienkultur hat zu Beginn der Beobachtung einen Bestand von 3.000 Bakterien. Eine erneute Zählung nach 20 Stunden hat einen Wert von 50.000 Bakterien ergeben. Bei dieser Bakterienkultur ist die Vermehrungsrate proportional zum momentanen Bestand.

1. Welche Art von Wachstumsprozess liegt vor?
2. Wie lautet das Wachstumsgesetz?
3. Nach welcher Zeit ist die Bakterienkultur auf 18.000 Bakterien angewachsen?
4. Bestimme die Verdopplungszeit.

Lösung:

1. Wenn die Vermehrungsrate proportional zum momentanen Bestand ist, dann liegt natürliches Wachstum vor. Das Wachstumsgesetz hat also die Form $f(t) = c \cdot e^{kt}$.

2. Der Anfangsbestand ist $c = 3000$. Wir müssen nur noch k bestimmen. Es gilt $f(20) = 50000 = 3000e^{k \cdot 20}$. Auflösen nach k führt zu $k \approx 0,1407$. Das Wachstumsgesetz lautet folglich $f(t) = 3000e^{0,1407t}$.

3. Wir lösen $18000 = 3000e^{0,1407t}$ nach t auf und erhalten $t \approx 12,73$ (Stunden).

4. Die Verdopplungszeit berechnen wir nach der bekannten Formel $t_V = \frac{ln(2)}{k}$, setzen $k = 0,1407$ ein und erhalten $t_V \approx 4,927$ (Stunden). Die Bakterienkultur verdoppelt sich also etwa alle 5 Stunden.

Weitere Abi-Aufgaben, die sich mit dem Thema Wachstum beschäftigen:

- 2009 Analysis I 3 ⇨ Fieberkurve
- 2006 Analysis I 3 ⇨ Konzentration eines Medikaments
- 2005 Analysis I 3 ⇨ Fischbestand

Im Wahlteil 2008 Analysis I 3.1 (Behälter mit Zu- und Abfluss) finden Sie in Teilaufgabe b) eine Frage im Zusammenhang mit einer dort gegebenen DGL.

Rechnen Sie diese Abi-Aufgaben nun der Reihe nach durch, damit Sie ein Gefühl für die Aufgabenstellung und für die Rechenwege bekommen. Es hilft immer, wenn man eine gewisse Routine entwickelt.

2 Integralrechnung

Im Schulunterricht wird das Integral auf verschiedene Arten eingeführt. Beispielsweise kann man die Integralrechnung als Umkehrung der Differenzialrechnung auffassen. Man hat eine Funktion $f(x)$ und sucht dazu eine Funktion $F(x)$, welche abgeleitet gerade $f(x)$ ergibt. Dadurch wird sofort der Zusammenhang zwischen Differenzial- und Integralrechnung hergestellt, weil das eine aus dem anderen konstruiert wird. Ein anderer möglicher Zugang ist die Frage nach der Fläche zwischen dem Graphen einer Funktion $f(x)$ und der x-Achse. Dieser Zugang führt zur Einführung der Stammfunktion $F(x)$ und es ist später umso überraschender, wenn sich herausstellt, dass $F'(x) = f(x)$ gilt. Ich skizziere Ihnen den zuletzt angesprochenen Weg noch einmal in gestraffter Form.

2.1 Grundlagen

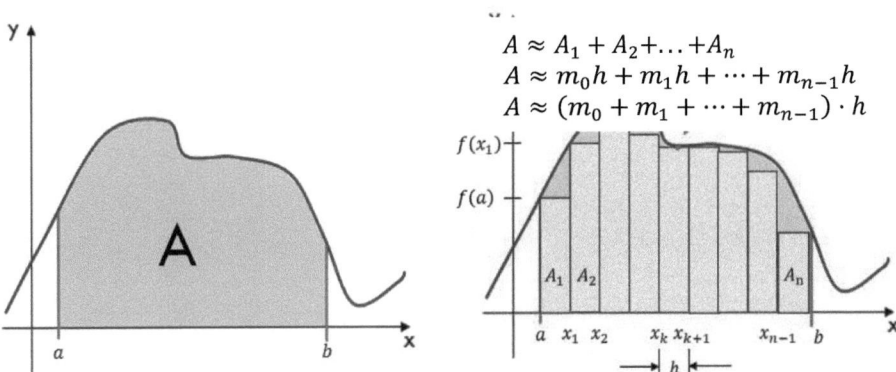

$$A \approx A_1 + A_2 + \ldots + A_n$$
$$A \approx m_0 h + m_1 h + \cdots + m_{n-1} h$$
$$A \approx (m_0 + m_1 + \cdots + m_{n-1}) \cdot h$$

Genau wie bei der Differenzialrechnung wird die Integralrechnung motiviert durch eine geometrische Problemstellung. Gegeben ist die Kurve einer beliebigen Funktion $f(x)$. Gesucht ist die Fläche zwischen f und der x-Achse in den Grenzen a bis b (d.h. wenn man durch die x-Koordinaten a und b Parallelen zur y-Achse zieht).

Die Idee besteht nun darin, die Fläche A mit Rechtecken auszulegen. A ergibt sich dann näherungsweise als Summe der Rechteckflächen, so wie es die obige Abbildung zeigt. Je mehr Rechteckchen man zum Auslegen verwendet umso dünner werden diese und umso genauer wird der Flächeninhalt angenähert. Im Grenzfall bildet man die Summe von unendlich vielen Rechteckchen und erhält unter bestimmten Bedingungen den genauen Wert der Fläche.

Nun ist es natürlich nicht ganz so einfach, wie es hier dargestellt wird. Die Umsetzung dieser Idee wird in der Schule nicht bzw. nicht mehr ausreichend gelehrt. Für Sie reicht es daher zu wissen, dass der Flächeninhalt sich als Grenzwert einer unendlichen Summe ergibt, falls dieser Grenzwert überhaupt existiert. In der Schule untersuchen Sie nur solche Funktionen, bei denen es keine Schwierigkeiten gibt, soll heißen, dass die entsprechenden Grenzwerte existieren und Sie tatsächlich Flächen berechnen können. Statt nun den Grenzwert einer unendlichen Summe zu notieren, führt man ein neues Symbol ein, das Integral. Man schreibt:

$$A = \int_a^b f(x)dx$$

Die Grenzen des ursprünglichen Intervalls $[a, b]$ schreibt man dabei unten und oben an das Integral. Das dx steht für eine unendlich kleine Größe, für die Breite der Rechtecken, die mit größer werdender Anzahl immer kleiner wird. Das lang gezogene S steht für die unendliche Summe selbst. Ein schöner Trick, um sich künftig eine Menge Schreibarbeit zu ersparen. Als Schüler mag es ausreichen, wenn Sie sich merken, dass das Integral der Grenzwert einer unendlichen Summe ist.

2.1.1 Der Hauptsatz

In der Schule wird nun ein Zusammenhang zwischen Differenzial- und Integralrechnung hergeleitet, der im sogenannten Hauptsatz der Differenzial- und Integralrechnung wie folgt formuliert wird:

$$\int_a^b f(x)dx = [F(x)]_a^b = F(b) - F(a)$$

Dabei nennt man $F(x)$ eine Stammfunktion zu $f(x)$, und es gilt $F'(x) = f(x)$. Der Zusammenhang zwischen der Stammfunktion $F(x)$ und der Funktion $f(x)$ unter dem Integralzeichen ist also der, dass die Stammfunktion abgeleitet, gerade $f(x)$ ergibt. Um nun mit dem Integral eine Fläche konkret berechnen zu können, müssen wir also zunächst eine Stammfunktion finden, dann die x-Werte b und a einsetzen und die Ergebnisse voneinander abziehen, so wie es der Hauptsatz besagt. Wir bringen später ein paar Rechenbeispiele dazu aber vorher beschäftigen wir uns noch mit einigen grundlegenden Rechenregeln und den Stammfunktionen für elementare Funktionen.

2.1.2 Stammfunktionen und Rechenregeln

Wie eben gesehen, besteht die Hauptaufgabe im Wesentlichen darin, zu gegebenem $f(x)$ eine Stammfunktion $F(x)$ zu finden. Da wir bereits wissen, dass die Stammfunktion abgeleitet immer $f(x)$ ergeben muss, können wir für gewisse elementare Funktionen solche Stammfunktionen noch relativ einfach finden. Bei zusammengesetzten Funktionen benötigt man spezielle Integrationsmethoden. Es gibt sogar Integrale zu denen man keine Stammfunktion finden kann, aber solche werden in der Schule nicht behandelt. In der nachfolgenden Tabelle, auch Integraltafel genannt, geben wir die Stammfunktionen einiger elementarer Funktionen an:

$f(x)=F'(x)$	$F(x)$
c	$cx + C$
x^n	$\dfrac{1}{n+1}x^{n+1} + C, n \neq -1$
$\sin(x)$	$-\cos(x) + C$
$\cos(x)$	$\sin(x) + C$
e^x	$e^x + C$
$\dfrac{1}{x}$	$\ln(|x|) + C$

Wir haben bei der Stammfunktion immer noch eine additive Konstante C hinzugefügt, denn diese wird beim Ableiten 0. Das bedeutet, dass z.B. für $f(x) = x^2$ eine Stammfunktion durch $F(x) = \frac{1}{3}x^3$ gegeben ist, aber auch durch $F(x) = \frac{1}{3}x^3 + 5$ oder $F(x) = \frac{1}{3}x^3 - \sqrt{3}$, denn alle diese Funktionen ergeben abgeleitet $f(x)$. Man sieht also, dass die Stammfunktion nicht eindeutig bestimmt ist, sondern lediglich bis auf eine additive Konstante.

Will man zu gegebenem $f(x)$ eine Stammfunktion finden, so schreibt man diese Aufgabe in der Form $\int f(x)dx$, d.h. man lässt die untere und obere Grenze am Integralzeichen einfach weg. Diese Form nennt man auch das unbestimmte Integral. Es gilt z.B. $\int \sin(x)\,dx = -\cos(x) + C$. Hier nun ein paar wichtige Rechenregeln im Umgang mit Integralen:

Bezeichnung	Rechenregel	
Summenregel	$$\int (f(x) + g(x))\,dx = \int f(x)dx + \int g(x)dx$$	
Konstanter Faktor	$$\int c \cdot f(x)dx = c \cdot \int f(x)dx, c \in \mathbb{R}$$	
Lineare Substitution Kettenregel „rückwärts"	$$\int f(g(x))dx = \frac{F(g(x))}{g'(x)}$$	Nur wenn g(x) linear, d.h. g(x)=mx+b
Intervallregel	$$\int\limits_{a}^{b} f(x)dx = \int\limits_{a}^{c} f(x)dx + \int\limits_{c}^{b} f(x)dx, c \in \mathbb{R}$$	

Es gibt eine Reihe weiterer Integralregeln, beispielsweise die partielle Integration, die logarithmische Integration und Regeln, die man anwenden kann, wenn der Integrand spezielle Formen annimmt. Zu meiner Schulzeit wurde die partielle Integration noch in den Mathematik Grundkursen unterrichtet, heute offenbar nicht mehr. Eine weitere wichtige Formel fehlt in der obigen Aufzählung noch. Wie Sie oben gesehen haben, kann man die Integralrechnung in gewisser Weise als Umkehrung der Differenzialrechnung auffassen. Daraus leiten sich die folgenden beiden Beziehungen her: $(\int f(x)dx)' = f(x)$ und $\int f'(x)dx = f(x) + C$ mit $C \in \mathbb{R}$. Zu beachten ist, dass in der zweiten Beziehung die Konstante C wieder auftaucht, da ja die Stammfunktion erst im zweiten Berechnungsschritt ermittelt wird und diese, sofern keine weiteren Bedingungen vorliegen, eben nur bis auf die Konstante eindeutig bestimmt ist.

Versuchen Sie sich die obigen Integrationsregeln gut einzuprägen. Am besten suchen Sie sich zu jeder Regel einen Satz von Aufgaben und lösen diesen. Mit der Methode

„Learning by doing" prägen sich die Regeln erfahrungsgemäß sehr gut ein. Hier noch einige Erläuterungen zu den Rechenregeln:

Die Vertauschregel besagt, dass die Richtung der Integration Einfluss auf das Vorzeichen hat. Integriert man von b nach a statt von a nach b so dreht sich das Vorzeichen um.

Die Intervallregel besagt, dass es keine Rolle spielt, wenn Sie in das Integrationsintervall $[a; b]$ noch einen weiteren Punkt c einfügen. Zusammen mit der Vertauschregel wird die Intervallregel häufig verwendet, wenn es darum geht, Ausdrücke mit mehreren Integralen zu vereinfachen.

2.2 Flächenberechnung mit dem Integral

2.2.1 Fläche zwischen Kurve und x-Achse

Wir haben in den vorangehenden Abschnitten erfahren, dass wir die Fläche zwischen einer Kurve und der x-Achse mit Hilfe des Hauptsatzes gemäß der Formel $A = \int_a^b f(x)dx = F(b) - F(a)$ bestimmen können, wobei $F(x)$ eine Stamm-funktion von $f(x)$ darstellt. Die Sache hat allerdings noch einen Haken. Wir beschäftigen uns nun mit einigen Rechenbeispielen und im letzten werden Sie sehen, wo das Problem liegt.

Rechenbeispiel 1:

Es sei $f\,(x) = x$, also die erste Winkelhalbierende. Gesucht ist die Fläche die $f\,(x)$ im Intervall $[0; 2]$ mit der x-Achse einschließt.

Lösung:
Eine Stammfunktion zu $f(x) = x$ ist $F(x) = \frac{1}{2}x^2$ (da $F'(x) = f\,(x)$). Für die Berechnung der Fläche verwenden wir den Hauptsatz: $A = F(2) - F(0) = 2 - 0 = 2$. Wenn wir als Längeneinheit cm festlegen ist die gesuchte Fläche $A = 2\text{cm}^2$.

Rechenbeispiel 2:

Es sei $f(x) = 2x^2$. Gesucht ist die Fläche die $f(x)$ im Intervall $[-2; 2]$ mit der x-Achse einschließt.

Lösung:

$F(x) = \int 2x^2 dx = 2\int x^2 dx = \frac{2}{3}x^3 + C$ mit $C \in R$. Die Fläche A ergibt sich dann zu
$A = F(2) - F(-2) = \frac{16}{3} - \left(-\frac{16}{3}\right) = \frac{32}{3} = 10\frac{2}{3}$ LE². (LE bedeutet Längeneinheiten).

Rechenbeispiel 3:

Es sei $f(x) = \sin(x)$. Gesucht ist die Fläche die $f(x)$ im Intervall $[\pi; 2\pi]$ mit der x-Achse einschließt.

Lösung:

Eine Stammfunktion ist hier schnell gefunden: $F(x) = \int \sin(x)\,dx = -\cos(x) + C$ mit einer beliebigen Konstanten $C \in \mathbb{R}$, denn $F'(x) = -(-\sin(x)) = \sin(x)$. Damit hat man eine Fläche von

$$A = F(2\pi) - F(\pi) = -\cos(2\pi) - (-\cos(\pi)) = -1 - 1 = -2\text{LE}^2.$$

Offenbar bekommen wir einen negativen Wert und wir stellen fest:

Das Integral ist vorzeichenbehaftet!

Da es aber keine negativen Flächen gibt, müssen wir diesen Umstand irgendwie in unserer Theorie berücksichtigen.

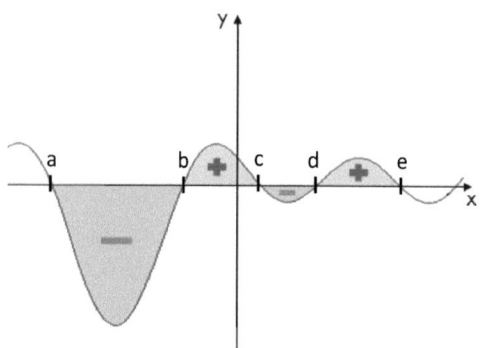

Die nebenstehende Abbildung verdeutlicht die Situation. Für die dargestellte Funktion hat das Integral in den Intervallen $[a; b]$ und $[c; d]$ einen negativen Wert, in den Intervallen $[b; c]$ und $[d; e]$ jedoch einen positiven Wert. Wenn wir jetzt, um die Gesamtfläche zu ermitteln, über das gesamte Intervall integrieren, also $\int_a^e f(x)dx$ bilden, so würden sich die Flächenstücke zum Teil gegenseitig auslöschen. Das Integral liefert hier nicht den tatsächlichen Wert der Gesamtfläche. Um diesen zu erhalten, müssen Sie die Flächenstückchen jeweils einzeln berechnen, den Absolutbetrag nehmen, um eventuelle negative Vorzeichen zu unterbinden und schließlich die Einzelwerte addieren. Im dargestellten Fall gilt:

$$A = \left|\int_a^b f(x)dx\right| + \left|\int_b^c f(x)dx\right| + \left|\int_c^d f(x)dx\right| + \left|\int_d^e f(x)dx\right|$$

Wenn wir allgemein mit dem Integral Flächen berechnen wollen, so müssen wir zunächst die Nullstellen von $f(x)$ finden und dann sozusagen von Nullstelle zu Nullstelle integrieren. Das allgemeine Verfahren zur Berechnung von Flächen mit dem Integral funktioniert dann so:

1. Zu gegebenem $f(x)$ finde eine Stammfunktion $F(x)$.

2. Wenn innerhalb des Intervalls $[a; b]$ die Fläche zwischen der Kurve und der x-Achse berechnet werden soll, so bestimme alle Nullstellen von $f(x)$ innerhalb dieses Intervalls und erhalte z.B. die Nullstellen $x_1, x_2, \ldots, x_n$ mit $n \in \mathbb{N}$.

3. Integriere nun abschnittsweise, bilde die Summe der Beträge und erhalte so die Fläche:

$$A = \left|\int_a^{x_1} f(x)dx\right| + \left|\int_{x_1}^{x_2} f(x)dx\right| + \cdots + \left|\int_{x_n}^b f(x)dx\right|$$

$$= |F(x_1) - F(a)| + |F(x_2) - F(x_1)| + \cdots + |F(b) - F(x_n)|$$

Rechenbeispiel 4:

Gegeben sei $f(x) = x^3 + 1{,}5x^2 - 1{,}5x - 1$. Bestimme die Fläche zwischen der Kurve von $f(x)$ und der x-Achse im Intervall $[-2; 1]$.

Lösung:

Unter Verwendung der Summenregel erhalten wir eine Stammfunktion

$$F(x) = \int (x^3 + 1{,}5x^2 - 1{,}5x - 1)dx = \frac{1}{4}x^4 + \frac{1}{2}x^3 - \frac{3}{4}x^2 - x + C.$$

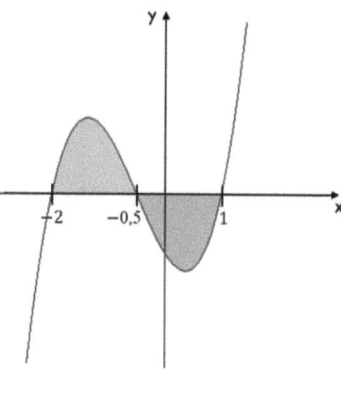

Jetzt brauchen wir noch die Nullstellen von $f(x)$, damit wir nachher abschnittsweise integrieren können. Diese finden Sie mit dem GTR. Lassen Sie sich den Graphen der Funktion zunächst zeichnen und geben Sie {2ND CALC zero} ein. Suchen Sie die Nullstelle z.B. im Intervall $[-1; 0]$ und Sie erhalten $x_1 = -0{,}5$. Damit erhält man die gesuchte Fläche wie folgt:

$$\begin{aligned}
A &= \left| \int_{-2}^{-0{,}5} f(x)dx \right| + \left| \int_{-0{,}5}^{1} f(x)dx \right| \\
&= |F(-0{,}5) - F(-2)| + |F(1) - F(-0{,}5)| \\
&\approx 1{,}265 + 1{,}265 = 2{,}53
\end{aligned}$$

Folglich ist $A \approx 2{,}5\,\text{LE}^2$.

Mit dem GTR können Sie sich die Fläche auch direkt berechnen lassen, also ohne den Umweg über den Grafik-Modus. Im Berechnungsmodus geben Sie dazu {abs(fnInt(Y₁,X,-2,-0.5)) + abs(fnInt(Y₁,X,-0.5,1)) ENTER} ein. {fnInt} finden Sie über die Taste {MATH} und {abs} finden Sie über {MATH} im Menü {NUM}.

Im folgenden Rechenbeispiel zeigen wir nochmal, den Unterschied zwischen dem Wert eines Integrals und der Fläche unterhalb einer Kurve.

Rechenbeispiel 5:

Zu $f(x) = \sin(x)$, berechne

1) $\int \sin(x)\, dx$ und

2)   die Fläche, die $\sin(x)$ im Intervall $[0; 2\pi]$ mit der x-Achse einschließt.

Lösung:

1) $\int_0^{2\pi} \sin(x)\, dx = [-\cos x]_0^{2\pi} = -\cos 2\pi - (-\cos 0) = -1 - (-1) = 0.$ Sie sehen, dass dies natürlich nicht der Flächeninhalt unterhalb der Kurve sein kann! Das Ergebnis lässt sich auch ohne große Rechnerei sofort erkennen. Im Intervall $[0; \pi]$ hat der Flächeninhalt irgendeinen Wert A. Aus Symmetriegründen hat der Flächeninhalt im Intervall $[\pi; 2\pi]$ dann den Wert $-A$, was sich gegenseitig aufhebt.

2) Zur Bestimmung von A brauchen wir die Nullstellen von sin(x). Im Intervall $[0; 2\pi]$ gibt es außer bei den Intervallgrenzen nur noch eine Nullstelle, nämlich bei $x = \pi$. Es folgt: $A = \left| \int_0^\pi \sin(x)\, dx \right| + \left| \int_\pi^{2\pi} \sin(x)\, dx \right| = |[-\cos x]_0^\pi| + |[-\cos x]_\pi^{2\pi}| = |1 + 1| + |-1 - 1| = 4$

Wenn Sie die Symmetrie erkennen, können Sie Teilaufgabe 2) noch etwas abkürzen, indem Sie lediglich den Flächeninhalt der oberen Halbwelle berechnen und diesen dann verdoppeln. Dies ist ein kleiner Trick, der bei komplexeren Aufgaben eine Menge Rechenarbeit ersparen hilft; immer vorausgesetzt, die betrachtete Kurve hat solche Symmetrien.

2.2.2 Fläche zwischen Kurve und x-Achse

Die nächste Aufgabe, die man sich in der Schule für gewöhnlich stellt, ist die Fläche zwischen zwei Kurven zu berechnen, auch für den Fall dass sie sich überschneiden.

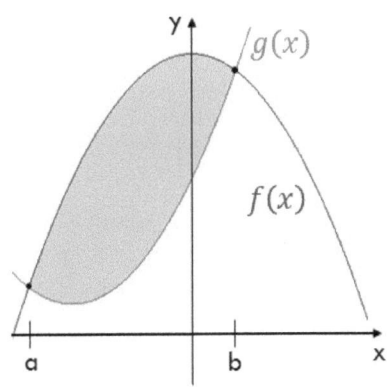

Wir gehen zunächst von dem einfachen Fall aus, dass im betrachteten Intervall $[a; b]$ die Kurve von $f(x)$ komplett oberhalb der Kurve von $g(x)$ liegt. Die Fläche dazwischen berechnet man, indem man zuerst die Fläche, die f mit der x-Achse einschließt, bestimmt und von dieser dann die Fläche abzieht, die g mit der x-Achse einschließt. So kommt man zu der Formel: $A = \int_a^b (f(x) - g(x))dx$. Liegt $g(x)$ im Intervall $[a; b]$ über $f(x)$, so bekommt man: $A = \int_a^b (g(x) - f(x))dx$.

Wenn Sie nicht jedes Mal darauf achten wollen, welche Funktion oberhalb und welche unterhalb verläuft, nehmen Sie folglich wieder den Betrag. Sie erhalten:

$$A = \left| \int_a^b (f(x) - g(x)) dx \right|$$

Rechenbeispiel 1:

Bestimme die in der Abbildung dargestellte Fläche zwischen den beiden Kurven der Funktionen $f(x) = \frac{1}{2}x^2 + 2x - 1$ und $g(x) = \frac{1}{4}x^3 - 4x - 1$ „von Hand".

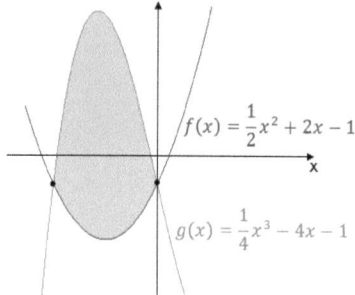

Lösung von Hand:

Zuerst werden die beiden Schnittpunkte aus der Gleichung $f(x) = g(x)$ bzw. $f(x) - g(x) = 0$ bestimmt:

$\frac{1}{4}x^3 - \frac{1}{2}x^2 - 6x = 0 \mid \cdot 4 \Rightarrow x^3 - 2x^2 - 24x = 0 \Rightarrow x(x^2 - 2x - 24) = 0 \Rightarrow x_1 = 0; x_2 = -4; x_3 = 6$ wobei die Nullstellen in der Klammer mit der p-q-Formel berechnet wurden.

Im nächsten Schritt wird nun die Fläche zwischen den beiden Kurven im Intervall $[-4; 0]$ berechnet. In diesem Intervall ist $g(x)$ die obere und $f(x)$ die untere Kurve, daher bilden wir unter dem Integral den Term $g(x) - f(x)$. Somit gilt:

$$A = \int_{-4}^{0} \left(-\frac{1}{4}x^3 + \frac{1}{2}x^2 + 6x \right) dx = \left[\frac{-1}{16}x^4 + \frac{1}{6}x^3 + 3x^2 \right]_{-4}^{0}$$

$$= 0 - \left(-16 - \frac{64}{6} + 24 \right) = 2\frac{2}{3} \text{ LE}^2$$

Rechenbeispiel 2:

Bestimme die Fläche zwischen den beiden Kurven von $f(x)$ und $g(x)$ im Intervall $[x_1; x_3]$ mit dem GTR.

Lösung mit dem GTR:

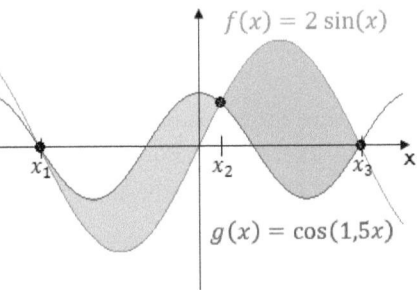

Geben Sie im Y-Editor die Terme der beiden Funktionen ein: {Y₁=2sin(x)} und {Y₂=cos(1.5x)}. Lassen Sie sich mit {GRAPH} die Kurven zeichnen und berechnen Sie mit {2nd CALC intersect} die Schnittpunkte. Sie erhalten $x_1 = -\pi; x_2 = 0{,}426$ und $x_3 = \pi$. Die Fläche zwischen den Kurven ist dann gegeben durch:

$$A = \left| \int\limits_{-\pi}^{0,426} (f(x) - g(x))\, dx \right| + \left| \int\limits_{0,426}^{\pi} (f(x) - g(x))\, dx \right|$$

Diesen Ausdruck gibt man im GTR so ein:

{abs(fnInt(Y₁-Y₂,X,-π,0.426)) + abs(fnInt(Y₁-Y₂,X,0.426,π))}

Hierbei erhält man {fnInt} über {MATH} und die Funktion {abs} über {MATH} im Menü {NUM}. Der GTR liefert dann die Fläche mit $A = 8{,}435 \text{ LE}^2$.

2.2.3 Integration durch lineare Substitution

Sie haben in den vergangenen Abschnitten eine ganze Reihe an Grundintegralen und Rechenregeln kennengelernt. Bei komplizierteren Integralen verwenden Sie diese Rechenregeln, um sie auf Grundintegrale zurückzuführen, von denen Sie eine Stammfunktion kennen. Bestimmte Integraltypen lassen sich aber dennoch nicht so ohne Weiteres auf Grundintegrale zurückführen. Hierfür greifen eine Reihe spezieller Integrationstechniken. In früheren Jahren hat man die Partielle Integration noch gelehrt, die Integration nach Partialbruchzerlegung und das allgemeine Substitutionsverfahren. Heute lernen Sie an der Schule nur noch die lineare Substitution. Dies ist, vereinfacht ausgedrückt, die „Kettenregel rückwärts". Hier eine kleine Beispielaufgabe zur Erklärung:

Gesucht ist eine Stammfunktion zu $f(x) = e^{2x}$. Mit den bisherigen Mitteln lässt sich das nicht so einfach lösen, eher mit Ausprobieren. Welche Funktion $F(x)$ ergibt abgeleitet gerade e^{2x}? Ein wenig Nachdenken führt zu $F(x) = \frac{1}{2} e^{2x} + C$. Beim Ableiten von $F(x)$ wird die Kettenregel verwendet und dabei kürzt sich der Faktor $\frac{1}{2}$ gerade wieder heraus. Es gilt demnach $\int e^{2x} dx = \frac{1}{2} e^{2x} + C$.

Jetzt etwas allgemeiner: Gesucht ist eine Stammfunktion zu $f(x) = e^{ax+b}$ mit $a, b \in \mathbb{R}$. Die Aufgabe ist so ähnlich wie die vorhergehende und es zeigt sich, dass $F(x) = \frac{1}{a} e^{ax+b} + C$ eine Stammfunktion ist. Auch hier kürzt sich beim Ableiten von $F(x)$ der Faktor $\frac{1}{a}$ wieder heraus. Das Gemeinsame an beiden Beispielen ist, dass in beiden Fällen der Integrand eine zusammengesetzte Funktion der Form $f(g(x))$ ist. Um jetzt eine Stammfunktion zu finden, bilden Sie zunächst $F(g(x))$, d.h. Sie bilden die Stammfunktion der äußeren Funktion. Anschließend teilen Sie durch die Ableitung der inneren Funktion, also durch $g'(x)$.

Rechenbeispiel 1:

Bestimme $\int \frac{1}{3x+2} \, dx$.

Lösung:

Die äußere Funktion ist $f(x) = \frac{1}{x}$ was zur Stammfunktion $F(x) = \ln(|x|)$ führt. Die innere Funktion ist $g(x) = 3x + 2$ mit der Ableitung $g'(x) = 3$. Dann ist $F(g(x))/g'(x) + C$ eine gesuchte Stammfunktion. Es folgt $\int \frac{1}{3x+2} \, dx = \frac{1}{3} \ln(|3x + 2|) + C$ mit $C \in \mathbb{R}$.

Rechenbeispiel 2:

Bestimme $\int \cos(2x + 5) \, dx$.

Lösung:

Die äußere Funktion ist $f(x) = \cos(x)$ mit der Stammfunktion $F(x) = \sin(x)$. Die innere Funktion ist $g(x) = 2x + 5$ mit der Ableitung $g'(x) = 2$. Dann ist $F(g(x))/g'(x) + C$ eine gesuchte Stammfunktion. Es folgt $\int \cos(2x + 5) \, dx = \frac{1}{2} \sin(2x + 5) + C$ mit $C \in \mathbb{R}$.

Diese Beispiele sollen verdeutlichen, warum wir die Integration durch Substitution auch die „Kettenregel rückwärts" nennen. Bei der Kettenregel bilden Sie die äußere Ableitung und nehmen mit der inneren Ableitung mal. Bei der linearen Substitution nehmen Sie die äußere „Aufleitung" und teilen durch die innere Ableitung.

2.3 Mittelwerte

Wenn Sie aus einer Menge von n Werten den Mittelwert bilden wollen, dann zählen Sie für gewöhnlich alle Werte zusammen und teilen das Ergebnis durch n. Diese Art von Mittelwert nennt man das arithmetische Mittel und soll nun Gegenstand unserer Betrachtung sein. Der Mittelwert der Zahlen 4, 8 und 9 ist beispielsweise $m = \frac{4+8+9}{3} = \frac{21}{3} = 7$. Wie aber bestimmen Sie den Mittelwert, wenn Ihre Zahlenmenge unendlich groß ist, wenn Sie also unendlich viele Werte aufaddieren müssen? Durch was wollen Sie teilen?

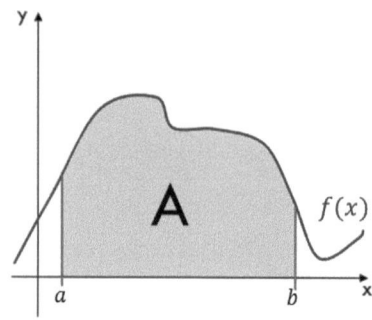

Wenn es darum geht, unendliche Summen zu bilden, hat man schnell den Bezug zum Integral, denn dieses geht ja ursprünglich aus einer Summe unendlich vieler Rechteckchen hervor (vergleiche Abschnitt Grundlagen). Wenn wir mit dem Integral arbeiten wollen, muss es sich bei der unendlichen Zahlenmenge auf jeden Fall um Funktionswerte handeln. Wir müssen unsere Frage also umformulieren: Wie bestimmt man den mittleren Funktionswert einer Funktion f innerhalb eines Intervalls $[a; b]$?

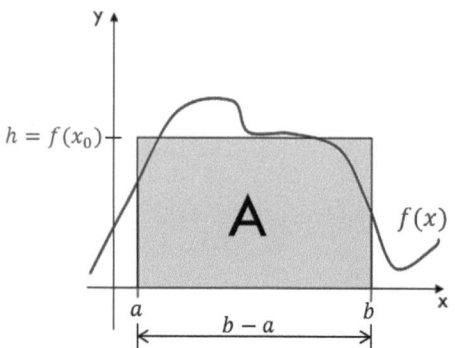

Wir wissen bereits, dass man mit Hilfe des Integrals Flächen berechnen kann. Wenn wir die Fläche im Intervall $[a; b]$ bestimmen und diese als Rechteck ansehen, so müssen wir nur durch die Seitenlänge $b - a$ teilen damit wir die Höhe des Rechtecks bekommen und es sollte anschaulich klar sein, dass dies der gesuchte Mittelwert unserer Funktionswerte ist.

Der Mittelwert m einer Funktion $f(x)$ im Intervall $[a; b]$ ist gegeben durch:

$$m = \frac{1}{b - a} \int_a^b f(x)dx$$

Rechenbeispiel 1:

Berechnen Sie den Mittlerwert der Funktion $f(x) = x$ im Intervall $[0; 2]$.

Lösung:

Es sollte anschaulich klar sein, dass nur 1 der Mittelwert sein kann. Formal:

$$m = \frac{1}{2-0} \int_0^2 x\, dx = \frac{1}{2}\left[\frac{1}{2}x^2\right]_0^2 = \frac{1}{2}(2-0) = 1$$

Rechenbeispiel 2:

Berechnen Sie den Mittlerwert der Funktion $f(x) = \sin(x)$ im Intervall $[0; 2\pi]$.

Lösung:

Auch hier sollte anschaulich klar sein, dass der Mittelwert 0 sein muss. Formal:

$$m = \frac{1}{2\pi-0} \int_0^{2\pi} \sin(x)\, dx = \frac{1}{2\pi}[-\cos(x)]_0^{2\pi} = \frac{1}{2}(-1-(-1)) = 0$$

Wenn Sie die beiden Formeln für Mittelwerte gegenüberstellen, sieht man sehr schön, dass die Integralformel als kontinuierliche Verallgemeinerung des diskreten (= endlichen) Falles betrachtet werden kann:

$$m = \frac{1}{n}(x_1 + x_2 + \cdots + x_n)$$

diskreter/endlicher Fall

$$m = \frac{1}{b-a} \int_a^b f(x)dx$$

kontinuierlicher Fall

In der Praxis tritt nun häufig der Fall auf, dass man nicht unendlich viele Funktionswerte mitteln soll, aber doch so viele, dass es unpraktisch ist, die Werte alle einzeln einzutippen. Daher stellt sich die Frage, ob man die Integralformel auch im diskreten Fall anwenden kann, also wenn man nur über endlich viele Werte mitteln soll? Die Antwort lautet: Ja, man kann! Allerdings muss man in Kauf nehmen, dass der so berechnete Mittelwert nur einen Näherungswert darstellt. Man muss also gewisse Ungenauigkeiten in Kauf nehmen. Wenn man sehr viele Werte hat, aber keinen Computer oder GTR, um die Werte aufzuaddieren, dann nimmt man diesen Nachteil meistens gerne hin.

Überlegen Sie sich, wie lange Sie ohne Computer brauchen würden, um beispielsweise aus 100 Werten den Mittelwert zu bilden. Alle Werte aufzusummieren wäre eine Menge Arbeit. Ein Integral zu berechnen, kann da deutlich schneller sein, vorausgesetzt der Integrand ist nicht allzu kompliziert. Wenn man in einer Abitur-Aufgabe den Mittelwert berechnen soll, dann sind zumeist beide Varianten erlaubt, es sei denn im Text steht, dass der Mittelwert „genau" bestimmt werden soll. Wenn Sie die Integralformel für den diskreten Fall verwenden, schreiben Sie in Ihren Lösungen immer dazu, dass Ihr Ergebnis ein Näherungswert ist.

Rechenbeispiel 3:

Ein Messfühler misst jede Stunde die Temperatur eines Kühlraums. Zu Beginn der Messung hat der Kühlraum noch 24°C Umgebungstemperatur. Die Messung beginnt mit dem Einschalten des Kühlraums und dem Schließen der Tür. Der Temperaturverlauf wird innerhalb der ersten 20 Stunden durch die Funktion $f(x) = 24 - 0,2x^2$ (x in Stunden) dargestellt. Wie hoch ist die Durch-schnittstemperatur innerhalb dieser Zeitspanne im Kühlraum?

Lösung:

Bevor Sie 20 Werte einzeln ausrechnen, aufsummieren und durch 20 teilen, nehmen Sie lieber die Integralformel:

$$m = \frac{1}{20 - 0} \int_{0}^{20} (24 - 0,2x^2)\, dx = \frac{1}{20}[24x - 0,0667x^3]_0^{20} = \frac{1}{20}(-53,33) = -2,66$$

Die Durchschnittstemperatur im Kühlraum beträgt näherungsweise(!) $-2,66°C$.

Der genaue Wert ist $-3,5°C$. Gegenüber dem genauen Wert haben wir also eine Abweichung von knapp $1°C$, wodurch Sie eine Vorstellung bekommen, mit welchen Größenordnungen Sie bei den Abweichungen rechnen müssen.

Den genauen Wert können Sie mit dem GTR ermitteln, indem Sie im Y-Editor bei Y_1 den Funktionsterm von $f(x)$ eingeben. Schalten Sie mit {2nd QUIT} wieder um in den Anzeigemodus und geben dort {sum(seq(Y_1,X,0,20))/20} gefolgt von {ENTER} ein. Die

Funktion {sum(} erreichen Sie über {2nd LIST MATH} und die Operation {seq(} bekommen Sie mit{2nd LIST OPS}. Die Bedienung des GTR wird im Kapitel „Mathematische Techniken und Verfahren" beschrieben.

2.4 Rotationsvolumen

Die Idee, die uns zum Berechnen von Flächen mit Hilfe von Integralen geführt hat, lässt sich noch auf verschiedene Arten erweitern. Man kann Formeln finden zur Berechnung der Länge einer Kurve innerhalb eines bestimmten Intervalls, man kann Schwerpunkte von begrenzten Flächen bestimmen, das Volumen von speziellen Körpern berechnen usw. In diesem Abschnitt geht es darum, die Kurve einer Funktion um eine der Achsen rotieren zu lassen, z.B. um die x-Achse. Dadurch entsteht ein Rotationskörper, dessen Volumen berechnet werden soll.

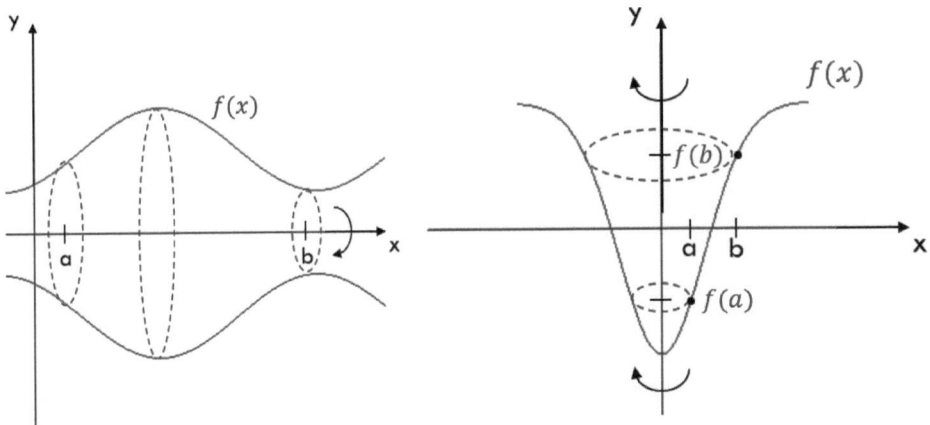

Hier rotiert die Kurve um die x-Achse und es soll das Volumen des Rotationskörpers in einem beliebigen Intervall $[a; b]$ berechnet werden.

Diese Abbildung zeigt eine Kurve, die um die y-Achse rotiert. Hier entsteht ebenfalls ein Rotationskörper, dessen Volumen innerhalb des Abschnitts $[f(a); f(b)]$ auf der y-Achse berechnet werden soll.

Die Idee, mit der wir das Rotationsvolumen bestimmen können, ist ihrem Wesen nach dieselbe, wie die Idee, die zur Flächenberechnung geführt hat. Bei der Flächenberechnung hatten wir die Fläche unterhalb der Kurve mit vielen kleinen Rechteckchen ausgelegt und so einen Näherungswert für den tatsächlichen Flächeninhalt erhalten. Je mehr Rechteckchen wir verwendet haben, desto genauer wurde der Näherungswert, bis wir im Grenzfall mit unendlich vielen Rechteckchen den Wert exakt bekamen. Freilich mussten dabei einige Bedingungen erfüllt sein, damit das überhaupt funktionierte.

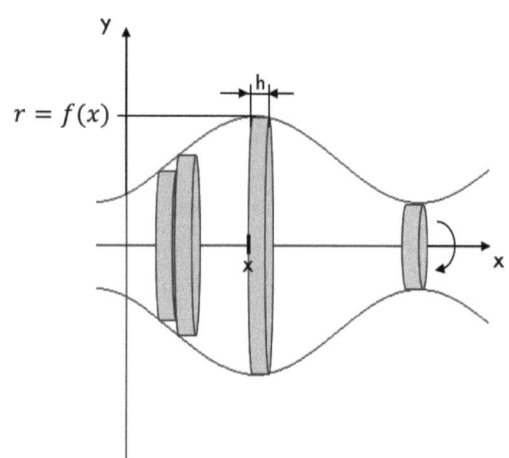

Jetzt gehen wir ganz genauso vor, nur dass wir keine Rechtecke mehr verwenden sondern kleiner Zylinderscheibchen. Wir legen also den Rotationskörper mit n kleinen Scheibchen gleicher Dicke h aus. Jedes Scheibchen berührt die Kurve in irgendeinem Punkt. Wenn die x-Koordinate dieses Punktes x_i ist, dann entspricht der Radius des Scheibchens dem Funktionswert $f(x_i)$. Das Volumen eines Scheibchens ist das Volumen eines Zylinders $V_Z = \pi r^2 h$. Wegen $r = f(x_i)$ folgt $V_Z = \pi f^2(x_i)h$. Wie bei der Flächenberechnung zählen wir jetzt die Volumina der n Scheibchen zusammen und erhalten einen Näherungswert für das Rotationsvolumen. Der Näherungswert wird umso genauer, je mehr Scheibchen wir nehmen. Im Grenzfall haben wir wieder eine unendliche Summe mit Scheibchen von unendlich kleiner Dicke. Für einen solchen Fall hatten wir bei der Flächenberechnung die Integralschreibweise verwendet, die auch hier zum Einsatz kommt.

Das Rotationsvolumen um die x-Achse ist gegeben durch:

$$V_x = \pi \int_a^b [f(x)]^2 \, dx$$

Bei einer Rotation um die y-Achse, sagen wir im Intervall $[y_1; y_2]$, sind die Verhältnisse ganz ähnlich. Sie vertauschen dabei einfach die Rollen der x- und der y-

Achse! Mathematisch gesehen bedeutet das, dass Sie zu $f(x)$ die Umkehrfunktion $f^{-1}(y)$ bilden. Aus der Integrationsvariablen dx wird dann dy.

Das Rotationsvolumen um die y-Achse ist gegeben durch:

$$V_y = \pi \int_{y_1}^{y_2} [f^{-1}(y)]^2 \, dy$$

Rechenbeispiel 1:

Gegeben sei die Parabel $f(x) = x^2$. Die Parabel rotiert zuerst um die x-Achse und dann um die y-Achse. Berechne die Rotationsvolumina V_x im Intervall $[0; 2]$ und V_y im Intervall $[0; 4]$.

Lösung:

Für V_x verwende einfach obige Formel:

$$V_x = \pi \int_0^2 (x^2)^2 \, dx = \pi \left[\frac{1}{5}x^5\right]_0^2 = \frac{32}{5}\pi$$

Zur Bestimmung von V_y müssen wir zunächst die Umkehrfunktion finden. Sie erinnern sich wie man zu gegebenem $f(x)$ die Umkehrfunktion bestimmt? Löse einfach die Gleichung $y = f(x)$ nach x auf! Mit $y = x^2$ erhält man $x = \sqrt{y} = f^{-1}(y)$. Dies ist die Umkehrfunktion zu $f(x)$, die Sie nun in die Volumenformel für V_y einsetzen. Es folgt

$$V_y = \pi \int_0^4 (\sqrt{y})^2 \, dy = \pi \left[\frac{1}{2}y^2\right]_0^4 = 8\pi$$

Rechenbeispiel 2:

Gegeben sei die Funktion $f(x) = \sqrt{x^2 + 2}$. Berechne die Rotationsvolumina V_x im Intervall $[0; 2]$ und V_y im Intervall $\left[\sqrt{2}; 3\right]$.

Lösung:

$$V_x = \pi \int_0^2 \left(\sqrt{x^2+2}\right)^2 dx = \pi \int_0^2 (x^2+2)\, dx$$

$$= \pi \left[\frac{1}{3}x^3 + 2x\right]_0^2 = \pi \left[\frac{8}{3}+4\right] = \frac{20}{3}\pi$$

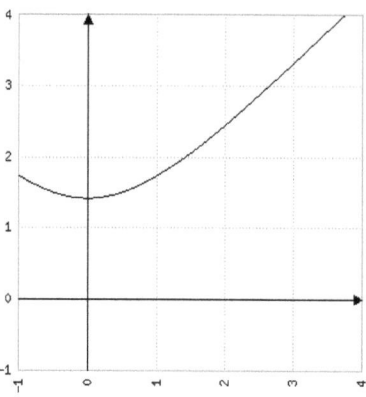

Für V_y bestimmen wir zunächst die Um-kehrfunktion von f:

$$y = \sqrt{x^2+2} \Rightarrow y^2 = x^2+2 \Rightarrow x = \sqrt{y^2-2} = f^{-1}(y)$$

Wie vorher setzen wir dies wieder in die Volumenformel für V_y ein:

$$V_y = \pi \int_{\sqrt{2}}^3 \left(\sqrt{y^2-2}\right)^2 dy = \pi \int_{\sqrt{2}}^3 (y^2-2)\, dy = \pi \left[\frac{1}{3}y^3 - 2y\right]_{\sqrt{2}}^3$$

$$= \pi \left[(9-6) - \left(\frac{2\sqrt{2}}{3} - 2\sqrt{2}\right)\right] \approx 4{,}885\pi$$

Für den Fall, dass Sie noch ein wenig Übung beim Bestimmen von Umkehrfunktionen brauchen, hier noch ein paar Übungsaufgaben.

Übungen zum Thema Umkehrfunktionen:

Finde zu folgenden Funktionen die jeweilige Umkehrfunktion:

1) $f(x) = 2x + 3$
2) $f(x) = e^{x/2}$
3) $f(x) = x^2 + 4x + 4$

Lösungen:

1) $x = \frac{y-3}{2} \Rightarrow f^{-1}(x) = \frac{x-3}{2}$
2) $x = 2\ln(y) \Rightarrow f^{-1}(x) = 2\ln(x)$
3) $x = \sqrt{y} - 2 \Rightarrow f^{-1}(x) = \sqrt{x} - 2$

Zuweilen kommt es vor, dass die Kurve nicht um die x-Achse sondern um eine Parallele der x-Achse rotieren soll. Hier wenden Sie denselben Trick an, den Sie schon bei der Bestimmung von Symmetrien kennengelernt haben. Angenommen die Parallele der x-Achse sei gegeben durch die Geradengleichung $y = a$ mit $a \in \mathbb{R}$. Sie verschieben nun einfach die Kurve um $-a$ und können dann wieder das Rotationsvolumen um die x-Achse nach der gewohnten Formel berechnen. Sie bilden also $g(x) = f(x) - a$ und berechnen V_x von $g(x)$.

Wenn die Kurve um eine Parallele der y-Achse rotieren soll, so verschieben Sie die Kurve (nach links oder rechts) so, dass Sie nunmehr das Rotationsvolumen um die y-Achse bestimmen können. Falls $x = h$ mit $h \in \mathbb{R}$ die Gleichung der Parallelen zur y-Achse ist, so bilden Sie $g(x) = f(x + h)$, falls Sie f nach links verschieben müssen bzw. $g(x) = f(x - h)$, falls Sie f nach rechts verschieben müssen und bestimmen dann V_y von $g(x)$ mit der gewohnten Formel. Auf ein Rechenbeispiel wird hier verzichtet.

3 Analytische Geometrie

3.1 Grundlagen

3.1.1 Vektoren und Rechenregeln

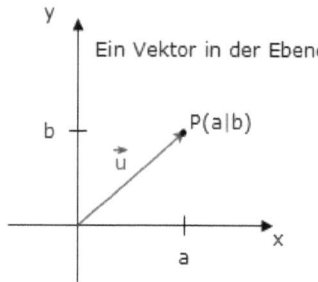

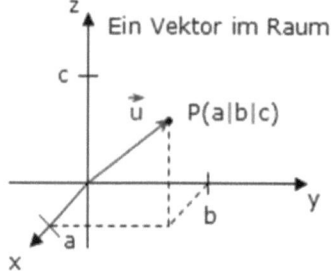

Im Allgemeinen beschreibt man Punkte der Ebene oder des Raumes durch ihre Koordinaten, z.B. $P(1|2)$ oder $Q(-1|2|3)$. Man kann einen Punkt der Ebene aber auch dadurch kennzeichnen, dass man einen Pfeil zeichnet, der am Ursprung des Koordinatensystems beginnt und mit der Pfeilspitze auf den betreffenden Punkt zeigt. Die Pfeile werden Vektoren genannt und mit kleinen Buchstaben mit einem darüber liegenden Pfeil gekennzeichnet, z.B. $\vec{p}$ oder $\vec{q}$.

Die beiden Abbildungen links zeigen solche Vektoren. In der Schule werden Vektoren als Spalte in runden Klammern geschrieben, z.B. $\vec{p} = \begin{pmatrix} 1 \\ 2 \end{pmatrix}$.

Die Einträge in einem Vektor nennt man wie bei einem Punkt seine Koordinaten. In der Schule werden zwei- und dreidimensionale Vektoren untersucht, also solche in der Ebene oder im Raum. Prinzipiell kann ein Vektor aber auch mehr Einträge (Koordinaten) haben. Die Untersuchung von n-dimensionalen Vektoren in n-dimensionalen Räumen bleibt aber den Universitäten vorenthalten.

Im Beispiel ist 1 die x-Koordinate und 2 die y-Koordinate des Vektors $\vec{p}$. Sie werden sich vielleicht fragen, warum man eine so merkwürdige Schreibweise einführt, wie ein Bruch nur ohne Bruchstrich und dazu noch runde Klammern. Ziel ist es, bestimmte Sachverhalte oder Fragestellungen einfacher ausdrücken zu können. Vor allem erhofft man sich die üblichen geometrischen Gesetzmäßigkeiten in der neuen „Sprache" besser formulieren zu können und Rechnungen durch die vereinfachte Schreibweise abkürzen oder doch wenigstens übersichtlicher notieren zu können.

Wenn wir mit Vektoren rechnen können wollen, brauchen wir zuerst ein paar einfache Rechenregeln:

Vektoraddition:

$$\vec{a} + \vec{b} = \begin{pmatrix} a_1 \\ a_2 \end{pmatrix} + \begin{pmatrix} b_1 \\ b_2 \end{pmatrix} = \begin{pmatrix} a_1 + b_1 \\ a_2 + b_2 \end{pmatrix}$$

S-Multiplikation:

$$c \cdot \vec{a} = c \cdot \begin{pmatrix} a_1 \\ a_2 \end{pmatrix} = \begin{pmatrix} c \cdot a_1 \\ c \cdot a_2 \end{pmatrix} \text{ mit } c \in \mathbb{R}$$

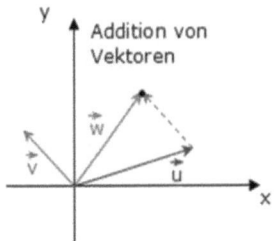

Man addiert also zwei Vektoren, indem man deren Koordinaten addiert. Geometrisch bedeutet das, dass man die zwei Pfeile, welche durch die Vektoren dargestellt werden, einfach hintereinander hängt, also den einen an die Spitze des anderen, so wie es die nebenstehende Abbildung zeigt. Man schreibt $\vec{u} + \vec{v} = \vec{w}$ und nennt dies eine Vektorgleichung. Die Veranschaulichung der Vektoraddition durch das Verschieben von Pfeilen kennen Sie vielleicht auch aus dem Physikunterricht, dort unter der Bezeichnung Parallelogrammregel.

Das zweite Gesetz mag vielleicht intuitiv klar sein, aber wenn man genauer darüber nachdenkt, findet man doch etwas Merkwürdiges. Wir multiplizieren nämlich zwei völlig verschiedene Objekte! Das eine ist eine reelle Zahl c, das andere ist ein Vektor. Was soll dabei herauskommen? Wieder eine reelle Zahl oder doch besser ein Vektor? Nun, Sie dürfen nicht vergessen, dass Vektoren ursprünglich einen geometrischen Hintergrund haben, d.h. dass wir sie als gerichtete Pfeile ansehen dürfen. Soll nun ein Pfeil, sagen wir um den Faktor 2 verlängert werden, dann muss jede Komponente des Vektors mit 2 multipliziert werden. Sie können das ganz einfach mit einem beliebigen Vektor in einem Koordinatensystem nachvollziehen. Eine Besonderheit besteht in der Multiplikation mit negativen Werten. Multipliziert man einen Vektor $\vec{v}$ mit -1 so bleibt der Vektor noch genauso lang wie vorher, allerdings zeigt jetzt der Pfeil in die entgegengesetzte Richtung. Wenn reelle Zahlen in Verbindung mit Vektoren auftreten, nennt man erstere auch Skalare. Damit werden die beiden

Objekte Skalar und Vektor auch begrifflich voneinander unterschieden. Die Multiplikation eines Skalars mit einem Vektor nennt man S-Multiplikation, nicht zu verwechseln mit dem Skalarprodukt und dem Vektorprodukt.

Wir definieren nun das eben angesprochene Skalarprodukt, bei dem zwei Vektoren multipliziert werden und als Ergebnis ein Skalar, also eine reelle Zahl entsteht. Symbolisch schreibt man $\vec{a} \cdot \vec{b}$ oder $\langle \vec{a}, \vec{b} \rangle$. Beide Schreibweisen sind geläufig, wir verwenden aber nachfolgend die „Punktnotation". Das Skalarprodukt ist wie folgt definiert:

Skalarprodukt für zweidimensionale Vektoren:

$$\vec{a} \cdot \vec{b} = \begin{pmatrix} a_1 \\ a_2 \end{pmatrix} \cdot \begin{pmatrix} b_1 \\ b_2 \end{pmatrix} = a_1 b_1 + a_2 b_2$$

Skalarprodukt für dreidimensionale Vektoren:

$$\vec{a} \cdot \vec{b} = \begin{pmatrix} a_1 \\ a_2 \\ a_3 \end{pmatrix} \cdot \begin{pmatrix} b_1 \\ b_2 \\ b_3 \end{pmatrix} = a_1 b_1 + a_2 b_2 + a_3 b_3$$

Wie Sie bereits aus dem Schulunterricht wissen, wird das Skalarprodukt bei Winkelberechnungen verwendet, insbesondere aber kann man damit sehr bequem feststellen, ob zwei Vektoren senkrecht zueinander stehen. Damit werden wir uns später noch genauer befassen.

3.1.2 Linearkombinationen und lineare Unabhängigkeit

Mit den beiden Rechenregeln aus dem vorangehenden Abschnitt können Sie Vektoren miteinander kombinieren und erhalten so wieder neue Vektoren. Beispielsweise können Sie mit den beiden Vektoren $\vec{u} = \begin{pmatrix} 3 \\ 1 \end{pmatrix}$ und $\vec{v} = \begin{pmatrix} 9 \\ 3 \end{pmatrix}$ den Nullvektor (geschrieben als $\vec{0}$) bilden, denn $3\vec{u} - 1\vec{v} = \begin{pmatrix} 9 \\ 3 \end{pmatrix} - \begin{pmatrix} 9 \\ 3 \end{pmatrix} = \begin{pmatrix} 0 \\ 0 \end{pmatrix}$. Ganz allgemein nennt man Ausdrücke der Form $s_1 \vec{v_1} + s_2 \vec{v_2} + \cdots + s_n \vec{v_n}$ mit $s_1, s_2, \ldots, s_n \in \mathbb{R}$ eine Linearkombination der Vektoren $\vec{v_1}$ bis $\vec{v_n}$. Das Konzept der

Linearkombination ist so allgemein gehalten, dass es noch nicht einmal eine Rolle spielt, ob es sich um Vektoren der Ebene oder um Vektoren des Raumes handelt.

Ein weiteres wichtiges Konzept ist das der linearen Abhängigkeit bzw. der linearen Unabhängigkeit. Man nennt die n Vektoren $\vec{v_1}$ bis $\vec{v_n}$ genau dann linear unabhängig wenn die Gleichung $s_1\vec{v_1} + s_2\vec{v_2} + \cdots + s_n\vec{v_n} = \vec{0}$ nur(!) für $s_1 = s_2 = \cdots = s_n = 0$ gelöst wird, andernfalls nennt man die Vektoren linear abhängig.

Falls Sie lediglich zwei Vektoren auf lineare Abhängigkeit testen wollen, reicht es zu prüfen, ob diese Vielfache voneinander sind. Ist dies der Fall so sind die beiden Vektoren linear abhängig, andernfalls sind sie linear unabhängig. Wenn Sie aber mehr als zwei Vektoren auf lineare Abhängigkeit prüfen müssen, werden Sie um die Verwendung obiger Gleichung wahrscheinlich nicht herum kommen. Die nächsten Rechenbeispiele verdeutlichen das Vorgehen beim Testen auf lineare Abhängigkeit.

Rechenbeispiel 1:

Prüfe die Vektoren $\vec{u} = \begin{pmatrix} -1 \\ 2 \end{pmatrix}$ und $\vec{v} = \begin{pmatrix} 2 \\ -4 \end{pmatrix}$ auf lineare Abhängigkeit.

Lösung:

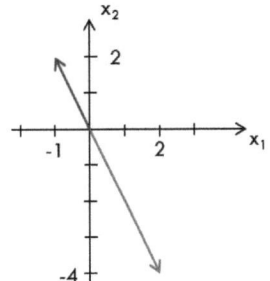

Die beiden Vektoren sind Vielfache voneinander, daher sind sie linear abhängig!

Nun lösen wir die Aufgabe noch einmal mithilfe der Gleichung aus der Definition. Wir setzen $s\vec{u} + t\vec{v} = \vec{0}$, bestimmen die Parameter s und t und erhalten:

$$s\begin{pmatrix} -1 \\ 2 \end{pmatrix} + t\begin{pmatrix} 2 \\ -4 \end{pmatrix} = \begin{pmatrix} 0 \\ 0 \end{pmatrix} \Leftrightarrow \begin{array}{l} I. -s + 2t = 0 \\ II. \ 2s - 4t = 0 \end{array}$$

Durch Verdoppeln der ersten Gleichung und Addition der zweiten sehen Sie, dass nun die zweite Gleichung wegfällt und es verbleibt $I. -s + 2t = 0$. In dieser Situation kann ein Parameter, z.B. t, frei gewählt werden. Insbesondere kann $t \neq 0$ gewählt werden. Somit ist $s = t = 0$ nicht die einzige(!) Lösung des Gleichungssystems, folglich sind $\vec{u}$ und $\vec{v}$ linear abhängig. Geometrisch bedeutet dies, dass $\vec{u}$ und $\vec{v}$ entweder in dieselbe Richtung zeigen oder entgegengesetzt orientiert sind wie in der Abbildung.

Rechenbeispiel 2:

Stellen Sie fest, ob die Vektoren $\vec{a} = \begin{pmatrix} 1 \\ 0 \end{pmatrix}$ und $\vec{b} = \begin{pmatrix} 0 \\ 1 \end{pmatrix}$ linear unabhängig sind.

Lösung:

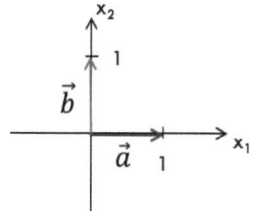

Die beiden Vektoren sind nicht Vielfache voneinander, daher sind sie linear unabhängig!

Nun lösen wir die Aufgabe noch einmal mithilfe der Gleichung aus der Definition.

Dazu setzen wir $s\vec{a} + t\vec{b} = \vec{0}$ und bestimmen die Parameter s und t. Man erhält:

$$s\begin{pmatrix} 1 \\ 0 \end{pmatrix} + t\begin{pmatrix} 0 \\ 1 \end{pmatrix} = \begin{pmatrix} 0 \\ 0 \end{pmatrix} \Leftrightarrow \begin{array}{l} \text{I.} \quad s + 0 = 0 \\ \text{II.} \quad 0 + t = 0 \end{array}$$

Aus diesen beiden Gleichungen liest man $s = t = 0$ als einzige(!) Lösung ab, folglich sind $\vec{a}$ und $\vec{b}$ linear unabhängig. Geometrisch bedeutet dies, dass $\vec{a}$ und $\vec{b}$ weder in dieselbe Richtung zeigen, noch entgegengesetzt orientiert sind.

Rechenbeispiel 3:

Prüfe die Vektoren $\vec{a} = \begin{pmatrix} 1 \\ -2 \\ 3 \end{pmatrix}$, $\vec{b} = \begin{pmatrix} 2 \\ -2 \\ 4 \end{pmatrix}$ und $\vec{c} = \begin{pmatrix} -4 \\ 6 \\ -10 \end{pmatrix}$ auf lineare Abhängigkeit.

Lösung:

Setze $s\vec{a} + t\vec{b} + u\vec{b} = \vec{0}$ und löse das entstehende lineare Gleichungssystem:

Aus $s\begin{pmatrix} 1 \\ -2 \\ 3 \end{pmatrix} + t\begin{pmatrix} 2 \\ -2 \\ 4 \end{pmatrix} + u\begin{pmatrix} -4 \\ 6 \\ -10 \end{pmatrix} = \begin{pmatrix} 0 \\ 0 \\ 0 \end{pmatrix}$ erhält man

$$\begin{array}{rcrcrcl} s & + & 2t & - & 4u & = & 0 \\ -2s & - & 2t & + & 6u & = & 0 \\ 3s & + & 4t & - & 10u & = & 0 \end{array} \qquad \Rightarrow \qquad \begin{array}{rcrcrcl} s & + & 2t & - & 4u & = & 0 \\ & & 2t & - & 2u & = & 0 \\ & & 2t & - & 2u & = & 0 \end{array}$$

In dieser Situation fällt die dritte Gleichung weg. Damit kann einer der Parameter, z.B. u frei gewählt werden. Insbesondere kann dieser Parameter ungleich 0 gewählt werden. Es gibt somit eine von $s = t = u = 0$ verschiedene Lösung, d.h. die Vektoren sind linear abhängig.

In den Rechenbeispielen haben Sie nun gesehen, dass es immer wieder darauf hinausläuft, ein lineares Gleichungssystem zu lösen. Daraus lässt sich ein einfaches Kochrezept formulieren.

Test auf lineare Unabhängigkeit:

1. Zu gegebenen Vektoren $\vec{v_1}, \vec{v_2}, \ldots, \vec{v_n}$ setze
$$s_1 \vec{v_1} + s_2 \vec{v_2} + \cdots + s_n \vec{v_n} = \vec{0}.$$

2. Bestimme aus dem obigen linearen Gleichungssystem die Unbekannten s_1 bis s_n.

3. Wenn Sie als einzige(!) Lösung $s_1 = s_2 = \cdots = s_n = 0$ erhalten, so sind die Vektoren $\vec{v_1}, \vec{v_2}, \ldots, \vec{v_n}$ linear unabhängig. Gibt es außer der „Null-Lösung" (auch triviale Lösung genannt) noch andere Lösungen, so sind die Vektoren linear abhängig.

Spezialfall:

Sind zwei Vektoren Vielfache voneinander, so sind sie linear abhängig, andernfalls sind sie linear unabhängig.

Wozu benötigt man dies?
Die Begriffe linear abhängig oder unabhängig helfen bei der Beurteilung der Lage von Geraden oder Ebenen zueinander. Man kann beispielsweise prüfen, ob Geraden parallel zueinander verlaufen oder ob eine Gerade senkrecht zu einer Ebene steht. Wir werden uns später noch genauer damit beschäftigen.

3.1.3 Längen, Winkel und Abstände

In der Geometrie geht man u.a. mit Längen, Abständen und Winkeln um. In der Schule wird man nun Schritt für Schritt die entsprechenden Größen in der neuen (vektoriellen) Schreibweise ausdrücken. Wir verzichten hier auf lange Herleitungen und stellen gleich die Endergebnisse dar, die Sie aus der Schule bereits kennen.

Der Ausdruck $|\vec{x}|$ (gelesen: „Betrag von $\vec{x}$" oder „Länge von $\vec{x}$") bezeichnet die Länge eines Vektors. Sie ist leicht mit dem Satz von Pythagoras zu bestimmen.

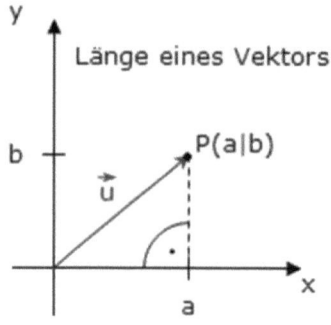

Länge für zweidimensionale Vektoren:

$$|\vec{x}| = \left|\begin{pmatrix} x_1 \\ x_2 \end{pmatrix}\right| = \sqrt{x_1^2 + x_2^2}$$

Länge für dreidimensionale Vektoren:

$$|\vec{x}| = \left|\begin{pmatrix} x_1 \\ x_2 \\ x_3 \end{pmatrix}\right| = \sqrt{x_1^2 + x_2^2 + x_3^2}$$

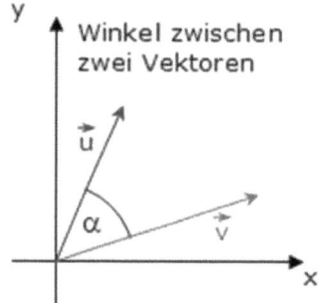

Der Winkel zwischen zwei Vektoren $\vec{u}$ und $\vec{v}$ ist gegeben durch

$$\cos(\alpha) = \frac{\vec{u} \cdot \vec{v}}{|\vec{u}| \cdot |\vec{v}|}$$

Aus obiger Winkeldefinition lässt sich sofort ableiten, wann zwei Vektoren zueinander senkrecht stehen. Für $\alpha = 90°$ ist nämlich $\cos(\alpha) = 0$. Der Ausdruck auf der rechten Seite in der Winkelformel wird aber nur dann Null, wenn der Zähler Null wird. Wir haben also folgendes Kriterium:

Kriterium für senkrecht aufeinander stehende Vektoren:

Zwei Vektoren $\vec{u}$ und $\vec{v}$ stehen senkrecht aufeinander genau dann wenn $\vec{u} \cdot \vec{v} = 0$ ist, d.h. wenn das Skalarprodukt Null ist.

Rechenbeispiel 1:

Bestimme die Länge des Vektors $\vec{a} = \begin{pmatrix} 0 \\ -3 \\ 4 \end{pmatrix}$.

Lösung:

$$| \vec{a} | = \sqrt{0^2 + (-3)^2 + 4^2} = \sqrt{25} = 5$$

Rechenbeispiel 2:

Bestimme die Länge des Vektors $\vec{b} = \begin{pmatrix} 1 \\ 2 \\ 3 \end{pmatrix}$.

Lösung:

$$| \vec{b} | = \sqrt{1^2 + 2^2 + 3^2} = \sqrt{14}$$

Rechenbeispiel 3:

Bestimme den Winkel zwischen den Vektoren $\vec{a} = \begin{pmatrix} 0 \\ -3 \\ 4 \end{pmatrix}$ und $\vec{b} = \begin{pmatrix} 1 \\ 2 \\ 3 \end{pmatrix}$.

Lösung:

Aus den Rechenbeispielen 1 und 2 wissen wir bereits, dass $|\vec{a}| = 5$ und $|\vec{b}| = \sqrt{14}$ gilt. Wir bestimmen noch das Skalarprodukt der beiden Vektoren und erhalten $\vec{a} \cdot \vec{b} = 0 \cdot 1 + (-3) \cdot 2 + 4 \cdot 3 = -6 + 12 = 6$. Diese Teilergebnisse setzen wir in die Winkelformel ein und erhalten: $\cos(\alpha) = \frac{\vec{a} \cdot \vec{b}}{|\vec{a}| \cdot |\vec{b}|} = \frac{6}{5\sqrt{14}} \approx 0{,}3207$. Daraus ergibt sich mit dem GTR über {2ND cos} der Winkel zwischen $\vec{a}$ und $\vec{b}$ mit $\alpha \approx 71{,}3°$.

In der elementaren Geometrie kann der Abstand zwischen zwei Punkten P und Q in einem Koordinatensystem mit dem Satz des Pythagoras bestimmt werden. Die betreffende Formel können wir nun ebenfalls in die vektorielle Schreibweise

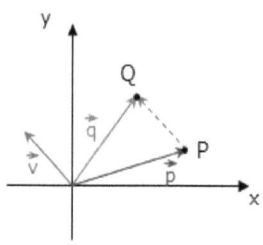

übersetzen, sie lässt sich aber auch direkt aus dem bisherigen Wissen über Vektoren gewinnen. Es seien $\vec{p} = \begin{pmatrix} p_1 \\ p_2 \end{pmatrix}$ und $\vec{q} = \begin{pmatrix} q_1 \\ q_2 \end{pmatrix}$ die Ortsvektoren der Punkte P und Q. Aus der nebenstehenden Abbildung wird ersichtlich, dass $\vec{p} + \vec{v} = \vec{q}$ gilt, woraus $\vec{v} = \vec{q} - \vec{p}$ folgt. Die Länge des Vektors $\vec{v}$ ist aber genau der Abstand zwischen den beiden Punkten. Somit gilt $|\vec{v}| = |\overrightarrow{PQ}| = |\vec{q} - \vec{p}|$ also $d = \left| \begin{pmatrix} q_1 \\ q_2 \end{pmatrix} - \begin{pmatrix} p_1 \\ p_2 \end{pmatrix} \right| = \sqrt{(q_1 - p_1)^2 + (q_2 - p_2)^2}$. Dies lässt sich auch problemlos auf Vektoren im Raum erweitern. Wir erhalten folgende Formeln:

Abstand zwischen zwei Punkten P und Q in der Ebene:

$$d = |\overrightarrow{PQ}| = \sqrt{(q_1 - p_1)^2 + (q_2 - p_2)^2}$$

Abstand zwischen zwei Punkten P und Q im Raum:

$$d = |\overrightarrow{PQ}| = \sqrt{(q_1 - p_1)^2 + (q_2 - p_2)^2 + (q_3 - p_3)^2}$$

Vereinbarungsgemäß wird nur die positive Lösung der Wurzel genommen.

Rechenbeispiel 4:

Bestimme den Abstand zwischen den Vektoren $\vec{a} = \begin{pmatrix} 0 \\ -3 \\ 4 \end{pmatrix}$ und $\vec{b} = \begin{pmatrix} 1 \\ 2 \\ 3 \end{pmatrix}$.

Lösung:

$$d = |\vec{b} - \vec{a}| = \sqrt{(1 - 0)^2 + \left(2 - (-3)\right)^2 + (3 - 4)^2} = \sqrt{27} \approx 5{,}2$$

Später werden wir die Abstände zwischen zwei Geraden, einer Geraden und einer Ebene sowie zwischen zwei Ebenen bestimmen. Sie werden dabei sehen, dass wir dabei immer wieder auf den Abstand zwischen zwei Punkten und somit auf die obigen Formeln zurückgeführt werden.

3.2 Darstellungsformen von Geraden und Ebenen

In diesem Abschnitt beginnen wir geometrische Objekte, insbesondere Geraden und Ebenen, mit der neuen vektoriellen Schreibweise darzustellen. Wir kennen verschiedene Darstellungsformen, um Geraden und Ebene zu beschreiben. Nachfolgend mochte ich Sie zunächst zur so genannten Parameterform hinführen. Anschließend folgt eine Tabelle mit einer Liste verschiedener Darstellungsformen, die in der Schule behandelt werden. Ein Spezialfall, die Hesse'sche Normalform ist hier nicht zu finden. Wir beschäftigen uns an späterer Stelle damit.

3.2.1 Parameterform einer Geraden

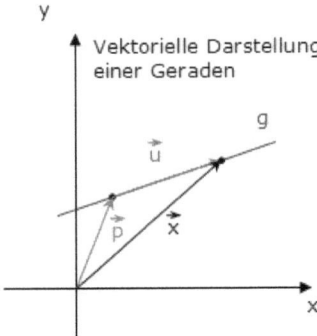

Vektorielle Darstellung einer Geraden

Wir beginnen damit, eine Gerade in der Ebene vektoriell zu beschreiben. Betrachten Sie dazu die nebenstehende Abbildung. Wir suchen uns irgendeinen Punkt P auf der Geraden und haben somit schon den zugehörigen Ortsvektor $\vec{p}$. Einen zweiten Punkt X bekommen wir, indem wir einen Vektor $\vec{u}$ hinzuaddieren, der entlang der Geraden verläuft. Wenn wir nun beliebige Vielfache von $\vec{u}$ addieren, können wir jeden beliebigen Punkt X auf der Geraden erreichen. Diesen Gedanken notieren wir:

Parameterform: $\qquad g\colon \vec{x} = \vec{p} + t\vec{u},\ t \in \mathbb{R}$

Das bedeutet: Um einen bestimmten Vektor auf der Geraden zu bekommen, starten wir mit dem Vektor $\vec{p}$ und addieren ein bestimmtes Vielfaches des Vektors $\vec{u}$. Aus dieser Redeweise erklären sich auch die Bezeichnungen der Vektoren. $\vec{p}$ nennt man den Stützvektor und $\vec{u}$ den Richtungsvektor der Geraden. Die Abbildung zeigt zwar eine Gerade in der Ebene aber die obige Darstellung gilt auch für Geraden im Raum. Die Vektoren haben dann eben drei Koordinaten statt zwei. Da wir einen frei variierbaren Parameter t haben, heißt diese Darstellungsform auch Parameterform.

3.2.2 Parameterform einer Ebene

Vektorielle Darstellung der Ebene

Jetzt ist es nur noch ein kleiner Schritt, um auch Ebenen vektoriell beschreiben zu können. Sie sehen in der Abbildung, dass Sie genau wie bei einer Geraden einen Stützvektor $\vec{p}$ haben. Im Unterschied zur Geraden haben Sie aber nicht nur einen sondern zwei (linear unabhängige) Richtungsvektoren $\vec{u}$ und $\vec{v}$. Addieren Sie beliebige Vielfache dieser Richtungsvektoren, so können Sie jeden beliebigen Punkt X auf der Ebene erreichen. Entsprechend lautet eine vektorielle Darstellung der Ebene:

Parameterform: $\qquad E: \vec{x} = \vec{p} + s\vec{u} + t\vec{v} \quad s, t \in \mathbb{R}$

3.2.3 Normalenform einer Ebene

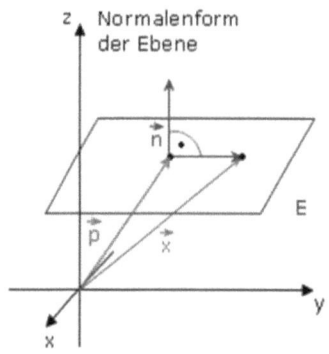

Normalenform der Ebene

Eine Ebene kann besonders einfach mit Hilfe eines Normalenvektors dargestellt werden. Jeder Vektor, egal wie lang, der senkrecht zu der Ebene steht, ist ein Normalenvektor und wird in der Regel mit $\vec{n}$ bezeichnet. Wir betrachten jetzt den Stützvektor $\vec{p}$ der Ebene und den Ortsvektor $\vec{x}$, der zum Punkt X auf der Ebene führt. Dann ist $\vec{u} = \vec{x} - \vec{p}$ ein Vektor innerhalb der Ebene. Da $\vec{n}$ senkrecht auf der Ebene steht, steht $\vec{n}$ auch senkrecht auf $\vec{u}$ und somit ist das Skalarprodukt $\vec{u} \cdot \vec{n} = 0$. Aus dieser Überlegung ergibt sich die folgende Darstellung.

Normalenform: $\qquad E: (\vec{x} - \vec{p}) \cdot \vec{n} = 0$

Da der Ortsvektor $\vec{x}$ zu einem beliebigen Punkt der Ebene führt, wird damit die gesamte Ebene erfasst. Wie man sieht kommt die Normalenform der Ebene komplett ohne Parameter aus.

3.2.4 Koordinatenform einer Ebene

Viele Berechnungen vereinfachen sich, wenn die Ebene in der so genannten Koordinatenform vorliegt. Die Koordinatenform erhält man durch einfaches Ausmultiplizieren der Normalenform. Wenn wir in $E: (\vec{x} - \vec{p}) \cdot \vec{n} = 0$ die Vektoren koordinatenweise notieren erhalten wir

$$\left(\begin{pmatrix} x_1 \\ x_2 \\ x_3 \end{pmatrix} - \begin{pmatrix} p_1 \\ p_2 \\ p_3 \end{pmatrix} \right) \begin{pmatrix} n_1 \\ n_2 \\ n_3 \end{pmatrix} = 0 \text{ was gleichbedeuten ist mit } \begin{pmatrix} x_1 - p_1 \\ x_2 - p_2 \\ x_3 - p_3 \end{pmatrix} \begin{pmatrix} n_1 \\ n_2 \\ n_3 \end{pmatrix} = 0.$$

Nun multiplizieren wir das Skalarprodukt aus:

$$(x_1 - p_1)n_1 + (x_2 - p_2)n_2 + (x_3 - p_3)n_3 = 0$$

Jetzt werden noch die Klammern ausmultipliziert und danach jeder Term mit x auf die linke Seite und jeder Term ohne x auf die rechte Seite gebracht. Es folgt:

$$n_1 x_1 + n_2 x_2 + n_3 x_3 = p_1 n_1 + p_2 n_2 + p_3 n_3$$

Zur Vereinfachung der Schreibweise bezeichnen wir das Ergebnis auf der rechten Seite mit d und die Koordinaten n_1, n_2 und n_3 des Normalenvektors mit a, b und c. Damit ergibt sich die Koordinatenform der Ebene in der üblichen Schreibweise.

Koordinatenform: $E: a x_1 + b x_2 + c x_3 = d$

Sie müssen nicht unbedingt verstanden haben, wie die Koordinatenform zustande kam, aber Sie sollten sich unbedingt merken, dass die Variablen a, b und c nichts anderes sind, als die Koordinaten eines Normalenvektors der Ebene. Wenn Sie eine Ebene in Koordinatenform vorliegen haben, so bekommen Sie also einen Normalenvektor quasi gratis mitgeliefert!

Rechenbeispiel 1:

Ermitteln Sie eine Parameterform der Ebene, die durch die Punkte $A(2|6|-4)$, $B(-2|3|2)$ und $C(-4|3|4)$ geht.

Lösung:

Bei drei vorgegebenen Punkten wählt man einen beliebigen als Stützvektor, beispielsweise $\vec{p} = \begin{pmatrix} 2 \\ 6 \\ -4 \end{pmatrix}$, dann ergeben sich die beiden Richtungsvektoren mit

$$\vec{u} = \overrightarrow{AB} = \vec{b} - \vec{a} = \begin{pmatrix} -4 \\ -3 \\ 6 \end{pmatrix} \text{ und } \vec{v} = \overrightarrow{AC} = \vec{c} - \vec{a} = \begin{pmatrix} -6 \\ -3 \\ 8 \end{pmatrix}. \text{ Wir haben somit:}$$

$$E: \vec{x} = \begin{pmatrix} 2 \\ 6 \\ -4 \end{pmatrix} + s \begin{pmatrix} -4 \\ -3 \\ 6 \end{pmatrix} + t \begin{pmatrix} -6 \\ -3 \\ 8 \end{pmatrix} \quad s, t \in \mathbb{R}$$

Dies ist die gesuchte Parameterform der Ebene E.

Rechenbeispiel 2:

Gegeben sei die Ebene E durch $E: \left(\vec{x} - \begin{pmatrix} 1 \\ 2 \\ 3 \end{pmatrix} \right) \cdot \begin{pmatrix} 2 \\ 1 \\ 2 \end{pmatrix} = 0$

a) Ermitteln Sie eine Koordinatengleichung von E.
b) Liegt der Punkt $P(7|0|-3)$ auf E?

Lösung:

a) In der obigen Darstellung für E ist $\vec{n} = \begin{pmatrix} 2 \\ 1 \\ 2 \end{pmatrix}$ ein Normalenvektor. Dessen Einträge können wir direkt in die Koordinatenform übernehmen:

$$E: 2x_1 + 1x_2 + 2x_3 = d$$

Um einen konkreten Wert für d zu bekommen, müssen wir einen Punkt der Ebene für die Koordinaten x_1, x_2 und x_3 einsetzen. Hierzu nehmen wir einfach den Stützvektor aus der Normalenform:

$$E: 2 \cdot 1 + 1 \cdot 2 + 2 \cdot 3 = 10 = d$$

Nun ist die Koordinatenform vollständig:

$$E: 2x_1 + 1x_2 + 2x_3 = 10$$

b) Um festzustellen, ob $P \in E$ setzen wir einfach P in die Koordinatengleichung ein und prüfen, ob diese erfüllt ist. Es folgt $E: 2 \cdot 7 + 1 \cdot 0 + 2 \cdot (-3) = 8 \neq 10$, somit ist die Ebenengleichung nicht erfüllt und P liegt nicht in E.

3.2.5 Hesse'sche Normalenform

Bevor wir uns die Hesse'sche Normalenform einer Ebene anschauen, müssen wir noch zwei Begriffe wiederholen, nämlich die Begriffe Einheitsvektor und Einheitsnormalenvektor.

Wenn man einen beliebigen Vektor durch seine Länge teilt, erhält man einen neuen Vektor der Länge 1. Solche Vektoren nennt man Einheitsvektoren und kennzeichnet sie in der Regel durch den Index 0. War der ursprüngliche Vektor ein Normalenvektor so nennt man den entstehenden Vektor einen Einheits-normalenvektor.

Rechenbeispiel 1:

Bilde zu $\vec{v} = \begin{pmatrix} 3 \\ 4 \end{pmatrix}$ einen Einheitsvektor.

Lösung:

Die Länge von $\vec{v}$ ist $|\vec{v}| = \sqrt{3^2 + 4^2} = 5$, folglich ist $\vec{v_0} = \frac{\vec{v}}{|\vec{v}|} = \frac{1}{5}\begin{pmatrix} 3 \\ 4 \end{pmatrix} = \begin{pmatrix} 0{,}6 \\ 0{,}8 \end{pmatrix}$ ein Einheitsvektor. Außerdem ist auch $\vec{v_0} = -\frac{\vec{v}}{|\vec{v}|} = -\frac{1}{5}\begin{pmatrix} 3 \\ 4 \end{pmatrix} = \begin{pmatrix} -0{,}6 \\ -0{,}8 \end{pmatrix}$ ein Einheitsvektor, denn auch dieser hat die Länge 1.

Wenn man in der Normalenform der Ebenendarstellung einen Einheitsnormalenvektor verwendet, bekommt man die Hesse'sche Normalenform (HNF)

Hesse'sche Normalenform (HNF):

$$E: (\vec{x} - \vec{p}) \cdot \vec{n_0} = 0$$

Dabei ist $\vec{n_0} = \frac{\vec{n}}{|\vec{n}|}$ ein Einheitsnormalenvektor.

Wofür braucht man dies? Unter Verwendung der HNF kann später der Abstand eines Punktes zu einer Ebene sehr bequem berechnet werden!

Otto Hesse
* 22.4.1811
† 4.8.1874
(Quelle: Wikipedia)

Rechenbeispiel 2:

Gegeben sei die Ebene E in Normalenform $E: \left(\vec{x} - \begin{pmatrix} 3 \\ 1 \\ 0 \end{pmatrix} \right) \cdot \begin{pmatrix} 1 \\ 2 \\ -1 \end{pmatrix} = 0$. Bestimmen Sie hieraus die Hesse'sche Normalenform.

Lösung:

Wir teilen den Normalenvektor $\vec{n} = \begin{pmatrix} 1 \\ 2 \\ -1 \end{pmatrix}$ durch seine Länge $|\vec{n}| = \sqrt{1^2 + 2^2 + (-1)^2} = \sqrt{6}$ und erhalten dadurch einen Einheitsnormalenvektor mit $\vec{n_0} = \frac{1}{\sqrt{6}} \begin{pmatrix} 1 \\ 2 \\ -1 \end{pmatrix}$. Nun ersetzen wir einfach $\vec{n}$ durch $\vec{n_0}$ und bekommen die

$$HNF \ E: \left(\vec{x} - \begin{pmatrix} 3 \\ 1 \\ 0 \end{pmatrix} \right) \cdot \frac{1}{\sqrt{6}} \begin{pmatrix} 1 \\ 2 \\ -1 \end{pmatrix} = 0$$

Die HNF einer Ebene muss nicht unbedingt vektoriell notiert werden. Es gibt auch eine Schreibweise mit Koordinaten, die so genannte Koordinatenform der HNF. Diese wird bevorzugt dann verwendet, wenn die Ebene in Koordinatenform vorliegt und man sich die Übersetzung in die vektorielle Schreibweise sparen will.

In der Koordinatenform E: $ax_1 + bx_2 + cx_3 = d$ sind die Variablen a, b und c bekanntlich die Einträge des Normalenvektors. Dessen Länge ist dann gegeben mit $|\vec{n}| = \sqrt{a^2 + b^2 + c^2}$. Wenn wir nun in der obigen Koordinatenform auf beiden Seiten d abziehen und durch die Länge des Normalenvektors teilen, bekommen wir die HNF der Ebene in Koordinatenschreibweise:

HNF in Koordinatenschreibweise:

$$E: \frac{ax_1 + bx_2 + cx_3 - d}{\sqrt{a^2 + b^2 + c^2}} = 0$$

Übersicht der verschiedenen Darstellungsformen

Typ	Bezeichnung	Darstellungsform
Ebene	Parameterform:	$\vec{x} = \vec{p} + s\vec{u} + t\vec{v}$
Ebene	Koordinatenform:	$ax_1 + bx_2 + cx_3 = d$
Ebene	Normalenform:	$(\vec{x} - \vec{p}) \cdot \vec{n} = 0$
Ebene	Hesse'sche Normalenform (HNF): Vektorielle Schreibweise	$(\vec{x} - \vec{p}) \cdot \vec{n_0} = 0$ mit $\vec{n_0} = \frac{\vec{n}}{|\vec{n}|}$
Ebene	Hesse'sche Normalenform (HNF): Koordinatenschreibweise	$\frac{ax_1 + bx_2 + cx_3 - d}{\sqrt{a^2 + b^2 + c^2}} = 0$
Gerade	Parameterform:	$\vec{x} = \vec{p} + t\vec{u}$

Fürs Abitur müssen Sie in der Lage sein, aus der Aufgabenstellung heraus die Gleichung einer Geraden oder Ebene zu entwickeln.

3.3 Umwandlungen von Darstellungsformen für Ebenen

Wir zeigen jetzt, wie die verschiedenen Formen ineinander umgewandelt werden können. Diese Fertigkeit ist in den Abituraufgaben immer wieder gefragt. Es wird zwar nicht direkt verlangt, eine Darstellungsform in eine andere umzuwandeln, aber viele Aufgaben lassen sich am einfachsten lösen, wenn man eine passende Darstellung wählt. Wir zeigen die verschiedenen Umwandlungen jeweils mit Ebenen. Die Umwandlungen bei den Geraden verlaufen analog.

3.3.1 Das Vektorprodukt

Wir definieren erneut eine Multiplikation zwischen zwei Vektoren, das Vektorprodukt, auch Kreuzprodukt genannt, nicht zu verwechseln mit dem Skalarprodukt. Das Vektorprodukt ist häufig hilfreich, wenn man die Darstellungsform einer Ebene in eine andere umwandeln muss. Es wird vor allem dazu benutzt, aus zwei gegebenen Richtungsvektoren einen Normalenvektor zu ermitteln.

Zu den gegebenen Vektoren $\vec{a} = \begin{pmatrix} a_1 \\ a_2 \\ a_3 \end{pmatrix}$ und $\vec{b} = \begin{pmatrix} b_1 \\ b_2 \\ b_3 \end{pmatrix}$ berechnen Sie das Vektorprodukt nach folgendem Schema:

- Schreiben Sie die Vektoren zweimal untereinander und streichen Sie die obere und untere Zeile.
- Bilden Sie Produkte entlang der schwarzen und grauen Linien und berechnen Sie „schwarze" Produkte minus „graue" Produkte.

$$
\begin{array}{cc}
\cancel{a_1} & \cancel{b_1} \\
a_2 & b_2 \\
a_3 & b_3 \\
a_1 & b_1 \\
a_2 & b_2 \\
\cancel{a_3} & \cancel{b_3}
\end{array}
= \begin{pmatrix} a_2 b_3 \\ a_3 b_1 \\ a_1 b_2 \end{pmatrix} - \begin{pmatrix} a_3 b_2 \\ a_1 b_3 \\ a_2 b_1 \end{pmatrix}
$$

Formal wird das Vektorprodukt in der Form $\vec{a} \times \vec{b}$ notiert.

Wie Sie im obigen Schema erkennen, ist das Ergebnis des Vektorprodukts wiederum ein Vektor, im Unterschied zum Skalarprodukt.

Die besondere Eigenschaft des Vektorprodukts ist die, dass der Ergebnisvektor senkrecht auf den beiden ursprünglichen Vektoren steht!

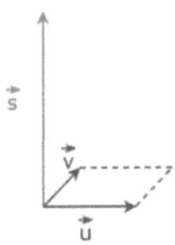

Rechenbeispiel 1:

Zu $\vec{a} = \begin{pmatrix} 1 \\ 2 \\ 1 \end{pmatrix}, \vec{b} = \begin{pmatrix} 4 \\ -1 \\ 0 \end{pmatrix}$ bestimme das Vektorprodukt.

Lösung:

$$\begin{pmatrix} 2 \cdot 0 \\ 1 \cdot 4 \\ 1 \cdot (-1) \end{pmatrix} - \begin{pmatrix} 1 \cdot (-1) \\ 1 \cdot 0 \\ 2 \cdot 4 \end{pmatrix} = \begin{pmatrix} 1 \\ 4 \\ -9 \end{pmatrix}$$

Somit ist $\vec{c} = \vec{a} \times \vec{b} = \begin{pmatrix} 1 \\ 2 \\ 1 \end{pmatrix} \times \begin{pmatrix} 4 \\ -1 \\ 0 \end{pmatrix} = \begin{pmatrix} 1 \\ 4 \\ -9 \end{pmatrix}$.

Rechenbeispiel 2:

Gegeben ist eine Ebene mit $E: \vec{x} = \begin{pmatrix} 0 \\ 3 \\ 0 \end{pmatrix} + r \begin{pmatrix} 0 \\ -3 \\ 4 \end{pmatrix} + s \begin{pmatrix} 5 \\ 0 \\ 0 \end{pmatrix}$. Bestimme einen Normalenvektor zu E.

Lösung:

Bilde das Vektorprodukt der beiden Richtungsvektoren:

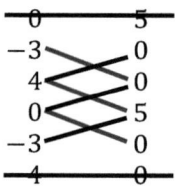

$$\vec{n} = \vec{u} \times \vec{v} = \begin{pmatrix} -3 \cdot 0 \\ 4 \cdot 5 \\ 0 \cdot 0 \end{pmatrix} - \begin{pmatrix} 4 \cdot 0 \\ 0 \cdot 0 \\ -3 \cdot 5 \end{pmatrix} = \begin{pmatrix} 0 \\ 20 \\ 15 \end{pmatrix}$$

3.3.2 Parameterform in Normalenform

Gegeben sei E in Parameterform $E: \vec{x} = \vec{p} + s\vec{u} + t\vec{v}$

- Bestimme mit dem Vektorprodukt aus den beiden Richtungsvektoren $\vec{u}$ und $\vec{v}$ einen Normalenvektor $\vec{n}$.
- Verwende den Stützvektor $\vec{p}$ der Parameterform als Stützvektor für die Normalenform.

Rechenbeispiel:

Wandle um in Normalenform! $E: \vec{x} = \begin{pmatrix} 2 \\ 2 \\ 1 \end{pmatrix} + r \begin{pmatrix} 1 \\ -2 \\ 3 \end{pmatrix} + s \begin{pmatrix} 2 \\ 5 \\ 7 \end{pmatrix}$

Lösung:

Berechne zuerst aus den beiden Richtungsvektoren einen Normalenvektor mit dem Vektorprodukt.

$$\vec{n} = \vec{u} \times \vec{v} = \begin{pmatrix} -2 \cdot 7 \\ 3 \cdot 2 \\ 1 \cdot 5 \end{pmatrix} - \begin{pmatrix} 3 \cdot 5 \\ 1 \cdot 7 \\ -2 \cdot 2 \end{pmatrix} = \begin{pmatrix} -29 \\ -1 \\ 9 \end{pmatrix}$$

Wir setzen nun den Stützvektor $\vec{p} = \begin{pmatrix} 2 \\ 2 \\ 1 \end{pmatrix}$ und den soeben berechneten Normalenvektor in die Normalenform ein und erhalten.

$$E: \left(\vec{x} - \begin{pmatrix} 2 \\ 2 \\ 1 \end{pmatrix} \right) \cdot \begin{pmatrix} -29 \\ -1 \\ 9 \end{pmatrix} = 0$$

3.3.3 Normalenform in Koordinatenform

Gegeben sei E in Normalenform: $(\vec{x} - \vec{p}) \cdot \vec{n} = 0$

- In $E: ax_1 + bx_2 + cx_3 = d$ ersetze a, b und c durch die Einträge n_1, n_2, n_3 des Normalenvektors $\vec{n}$.
- Setze die Koordinaten des Stützvektors für x_1, x_2, x_3 ein und erhalte d.

Rechenbeispiel:

Wandle um in Koordinatenform! $E: \left(\vec{x} - \begin{pmatrix} 2 \\ 2 \\ 1 \end{pmatrix} \right) \cdot \begin{pmatrix} -29 \\ -1 \\ 9 \end{pmatrix} = 0$

Lösung:

Normalenvektor für a, b und c einsetzen:

$$E: -29x_1 - 1x_2 + 9x_3 = d$$

Stützvektor für x_1, x_2 und x_3 einsetzen:

$$-29 \cdot 2 - 1 \cdot 2 + 9 \cdot 1 = -51 = d$$

Nun noch den gefundenen Wert für d einsetzen:

$$E: -29x_1 - 1x_2 + 9x_3 = -51$$

Etwas schöner sieht es aus, wenn wir noch durch -1 dividieren;

$$E: 29x_1 + x_2 - 9x_3 = 51$$

3.3.4 Parameterform in Koordinatenform

Gegeben sei E in Parameterform $E\colon \vec{x} = \vec{p} + s\vec{u} + t\vec{v}$

- Bestimme mit dem Vektorprodukt aus den beiden Richtungsvektoren $\vec{u}$ und $\vec{v}$ einen Normalenvektor. Dieser habe die Koordinaten n_1, n_2 und n_3.
- In $E\colon ax_1 + bx_2 + cx_3 = d$ ersetze a, b und c durch n_1, n_2 und n_3.
- Setze nun die Koordinaten des Stützvektors für x_1, x_2 und x_3 ein und erhalte d.

3.3.5 Koordinatenform in Parameterform

Gegeben sei E in Koordinatenform $E\colon ax_1 + bx_2 + cx_3 = d$.

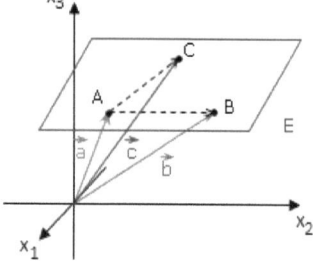

- Finde drei Punkte A, B, C, die alle in der Ebene aber nicht auf einer Geraden liegen. Wenn möglich verwende hierfür die Spurpunkte von E. Die Ortsvektoren der Punkte A, B, C seien $\vec{a}, \vec{b}$ und $\vec{c}$.

- In der Parameterdarstellung $\vec{x} = \vec{p} + s\vec{u} + t\vec{v}$ ist dann $\vec{p} = \vec{a}, \vec{u} = \overrightarrow{AB} = \vec{b} - \vec{a}$ und $\vec{v} = \overrightarrow{AC} = \vec{c} - \vec{a}$.

Anmerkung 1:

Vielleicht fragen Sie sich, wie Sie bei einer Ebene in Koordinatenform einen Punkt bestimmen können, der auf der Ebene liegt. Es ist ganz einfach: Wählen Sie zwei beliebige Werte für zwei beliebige Koordinaten (z.B. für x_1 und x_2) und berechnen Sie damit die dritte Koordinate. Wenn Sie auf diese Art drei verschiedene Punkte bestimmen kann es aber vorkommen, dass diese auf einer Geraden liegen, was beim angegebenen Verfahren ja ausgeschlossen sein soll.
Um dies zu vermeiden wählen Sie einfach je zwei Koordinaten gleich Null und berechnen dann die dritte Koordinate. Auf diese Weise erhalten Sie die so genannten Spurpunkte, nämlich die Schnittpunkte der Ebene mit den Koordinatenachsen. Sofern nicht irgendein Sonderfall vorliegt (z.B. wenn die Ebene parallel zu einer Achse verläuft) bekommen Sie drei Punkte, die nicht auf einer Geraden liegen. Das nächste Rechenbeispiel verdeutlicht den Vorgang.

Rechenbeispiel:

Wandle $E\colon 2x_1 + 8x_2 + 4x_3 = 16$ um in Parameterform.

Lösung:

Die Spurpunkte von E sind $A(8|0|0)$, $B(0|2|0)$ und $C(0|0|4)$.

Damit ist: $\vec{p} = \begin{pmatrix} 8 \\ 0 \\ 0 \end{pmatrix}$, $\vec{u} = \overrightarrow{AB} = \begin{pmatrix} -8 \\ 2 \\ 0 \end{pmatrix}$ und $\vec{v} = \overrightarrow{AC} = \begin{pmatrix} -8 \\ 0 \\ 4 \end{pmatrix}$ also

$$E: \vec{x} = \begin{pmatrix} 8 \\ 0 \\ 0 \end{pmatrix} + r \begin{pmatrix} -8 \\ 2 \\ 0 \end{pmatrix} + s \begin{pmatrix} -8 \\ 0 \\ 4 \end{pmatrix}; \quad r, s \in \mathbb{R}$$

Dies ist eine gesuchte Parameterdarstellung der Ebene E.

Anmerkung 2:

Parameterdarstellungen einer Ebene sind niemals eindeutig. Hätten wir im obigen Rechenbeispiel andere Punkte als die Spurpunkte verwendet, so hätten wir auch andere Richtungsvektoren und einen anderen Stützvektor und somit eine andere Parameterdarstellung bekommen!

Aufgaben:

1. Zur Ebene E mit $E: \vec{x} = \begin{pmatrix} 1 \\ 2 \\ 0 \end{pmatrix} + s \begin{pmatrix} 1 \\ 0 \\ 1 \end{pmatrix} + t \begin{pmatrix} 1 \\ 2 \\ 3 \end{pmatrix}$ ist eine Koordinatenform gesucht.
2. Gegeben sind die Punkte $A(0|1|4)$, $B(3|-2|1)$, $C(8|2|0)$. Bestimme die Parameterform der Ebene, welche durch diese Punkte geht und daraus die Koordinatenform.
3. Ermitteln Sie eine Koordinatengleichung der Ebene, die durch die Punkte $A(8|0|-3)$, $B(2|2|0)$ und $C(1|-1|3)$ geht.
   Ermitteln Sie die Spurpunkte.
   Zusammen mit dem Ursprung bilden die Punkte A, B und C eine Pyramide. Bestimmen Sie deren Volumen.

3.4 Abstandsbestimmungen

Eine weitere Grundfertigkeit in den Abi-Aufgaben besteht darin, Abstände zwischen den verschiedenen geometrischen Objekten zu bestimmen, beispielsweise den Abstand zwischen zwei parallelen Ebenen oder den Abstand eines Punktes zu einer Ebene. Wie man den Abstand zwischen zwei Punkten in der Ebene oder im Raum

bestimmt haben wir bereits im Abschnitt 3.1.3 „Längen, Winkel und Abstände"
wiederholt. Dies ist die Grundlage unserer nächsten Betrachtungen.

3.4.1 Abstand Punkt - Gerade

- Der Trick besteht darin, sich eine Hilfsebene E zu konstruieren, die senkrecht zur
  Geraden g steht und den Punkt P enthält. Bestimmen Sie eine Gleichung dieser
  Ebene (Abb.1 und 2.).
- Hierfür brauchen Sie den Richtungsvektor von g, den Sie als Normalenvektor für
  E verwenden.

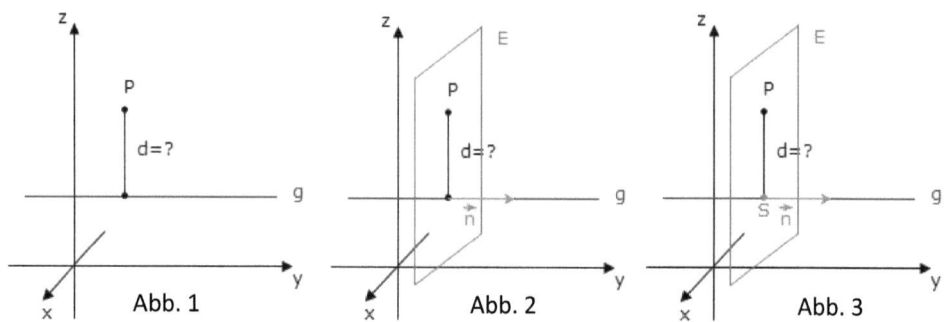

- Mit dem Normalenvektor stellen Sie die Koordinatengleichung auf.
  $E: n_1 x_1 + n_2 x_2 + n_3 x_3 = d$
- Da P auf E liegt können Sie die Koordinaten von P für x_1, x_2 und x_3 einsetzen
  und erhalten d.
- Berechnen Sie nun den Schnittpunkt S von E mit g (Abb. 3). Wenn g in
  Parameterform gegeben ist, setzen Sie die Koordinaten einfach in E ein und
  lösen nach dem Parameter t auf. Diesen Wert setzen Sie wieder in g ein und
  erhalten einen konkreten Wert für den Schnittpunkt S.
- Der Ausdruck $d = |\overrightarrow{PS}| = |\vec{s} - \vec{p}|$ liefert dann den Abstand zwischen den
  Punkten P und S.
- Dies ist dann der gesuchte Abstand von P zu g.

Rechenbeispiel:

Bestimme den Abstand von $P(4 \mid 3 \mid -1)$ zu $g: \vec{x} = \begin{pmatrix} 1 \\ 0 \\ 2 \end{pmatrix} + t \begin{pmatrix} 1 \\ 1 \\ -4 \end{pmatrix}, t \in \mathbb{R}$.

Lösung:

Bestimmen Sie zunächst die Hilfsebene E, senkrecht zu g: Den Richtungsvektor von g nehmen Sie als Normalenvektor von E. Das liefert: $E: x_1 + x_2 - 4x_3 = d$
Da P auf E liegen soll brauchen Sie nur noch die Koordinaten von P einzusetzen, um einen konkreten Wert für d zu erhalten: $4 + 3 - 4 \cdot (-1) = 11 = d$. Damit haben Sie die Gleichung der Hilfsebene mit $E: x_1 + x_2 - 4x_3 = 11$.
Ermitteln Sie nun den Schnittpunkt von g und E und verwenden Sie hierfür die Koordinatengleichungen von g: $x_1 = 1 + t, x_2 = t$ und $x_3 = 2 - 4t$. Diese setzen Sie in E ein und bestimmen den Parameter t: $(1 + t) + t - 4(2 - 4t) = 11 \Leftrightarrow 18t - 7 = 11 \Leftrightarrow t = 1$. t eingesetzt in g liefert schließlich den Schnittpunkt:

$$\vec{x} = \begin{pmatrix} 1 \\ 0 \\ 2 \end{pmatrix} + 1 \begin{pmatrix} 1 \\ 1 \\ -4 \end{pmatrix} = \begin{pmatrix} 2 \\ 1 \\ -2 \end{pmatrix} \Rightarrow S(2 \mid 1 \mid -2)$$

Der Abstand zwischen P und S ist dann der gesuchte Abstand zwischen P und der Geraden g:

$$d = \mid \overrightarrow{PS} \mid = \mid \vec{s} - \vec{p} \mid = \left| \begin{pmatrix} 2 \\ 1 \\ -2 \end{pmatrix} - \begin{pmatrix} 4 \\ 3 \\ -1 \end{pmatrix} \right| = \left| \begin{pmatrix} -2 \\ -2 \\ -1 \end{pmatrix} \right|$$

$$= \sqrt{(-2)^2 + (-2)^2 + (-1)^2} = \sqrt{9} = 3$$

Somit beträgt der Abstand zwischen P und g 3 LE.

3.4.2 Abstand paralleler Geraden

Wählen Sie einfach einen Punkt auf der einen Geraden (z.B. den Punkt der durch den Stützvektor beschrieben wird) und bestimmen dann den Abstand zur anderen Geraden mit dem unter 3.4.1 vorgestellten Verfahren.

Rechenbeispiel:

Bestimme den Abstand der beiden folgenden Geraden:

$$g_1: \vec{x} = \begin{pmatrix} 1 \\ 0 \\ 3 \end{pmatrix} + s \begin{pmatrix} 0 \\ 1 \\ 0 \end{pmatrix}, s \in \mathbb{R}, \quad g_2: \vec{x} = \begin{pmatrix} 0 \\ 1 \\ 4 \end{pmatrix} + t \begin{pmatrix} 0 \\ -1 \\ 0 \end{pmatrix}, t \in \mathbb{R}$$

Lösung:

Wählen Sie z.B. den Stützvektor von g_1 als ein Punkt P auf g_1 und berechnen Sie dann den Abstand von P zu g_2. Als nächstes stellen Sie die Gleichung der Hilfsebene E auf, welche senkrecht zu g_2 steht und P enthält. Der Richtungsvektor von g_2 dient dabei als Normalenvektor für E. Es folgt $E: 0x_1 - 1x_2 + 0x_3 = d$. P liegt auf E, also ist $0 \cdot 1 - 1 \cdot 0 + 0 \cdot 3 = 0 = d$. Die Gleichung für E lautet daher: $E: -x_2 = 0$. Setzen Sie die Koordinaten von g_2 in E ein. Es folgt $g_2: -(1 - t) = 0 \Rightarrow t = 1$.

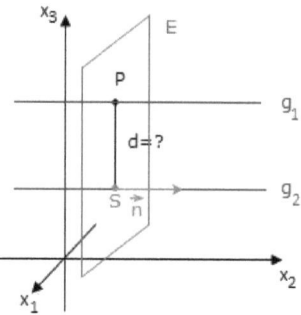

Der Schnittpunkt S von g_2 mit E, ergibt sich durch Einsetzen des soeben gefundenen Parameters t in g_2:

$$\vec{s} = \begin{pmatrix} 0 \\ 1 \\ 4 \end{pmatrix} + 1 \begin{pmatrix} 0 \\ -1 \\ 0 \end{pmatrix} = \begin{pmatrix} 0 \\ 0 \\ 4 \end{pmatrix} \Rightarrow S(0 \mid 0 \mid 4)$$

Der Abstand zwischen P und S ist dann der gesuchte Abstand zwischen den Geraden g_1 und g_2.

$$d = |\overrightarrow{PS}| = \left| \begin{pmatrix} 0 \\ 0 \\ 4 \end{pmatrix} - \begin{pmatrix} 1 \\ 0 \\ 3 \end{pmatrix} \right| = \left| \begin{pmatrix} -1 \\ 0 \\ 1 \end{pmatrix} \right| = \sqrt{(-1)^2 + 0^2 + 1^2} = \sqrt{2} \approx 1{,}41$$

Der Abstand zwischen g_1 und g_2 beträgt 1,41 LE.

3.4.3 Abstand Punkt – Ebene

Gesucht ist der Abstand des Punktes R zur Ebene E.

* Konstruiere eine Gerade g senkrecht zu E, auf der R liegt. Verwende hierfür den Normalenvektor von E als Richtungsvektor für g und den Ortsvektor von R für den Stützvektor. Dies liefert die Geradengleichung für g.
* Berechne nun den Schnittpunkt S von g mit E.
* Die Länge der Strecke $\overline{RS}$ ist dann der gesuchte Abstand von R zu E.

Die formale Umsetzung dieser Idee mündet in der Formel

Abstand Punkt - Ebene

$$d = | (\vec{r} - \vec{p})\vec{n}_0 |$$

Dabei ist $\vec{p}$ der Stützvektor von E und $\vec{r}$ der Ortsvektor des Punktes R. Zur Erinnerung: Den Einheitsnormalenvektor $\vec{n}_0$ erhält man wie üblich, indem man den Normalenvektor durch seine Länge teilt $\vec{n}_0 = \frac{\vec{n}}{|\vec{n}|}$.

Rechenbeispiel:

Bestimme den Abstand zwischen der Ebene $E: \left(\vec{x} - \begin{pmatrix} 1 \\ -3 \\ 1 \end{pmatrix} \right) \begin{pmatrix} 1 \\ 2 \\ 2 \end{pmatrix} = 0$ und dem Punkt $R(3|2|1)$.

Lösung:

Bilde zunächst $\vec{n}_0$ und setze $\vec{n}_0$ und den Ortsvektor von R in die Abstandsformel ein.

$$\vec{n} = \begin{pmatrix} 1 \\ 2 \\ 2 \end{pmatrix} \Rightarrow \vec{n}_0 = \frac{\vec{n}}{|\vec{n}|} = \frac{1}{3}\begin{pmatrix} 1 \\ 2 \\ 2 \end{pmatrix}$$

Damit folgt:

$$d = \left| \left(\begin{pmatrix} 3 \\ 2 \\ 1 \end{pmatrix} - \begin{pmatrix} 1 \\ -3 \\ 1 \end{pmatrix} \right) \frac{1}{3}\begin{pmatrix} 1 \\ 2 \\ 2 \end{pmatrix} \right| = \left| 2 \cdot \frac{1}{3} + 5 \cdot \frac{2}{3} + 0 \right| = \frac{12}{3} = 4$$

Wenn die Ebene in Koordinatenform vorliegt $E: ax_1 + bx_2 + cx_3 = d$, so wird die Abstandsberechnung besonders einfach. Man wandelt zunächst die Koordinatenform in die Hesse'sche Normalenform um, indem man das d auf die linke Seite bringt und nochmal durch die Länge des Normalenvektors teilt. Damit ergibt sich die HNF der Ebene in Koordinatenschreibweise:

$$\frac{ax_1 + bx_2 + cx_3 - d}{\sqrt{a^2 + b^2 + c^2}} = 0$$

Mit Hilfe der HNF kann nun der Abstand eines Punktes $R(r_1|r_2|r_3)$ von der Ebene E einfach durch Einsetzen berechnet werden. Es gilt folgende Formel:

Abstand Punkt – Ebene mit der HNF

$$Abstand = \frac{|ar_1 + br_2 + cr_3 - d|}{\sqrt{a^2 + b^2 + c^2}}$$

Beachten Sie, dass hier im Zähler der Betrag gebildet wird, da Abstände bekanntlich nicht negativ sein können.

Rechenbeispiel:

Gegeben seien die Ebene $E: x_1 - 2x_2 + 4x_3 = 1$ und der Punkt $R(1|6|2)$. Bestimme den Abstand zwischen E und R.

Lösung:

Wandle die Koordinatengleichung von E zunächst um in die HNF. Mit $\vec{n} = \begin{pmatrix} 1 \\ -2 \\ 4 \end{pmatrix}$ und $|\vec{n}| = \sqrt{21}$ folgt die HNF mit $E: \frac{x_1 - 2x_2 + 4x_3 - 1}{\sqrt{21}} = 0$. Für x_1, x_2 und x_3 wird jetzt einfach R eingesetzt, im Zähler der Betrag gebildet und man erhält den Abstand:

$$Abstand = \frac{|1 - 2 \cdot 6 + 4 \cdot 2 - 1|}{\sqrt{21}} = \frac{4}{\sqrt{21}} \approx 0{,}87$$

3.4.4 Abstand paralleler Ebenen

Es seien E und F die zu untersuchenden Ebenen. Wähle einfach einen Punkt auf F und bestimme mit der im vorigen Abschnitt beschriebenen Formel der Abstand dieses Punktes zu E. Als Punkt nimmt man am einfachsten den Stützvektor von F. Dadurch erhält erhält man diese Abstandsformel:

Abstand paralleler Ebenen

$$d = |\, (\vec{q} - \vec{p})\vec{n}_0 \,|$$

Hierbei ist $\vec{p}$ der Stützvektor von E, $\vec{q}$ der Stützvektor von F und $\vec{n}_0$ der Einheitsnormalenvektor, der senkrecht zu beiden Ebenen steht. Auf ein Rechenbeispiel verzichten wir diesmal.

3.4.5 Abstand windschiefer Geraden

Gesucht ist der Abstand zweier Geraden g_1 und g_2 im Raum, also zweier windschiefer Geraden.

- Die beiden Geradengleichungen sollten hierfür in Parameterform vorliegen.
- Es seien $\vec{u}$ bzw. $\vec{v}$ die Richtungsvektoren und $\vec{p}$ bzw. $\vec{q}$ die Stützvektoren von g_1 bzw. g_2.
- Konstruiere zwei parallele Ebenen E und F, so dass g_1 in E und g_2 in F liegt.
- Als Stützvektoren für E und F verwende diejenigen der jeweiligen Geraden.
- Ein Normalenvektor für beide Ebenen ergibt sich durch $\vec{n} = \vec{u} \times \vec{v}$.
- Nun kann man den Abstand paralleler Ebenen mit dem vorher beschriebenen Verfahren bestimmen.

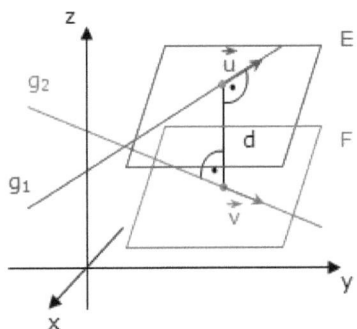

Statt das Verfahren zu durchlaufen, kann man auch eine Formel verwenden:

Abstand windschiefer Geraden

$$d = |\ (\vec{p} - \vec{q}) \cdot \vec{n}_0\ |$$

Hierbei muss ein Einheitsnormalenvektor $\vec{n}_0$ bestimmt werden. Mit $\vec{n} = \vec{u} \times \vec{v}$ folgt $\vec{n}_0 = \frac{\vec{n}}{|\vec{n}|}$. $\vec{p}$ und $\vec{q}$ sind die Stützvektoren der Geraden g_1 bzw. g_2.

Rechenbeispiel:

Gegeben seien die beiden Geraden g_1 und g_2 wie folgt:

$$g_1: \vec{x} = \begin{pmatrix} 4 \\ 1 \\ 0 \end{pmatrix} + s \begin{pmatrix} 4 \\ 3 \\ -2 \end{pmatrix}, s \in \mathbb{R}, \quad g_2: \vec{x} = \begin{pmatrix} 2 \\ 3 \\ -1 \end{pmatrix} + t \begin{pmatrix} 0 \\ 1 \\ 2 \end{pmatrix}, t \in \mathbb{R}$$

Bestimme den Abstand der beiden Geraden.
Lösung:

Wir berechnen zunächst einen Normalenvektor $\vec{n}$ mit dem Vektorprodukt der beiden Richtungsvektoren:

$$\vec{n} = \vec{u} \times \vec{v} = \begin{pmatrix} 6 \\ 0 \\ 4 \end{pmatrix} - \begin{pmatrix} -2 \\ 8 \\ 0 \end{pmatrix} = \begin{pmatrix} 8 \\ -8 \\ 4 \end{pmatrix}$$

Mit $|\vec{n}| = \sqrt{8^2 + (-8)^2 + 4^2} = 12$ ergibt sich $\vec{n}_0$ zu:

$$\vec{n}_0 = \frac{\vec{n}}{|\vec{n}|} = \frac{1}{12} \cdot \begin{pmatrix} 8 \\ -8 \\ 4 \end{pmatrix} = \frac{1}{3} \cdot \begin{pmatrix} 2 \\ -2 \\ 1 \end{pmatrix}$$

Folglich ist der Abstand der beiden Geraden gegeben mit

$$d = \left| \left(\begin{pmatrix} 4 \\ 1 \\ 0 \end{pmatrix} - \begin{pmatrix} 2 \\ 3 \\ -1 \end{pmatrix} \right) \cdot \frac{1}{3} \cdot \begin{pmatrix} 2 \\ -2 \\ 1 \end{pmatrix} \right| = \left| \begin{pmatrix} 2 \\ -2 \\ 1 \end{pmatrix} \cdot \frac{1}{3} \cdot \begin{pmatrix} 2 \\ -2 \\ 1 \end{pmatrix} \right| = \left| \frac{4}{3} + \frac{4}{3} + \frac{1}{3} \right| = \frac{9}{3} \approx 3$$

Tipp:

Beim praktischen Rechnen wird man häufig direkt mit den jeweiligen Formeln arbeiten, die man ggf. auch in der Formelsammlung nachschlagen kann. Dennoch ist es sinnvoll sich die verschiedenen Verfahren genau einzuprägen. Einerseits sind darin Ideen verarbeitet, die Ihnen helfen können, Lösungswege auch für unbekannte Aufgaben zu finden. Andererseits wird im Pflichtteil in Aufgabe 8 häufig verlangt, ein Verfahren zu beschreiben.

3.5 Lage, Schnitte und Schnittwinkel von Geraden und Ebenen

In vielen Fällen interessiert man sich dafür, ob zwei Geraden im Raum sich schneiden, ob zwei Ebenen parallel verlaufen, ob eine Gerade vollständig innerhalb einer Ebene liegt usw. Im Fall von Schnitten interessiert man sich für den oder die auftretenden Schnittwinkel, Schnittpunkte oder Schnittgeraden. Sie brauchen also Kriterien, mit denen Sie diese Sachverhalte feststellen können und Techniken, mit denen Sie ggf. Schnittpunkte oder Schnittwinkel berechnen können. Schnitte zu bestimmen ist von der Idee her recht einfach. Die beiden Objekte, von denen Sie testen wollen, ob und wie sie sich schneiden, müssen zunächst in irgendeiner Darstellungsform vorliegen, z.B. in der Parameterform. Geschickterweise sollten beide Objekte dieselbe Darstellungsform besitzen, das macht das Rechnen normalerweise einfacher. Sie setzen einfach beide Darstellungsformen gleich und lösen das so entstehende Lineare Gleichungssystem. Sie erhalten keine, eine oder unendlich viele Lösungen was sich wiederum geometrisch interpretieren lässt. Wir gehen die verschiedenen Fälle nun Schritt für Schritt durch und zeigen die Verhältnisse an einigen Rechenbeispielen.

3.5.1 Schnitt zweier Geraden

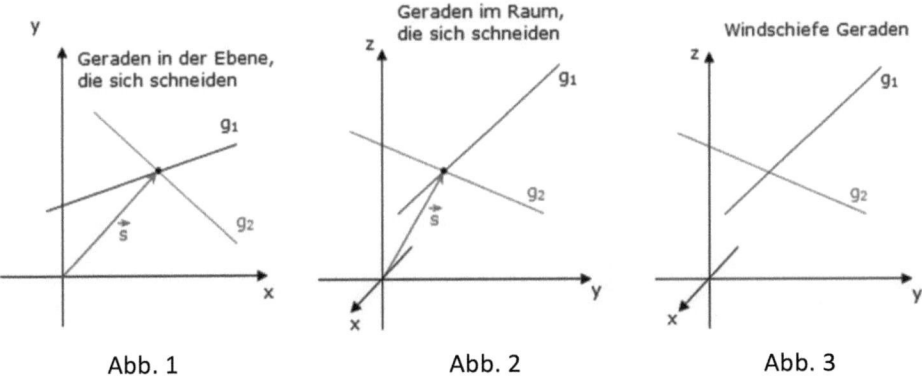

Abb. 1   Abb. 2   Abb. 3

Wir müssen unterscheiden, ob es um Geraden in der Ebene oder um solche im Raum geht. Im Raum haben wir einen Freiheitsgrad mehr. In der Ebene können sich zwei Geraden schneiden oder auch nicht. Wenn sie sich nicht schneiden, so verlaufen sie parallel. Wenn sie sich schneiden, dann entweder in genau einem Punkt (Abb. 1) oder beide Geraden liegen exakt aufeinander, sind also identisch. Im Raum hat man mehr

Möglichkeiten. Wenn sich hier zwei Geraden nicht schneiden, müssen sie noch lange nicht parallel sein. Sind sie es nicht, so nennt man sie windschief, d.h. sie laufen komplett aneinander vorbei (Abb. 3). Falls die Geraden sich doch schneiden, dann wie in der Ebene genau in einem Punkt (Abb. 2) oder sie sind identisch. Wenn Sie den Schnittwinkel zweier sich schneidender Geraden bestimmen wollen, ist es geschickt, wenn diese in Parameterform dargestellt sind. Sie können dann einfach die beiden Richtungsvektoren $\vec{u}$ und $\vec{v}$ nehmen und bestimmen den Winkel dazwischen mit der aus Abschnitt 3.1.3 bekannten Winkelformel.

Um den Schnitt zwischen zwei Geraden zu bestimmen geht man so vor:

- Je nachdem in welcher Form die Gleichungen vorliegen, setzt man gleich oder man setzt die Koordinaten ineinander ein
- Nun bestimmt man die Parameter.
- Zuletzt setzt man einen der Parameter in die zugehörige ursprüngliche Gleichung ein und bestimmt damit den Schnittpunkt.

Beim Lösen des linearen Gleichungssystems können verschiedene Fälle eintreten:

1) Falls beim Bestimmen der Parameter ein Widerspruch entsteht, so gibt es keinen Schnittpunkt.
2) Falls die Parameter eindeutig bestimmbar sind, so gibt es genau einen Schnittpunkt.
3) Falls ein Parameter frei wählbar ist (dies ist zumeist dann der Fall, wenn eine der Gleichungen wegfällt), so ergibt sich eine Schnittgerade, d.h. dass die beiden Geraden identisch sind.

Rechenbeispiel 1:

Berechnen Sie den Schnittpunkt der beiden folgenden Geraden und deren Schnittwinkel.

$$g_1: \vec{x} = \begin{pmatrix} 1 \\ 1 \\ 0 \end{pmatrix} + s \begin{pmatrix} 1 \\ 0 \\ 3 \end{pmatrix} \text{ und } g_2: \vec{x} = \begin{pmatrix} 2 \\ 2 \\ 3 \end{pmatrix} + t \begin{pmatrix} 1 \\ -1 \\ 3 \end{pmatrix}$$

Lösung:

Zuerst werden beide Darstellungen gleichgesetzt. Alle Vektoren mit Parametern werden auf die linke Seite gebracht, die Vektoren ohne Parameter kommen auf die rechte Seite

$$\begin{pmatrix} 1 \\ 1 \\ 0 \end{pmatrix} + s \begin{pmatrix} 1 \\ 0 \\ 3 \end{pmatrix} = \begin{pmatrix} 2 \\ 2 \\ 3 \end{pmatrix} + t \begin{pmatrix} 1 \\ -1 \\ 3 \end{pmatrix} \Rightarrow s \begin{pmatrix} 1 \\ 0 \\ 3 \end{pmatrix} - t \begin{pmatrix} 1 \\ -1 \\ 3 \end{pmatrix} = \begin{pmatrix} 1 \\ 1 \\ 3 \end{pmatrix}$$

Dies wird aufgeschlüsselt in die einzelnen Gleichungen, was folgendes LGS liefert:
I. $s - t = 1$,   II. $t = 1$ und   III. $3s - 3t = 3$. Daraus lesen Sie sofort $t = 1$ ab.
Gleichung I. liefert dann $s = 2$ und Gleichung III. ist mit diesen beiden Werten
ebenfalls erfüllt(!). Überprüfen Sie das immer mit, denn wäre Gleichung III. nicht
erfüllt, so hätten wir einen Widerspruch und es gäbe keinen Schnittpunkt. Mit dem
einfacheren der beiden Werte bestimmen wir jetzt den Schnittpunkt. Setze $t = 1$ ein
in g_2 und erhalte den Schnittpunkt $P(3|1|6)$.

Den Schnittwinkel bekommen Sie, indem Sie die beiden Richtungsvektoren in die
Winkelformel einsetzen:

$$\cos(\alpha) = \frac{\vec{u} \cdot \vec{v}}{|\vec{u}| \cdot |\vec{v}|} = \frac{\begin{pmatrix} 1 \\ 0 \\ 3 \end{pmatrix} \cdot \begin{pmatrix} 1 \\ -1 \\ 3 \end{pmatrix}}{\left| \begin{pmatrix} 1 \\ 0 \\ 3 \end{pmatrix} \right| \cdot \left| \begin{pmatrix} 1 \\ -1 \\ 3 \end{pmatrix} \right|} = \frac{10}{\sqrt{10} \cdot \sqrt{11}} \approx 0{,}9535$$

Damit ist $\alpha = \arccos(0{,}9535) \approx 17{,}55°$ der Schnittwinkel zwischen g_1 und g_2.

Rechenbeispiel 2:

Untersuchen Sie die beiden folgenden Geraden auf Schnittpunkte und interpretieren
Sie Ihr Ergebnis.

$$g_1: \vec{x} = \begin{pmatrix} 2 \\ 4 \\ 3 \end{pmatrix} + s \begin{pmatrix} 5 \\ 10 \\ -6 \end{pmatrix} \text{ und } g_2: \vec{x} = \begin{pmatrix} 4 \\ 8 \\ 3 \end{pmatrix} + t \begin{pmatrix} -2{,}5 \\ -5 \\ 3 \end{pmatrix}$$

Lösung:

Wenn Sie sich die Richtungsvektoren der beiden Geraden einmal genau ansehen,
stellen Sie fest, dass sie linear abhängig sind! In der Ebene wie im Raum bedeutet
dies, dass die beiden Geraden entweder parallel oder identisch sind. Wir brauchen
also nur zu testen, ob ein beliebiger Punkt der einen Geraden auf der anderen liegt.
Der Punkt $P(4|8|3)$ liegt auf g_2. Liegt er auch auf g_1? Setze den Punkt, genauer
gesagt den zugehörigen Ortsvektor, ein in g_1:

$$\begin{pmatrix} 4 \\ 8 \\ 3 \end{pmatrix} = \begin{pmatrix} 2 \\ 4 \\ 3 \end{pmatrix} + s \begin{pmatrix} 5 \\ 10 \\ -6 \end{pmatrix} \Rightarrow \begin{pmatrix} 2 \\ 4 \\ 0 \end{pmatrix} = s \begin{pmatrix} 5 \\ 10 \\ -6 \end{pmatrix}$$

Daraus erhält man wie immer drei Koordinatengleichungen: $I.\,2 = 5s$, $II.\,4 = 10s$ und $III.\,0 = -6s$. Der letzten Gleichung entnehmen Sie $s = 0$ was aber den beiden anderen Gleichungen widerspricht. Das bedeutet, dass die Geraden nicht identisch sind. Sie sind also parallel!

3.5.2 Schnitt von Gerade und Ebene

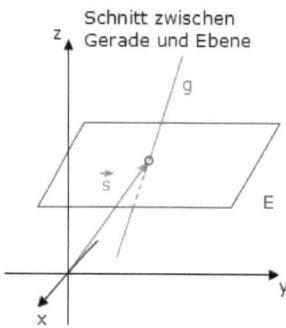

Schnitt zwischen Gerade und Ebene

Schneidet eine Gerade eine Ebene, so nennt man den Schnittpunkt auch den Durchstoßpunkt. Will man den Durchstoßpunkt bestimmen, setzt man ebenfalls die beiden Darstellungen gleich, löst das lineare Gleichungssystem und interpretiert die Lösung. Dabei gibt es wieder verschiedene Fälle. Entweder es gibt keinen, genau einen oder unendlich viele Schnittpunkte. Gibt es keinen Schnittpunkt ist g parallel zu E. Gibt es aber unendlich viele Schnittpunkte, so liegt g komplett in E.

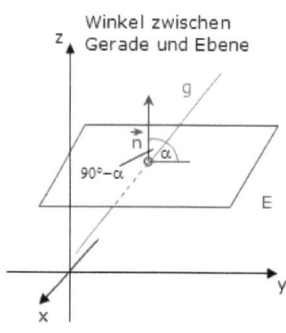

Winkel zwischen Gerade und Ebene

Um den Schnittwinkel α zwischen der Geraden und der Ebene zu bestimmen, brauchen Sie wieder zwei Vektoren, die Sie in die bekannte Winkelformel einsetzen können. Nehmen Sie dazu einfach den Richtungsvektor $\vec{u}$ der Geraden und den Normalenvektor $\vec{n}$ der Ebene. Sie bekommen dann jedoch nicht den Winkel α selbst sondern den Winkel $\beta = 90° - \alpha$ wie die nebenstehende Abbildung zeigt. Es folgt $\cos(\beta) = \frac{\vec{n} \cdot \vec{u}}{|\vec{n}| \cdot |\vec{u}|}$. Wegen $\cos(90° - \alpha) = \sin(\alpha)$ folgt:

Winkel zwischen Gerade und Ebene

$$\sin(\alpha) = \frac{|\vec{n} \cdot \vec{u}|}{|\vec{n}| \cdot |\vec{u}|}$$

Anmerkung:

In der obigen Winkelformel sehen Sie erstmals den Zähler in Betragsstrichen. In der ursprünglichen „Kosinus"-Winkelformel waren die Betragsstriche noch nicht vorhanden. Warum also nehmen wir hier den Betrag? Nun, zwei Vektoren bilden immer zwei Winkel, einen inneren und einen äußeren. Der äußere Winkel ist der größere, der innere der kleinere. Verwendet man die Winkelformel nun ohne Betrag im Zähler, so kann es passieren, dass man den größeren der beiden Winkel, also nicht(!) den eingeschlossenen erhält. Im dem Fall müsste man $360° - \alpha$ rechnen, um auf den eingeschlossenen Winkel zu kommen. In der obigen Formel erspart man sich dies durch Betragsbildung im Zähler, so dass man sich sicher sein kann, dass man hierbei immer den kleineren der beiden Winkel erhält.

Rechenbeispiel 1:

Berechnen Sie den Schnittpunkt der Geraden mit der Ebene und den Schnittwinkel.

$$g: \vec{x} = \begin{pmatrix} 1 \\ 4 \\ 9 \end{pmatrix} + s \begin{pmatrix} 1 \\ 2 \\ 1 \end{pmatrix} \text{ und } E: x_1 + 2x_2 + x_3 = 6$$

Lösung:

Aus der Parameterform von g entnehmen Sie die Koordinatengleichungen $x_1 = 1 + s$, $x_2 = 4 + 2s$ und $x_3 = 9 + s$ und setzen Sie in die Ebenengleichung ein. Sie erhalten:

$$(1 + s) + 2(4 + 2s) + (9 + s) = 6 \iff 6s = -12$$

Folglich ist $s = -2$. Jetzt setzen Sie s in die Geradengleichung ein und bekommen so den Durchstoßpunkt:

$$\begin{pmatrix} 1 \\ 4 \\ 9 \end{pmatrix} - 2 \begin{pmatrix} 1 \\ 2 \\ 1 \end{pmatrix} = \begin{pmatrix} -1 \\ 0 \\ 7 \end{pmatrix} = \vec{p}$$

Damit ist $P(-1|0|7)$ der Durchstoßpunkt. Für den Schnittwinkel brauchen Sie einen Normalenvektor der Ebene. Bei einer Darstellung in Koordinatenform können Sie diesen einfach ablesen. Sie erinnern sich: In $ax_1 + bx_2 + cx_3 = d$ sind die Koeffizienten a, b und c die Koordinaten des Normalenvektors. Wir haben also $\vec{n} = \begin{pmatrix} 1 \\ 2 \\ 1 \end{pmatrix}$ was offenbar identisch ist mit dem Richtungsvektor $\vec{u}$ der Geraden. Das bedeutet, dass die Gerade senkrecht die Ebene durchstößt, der Schnittwinkel ist folglich $\alpha = 90°$. Beachten Sie, dass wir den Schnittwinkel ohne weitere Rechnung gefunden haben!

Rechenbeispiel 2:

Berechnen Sie den Schnittpunkt der Geraden mit der Ebene und den Schnittwinkel.

$$g: \vec{x} = \begin{pmatrix} 1 \\ 0 \\ 1 \end{pmatrix} + t \begin{pmatrix} 0 \\ 1 \\ 0 \end{pmatrix} \text{ und } E: \left(\vec{x} - \begin{pmatrix} 2 \\ 0 \\ 2 \end{pmatrix} \right) \cdot \begin{pmatrix} 7 \\ -1 \\ 5 \end{pmatrix} = 0$$

Lösung:

Die Besonderheit ist, dass diesmal die Ebene in ihrer Normalenform vorliegt. Umso besser für den Schnittwinkel! Der Richtungsvektor der Geraden ist $\vec{u} = \begin{pmatrix} 0 \\ 1 \\ 0 \end{pmatrix}$ mit Länge $|\vec{u}| = 1$, der Normalenvektor von E ist $\vec{n} = \begin{pmatrix} 7 \\ -1 \\ 5 \end{pmatrix}$ mit Länge $|\vec{n}| = \sqrt{7^2 + (-1)^2 + 5^2} = \sqrt{75}$.

Das Skalarprodukt der beiden Vektoren ist $\vec{n} \cdot \vec{u} = \begin{pmatrix} 7 \\ -1 \\ 5 \end{pmatrix} \cdot \begin{pmatrix} 0 \\ 1 \\ 0 \end{pmatrix} = -1$. Eingesetzt in die Winkelformel für Gerade-Ebene erhalten Sie:

$$\sin(\alpha) = \frac{|-1|}{\sqrt{75} \cdot 1} \approx 0{,}1155$$

Das liefert $\alpha = \arcsin(0{,}1155) \approx 6{,}63°$, also einen sehr flachen Schnittwinkel. Für den Durchstoßpunkt setzen Sie, ähnlich wie im vorangehenden Beispiel g in E ein. Das geht so:

$$\vec{x} = \begin{pmatrix} x_1 \\ x_2 \\ x_3 \end{pmatrix} = \begin{pmatrix} 1 \\ 0 \\ 1 \end{pmatrix} + t \begin{pmatrix} 0 \\ 1 \\ 0 \end{pmatrix} = \begin{pmatrix} 1 \\ t \\ 1 \end{pmatrix}$$

Eingesetzt in die Ebene folgt:

$$\left(\begin{pmatrix} 1 \\ t \\ 1 \end{pmatrix} - \begin{pmatrix} 2 \\ 0 \\ 2 \end{pmatrix} \right) \cdot \begin{pmatrix} 7 \\ -1 \\ 5 \end{pmatrix} = 0 \Leftrightarrow \begin{pmatrix} -1 \\ t \\ -1 \end{pmatrix} \cdot \begin{pmatrix} 7 \\ -1 \\ 5 \end{pmatrix} = 0$$

Ausrechnen des Skalarprodukts liefert $-7 - t - 5 = 0$ also $t = -12$. Eingesetzt in die Gerade ergibt sich $P(1| -12|1)$ als Durchstoßpunkt.

3.5.3 Schnitt zweier Ebenen

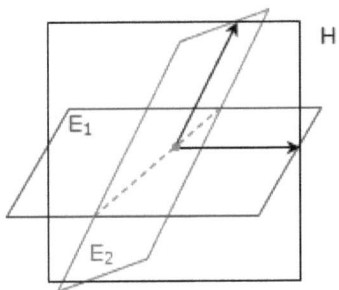

Man mag eine Weile darüber nachdenken, was der Schnittwinkel zweier Ebenen sein soll. Die Ebenen können ja in allen Raumrichtungen gegeneinander geneigt sein. Man führt eine Hilfsebene H ein, die orthogonal zu den beiden anderen Ebenen steht. Die Schnittlinien von H mit den Ebenen zeigen dann den Schnittwinkel an wie die Abbildung links verdeutlicht. Dabei zeigt sich dass der Schnittwinkel zweier Ebenen derselbe ist, den die beiden Normalenvektoren einschließen. Sie brauchen also lediglich die beiden Normalenvektoren in die Winkelformel einsetzen und bekommen dadurch den Cosinus des Winkels.

Winkel zwischen zwei Ebenen

$$\cos(\alpha) = \frac{\vec{n}_1 \cdot \vec{n}_2}{|\vec{n}_1| \cdot |\vec{n}_2|}$$

Mit dem GTR bestimmen Sie dann den Schnittwinkel über {2nd COS}. Beachten Sie, dass der GTR hierfür im Modus {DEGREE} eingestellt sein muss. Andernfalls bekommen Sie den Winkel im Bogenmaß (Radiant). Auf ein Rechenbeispiel verzichten wir ausnahmsweise.

3.5.4 Lage von Ebenen im Koordinatensystem

Für das Lösen der Abi-Aufgaben sollten Sie in der Lage sein, sich anhand einer Ebenengleichung vorzustellen, wie diese Ebene im Raum bzw. im Koordinatensystem liegt. Das ist sehr viel einfacher als es sich zunächst anhören mag! Die Ebenengleichung muss dazu allerdings in Koordinatenform $E: ax_1 + bx_2 + cx_3 = d$

vorliegen, d.h. Sie müssen die Darstellung ggf. umwandeln. Teilen Sie nun einfach durch d. Sie erhalten:

$$E: \frac{a}{d}x_1 + \frac{b}{d}x_2 + \frac{c}{d}x_3 = 1$$

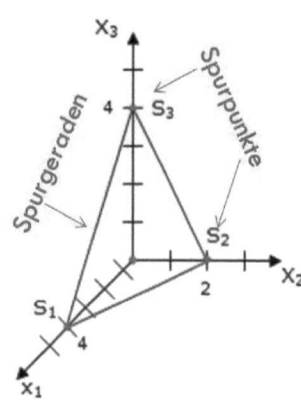

Aus den Kehrwerten der Koeffizienten erhalten Sie dann die Schnittpunkte mit den jeweiligen Koordinatenachsen, die so genannten Spurpunkte. $S_1\left(\frac{d}{a}|0|0\right)$ ist der Schnittpunkt mit der x_1-Achse, $S_2\left(0\left|\frac{d}{b}\right|0\right)$ der Schnittpunkt mit der x_2-Achse und $S_3\left(0|0|\frac{d}{c}\right)$ der Schnittpunkt mit der x_3-Achse. Warum ist das so? Nun, wenn Sie beispielsweise den Spurpunkt S_1 bestimmen wollen, dann müssen Sie in der Koordinatengleichung $ax_1 + bx_2 + cx_3 = d$ die Koordinaten x_2 und die x_3 gleich Null setzen und nach x_1 auflösen. Sie erhalten $ax_1 = d$ also $x_1 = \frac{d}{a}$. Wenn Sie alle Spurpunkte haben zeichnen Sie diese in ein Koordinatensystem ein und verbinden die Punkte miteinander. Dadurch erhalten Sie die Spurgeraden. Diese verdeutlichen die Lage der Ebene im Koordinatensystem.

Rechenbeispiel 2:

Die Ebene E sei gegeben durch $E: 2x_1 + 4x_2 + 2x_3 = 8$. Bestimmen Sie die Spurpunkte und stellen Sie die Ebene in einem Koordinatensystem dar.

Lösung:

Forme zunächst die Ebenengleichung um:

$$2x_1 + 4x_2 + 2x_3 = 8 \iff \frac{1}{4}x_1 + \frac{1}{2}x_2 + \frac{1}{4}x_3 = 1$$

Die Kehrwerte der Koeffizienten sind 4, 2 und 4, was zu den Spurpunkten $S_1(4|0|0)$, $S_2(0|2|0)$ und $S_3(0|0|4)$ führt. Zeichnen Sie die Spurpunkte in das Koordinatensystem ein und verbinden Sie sie untereinander. Dadurch entsteht die Spurgerade (also die Schnittgeraden der Ebene mit den Koordinatenebenen). Die obige Abbildung zeigt dann die Lage der Ebene im Koordinatensystem.

Es gibt allerdings ein paar Sonderfälle, die es noch zu klären gilt. Wie sieht es beispielsweise aus, wenn in der Koordinatengleichung einer Ebene eine oder sogar zwei Koordinaten wegfallen? Wie kann man das deuten?

Es sieht vielleicht etwas seltsam aus, aber auch die Gleichung $x_2 = 2$ beschreibt eine Ebene im Raum. In diesem Fall fehlen die x_1 und die x_3-Koordinaten. Sie fehlen deshalb, weil in der vollständigen Koordinatengleichung $0x_1 + 1x_2 + 0x_3 = 2$ die entsprechenden Koeffizienten Null sind. Die x_2-Koordinate wird beim Wert 2 festgehalten, während x_1 und x_3 beliebige Werte annehmen können. Das ergibt eine Ebene senkrecht zur x_2-Achse. Wenn also in einer Ebenengleichung zwei Koordinaten wegfallen, dann ist die resultierende Ebene senkrecht zur verbleibenden Koordinatenachse!

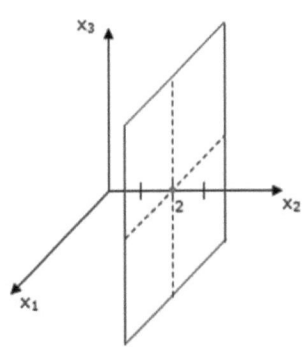

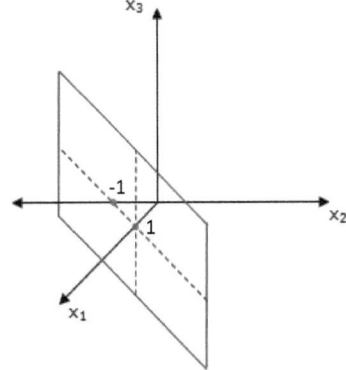

$E: x_2 = 2$
E ist parallel zur $x_1 x_3$-Ebene

$E: x_1 - x_2 = 1$
E ist parallel zu x_3-Achse.

Wie sieht es aus, wenn in einer Ebenengleichung nur eine Koordinate wegfällt, wie beispielsweise in $E: x_1 - x_2 = 1$? Nun, auch hier können Sie wie oben dargestellt, die Schnittpunkte S_1 und S_2 mit der x_1- bzw. mit der x_2-Achse bestimmen. Einen Schnittpunkt mit der x_3-Achse gibt es allerdings nicht. Das bedeutet, dass der Normalenvektor der Ebene senkrecht zur x_3-Achse steht. Wenn Sie also in einer Ebenengleichung nur zwei Koordinaten haben, dann steht der Normalenvektor der resultierenden Ebene senkrecht zur fehlenden Koordinatenachse.

4 Stochastik

4.1 Grundlagen und Begriffe

4.1.1 Ereignisse und Wahrscheinlichkeiten

Wir betrachten das Würfeln mit einem „fairen" Würfel und fragen uns nach der Wahrscheinlichkeit dafür, dass eine gerade Zahl geworfen wird. Das Würfeln an sich ist ein Vorgang mit ungewissem Ausgang, also ein **Zufallsexperiment**. Das, wonach wir fragen, nennen wir ein **Ereignis**. Ereignisse werden mit großen Buchstaben bezeichnet und als Menge oder in beschreibender Form notiert. In unserem Fall ist E = „gerade Zahl" oder $E = \{2,4,6\}$. Die Wahrscheinlichkeit von E wird dann als $P(E)$ angegeben (P steht für Probability). Die grundlegende Formel zur Berechnung einer solchen Wahrscheinlichkeit lautet

$$P(E) = \frac{Anzahl \; „günstige"}{Anzahl \; „mögliche"}$$

Wie ist das zu verstehen? Die „günstigen" sind diejenigen Versuchsausgänge die das Ereignis E beschreiben, also alle (positiven) Antworten auf die ursprüngliche Frage, etwas „mathematischer" ausgedrückt: Alle Elemente der Ereignismenge E. Die „möglichen" sind dann alle überhaupt denkbaren Versuchsausgänge. Da wir nach einer geraden Zahl fragen, haben wir drei „günstige" (nämlich die Versuchs-ausgänge 2, 4 oder 6) und sechs „mögliche", nämlich alle Zahlen, die man würfeln kann. Damit ist $P(E) = \frac{3}{6} = \frac{1}{2} = 50\%$. Die Chance bzw. Wahrscheinlichkeit, dass man bei einmaligem Würfeln mit einem fairen Würfel eine gerade Zahl würfelt ist also 50%. Die Menge aller möglichen Versuchsausgänge, hier die Zahlen 1 bis 6, nennt man auch die Grundmenge oder den **Stichprobenraum** und schreibt dies in der Form $S = \{1,2,3,4,5,6\}$. Statt S wird häufig auch der griechische Buchstabe Ω (Omega) verwendet. In dem Zusammenhang stellen wir auch sofort fest, dass ein beliebiges Ereignis, nach dem wir fragen, immer eine Teilmenge von S oder S selbst ist. Das bedeutet, dass die Anzahl der „günstigen" immer kleiner oder gleich der Anzahl der „möglichen" ist und somit Wahrscheinlichkeiten immer zwischen 0 und 1 liegen. Die Wahrscheinlichkeit des gesamten Stichprobenraums (**das sichere Ereignis**) ist 1 und die Wahrscheinlichkeit der leeren Menge (**das unmögliche Ereignis**) ist 0.

Die Definition der Wahrscheinlichkeit wird häufig auch rein in Mengenschreibweise wiedergegeben, nämlich in der Form

$$P(E) = \frac{|E|}{|S|}$$

Mit $|E|$ ist dann die Anzahl der Elemente von E gemeint und mit $|S|$ die Anzahl der Elemente des Stichprobenraums S.

Aufgabe 1

Wie groß ist die Wahrscheinlichkeit dafür, dass...

1) man bei einmaligem Ziehen aus einem Kartenspiel mit 32 Karten einen König zieht?

2) beim gleichzeitigen würfeln mit zwei fairen Würfeln die Differenz der Augenzahlen drei ist?

3) man bei einmaligem Ziehen aus einer Urne mit 5 roten, 4 blauen und einer gelben Kugel ausgerechnet die gelbe Kugel erwischt?

4) man bei gleichzeitigem Werfen dreier „fairer" Münzen, dreimal „Zahl" erhält?

Lösungen:

1) In einem Kartenspiel mit 32 Blatt gibt es 4 Könige. Man hat also 4 von 32 Möglichkeiten, einen König zu ziehen. Somit ist die Wahrscheinlichkeit $P(„König") = \frac{4}{32} = \frac{1}{8} = 0{,}125 = 12{,}5\%$.

2) Wir beschreiben das Ereignis „Differenz der Augenzahlen ist drei" als Menge. Dann ist $E = \{(1,4), (4,1), (2,5), (5,2), (3,6), (6,3)\}$ und E enthält 6 Elemente. Der gesamte Stichprobenraum S besteht aus allen Paarungen, die man mit zwei Würfeln erzielen kann und enthält 36 Elemente. Damit ist $P(E) = \frac{6}{36} = \frac{1}{6} \approx 0{,}1667 = 16{,}67\%$.

3) In der Urne liegen insgesamt 10 Kugeln, eine davon ist gelb. Man hat also eine von zehn Möglichkeiten, eine gelbe Kugel zu ziehen und es gilt $P(„gelb") = \frac{1}{10} = 0{,}1 = 10\%$.

4) Hier muss man sich zunächst überlegen, wie groß der Stichprobenraum ist. Jede Münze hat zwei Seiten. Da es drei Münzen gibt, hat man $2 \cdot 2 \cdot 2 = 8$ mögliche Kombinationen. Es gibt aber nur eine Kombination zzz „dreimal Zahl". Also ist

$$P(zzz) = \frac{1}{8} = 12{,}5\%.$$

Wie Sie sehen, verwende ich hier eine „lockere" eher intuitive statt streng formale Schreibweise. Streng formal schreibt man Ereignisse immer als Menge, so dass man beispielsweise die Wahrscheinlichkeit aus Lösung 4) in der Form $P(\{(z,z,z)\})$ notieren müsste. Verwenden Sie immer die Schreibweise, die Sie in der Schule kennen gelernt haben!

4.1.2 Zusammengesetzte Ereignisse

Die Frage nach dem Ausgang eines Zufallsexperiments kann aus einzelnen Teilfragen zusammengesetzt sein, die mit *und* bzw. *oder"* verknüpft sind. Natürlich kann man auch nach der Wahrscheinlichkeit fragen, dass ein Ereignis nicht eintritt.

Beispiele:

1) Wie groß ist die Wahrscheinlichkeit bei einmaligem Ziehen, aus einer Urne mit zehn durchnummerierten Kugeln (die Nummern gehen von 1 bis 10) eine Kugel mit einer geraden Zahl oder mit einer Primzahl zu ziehen?

2) Wie groß ist die Wahrscheinlichkeit beim Lotto drei, vier oder fünf Richtige zu ziehen.

3) Von 22 Kindern einer Schulklasse mögen 18 Kinder Schokoladeneis und 17 Kinder Vanilleeis 2 Kinder mögen weder das eine noch das andere. Wie groß ist die Wahrscheinlichkeit bei zufälliger Auswahl, ein Kind zu wählen, das Schokoladeneis und Vanilleeis mag?

4) Wie groß ist die Wahrscheinlichkeit, bei gleichzeitigem Würfeln mit zwei Würfeln, keinen Pasch (zweimal dieselbe Zahl) zu bekommen?

In den ersten beiden Beispielen sind die Teilfragen mit *oder*, im dritten Beispiel mit *und* zusammengesetzt. Natürlich hätte man in Beispiel 3) auch „... *sowohl* Schokoladeneis *als auch* Vanilleeis ..." formulieren können. Im vierten Beispiel ist „nicht Pasch" gesucht. Bei den Formulierungen muss man immer ein wenig aufpassen. Das umgangssprachliche *oder* ist nicht immer dasselbe wie das mathematische *oder*. In der Umgangssprache wird *oder* häufig im ausschließenden Sinne also als *entweder...oder* verwendet. Das logische *oder* hingegen lässt immer beide Möglichkeiten zu. In Beispiel 1) ist die Augenzahl 2 sowohl gerade als auch eine Primzahl, die Teilfragen „gerade" und „Primzahl" schließen sich also nicht gegenseitig aus!

In der Schule haben Sie gelernt, wie die umgangssprachlichen Begriffe *und, oder* und *nicht* in mathematische Formeln zu übersetzen sind. Es seien nun A und B zwei Ereignisse. Fragen wir nach „*A und B*", so ist damit die Schnittmenge $A \cap B$ gemeint, da die Schnittmenge genau die Elemente enthält, die in beiden Mengen gleichzeitig vorkommen. Fragen wir nach „*A oder B*", so versteht man darunter die Vereinigung $A \cup B$, sofern das *oder* nicht als *entweder ... oder* gemeint ist. Fragen wir nach „*nicht A*" schreibt man dies formal als $\bar{A}$ und meint damit das **Gegenereignis** von A. Sie haben ebenfalls in der Schule gelernt, wie daraus die entsprechenden Wahrscheinlichkeiten zu berechnen sind. Hier die jeweiligen Formeln zur Erinnerung.

Großer Additionssatz
Wahrscheinlichkeit von „*A oder B*"
(wenn oder nicht als entweder oder zu verstehen ist):

$$P(A \cup B) = P(A) + P(B) - P(A \cap B)$$

Spezialfall, wenn es keine Schnittmenge gibt, also $A \cap B = \emptyset$ gilt:

$$P(A \cup B) = P(A) + P(B)$$

Erläuterung:

Im Beispiel 1) sei das Ereignis A = „gerade Zahl" und das Ereignis B = „Primzahl", d.h. $A = \{2,4,6,8,10\}$ und $B = \{2,3,5,7\}$. Damit ist „*A oder B*" gegeben durch $A \cup B = \{2,3,4,5,6,7,8,10\}$ und somit gilt $P(A \cup B) = \frac{|A \cup B|}{|S|} = \frac{8}{10} = 0{,}8 = 80\%$. Hätten wir hier einfach die Einzelwahrscheinlichkeiten addiert, so hätten wir die Zahl 2 doppelt in unsere Berechnung einfließen lassen. Damit wäre $P(A) = \frac{5}{10} = 0{,}5 = 50\%$ und $P(B) = \frac{4}{10} = 0{,}4 = 40\%$ also $P(A) + P(B) = 90\%$, was mit dem korrekten Wert 80% nicht übereinstimmt. Wir müssen also tatsächlich die gemeinsam vorkommenden Elemente, also

die Schnittmenge wieder abziehen. Hier ist $P(A \cap B) = \frac{1}{10} = 0{,}1 = 10\%$ und wir haben
$P(A \cup B) = P(A) + P(B) - P(A \cap B) = 50\% + 40\% - 10\% = 80\%$.

Wahrscheinlichkeit von „A und B",
sofern A und B unabhängig voneinander sind:

$$P(A \cap B) = P(A) \cdot P(B)$$

Erläuterung:

In manchen Fällen ist es etwas aufwändiger, die Schnittmenge $A \cap B$ oder die Anzahl der Elemente in $A \cap B$ zu bestimmen. Wenn Sie festgestellt haben, dass die Ereignisse völlig unabhängig voneinander sind, d.h. dass sie sich nicht gegenseitig beeinflussen, dann können Sie die Wahrscheinlichkeit einfach mit obiger Formel bestimmen.

Wahrscheinlichkeit von "nicht A":

$$P(A) = 1 - P(\bar{A}) \quad \text{bzw.} \quad P(\bar{A}) = 1 - P(A)$$

Erläuterung:

Häufig ist es sehr aufwändig, die Wahrscheinlichkeit eines Ereignisses A direkt zu bestimmen. Wir werden insbesondere beim Thema Zufallsvariablen sehen, dass man bei einer direkten Berechnung u.U. sehr viele Einzelwahrscheinlichkeiten ausrechnen und addieren müsste. Hier geht man besser den Umweg über eine indirekte Berechnung mit Hilfe des Gegenereignisses und erspart sich damit viele kleine Rechenschritte.

Mit diesem Wissen können wir nun die Aufgabe aus den Beispielen 3) und 4) lösen.

Lösung zu Beispiel 3)

Hier besteht vor allem die Schwierigkeit, die Anzahl der Kinder in der Schnittmenge zu bestimmen. Am Einfachsten verdeutlicht man sich die Situation in einem Venn-Diagramm:

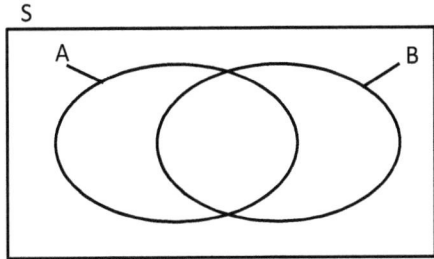

Hierbei stellt der Kasten die Grundgesamtheit (also den Stichprobenraum S) aller 22 Schüler dar. A ist die Menge der Kinder, die Schokoladeneis mögen und B die Menge der Kinder, die Vanilleeis mögen.
Jetzt müssen wir uns überlegen, wie wir die richtigen Anzahlen für die einzelnen Mengen ermitteln.

Schritt 1: Wir wissen, dass 2 Kinder weder Schokoladeneis noch Vanilleeis mögen, d.h. diese 2 Kinder liegen außerhalb von A und B (aber natürlich in S). Dies wird notiert!

Schritt 2: Es bleiben noch insgesamt 20 Kinder für beide Ovale, also für $A \cup B$, übrig. Da wir aber wissen, dass A 18 Kinder enthält, bleiben für den Teil von B außerhalb von A noch 2 Kinder übrig. Wir notieren dies!

Schritt 3: Wir wissen, dass B 17 Kinder enthält, aber 2 davon gehören nicht zu A (siehe vorheriger Schritt). Also bleiben 15 Kinder für die Schnittmenge $A \cap B$. Auch dies notieren wir!

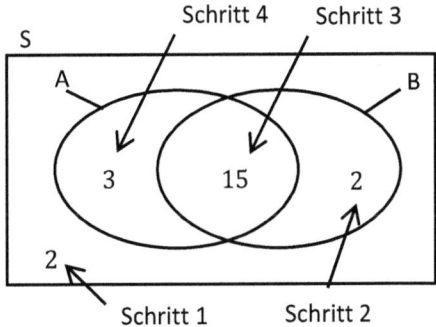

Schritt 4: Wir wissen, dass A 18 Kinder enthält und dass die Schnittmenge 15 Kinder umfasst. Also bleiben für den „Rest" von A noch 3 Kinder. Dies wird abschließend ebenfalls notiert.

Damit haben wir nun alle Angaben vervollständigt! Es folgt:

$$P(A \cap B) = \frac{|A \cap B|}{|S|} = \frac{15}{22} \approx 0{,}682 = 68{,}2\%$$

Ergebnis: Mit einer Wahrscheinlichkeit von 68,2% wählt man ein Kind, das sowohl Schokoladeneis als auch Vanilleeis mag.

Lösung zu Beispiel 4)

Es gibt 6 Möglichkeiten bei einem Wurf mit zwei Würfeln, einen Pasch (= zwei gleiche Zahlen) zu würfeln. Insgesamt gibt es 36 mögliche Kombinationen. Wenn wir das Ereignis „Pasch" mit A bezeichnen, dann bedeutet $\bar{A}$ „kein Pasch" und es gilt $P(A) = \frac{6}{36} = \frac{1}{6}$ und somit $P(\bar{A}) = 1 - P(A) = 1 - \frac{1}{6} = \frac{5}{6} \approx 0{,}833 = 83{,}3\%$.

Ergebnis: Mit einer Wahrscheinlichkeit von etwa 83,3% würfelt man bei einem Wurf mit zwei Würfeln keinen Pasch.

4.1.3 Mehrstufige Zufallsexperimente und Baumdiagramme

Ein Zufallsexperiment kann aus mehreren Einzelexperimenten zusammengesetzt sein. Diese können sich gegenseitig beeinflussen oder auch nicht. In der Schule lernen Sie die Wahrscheinlichkeiten solcher mehrstufigen Zufallsexperimente unter verschiedenen Gesichtspunkten zu bestimmen. Das Baumdiagramm ist dabei das wichtigste Werkzeug. Dabei stellen die „Ebenen" der Reihenfolge nach die einzelnen Stufen des Zufallsexperiments dar und die „Äste" führen zu den jeweils möglichen Versuchsausgängen. Sofern bekannt, schreibt man an die Äste immer auch die jeweiligen Wahrscheinlichkeiten.

Rechenbeispiel 1:

Es soll zweimal gewürfelt werden. Wie groß ist die Wahrscheinlichkeit, im ersten Wurf eine ungerade Zahl und im zweiten Wurf eine Zahl größer als vier zu würfeln?

Lösung mit Hilfe eines Baumdiagramms:

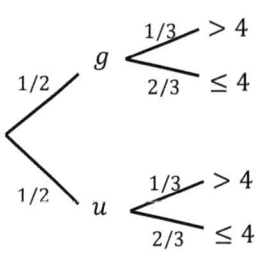

Im Baumdiagramm legt man zuerst die Äste für die Ausgänge der ersten Stufe des Zufallsexperiments an und notiert, sofern bekannt, die jeweiligen Wahrscheinlichkeiten an die Äste. Im Beispiel haben wir Äste für „gerade" g und „ungerade" u jeweils mit einer Wahrscheinlichkeit von $1/2$.

An den „Blättern" (den Endpunkten der Äste) hängt man nun die Äste für die Ausgänge der zweiten Stufe des Zufallsexperiments und notiert wieder die jeweiligen Wahrscheinlichkeiten. Dies führt man so lange fort, bis der Baum komplett ist. Nun kann man die Wahrscheinlichkeit beliebiger Ereignisse bequem berechnen, indem man die

Wahrscheinlichkeiten entlang eines Astes multipliziert. Dies besagt die Pfadregel, die Sie in der Schule kennen gelernt haben. Kommen mehrere Äste in Frage so werden die Wahrscheinlichkeiten der einzelnen Äste addiert. Die Ereignisse eines Zufallsexperiments über mehrere Stufen notieren wir in runden Klammern, wobei wir die Einzelereignisse jeweils durch Semikolon trennen. Im Beispiel ist also $E = (u; > 4)$ das gefragte Ereignis und die Wahrscheinlichkeit von E ergibt sich gemäß der Pfadregel zu $P(E) = \frac{1}{2} \cdot \frac{1}{3} = \frac{1}{6}$.

Hinweis: Ich benutze häufig eine stark vereinfachte, dafür aber intuitive Notation. In der Schule haben Sie für mehrstufige Zufallsexperimente vielleicht andere Notationsformen kennen gelernt. Halten Sie sich am besten an das, was Sie gelernt haben!

Rechenbeispiel 2:

Markus und Stefan veranstalten ein kleines Kickerturnier. Markus gewinnt üblicherweise 60% seiner Spiele gegen Stefan. Das Turnier endet wenn einer der Spieler zwei Spiele gewonnen hat. Wie groß ist die Wahrscheinlichkeit, dass Markus gewinnt?

Lösung:

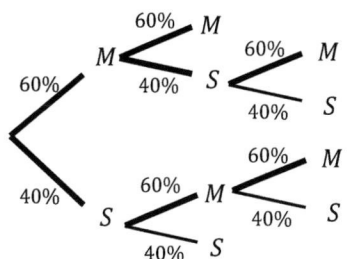

Wir notieren M für „Markus gewinnt" und S für „Stefan gewinnt". Das Baumdiagramm mit den jeweiligen Wahrscheinlichkeiten sehen Sie links. Die Äste bzw. Pfade auf denen Markus das Turnier gewinnt sind fett markiert.

Es sei nun E="Markus gewinnt das Turnier", dann ist E={(M;M), (M;S;M), (S;M;M)}

Unter Verwendung der Pfadregel („entlang eines Pfades multiplizieren", „Pfade addieren") erhält man:

$$P(E) = 0{,}6 \cdot 0{,}6 + 0{,}6 \cdot 0{,}4 \cdot 0{,}6 + 0{,}4 \cdot 0{,}6 \cdot 0{,}6 = 0{,}648 \approx 65\%$$

Ergebnis: Markus gewinnt das Kickerturnier mit einer Wahrscheinlichkeit von etwa 65%.

4.2 Bedingte Wahrscheinlichkeiten

Thomas Bayes
* um 1701 in London
† 7.4.1761
(Quelle: Wikipedia)

Wenn ein Zufallsexperiment durchgeführt wird, kann es vorkommen, dass wir zwar den Ausgang des Experiments nicht kennen, wir aber dennoch gewisse Teilinformationen haben. Wenn wir beispielsweise bei einem Würfelexperiment wissen, dass eine gerade Zahl geworfen wurde und wir nach der Wahrscheinlichkeit fragen, dass es sich um eine 4 handelt, so beträgt diese Wahrscheinlichkeit $\frac{1}{3} \approx 33{,}3\%$ und nicht etwa $\frac{1}{6}$. Dadurch, dass wir bereits wissen, dass es sich um eine gerade Zahl handelt, schränkt sich unser Stichprobenraum (die Grundmenge) von ursprünglich $S = \{1,2,3,4,5,6\}$ auf $S_{neu} = \{2,4,6\}$ ein. Wir haben in unserem neuen Stichprobenraum nur noch drei Elemente, wovon eines die 4 ist.

Wir wollen dies nun formal notieren. Es sei $A = \{4\}$ das Ereignis, dessen Wahrscheinlichkeit wir suchen und $B = $ „gerade Zahl" $= \{2,4,6\}$ das Ereignis, von dem wir wissen, dass es bereits eingetreten ist. In dem Zusammenhang nennt man B die **Bedingung** oder das „**bedingende Ereignis**" und die gesuchte Wahrscheinlichkeit nennt man eine **bedingte Wahrscheinlichkeit**. In der Literatur wie in der Schule sind zwei Notationsformen üblich. Man schreibt $P_B(A)$ oder $P(A|B)$ und liest „**P von A bedingt B**" oder „**P von A wenn B**". Wir verwenden hier die etwas gebräuchlichere Schreibweise $P(A|B)$.

In der Schule haben Sie vor allem zwei Formeln kennengelernt, mit denen Sie bedingte Wahrscheinlichkeiten ausrechnen können:

Berechnung bedingter Wahrscheinlichkeiten

$$P(A|B) = \frac{P(A \cap B)}{P(B)}$$

Bayes'sche Regel

$$P(B|A) = \frac{P(A|B) \cdot P(B)}{P(A)}$$

Die Wahrscheinlichkeit von $P(A|B)$ bestimmt man also dadurch, dass man die Wahrscheinlichkeit der Schnittmenge (also des gemeinsamen Eintretens von A und B) durch die Wahrscheinlichkeit des bedingenden Ereignisses teilt.
Wenn wir die Wahrscheinlichkeit $P(A|B)$ bereits kennen, so ist es gemäß der Bayes'schen Regel auch kein Problem, die „umgekehrte" Wahrscheinlichkeit $P(B|A)$ zu bestimmen.

Rechenbeispiel 1:

Ein Fernsehsender möchte eine neue Serie in ihr Programm aufnehmen. Eine Pilotsendung wurde bereits ausgestrahlt und eine Meinungsumfrage ergab folgende Angaben: 60% der Zuschauer waren älter als 30 Jahre. 20% von diesen und 70% der übrigen fanden die Pilotsendung gut.

a) Wie groß ist die Wahrscheinlichkeit, dass einem zufällig befragten Zuschauer die Pilotsendung gefallen hat?
b) Ein Zuschauer dem die Pilotsendung gefallen hat, wird nun zufällig ausgewählt. Mit welcher Wahrscheinlichkeit ist dieser Zuschauer über 30 Jahre alt?
c) Wie groß ist die Wahrscheinlichkeit, dass die Pilotsendung einem über Dreißigjährigen gefallen hat?

Lösung:

a) Wenn 60% der Zuschauer älter als 30 Jahre sind, dann sind die restlichen 40% jünger oder genau 30 Jahre alt. 20% der über 30jährigen und 70% der höchstens Dreißigjährigen fanden die Pilotsendung gut, d.h.
$P(gut) = P(> 30 \text{ } und \text{ } gut) + P(\leq 30 \text{ } und \text{ } gut) = 0{,}6 \cdot 0{,}2 + 0{,}4 \cdot 0{,}7 = 0{,}12 + 0{,}28 = 0{,}4.$

Ergebnis: Die Wahrscheinlichkeit, dass ein zufällig ausgewählter Zuschauer die Pilotsendung gut fand, beträgt 40%.

b) Wir wissen bereits, dass der Zuschauer die Pilotsendung gut fand. Folglich ist $P(> 30|gut)$ gesucht. Laut Definition gilt $P(> 30|gut) = P(> 30 \text{ } und \text{ } gut)/P(gut)$. Wegen $P(gut) = 0{,}4$ (siehe Teilaufgabe a)) und $P(> 30 \text{ } und \text{ } gut) = 0{,}6 \cdot 0{,}2 = 0{,}12$ folgt $P(> 30|gut) = \frac{0{,}12}{0{,}4} = 0{,}3$.

Ergebnis: Ein zufällig ausgewählter Zuschauer, dem die Pilotsendung gefallen hat ist mit einer Wahrscheinlichkeit von 30% älter als 30 Jahre.

c) Gesucht ist $P(gut| > 30)$. Mit den vorangehenden Ergebnissen reicht es die Bayes'sche Regel anzuwenden. $P(gut| > 30) = \frac{P(> 30|gut) \cdot P(gut)}{P(>30)} = \frac{0{,}3 \cdot 0{,}4}{0{,}6} = 0{,}2.$

Ergebnis: Die Wahrscheinlichkeit, dass die Pilotsendung einem über Dreißigjährigen gefallen hat beträgt 20%.

Rechenbeispiel 2:

Von den 400.000 Einwohnern einer Großstadt leiden 200 an einer speziellen Form von Krebs, ohne es zu wissen. Ein neues Diagnoseverfahren hat folgende Fehlerquote:
2% aller Personen, die erkrankt sind und dies nicht wissen, werden als gesund eingestuft. 3 % aller Personen, die gesund sind, werden als krank eingestuft.
Wie groß ist die Wahrscheinlichkeit, dass bei einer Untersuchung ...

  a) eine durch das Diagnoseverfahren als krank festgestellte Person die Krankheit nicht hat?
  b) eine als gesund eingestufte Person die Krankheit doch hat?

Lösung:

Bei dieser Art von Aufgabenstellung ist es am Einfachsten, wenn man sich eine so genannte **Vierfeldertafel** aufstellt, so dass man nachher einzelne Werte bequem ablesen und in die jeweiligen Formeln einsetzen kann. In diesem Fall stellt man die Anzahlen der kranken und gesunden Personen sowie die Anzahlen der positiven und negativen Testergebnisse fest und überträgt diese zusammen mit den jeweiligen Summen wie folgt in eine Tabelle:

	krank		gesund		Summe	
Diagnose positiv (d.h. Person ist erkrankt)	196 (= 200 − 4)	❺	11.994 (= 399.800 · 0,03)	❻	12.190	❼
Diagnose negativ (d.h. Person ist nicht krank)	4 (= 200 · 0,02)	❹	387.806 (= 399.800 − 11.994)	❽	387.810	❾
Summe	200	❷	399.800	❸	400.000	❶

Die schwarz hinterlegten Nummern zeigen die Reihenfolge der Berechnungen bzw. Eintragungen an.

Hiermit lösen wir nun die Aufgaben:

a) $P(gesund \,|\, positiv) = \frac{P(gesund \; und \; positiv)}{P(positiv)} = \frac{11.994/400.000}{12.190/400.000} = \frac{11.994}{12.190} \approx 0{,}984.$

Ergebnis: Die Wahrscheinlichkeit, dass eine durch die Diagnose als krank eingestufte Person tatsächlich aber gesund ist beträgt etwa 98,4%.

b) $P(krank|negativ) = \frac{P(krank\ und\ negativ)}{P(negativ)} = \frac{4/400.000}{387.810/400.000} = \frac{4}{387.810} \approx 0{,}00001 =$ 0,001%.

Ergebnis: Die Wahrscheinlichkeit, dass eine durch die Diagnose als gesund eingestufte Person doch erkrankt ist beträgt etwa 0,001%.

Tipp: In dieser Art von Aufgabenstellung liegt immer dieselbe Gesamtbevölkerungsgröße zugrunde, die sich bei der Berechnung der Wahrscheinlichkeiten aber sofort herauskürzt. Man hätte also in beiden Aufgabenteilen direkt die absoluten Häufigkeiten nehmen können und würde sich dadurch jeweils einen Rechenschritt ersparen. So hätte man z.B. in in Aufgabenteil a) direkt $\frac{P(gesund\ und\ positiv)}{P(positiv)} = \frac{11.994}{12.190}$ schreiben können.

Rechenbeispiel 3:

Eine Urne enthält 40 Kugeln wobei 30 Kugeln aus Kunststoff und 10 Kugeln aus Metall sind. Von den 30 Kunststoffkugeln sind 10 schwarz und der Rest weiß. Unter den 10 Metallkugeln befinden sich 4 schwarze, der Rest ist ebenfalls weiß. Nun wird in einem Zufallsexperiment eine Kugel gezogen.

a) Wie groß ist die Wahrscheinlichkeit dass eine schwarze Kugel aus Metall ist?
b) Mit welcher Wahrscheinlichkeit ist eine metallene Kugel schwarz?

Lösung:

a) Bekannt ist, dass die gezogene Kugel schwarz ist. Dies ist unsere Bedingung. Gesucht ist also $P(Metall|schwarz)$ und es folgt $P(Metall|schwarz) = \frac{P(Metall\ und\ schwarz)}{P(schwarz)} = \frac{4/40}{14/40} = \frac{4}{14} \approx 0{,}286 = 28{,}6\%.$

Ergebnis: Eine schwarze Kugel ist mit einer Wahrscheinlichkeit von 28,6% aus Metall.

b) Wir verwenden die Formel von Bayes:

$$P(schwarz|Metall) = \frac{P(Metall|schwarz) \cdot P(schwarz)}{P(Metall)} = \frac{\frac{4}{14} \cdot \frac{14}{40}}{\frac{10}{40}} = 0{,}4 = 40\%$$

Ergebnis: Eine metallene Kugel ist mit einer Wahrscheinlichkeit von 40% schwarz.

4.3 Zufallsvariablen

Häufig sind Ereignisse mit gewissen Zahlenwerten verbunden, beispielsweise die Auszahlbeträge beim Lotto. Je mehr „Richtige" man hat, desto höher der Auszahlbetrag. Die Augensumme beim zweimaligen Würfeln stellt ebenfalls einen Zahlenwert dar, der mit gewissen Ereignissen verbunden ist, so wird beispielsweise die Augensumme 5 durch die Ereignismenge $E = \{(1,4), (2,3), (3,2), (4,1)\}$ realisiert. In dem Zusammenhang bezeichnet man die Augensumme als eine **Zufallsvariable**, die die Werte 2 bis 12 annehmen kann.

Zufallsvariablen werden üblicherweise mit einem großen Buchstaben, in der Regel mit X, bezeichnet. Gefragt wird nun nach der Wahrscheinlichkeit dafür, dass eine Zufallsvariable einen gewissen Wert annimmt. Wenn wir die Augensumme als Zufallsvariable X auffassen, so bezeichnet $P(X = 5)$ die Frage nach der Wahrscheinlichkeit, dass die Zufallsvariable X den Wert 5 annimmt, bzw. in die Umgangssprache übersetzt, dass beim zweimaligen Würfeln die Augensumme 5 entsteht.

Rechenbeispiel 1:

Eine Urne enthält fünf weiße und drei rote Kugeln. Es wird dreimal mit Zurücklegen gezogen. Bestimmen Sie die Wahrscheinlichkeiten dafür, dass die Ziehung keine, eine, zwei oder drei rote Kugeln enthält.

Lösung:

Wir fassen die Anzahl der roten Kugeln als Zufallsvariable X auf. $X = 0$, also „keine rote Kugel", wird durch das Ereignis $E_0 = \{(w,w,w)\}$ realisiert. Somit ist $P(X = 0) = P(E_0) = \left(\frac{5}{8}\right)^3 \approx 0{,}244 = 24{,}4\%$. $X = 1$, d.h. „eine rote Kugel", wird realisiert durch $E_1 = \{(r,w,w), (w,r,w), (w,w,r)\}$, also gilt $P(X = 1) = P(E_1) = 3 \cdot \left(\frac{5}{8}\right)^2 \cdot \frac{3}{8} \approx 0{,}439 = 43{,}9\%$. Die Ereignismengen zu $X = 2$ und $X = 3$ sind $E_2 = \{(r,r,w), (r,w,r), (w,r,r)\}$ und $E_3 = \{(r,r,r)\}$. Entsprechend gilt $P(X = 2) = 3 \cdot \frac{5}{8}\left(\frac{3}{8}\right)^2 \approx 0{,}264 = 26{,}4\%$ und $P(X = 3) = \left(\frac{3}{8}\right)^3 \approx 0{,}053 = 5{,}3\%$.

Rechenbeispiel 2:

Einem Kartenspiel mit 32 Karten werden nacheinander drei Karten ohne Zurücklegen entnommen. Bestimmen Sie die Wahrscheinlichkeiten dafür, dass die Ziehung keine, eine, zwei oder drei Bildkarten (Bube, Dame oder König) enthält.
Lösung:

Wir fassen die Anzahl der Bildkarten als Zufallsvariable X auf. Es sei nun $B =$ „Bild" und $K =$ „kein Bild". Dann wird $X = 0$ realisiert durch das Ereignis $E_0 = \{(K,K,K)\}$ und es gilt $P(X = 0) = P(E_0) = \frac{20}{32} \cdot \frac{19}{31} \cdot \frac{18}{30} \approx 0{,}23 = 23\%$. Mit $X = 1$ ist das Ereignis $E_1 = \{(B,K,K), (K,B,K), (K,K,B)\}$, also gilt $P(X = 1) = P(E_1) = 3 \cdot \frac{12}{32} \cdot \frac{20}{31} \cdot \frac{19}{30} \approx 0{,}46 = 46\%$. Die Ereignismengen zu $X = 2$ und $X = 3$ sind $E_2 = \{(B,B,K), (B,K,B), (K,B,B)\}$ und $E_3 = \{(B,B,B)\}$. Entsprechend gilt $P(X = 2) = \frac{12}{32} \cdot \frac{11}{31} \cdot \frac{20}{30} \cdot 3 \approx 0{,}266 = 26{,}6\%$ und $P(X = 3) = \frac{12}{32} \cdot \frac{11}{31} \cdot \frac{10}{30} \approx 0{,}044 = 4{,}4\%$.

Spricht man von der **Verteilung** einer Zufallsvariablen, so meint man damit die Gesamtheit aller Wahrscheinlichkeiten, mit denen die einzelnen Zahlenwerte der Zufallsvariablen angenommen werden. **Wahrscheinlichkeitsverteilungen** werden häufig in Tabellen oder in Form von Balkendiagrammen, den so genannten **Histogrammen**, dargestellt.

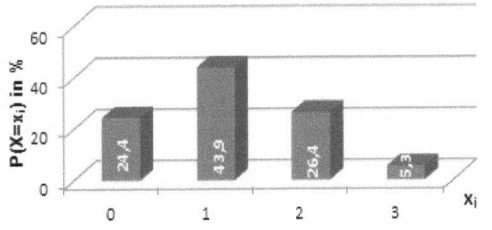

Wahrscheinlichkeitsverteilung für X aus Rechenbeispiel 1

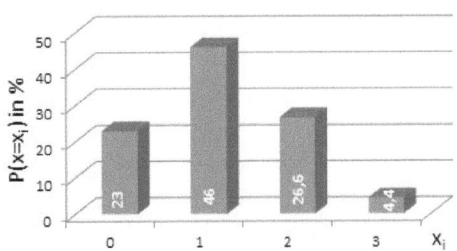

Wahrscheinlichkeitsverteilung für X aus Rechenbeispiel 2

x_i	$P(X = x_i)$ in %
0	24,4
1	43,9
2	26,4
3	5,3
Summe:	100

x_i	$P(X = x_i)$ in %
0	23
1	46
2	26,6
3	4,4
Summe:	100

4.4 Erwartungswert

Im Zusammenhang mit Zufallsvariablen gibt es gewisse Kenngrößen, mit denen man sich eine ungefähre Vorstellung über die zugehörige Wahrscheinlichkeitsverteilung machen kann. In den Rechenbeispielen des vorherigen Abschnitts sehen Sie, dass die Werte 0 bis 3 der Zufallsvariablen X mit verschiedenen Wahrscheinlichkeiten auftreten. Wir stellen uns nun einen Stab mit den Markierungen 0 bis 3 (den Werten von X) vor. Die Markierungen sind in regelmäßigen Abständen angebracht und an jeder Markierung hängt ein Gewicht, das der jeweiligen Wahrscheinlichkeit entspricht, siehe Abbildung:

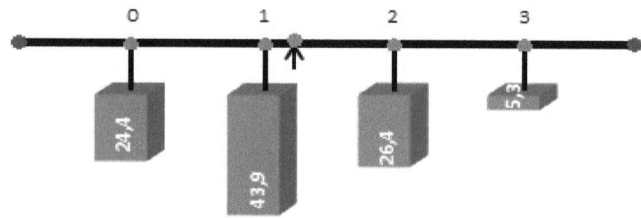

Wenn wir nun den Stab auf dem Zeigefinger balancieren wollten, an welcher Stelle müssten wir dann den Stab auflegen? Diese Stelle ist nichts anderes als der Schwerpunkt. In Bezug auf eine Wahrscheinlichkeitsverteilung spricht man vom **Erwartungswert** und sie haben in der Schule gelernt, wie man diesen bestimmt.

Erwartungswert einer Zufallsvariablen X

$$E(X) = x_1 \cdot P(X = x_1) + x_2 \cdot P(X = x_2) + \cdots + x_n \cdot P(X = x_n)$$

Um den Erwartungswert zu bestimmen, nimmt man jeden Wert, den X annehmen kann mit der zugehörigen Wahrscheinlichkeit mal und addiert die Einzelergebnisse. Daraus ergibt sich, dass man den Erwartungswert als eine Art gewichteten Mittelwert auffassen kann.

In den Prüfungsaufgaben wird der Erwartungswert häufig in Zusammenhang mit dem Ausgang eines Spiels abgefragt. Man soll dann beantworten, ob ein Spiel fair ist oder nicht bzw. für welche Partei das Spiel günstiger ist.

Rechenbeispiel 1:

Bestimme aus den Rechenbeispielen 1 und 2 des vorherigen Abschnitts jeweils den Erwartungswert.

Lösung:

Zur Unterscheidung nennen wir die Zufallsvariable aus Rechenbeispiel 1 X und diejenige aus Rechenbeispiel 2 Y. Dann gilt:

$$E(X) = 0 \cdot P(X = 0) + 1 \cdot P(X = 1) + 2 \cdot P(X = 2) + 3 \cdot P(X = 3)$$
$$= 0 \cdot 0{,}244 + 1 \cdot 0{,}439 + 2 \cdot 0{,}264 + 3 \cdot 0{,}053 = 1{,}126$$

Dies bedeutet: Bei dreimaligem Ziehen aus der Urne zieht man im Schnitt 1,126 rote Kugeln.

$$E(Y) = 0 \cdot P(X = 0) + 1 \cdot P(X = 1) + 2 \cdot P(X = 2) + 3 \cdot P(X = 3)$$
$$= 0 \cdot 0{,}23 + 1 \cdot 0{,}46 + 2 \cdot 0{,}266 + 3 \cdot 0{,}044 = 1{,}124$$

Dies bedeutet: Bei dreimaligem Ziehen einer Karte zieht man im Schnitt 1,124 Bildkarten.

Rechenbeispiel 2:

Eines der folgenden fünf Wörter werde zufällig gezogen: DER ZUFALL REGIERT DIE WELT. Die Zufallsvariable X beschreibe die Anzahl der Buchstaben und die Zufallsvariable Y die Anzahl der Vokale des gezogenen Wortes. Bestimmen Sie die Erwartungswerte der beiden Zufallsvariablen.

Lösung:

Die Zufallsvariable X kann die Werte $3, 4, 6$ oder 7 annehmen. Der Satz „DER ZUFALL REGIERT DIE WELT" hat 5 Worte, von denen zwei die Länge 3 haben. Also folgt $P(X = 3) = \frac{2}{5} = 0{,}4$. Entsprechend macht man sich klar, dass $P(X = 4) = \frac{1}{5} = 0{,}2$, $P(X = 6) = \frac{1}{5} = 0{,}2$ und $P(X = 7) = \frac{1}{5} = 0{,}2$ gilt. Der Erwartungswert ergibt sich dann durch:

$$E(X) = 3 \cdot \frac{2}{5} + 4 \cdot \frac{1}{5} + 6 \cdot \frac{1}{5} + 7 \cdot \frac{1}{5} = \frac{23}{5} = 4{,}6$$

Die Zufallsvariable Y kann die Werte $1, 2,$ oder 3 annehmen. Mit $P(Y = 1) = \frac{2}{5}$, $P(Y = 2) = \frac{2}{5}$, $P(Y = 3) = \frac{1}{5}$ folgt:

$$E(Y) = 1 \cdot \frac{2}{5} + 2 \cdot \frac{2}{5} + 3 \cdot \frac{1}{5} = \frac{8}{5} = 1,8$$

Ergebnis:

Die gesuchten Erwartungswerte sind $E(X) = 4,6$ und $E(Y) = 1,8$, das bedeutet, dass man (bei langen Versuchsreihen) im Schnitt eine Wortlänge von 4,6 erhält und dass ein Wort im Schnitt 1,8 Vokale besitzt.

Rechenbeispiel 3:

Bei einem Spiel wird ein Würfel zwei Mal hintereinander geworfen. Der Spieler gewinnt 2 €, wenn er einen Pasch (=zweimal dieselbe Zahl) geworfen hat.

a)   Berechne den erwarteten Gewinn!

b)   Berechne, wie groß der auszuzahlende Betrag im Gewinnfall sein müsste, damit bei einem Einsatz von 1€ das Spiel fair ist!

Lösung:

a)   Hier stellt die Zufallsvariable X den Gewinn dar. Der Spieler gewinnt 0 €, wenn er zwei verschiedene Zahlen wirft und 2 €, wenn er einen Pasch wirft. Demnach ist $P(X = 0) = \frac{30}{36} = \frac{5}{6}$ und $P(X = 2) = \frac{6}{36} = \frac{1}{6}$. Der erwartete Gewinn ist dann $E(X) = 0 \cdot \frac{5}{6} + 2 \cdot \frac{1}{6} = \frac{1}{3} = 0,33$.

Ergebnis: Der erwartete Gewinn beträgt etwa 33 Cent.

b)   Ein Spiel ist dann fair, wenn der erwartete Gewinn genauso hoch ist wie der Einsatz, d.h. wenn $E(X) = 1$ gilt. Den Auszahlungsbetrag a im Gewinnfall berechnen wir dann mit $E(X) = 0 \cdot \frac{5}{6} + a \cdot \frac{1}{6} = 1$, woraus $a = 6$ (Euro) folgt.

Ergebnis: Damit das Spiel fair wird muss der Auszahlungsbetrag im Falle eines Gewinns auf 6 € festgelegt werden.

4.5 Varianz und Standardabweichung

Genau wie der Erwartungswert sind die Varianz und die Standardabweichung gewisse Kenngrößen einer Wahrscheinlichkeitsverteilung. Die Varianz ist dabei ein Maß für die Streuung der einzelnen Wahrscheinlichkeiten um den Erwartungswert herum. Die Standardabweichung σ ist die Wurzel aus der Varianz.

Varianz

$$Var(X) = \left(x_1 - E(X)\right)^2 \cdot P(X = x_1) + \cdots + \left(x_n - E(X)\right)^2 \cdot P(X = x_n)$$

Standardabweichung

$$\sigma = \sqrt{Var(X)}$$

Kennt man die Standardabweichung, so kann man sich eine gute Vorstellung darüber machen, wie sich die Einzelwerte verteilen. Wird ein Zufallsexperiment mit vielen Ausgängen häufig ausgeführt, so gruppieren sich die beobachteten Werte um den Erwartungswert herum. Man kann nun zeigen, dass sich die Werte etwa wie folgt verteilen:

ca. 68% der Werte liegen im Intervall $[E(X) - \sigma; E(X) + \sigma]$
ca. 95% der Werte liegen im Intervall $[E(X) - 2\sigma; E(X) + 2\sigma]$
ca. 99% der Werte liegen im Intervall $[E(X) - 3\sigma; E(X) + 3\sigma]$

Das bedeutet, dass fast alle beobachteten Werte in einem 3σ-Intervall um den Erwartungswert liegen!

4.6 Bernoulli-Experimente   und   Binomial-verteilung

Als Eingangsbeispiel führen wir ein Würfelexperiment durch und fragen nach der Wahrscheinlichkeit einer 3. Somit haben wir nur zwei mögliche Ausgänge des Experiments, nämlich eine 3 oder keine 3. Wir wiederholen das Experiment zweimal und fragen nun nach der Anzahl der Treffer. Die Zufallsvariable, die die Anzahl der Treffer beschreibt nennen wir X. Dann kann X die Werte 0, 1 oder 2 annehmen und es gilt $P(X = 0) = \left(\frac{5}{6}\right)^2$, $P(X = 1) = 2 \cdot \left(\frac{1}{6}\right) \cdot \left(\frac{5}{6}\right)$, $P(X = 2) = \left(\frac{1}{6}\right)^2$, siehe Baumdiagramm.

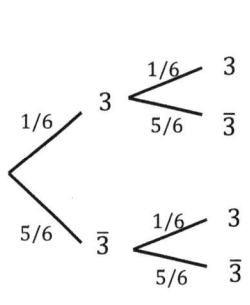 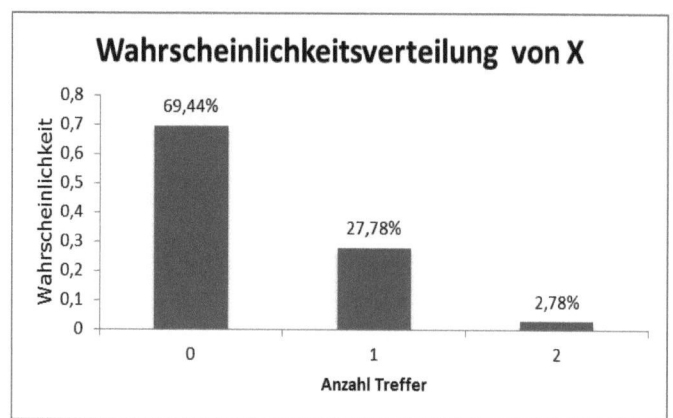

Die Wahrscheinlichkeiten für die Trefferanzahlen ergeben dann zusammengenommen die Wahrscheinlichkeitsverteilung der Zufallsvariablen X, dargestellt im obigen Säulendiagramm. Wir können diese Art von Experiment verallgemeinern. Das Zufallsexperiment muss dabei so beschaffen sein, dass es nur zwei mögliche Ausgänge gibt, die wir als Treffer oder Niete bezeichnen. Die Wahrscheinlichkeit für einen Treffer sei p, dann ist die Wahrscheinlichkeit für eine Niete $q = 1 - p$. Ein solches Zufallsexperiment nennt man **Bernoulli-Experiment**. Wird ein Bernoulli-Experiment mehrfach wiederholt, so spricht man von einer **Bernoulli-Kette**. Bei n Wiederholungen sei X die Zufallsvariable, welche die Anzahl der Treffer beschreibt. In der Schule haben Sie gelernt, dass die Wahrscheinlichkeit in n Versuchen k Treffer zu erzielen gegeben ist durch $P(X = k) = \binom{n}{k} p^k q^{n-k}$. Zur Erinnerung: Den Ausdruck $\binom{n}{k}$ nennt man **Binomialkoeffizient** und liest „n über k". Mit dem GTR können Sie dies durch Eingabe von 5 nCr 3 berechnen (die Funktion nCr bekommen Sie über MATH PRB).

Wie jede andere Zufallsvariable besitzt X eine Wahrscheinlichkeitsverteilung. Da in dem Ausdruck zur Berechnung der einzelnen $P(X = k)$ ein Binomialkoeffizient auftritt, nennt die Wahrscheinlichkeitsverteilung von X auch **Binomialverteilung**. Bei festem k (also bei vorgegebener Trefferanzahl) hängt der Ausdruck $P(X = k) = \binom{n}{k} p^k q^{n-k}$ offenbar nur noch von den Parametern n und p ab (q ergibt sich wie oben erwähnt aus $1 - p$), daher sagt man, X sei $B_{n,p}$-verteilt.

Zur besseren Veranschaulichung betrachten wir nun drei Bernoulli-Experimente. Jedes Experiment werde 10mal wiederholt, wobei die Trefferwahrscheinlichkeit im ersten Experiment $p = 0,2$ im zweiten $p = 0,5$ und im dritten $p = 0,8$ sei. Wir variieren also die Trefferwahrscheinlichkeiten bei gleichbleibenden Versuchsanzahlen.

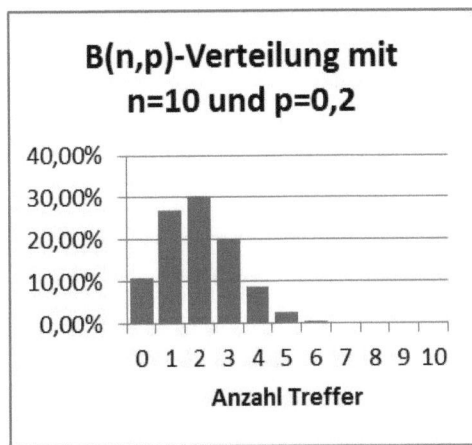

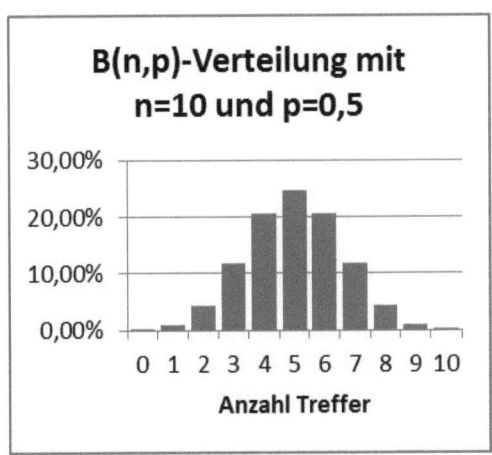

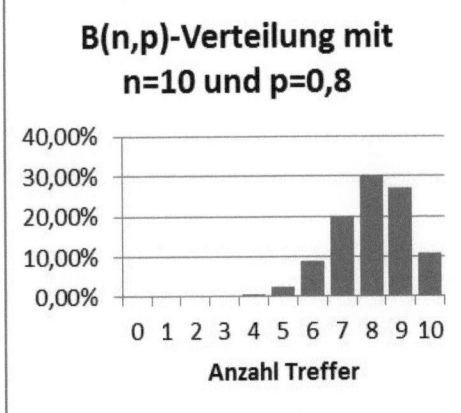

In den nebenstehenden Abbildungen ist klar zu erkennen, dass bei geringen Trefferwahrscheinlichkeiten die durch die Binomialverteilung beschriebene „Welle" eher linkslastig und bei hohen Trefferwahrscheinlichkeiten eher rechtslastig ist. Dies sollte auch anschaulich klar sein, denn bei steigenden Trefferwahrscheinlichkeiten wird es auch immer wahrscheinlicher, mehr Treffer zu erzielen.

Wenn wir statt den Trefferwahrscheinlichkeiten die Versuchsanzahlen variieren, so ändert sich die Binomialverteilung lediglich in der Höhe. Auf die Verschiebung der „Welle" nach links oder rechts haben die Versuchsanzahlen keinen Einfluss!

4.7 Berechnung mit dem GTR

Die Trefferwahrscheinlichkeit eines einzelnen Treffers sei p. Die Wahrscheinlichkeit, dass in einer Bernoulli-Kette der Länge n k Treffer erzielt werden ist gegeben durch den Ausdruck

$$P(X = k) = \binom{n}{k} p^k \cdot q^{n-k}$$

Hierbei ist $q = 1 - p$ und $\binom{n}{k}$ (gelesen „n über k") der Binomialkoeffizient, welchen man mit dem GTR über MATH PRB nCr bestimmen kann. Beispiel: $\binom{5}{3}$ gibt man im GTR so ein: 5 MATH PRB nCr 3 ENTER. Das Ergebnis ist 10.

Bei langen Bernoulli-Ketten ist man weniger an der Wahrscheinlichkeit einzelner Treffer interessiert sondern eher daran, wie wahrscheinlich es ist, dass die Trefferanzahl sich in einem gewissen Bereich bewegt. Eine Zufallsvariable X sei $B_{10;0,4}$-verteilt.

Wie groß ist die Wahrscheinlichkeit für …

a) mindestens 5 Treffer?   ⇨ $P(X \geq 5) =?$
b) höchstens 8 Treffer?   ⇨ $P(X \leq 8) =?$
c) weniger als 7 Treffer?   ⇨ $P(X < 7) =?$
d) eine Trefferzahl zwischen 3 und 9?   ⇨ $P(3 \leq X \leq 9) =?$

Wegen $P(X \geq 5) = P(X = 5) + \cdots + P(X = 10)$ kann es sehr aufwändig werden, solche Wahrscheinlichkeiten zu bestimmen. Mit dem GTR kann man über die Funktion binomcdf(n,p,k) (über 2ND DISTR)den Ausdruck $P(X \leq k)$ berechnen. Alle anderen Ausdrücke lassen sich darauf zurückführen.

Lösung der Aufgaben:

a) Es gilt $P(X \geq 5) = 1 - P(X \leq 4)$
    Eingabe mit dem GTR 1-binomcdf(10,0.4,4) liefert 0,3669,
    d.h. $P(X \geq 5) \approx 36,69\%$

b) $P(X \leq 8) = $ binomcdf(10,0.4,8) $\approx 99,8\%$

c) $P(X < 7) = P(X \leq 6) = $ binomcdf(10,0.4,6) $\approx 94,5\%$

d) $P(3 \leq X \leq 9) = P(X \leq 9) - P(X \leq 2) =$
    binomcdf(10,0.4,9) - binomcdf(10,0.4,2) $\approx$
    83,2%

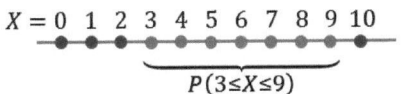

Die Wahrscheinlichkeit z.B. von $P(X = 4)$ rechnet man entweder direkt über den Ausdruck $\binom{10}{4} 0,4^4 \cdot 0,6^6$ aus oder über binomcdf(10,0.4,4) - binomcdf(10,0.4,3) oder direkt über die Funktion binompdf. Es folgt: $P(X = 4) \approx 25,1\%$.

4.8 Hypothesentests

In manchen Aufgaben geht man davon aus, dass eine Zufallsvariable X binomialverteilt ist. Allerdings kennt man den Parameter p nicht und stellt darüber eine Vermutung an. Dies nennt man die **Nullhypothese H_0**.

In der **Alternativhypothese H_1** vermutet man, dass p einen anderen Wert hat als der, der in H_0 angenommen wird. H_0 lässt sich überprüfen, indem man eine Stichprobe vom Umfang n durchführt und die Anzahl der Treffer T ermittelt. Anhand der Stichprobe lässt sich nun entscheiden, ob H_0 abgelehnt werden sollte oder nicht.

Je nach Art der Aufgabe wird H_0 zugunsten von H_1 abgelehnt, wenn T größer als erwartet (**rechtsseitiger Test**) oder kleiner als erwartet (**linksseitiger Test**) ist.

Die Aufgabe besteht vor allem darin, einen **Ablehnungsbereich** $[k, ..., n]$ bei einem rechtsseitigen Test bzw. $[0, ..., k]$ bei einem linksseitigen Test zu finden. Befindet sich T im Ablehnungsbereich, so wird H_0 zugunsten von H_1 abgelehnt.

In den meisten Aufgaben ist jedoch weder k noch ein Ablehnungsbereich gegeben. Stattdessen kennt man die **Irrtumswahrscheinlichkeit α** dafür, dass H_0 zu Unrecht abgelehnt wird. Aus der Irrtumswahrscheinlichkeit lässt sich dann mit dem GTR das k für den Ablehnungsbereich ermitteln. Wenn man schließlich den Ablehnungsbereich kennt, kann man entscheiden, ob H_0 abgelehnt werden sollte oder nicht.

Verteilung von X gemäß der Nullhypothese H_0

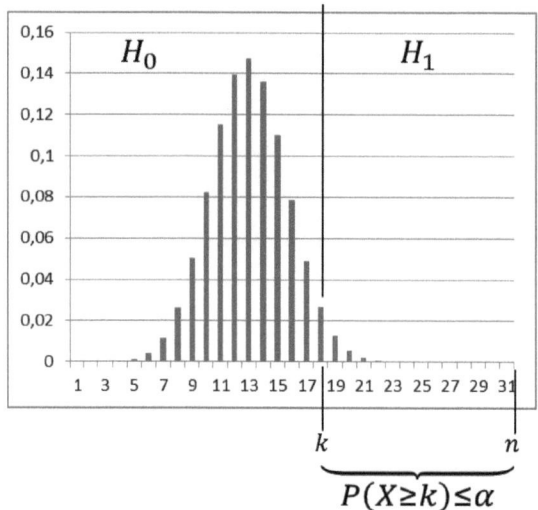

Rechtsseitiger Test mit Ablehnungsbereich $A = [k, \dots, n]$. Ist die Trefferanzahl $T \in A$ so gilt bei einer Irrtumswahrscheinlichkeit α H_1, andernfalls gilt H_0.

Verteilung von X gemäß der Nullhypothese H_0

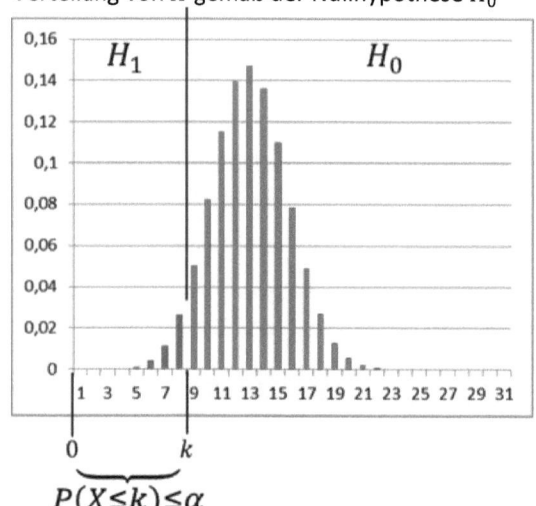

Linksseitiger Test mit Ablehnungsbereich $A = [0, \dots, k]$. Ist die Trefferanzahl $T \in A$ so gilt bei einer Irrtumswahrscheinlichkeit α H_1, andernfalls gilt H_0.

Rechenbeispiel 1: Rechtsseitiger Test

Eine Kleinstadt will ein neues Kulturzentrum erbauen. Der Bürgermeister geht davon aus, dass höchstens 50% der Einwohner dem Vorhaben zustimmen. Einige Kunst- und Kulturexperten vermuten dagegen, dass die Zustimmungsrate höher ist.
Bei einer Umfrage unter 200 Personen befürworten 140 Personen den Bau des Kulturzentrums.
Kann man nun bei einer Irrtumswahrscheinlichkeit von 4% davon ausgehen, dass die Annahme des Bürgermeisters falsch ist?

Lösung:

Da man bei der Stichprobe nur zwischen „Treffer" (=Zustimmung) oder „kein Treffer" (= Ablehnung) unterscheidet, handelt es sich um ein Zufallsexperiment mit Binomial-verteilung. Der Umfang der Stichprobe ist $n = 200$.
Der Bürgermeister vermutet eine Trefferwahrscheinlichkeit von $p \leq 0{,}5$. Damit ist H_0 mit $p \leq 0{,}5$ die Nullhypothese. Die Alternative ist H_1 mit $p > 0{,}5$.
Die Zufallsvariable X, welche die Anzahl der Treffer beschreibt, ist gemäß H_0 $B_{200;0,5}$ verteilt. Wenn sich nun herausstellt, dass die Anzahl der Treffer T höher ist als erwartet, so wird H_0 zugunsten von H_1 abgelehnt.
Es handelt sich demnach um einen rechtsseitigen Test und es muss ein Ablehnungsbereich der Form $A = [k, \ldots, 200]$ gefunden werden. Mit Hilfe der Irrtumswahrscheinlichkeit lässt sich k bestimmen. Damit H_0 abgelehnt wird, muss $P(X \geq k) < 0{,}04$ gelten. Nun ist $P(X \geq k) = 1 - P(X \leq k - 1)$. Somit gibt man im Y-Editor den Ausdruck 1-binomcdf(200,0.5,X-1) und sucht sich über 2ND TABLE den Wert von X, beim dem dieser Ausdruck erstmals $< 0{,}04$ wird. Für $X = 112$ stellt man $\alpha = 0{,}05182$ und $X = 113$ stellt man $\alpha = 0{,}03842$ fest. Somit ist $k = 113$ der gesuchte Wert für das Ablehnungsintervall.
Das Ablehnungsintervall lautet also $A = [113, \ldots, 200]$. Da bei der Stichprobe eine Trefferzahl T von 140 (d.h. 140 Zustimmungen) festgestellt wurden und $T \in A$ ist, wird H_0 abgelehnt.

Ergebnis: Die Kunst- und Kulturexperten haben bei einer Irrtumswahrscheinlichkeit von 4% Recht (d.h. H_1 gilt) und die Zustimmungsrate für das Kulturzentrum liegt über 50%.

Rechenbeispiel 2: Linksseitiger Test

In einem Supermarkt hatte das Fertiggericht „Maxi Lunch" bisher einen Marktanteil von 30%. Nach einer Untersuchung von Stiftung Warentest erhielt „Maxi Lunch" die Note 3. Eine Woche nach dem Testbericht stellt der Marktleiter fest, dass von 240 Käufern von Fertiggerichten 60 „Maxi Lunch" gekauft haben.

Kann man bei einer Irrtumswahrscheinlichkeit von 10% davon ausgehen, dass der Marktanteil von „Maxi Lunch" gesunken ist?

Lösung

Hier bedeutet „Treffer" = „gekauft" und „kein Treffer" = „nicht gekauft". Der Umfang der Stichprobe ist $n = 240$. Die Nullhypothese H_0 geht von einem Marktanteil von 30% aus, d.h. $p = 0,3$. Die Alternative ist H_1 mit $p < 0,3$. Die Zufallsvariable X, welche die Anzahl der Käufer beschreibt, ist gemäß H_0 $B_{240;0,3}$ verteilt. Wenn sich nun herausstellt, dass die Anzahl der Treffer T kleiner ist als erwartet, so wird H_0 zugunsten von H_1 abgelehnt, was bedeutet, dass der Marktanteil tatsächlich abgenommen hat.

Es handelt sich um einen linksseitigen Test und es muss ein Ablehnungsbereich der Form $A = [0, \dots, k]$ gefunden werden. Mit Hilfe der Irrtumswahrscheinlichkeit lässt sich k bestimmen. Damit H_0 abgelehnt wird, muss $P(X \leq k) < 0,1$ gelten. Man gibt im Y-Editor den Ausdruck binomcdf(240,0.3,X) ein und sucht sich über 2ND TABLE den Wert von X, beim dem dieser Ausdruck erstmals $< 0,1$ wird. Für $X = 62$ erhält man $\alpha = 0,08909$ und für $X = 63$ stellt man $\alpha = 0,11471$ fest. Somit ist $k = 62$ der gesuchte Wert für das Ablehnungsintervall und wir haben $A = [0, \dots, 62]$.

Da bei der Stichprobe eine Trefferzahl T von 60 (Käufer) festgestellt wurde und $T \in A$ ist, wird H_0 abgelehnt.

Ergebnis: Der Marktanteil von „Maxi Lunch" ist nach dem Testbericht von Stiftung Warentest mit einer Irrtumswahrscheinlichkeit von 10% gesunken.

Rechenbeispiel 3:

Leo ist Mitglied eines Schützenvereins und hat eine Trefferquote von 70%. Nach einem mentalen Training nimmt Leo an, dass sich seine Trefferquote verbessert hat. Leo testet dies auf dem Schießstand mit 100 Schuss.

Wie viele Treffer muss Leo mindestens erzielen, damit man mit einer Irrtumswahrscheinlichkeit von 5% davon ausgehen kann, dass sich seine Trefferquote wirklich verbessert hat?

Lösung

Der Umfang der Stichprobe ist $n = 100$. Die Nullhypothese H_0 besagt $p = 0,7$. Die Alternative H_1 besagt $p > 0,7$. Die Zufallsvariable X, ist gemäß H_0 $B_{100;0,7}$ verteilt. H_0 wird abgelehnt, wenn die Trefferanzahl besser als erwartet ist, d.h. es liegt ein rechtsseitiger Test vor und das Ablehnungsintervall hat die Gestalt $A = [k, \dots, 100]$.

Für „Ablehnung" muss $P(X \geq k) \leq 0,05$ gelten. Nun ist $P(X \geq k) = 1 - P(X \leq k - 1)$, d.h. im GTR gibt man den Ausdruck 1-binomcdf(100,0.7,X-1) ein und prüft über 2ND TABLE wann dieser Wert erstmals 0,05 unterschreitet. Für $X = 77$ erhält man $\alpha = 0,07553$ und $X = 78$ liefert $\alpha = 0,04787$. Somit ist $k = 78$ der gesuchte Wert für das Ablehnungsintervall $A = [78, \dots, 100]$.

Ergebnis: Leo muss mindestens 78 Treffer erzielen, damit man bei einer Irrtumswahrscheinlichkeit von 5% davon ausgehen kann, dass sich seine Trefferquote verbessert hat.

Rechenbeispiel 4

Ein Hersteller von Speicherchips gibt an, dass erfahrungsgemäß höchstens 7% der Chips fehlerhaft sind. Nach einer baulichen Änderung in den Produktionsräumen des Herstellers vermutet ein Kunde, dass sich die Fehlerrate vergrößert hat.
Der Kunde und der Hersteller vereinbaren einen Test, bei dem 210 Chips geprüft werden. Die Nullhypothese H_0 mit $p \leq 0,07$ wird abgelehnt, wenn dabei mehr als 23 Chips fehlerhaft sind.
Mit welcher Wahrscheinlichkeit irrt man sich und lehnt somit H_0 zu unrecht ab?

Lösung

Wir haben $n = 210$. H_0 besagt $p \leq 0,07$. H_1 besagt $p > 0,07$. Die Zufallsvariable X, ist gemäß H_0 $B_{210;0,07}$ verteilt. Das Ablehnungsintervall ist mit $A = [23, \dots, 210]$ vorgegeben. Die Irrtumswahrscheinlichkeit ist gegeben durch $P(X \geq 23) = 1 - P(X \leq 22)$. Über die Eingabe von 1-binomcdf(210,0.07,22) im GTR erhält man $\alpha \approx 0,0226$.

Ergebnis: Mit einer Irrtumswahrscheinlichkeit von etwa 2,26% kann man davon ausgehen, dass die Fehlerquote sich tatsächlich verschlechtert hat.

Anhand der Rechenbeispiele sehen Sie, welche Arten von Fragen sich mit den Hypothesentest verbinden. Hier nochmal eine (natürlich nicht vollständige) Liste möglicher Fragen:
- Welche Art von Test liegt vor?
- Wie lautet das Ablehnungsintervall?
- Welche Irrtumswahrscheinlichkeit hat man, wenn man H_0 ablehnt?
- Gilt H_0 oder muss H_0 zugunsten von H_1 abgelehnt werden?
- Wie viele Treffer müssten (mindestens bzw. höchstens) vorliegen, damit H_0 abgelehnt werden kann?

5 Prüfungsaufgaben und Lösungen

5.1 Tipps und Tricks zum Lösen der Aufgaben

Beim Lernen auf das Mathematik-Abitur zeigt es sich immer wieder, dass reines Auswendiglernen irgendwelcher Formeln nicht viel bringt, wenn man diese nicht verstanden hat. Ich halte es für sehr wichtig, wenn Sie zu jeder Formel ein passendes Bild vor Augen haben. Sie kennen den Satz des Pythagoras $a^2 + b^2 = c^2$ und haben dabei das Bild eines rechtwinkligen Dreiecks mit den Quadraten über jeder Seite vor Augen. Dabei sollten Sie auch die Bezeichnungen der Dreiecksseiten sehen, denn nur so haben Sie den korrekten Bezug zu der Formel. Die Formel alleine hilft Ihnen nichts, wenn Sie deren Bedeutung nicht kennen und Sie eine Aufgabe vorgelegt bekommen, in der die Seiten anders bezeichnet sind. Sie werden sicher sagen „Das steht doch in der Formelsammlung" und Sie haben völlig Recht. Wo liegen nochmal die Nullstellen des Cosinus? Wo hat Sinus den Wert 1? Wenn Sie das Bild der Sinus- und Cosinus-Schwingung vor Augen haben, oder es kurz als Skizze aufzeichnen, dann können Sie die Werte direkt ablesen. Sie brauchen das nicht zu lernen! Wieso gilt immer $\sin^2(x) + \cos^2(x) = 1$? Man nennt diese Formel den trigonometrischen Pythagoras. Haben Sie das Bild dazu im Kopf? Stellen Sie sich den Einheitskreis vor und ein einbeschriebenes Dreieck. Die Länge der Hypotenuse ist 1. Die Länge der Ankathete ist der Wert des Cosinus, die Länge der Gegenkathete ist der Wert des Sinus. Einmal Pythagoras und schon hat man die Formel. Fazit: Wenn Sie eine Formel nicht mehr wissen (und keine Formelsammlung zur Hand haben), dann können Sie sich die betreffende Formel vielleicht anhand Ihrer Bilder ableiten. Indem Sie sich Bilder erschaffen, trainieren Sie außerdem Ihre Vorstellungskraft und dies wiederum hilft Ihnen beim Lösen der Abi-Aufgaben.

Tipp 1: Zu jeder Formel sollten Sie sich ein passendes Bild vor Augen führen können.

Das Thema Bilder tritt auch noch in einem anderen Zusammenhang auf, nämlich da, wo es um das konkrete Lösen von Aufgaben geht. Gerade bei der Kurvendiskussion ist es hilfreich, sich zuerst eine Skizze der Kurven anzufertigen, oder sie mit dem GTR zeichnen zu lassen. Sie haben sofort einen Überblick, erkennen Extrempunkte, Wendestellen, Polstellen, Asymptoten usw. Bei Geometrieaufgaben zeichnen Sie sich Ihre Geraden und Ebenen in einer kleinen Skizze auf. Selbst wenn Sie nachher einen Rechenfehler gemacht haben oder Ihr Lösungsweg lückenhaft ist, erkennen die Korrektoren eventuell anhand der Skizzen Ihren Gedankengang und Sie bekommen den einen oder anderen Punkt doch noch. Fertigen Sie sich Skizzen an, um bekannte wie unbekannte Größen auf besondere Weise z.B. mit verschiedenen Farben, gestrichelten oder durchgezogenen, dicken oder dünnen Linien sichtbar zu machen. So sehen Sie anhand Ihrer Skizze immer wo Sie gerade sind und wo Sie hin wollen.

Tipp 2: Zeichnen Sie nach Möglichkeit immer Schaubilder und Skizzen.

Lernen Sie nicht nur Formeln sondern auch Verfahren. Wie man die Hoch- und Tiefpunkte einer Funktion findet wissen Sie. Dieser Vorgang besteht aus mehreren Schritten und zusammengenommen bilden sie ein Verfahren. Schreiben Sie alle möglichen Verfahren, die Sie kennen, auf und lernen Sie sie möglichst auswendig. Üben Sie den Ablauf grundsätzlich anhand von Rechenbeispielen. Zuerst an einfachen und später mit entsprechenden Abituraufgaben. Nichts ist so einprägsam wie das tatsächliche Ausführen einer Rechnung. Wiederholen Sie das mit verschiedenen Aufgaben und schauen Sie sich Varianten an. Das bringt Ihnen Rechenpraxis und Routine. Sie werden dadurch umso schneller.

Tipp 3: Lernen Sie die verschiedenen Verfahren und Techniken.

Tipp 4: Erlangen Sie Rechenpraxis und Erfahrung durch das Lösen vieler Aufgaben.

Manchmal lernt man alleine leichter, manchmal in der Gruppe. Welcher Lerntyp sind Sie? Finden Sie es heraus und handeln Sie entsprechend. Das Lernen in der Gruppe hat den Vorteil, dass man sich gegenseitig abfragen kann. Vielleicht erkennen die anderen einen Fehler, den Sie so nicht gesehen hätten. Vielleicht kennen Ihre Mitschüler eine Erklärung für etwas, was Sie bisher noch nie verstanden hatten. Vielleicht sind Ihre Mitschüler anderer Meinung als Sie. In dem Fall werden Sie miteinander diskutieren. Sie sind gezwungen über das Thema nachzudenken und so vertieft sich Ihr Wissen allmählich und bleibt außerdem länger haften.

Tipp 5: Lernen Sie in kleinen überschaubaren Gruppen.

Beim Abfragen hilft es, sich die Fragen auf Karteikärtchen aufzuschreiben und die Lösung auf die Rückseite. Sie können zu jeder Zeit das Kästchen hernehmen und wahllos ein paar Kärtchen ziehen und üben. Sie müssen die Karteikärtchen noch nicht einmal selber anfertigen (obwohl das natürlich einen größeren Lerneffekt hätte), mittlerweile sind sie nämlich auch im Handel erhältlich. Schauen Sie mal in der nächsten Buchhandlung vorbei!

Tipp 6: Benutzen Sie beim Lernen Karteikärtchen.

Für das Lösen von schwierigeren Aufgaben ist es sinnvoll, sich zuerst einen Lösungsweg, sozusagen eine „Marschroute" aufzuschreiben. Denken Sie sich das in etwa so: „OK, mal sehen! Zuerst brauche ich auf jeden Fall diese Größe, dann jene. Hmmm... Mit diesen beiden Größen bekomme ich das erste Teilergebnis. Wie komme ich jetzt zum Schnittwinkel? Ah ja, ich kann ja jetzt den Normalenvektor bestimmen und dann ist da noch der Richtungsvektor ...". Schreiben Sie es sich zuerst auf! Erst dann beginnen Sie mit dem

Rechnen! Wenn Sie zuerst mit dem Rechnen beginnen, müssen Sie den Lösungsweg ständig im Kopf behalten. Vielleicht vergessen Sie ein entscheidendes Detail und Sie müssen wieder von vorn anfangen, darüber nachzudenken. Das kostet Zeit. Also schreiben Sie sich den Lösungsweg kurz auf, dann haben Sie ihn immer wie einen roten Faden vor Augen. „Was muss ich jetzt nochmal tun? Ahh, ja, hier bin ich!".

Tipp 7: Bevor Sie eine schwierige Aufgabe lösen, notieren Sie sich zuerst den Lösungsweg.

Wie heißt es so schön? Ordnung ist das halbe Leben! Das gilt auch für Ihren Aufschrieb! Wenn Sie, wie ich es leider schon zu oft gesehen habe, Chaos auf Ihrem Papier verursachen, dann blicken Sie am Ende selbst nicht mehr durch. Liefern Sie einen gut strukturierten und übersichtlichen Aufschrieb ab. Markieren Sie alle Zwischen- und Endergebnisse. Beim Lösen der Aufgaben werden Sie immer wieder auf Zwischenergebnisse zurückgreifen müssen. Wenn Sie die nicht finden, weil sie irgendwo im allgemeinen Chaos untergehen ..., na dann dauert's eben etwas länger oder Sie müssen nochmal rechnen. Allgemeines Durcheinander ist nicht schlecht für die Korrektoren (es ist schließlich deren Job, damit klarzukommen) sondern in allererster Linie für Sie!

Tipp 8: Arbeiten Sie ordentlich und strukturiert. Sorgen Sie für einen sauberen Aufschrieb. Formulieren Sie die Endergebnisse in vollständigen Schlusssätzen.

OK, so viel zu den Tipps. In den folgenden Abschnitten finden Sie nun einige Abituraufgaben. Die jeweiligen Lösungen wurden durch mich erarbeitet und haben somit keinerlei offiziellen Charakter. Sie sind lediglich als Vorschläge zu betrachten, schließlich gibt es in den wenigsten Fällen nur einen einzigen Lösungsweg. Die Lösungen unterliegen keiner redaktionellen Prüfung, daher kann für die Fehlerfreiheit nicht garantiert werden. Falls Sie einen Fehler finden, freue ich mich über Ihre Nachricht an klaus_messner@web.de!

5.2 Pflichtteil 2019

Aufgabe 1
Bilden Sie eine Ableitung der Funktion f mit $f(x) = x^4 \cdot \sin(3x)$. (2 VP)

Aufgabe 2
Lösen Sie die Gleichung $(\cos(x))^2 + 2\cos(x) = 0$ für $0 \leq x \leq 2\pi$. (2,5 VP)

Aufgabe 3
Gegeben ist die Funktion f mit $f(x) = 1 - \frac{1}{x^2}$,
die die Nullstellen $x_1 = -1$ und $x_2 = 1$ hat.
Die Abbildung zeigt den Graphen von f, der
symmetrisch bezüglich der y-Achse ist. Weiterhin
ist die Gerade g mit der Gleichung $y = -3$ gegeben.

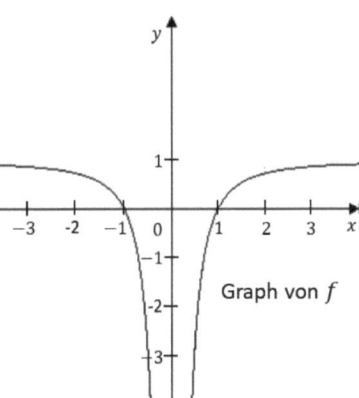

a) Zeigen Sie, dass einer der Punkte, in denen
   g den Graphen von f schneidet, die
   x-Koordinate $\frac{1}{2}$ hat.
b) Bestimmen Sie rechnerisch den Inhalt der
   Fläche, die der Graph von f, die x-Achse und die
   Gerade g einschließen.

Graph von f

(2,5 VP)

Aufgabe 4
Die Abbildung rechts zeigt den Graphen einer Funktion f.

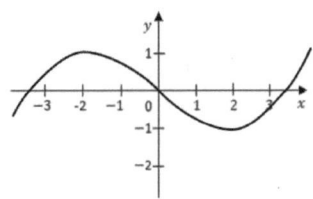

a) Einer der folgenden Graphen I, II oder III gehört
   zur ersten Ableitungsfunktion von f.
   Geben Sie diesen Graphen an und begründen Sie,
   dass die beiden anderen Graphen dafür nicht
   infrage kommen.

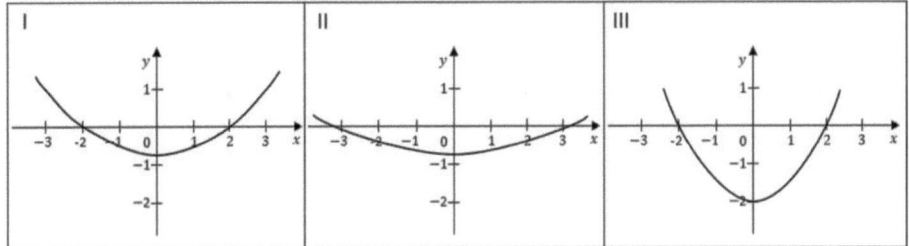

b)   Die Funktion F ist eine Stammfunktion von f.
     Geben Sie das Monotonieverhalten von F in Intervall [1;3] an.
     Begründen Sie Ihre Angabe.

(2,5 VP)

Aufgabe 5

Gegeben sind die Gerade g: $\vec{x} = \begin{pmatrix} 2 \\ 0 \\ 1 \end{pmatrix} + t \cdot \begin{pmatrix} 1 \\ 0 \\ -3 \end{pmatrix}$ und die Ebene E: $3x_1 - 2x_2 + x_3 = 14$.

a)   Untersuchen Sie die gegenseitige Lage von g und E.
b)   Die Gerade h entsteht durch Spiegelung der Geraden g an der Ebene E.
     Bestimmen Sie eine Gleichung von h.

(4 VP)

Aufgabe 6

Gegeben ist die Gerade g: $\vec{x} = \begin{pmatrix} 4 \\ -6 \\ 3 \end{pmatrix} + t \cdot \begin{pmatrix} 1 \\ -2 \\ 2 \end{pmatrix}$.

a)   Berechnen Sie die Koordinaten des Punktes, in dem g die x_2x_3-Ebene schneidet.
b)   Bestimmen Sie den Abstand des Punktes $P(-3|-1|7)$ von der
     Geraden g.

(4 VP)

Aufgabe 7

In einer Urne sind eine rote, eine weiße und drei schwarze Kugeln. Es wird so lange ohne Zurücklegen gezogen, bis man eine schwarze Kugel zieht. Berechnen Sie die Wahrscheinlichkeit der folgenden Ereignisse:

A: „Man zieht genau zwei Kugeln".

B: „Unter den gezogenen Kugeln befindet sich die rote Kugel".

(3 VP)

5.3 Lösung Pflichtteil 2019

Aufgabe 1

Unter Verwendung sowohl der Produkt- als auch der Kettenregel folgt:

$$f'(x) = 4x^3 \cdot \sin(3x) + x^4 \cdot \cos(3x) \cdot 3 = 4x^3 \sin(3x) + 3x^4 \cos(3x)$$

Aufgabe 2

$$(\cos(x))^2 + 2\cos(x) = 0 \qquad |\cos(x) \text{ Ausklammern}$$
$$\cos(x) \cdot (\cos(x) + 2) = 0$$

Diese Gleichung wird nur dann 0, wenn $\cos(x) = 0$ wird oder wenn $(\cos(x) + 2) = 0$ wird. Letzteres ist nicht möglich, da $\cos(x)$ nur Werte zwischen -1 und $+1$ annimmt. $\cos(x) = 0$ gilt im Bereich $0 \le x \le 2\pi$ für $x_1 = \frac{\pi}{2}$ und $x_2 = \frac{3}{2}\pi$.

Ergebnis: $x_1 = \frac{\pi}{2}$ und $x_2 = \frac{3}{2}\pi$

Aufgabe 3

a) Schneiden von g mit f durch Gleichsetzen $\Rightarrow 1 - \frac{1}{x^2} = -3$. Dies lösen wir wie folgt nach x auf:

$$1 - \frac{1}{x^2} = -3 \qquad |\cdot x^2$$
$$x^2 - 1 = -3x^2 \qquad |+3x^2 + 1$$
$$4x^2 = 1 \qquad |:4$$
$$x^2 = \frac{1}{4} \qquad |\sqrt{}$$
$$\Rightarrow x_1 = \frac{1}{2}, \; x_2 = -\frac{1}{2}$$

Ergebnis: Wie behauptet schneidet die Gerade g die Kurve f in einem Schnittpunkt bei der x-Koordinate $\frac{1}{2}$.

b) Die Fläche, die begrenzt wird durch die x-Achse und die beiden Kurven, kann man aus dem blauen Rechteck und dem gelben Flächenstückchen bilden.

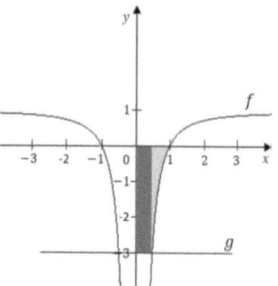

Das Rechteck hat die Höhe $h = 3$ und Breite $b = \frac{1}{2}$ (Schnittpunkt von g mit f bei x_2).

Somit gilt $A_1 = h \cdot b = \frac{3}{2}$.

Die gelbe Fläche ist gegeben durch $A_2 = \left| \int_{\frac{1}{2}}^{1} f(x)dx \right|$.

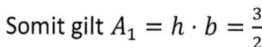

Eingabe im GTR liefert den Wert 0,5.

Die blaue und die gelbe Fläche ergeben nun zusammen $A = 1,5 + 0,5 = 2$. Wir dürfen aber nicht vergessen, dass dieselbe Fläche noch einmal links von der y-Achse vorliegt! Deshalb gilt: $A_{gesamt} = 2 \cdot A = 2 \cdot 2 = 4$.

Ergebnis: Die gesuchte Fläche hat den Inhalt 4 LE².

Aufgabe 4

a) Der Graph von f hat an den Stellen $x_1 = -2$ und $x_2 = 2$ eine waagrechte Tangente, d.h. $f'(x_1) = 0$ und $f'(x_2) = 0$, was Schaubild II ausschließt.
   Bei $x = 0$ hat f eine fallende Tangente mit einer Steigung von ungefähr $-0,7$, jedenfalls entspricht die Steigung grob der der Nebendiagonalen. Somit bleibt nur noch Schaubild I für den Graphen von f'

   Ergebnis: Schaubild I zeigt den Graphen von f'.

b) Es gilt $\int_1^3 f(x)dx < 0$, da f im Intervall $[1; 3]$ unterhalb der x-Achse verläuft! Die Fläche im Intervall $[1; t]$ unterhalb der x-Achse wird betragsmäßig immer größer, je mehr t sich dem Wert 3 annähert, d.h. umgekehrt wird $\int_1^t f(x)dx$ immer kleiner, je mehr t sich dem Wert 3 (von links) annähert.

   Ergebnis: F ist im Intervall $[1; 3]$ streng monoton fallend.

Aufgabe 5

a) **Gegenseitige Lage**

Normalenvektor von E: $\vec{n} = \begin{pmatrix} 3 \\ -2 \\ 1 \end{pmatrix}$, Richtungsvektor von g: $\vec{r} = \begin{pmatrix} 1 \\ 0 \\ -3 \end{pmatrix}$.

Wegen $\vec{n} \cdot \vec{r} = 3 \cdot 1 + (-2) \cdot 0 + 1 \cdot (-3) = 0$ stehen $\vec{n}$ und $\vec{r}$
senkrecht zueinander, d.h. g verläuft parallel zu E oder g liegt in E.
Wir teste durch Einsetzen, ob der Stützvektor von g in E liegt:
$3 \cdot 2 - 2 \cdot 0 + 1 \neq 14$

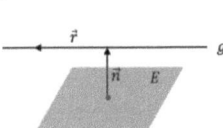

Ergebnis: g verläuft parallel zu E.

b) **Spiegelung von g an E**
Wir wählen zunächst einen beliebigen Punkt auf g,
der Einfachheit halber den durch den Stützvektor
gegebenen Punkt $P(2|0|1)$.
Damit konstruieren wir die Hilfsgerade h', senkrecht zu E, die
durch den Punkt P geht.

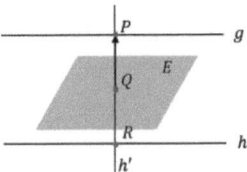

Der Richtungsvektor von h' ist somit der Normalenvektor $\vec{n} = \begin{pmatrix} 3 \\ -2 \\ 1 \end{pmatrix}$ von E.

Damit haben wir eine Geradengleichung für h', nämlich h': $\vec{x} = \begin{pmatrix} 2 \\ 0 \\ 1 \end{pmatrix} + t \cdot \begin{pmatrix} 3 \\ -2 \\ 1 \end{pmatrix}$.

Wir bestimmen nun den Schnittpunkt von h' mit E durch Einsetzen:

h': $\vec{x} = \begin{pmatrix} x_1 \\ x_2 \\ x_3 \end{pmatrix} = \begin{pmatrix} 2 \\ 0 \\ 1 \end{pmatrix} + t \cdot \begin{pmatrix} 3 \\ -2 \\ 1 \end{pmatrix} = \begin{pmatrix} 2 + 3t \\ -2t \\ 1 + t \end{pmatrix}$

Einsetzen in E:
$3(2 + 3t) + 4t + (1 + t) = 14$ |ausmultiplizieren
$14t + 7 = 14$ |-7

$14t = 7$ liefert $t = \frac{1}{2}$. Einsetzen in h' liefert $\begin{pmatrix} 2 \\ 0 \\ 1 \end{pmatrix} + \frac{1}{2} \cdot \begin{pmatrix} 3 \\ -2 \\ 1 \end{pmatrix} = \begin{pmatrix} 3,5 \\ -1 \\ 1,5 \end{pmatrix}$.

Der Schnittpunkt von h' mit E ist somit $Q(3,5|-1|1,5)$.

Über die Gleichung $\overrightarrow{OP} + 2\overrightarrow{PQ} = \overrightarrow{OR}$ erhalten wir
schließlich einen Stützvektor $\vec{a}$ auf h'. Es folgt:

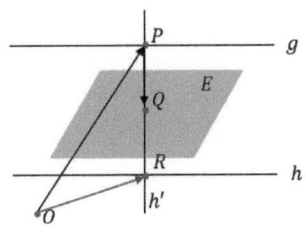

$\overrightarrow{OR} = \begin{pmatrix} 2 \\ 0 \\ 1 \end{pmatrix} + 2\left(\begin{pmatrix} 3,5 \\ -1 \\ 1,5 \end{pmatrix} - \begin{pmatrix} 2 \\ 0 \\ 1 \end{pmatrix} \right) = \begin{pmatrix} 5 \\ -2 \\ 2 \end{pmatrix} = \vec{a}$

Mit dem Stützvektor $\vec{a}$ und dem Richtungsvektor von g (h hat denselben Richtungsvektor), können wir nun endlich eine Geradengleichung für h angeben.

Ergebnis: Die Gleichung der gesuchten Spiegelgeraden lautet h: $\vec{x} = \begin{pmatrix} 5 \\ -2 \\ 2 \end{pmatrix} + t \cdot \begin{pmatrix} 1 \\ 0 \\ -3 \end{pmatrix}$.

Aufgabe 6

a) **Schnitt von g mit der x_2x_3-Ebene**

Jeder Punkt der x_2x_3-Ebene zeichnet sich dadurch aus, dass die x_1-Koordinate 0 ist. Somit setzen wir in g $x_1 = 0$ und erhalten daraus: $4 + t = 0 \Rightarrow t = -4$

Eingesetzt in g folgt $\vec{x} = \begin{pmatrix} 4 \\ -6 \\ 3 \end{pmatrix} - 4 \cdot \begin{pmatrix} 1 \\ -2 \\ 2 \end{pmatrix} = \begin{pmatrix} 0 \\ 2 \\ -5 \end{pmatrix}$.

Ergebnis: Der Schnittpunkt von g mit E ist $P(0|2|-5)$.

b) **Abstand von P zu g**

Wir konstruieren eine Hilfsebene H, senkrecht zu g, so dass der Punkt P in H liegt, siehe Abbildung. Der Richtungsvektor von g ist dabei der Normalenvektor von H, woraus sich eine noch unvollständige Koordinatengleichung für H ergibt: H: $1x_1 - 2x_2 + 2x_3 = d$ mit einem noch unbekanntem d. Da P in H liegen soll, können wir dessen Koordinaten einsetzen und erhalten d:

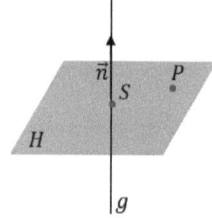

$$1 \cdot (-3) - 2 \cdot (-1) + 2 \cdot 7 = 13 = d$$

Es folgt ein erstes Zwischenergebnis:

$$H: x_1 - 2x_2 + 2x_3 = 13$$

Als nächstes bestimmen wir den Schnittpunkt S von g mit H durch Einsetzen (von g in H).

$(4 + t) - 2(-6 - 2t) + 2(3 + 2t) = 13$ | ausrechnen

$22 + 9t = 13$ | -22

$9t = -9$ | $: 9$

$t = -1$

Einsetzen in g liefert: $\begin{pmatrix} 4 \\ -6 \\ 3 \end{pmatrix} - \begin{pmatrix} 1 \\ -2 \\ 2 \end{pmatrix} = \begin{pmatrix} 3 \\ -4 \\ 1 \end{pmatrix}$.

Somit ist $S(3|-4|1)$ der Schnittpunkt von g mit H das nächste Zwischenergebnis.

Der Abstand von P zu g ist nun gegeben durch die Länge des Vektors $\overrightarrow{SP}$.

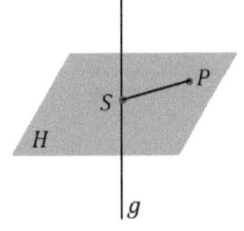

Es folgt $d = |\overrightarrow{SP}| = \left| \begin{pmatrix} -3 \\ -1 \\ 7 \end{pmatrix} - \begin{pmatrix} 3 \\ -4 \\ 1 \end{pmatrix} \right| = \left| \begin{pmatrix} -6 \\ 3 \\ 6 \end{pmatrix} \right|$

$ = \sqrt{(-6)^2 + 3^2 + 6^2} = \sqrt{81} = 9$

Ergebnis: Der Abstand von P zu g beträgt 9 LE.

Aufgabe 7

An einem Baumdiagramm kann man die Lösung schnell erkennen.

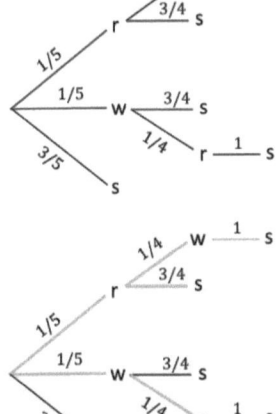

A: „Man zieht genau zwei Kugeln". (blau markiert)

$P(A) = \frac{1}{5} \cdot \frac{3}{4} + \frac{1}{5} \cdot \frac{3}{4} = \frac{3}{10} = 0{,}3 = 30\%$

B: „Unter den gezogenen Kugeln befindet sich die rote Kugel". (gelb markiert)

$P(B) = \frac{1}{5} \cdot \frac{1}{4} \cdot 1 + \frac{1}{5} \cdot \frac{3}{4} + \frac{1}{5} \cdot \frac{1}{4} \cdot 1$

$ = \frac{1}{4} = 0{,}25 = 25\%$

Ergebnis: Es gilt $P(A) = 30\%$ und $P(B) = 25\%$.

5.4 Wahlteil 2019 – Analysis A 1

Aufgabe A 1.1

Die Abbildung in der Anlage zeigt den Graphen einer Funktion f, die für $0 \leq t \leq 17$ die Höhe einer Pflanze in Abhängigkeit von der Zeit beschreibt. Dabei ist t die seit Beobachtungsbeginn vergangene Zeit in Wochen und $f(t)$ die Höhe in Zentimetern.

a) Geben Sie den Zeitraum an, in dem die Höhe der Pflanze von 20 cm auf 40 cm zunimmt.
    Bestimmen Sie die momentane Änderungsrate der Pflanzenhöhe 3,5 Wochen nach Beobachtungsbeginn.
    Die Funktion f hat bei $t = 6{,}5$ eine Wendestelle.
    Beschreiben Sie die Bedeutung dieser Wendestelle im Sachzusammenhang.

    (4 VP)

b) Formulieren Sie zu der Gleichung $f(t+2) - f(t) = 5$ eine Fragestellung im Sachzusammenhang.
    Geben Sie eine Lösung der Gleichung an.

    (2,5 VP)

Abbildung zu Aufgabe A 1.1

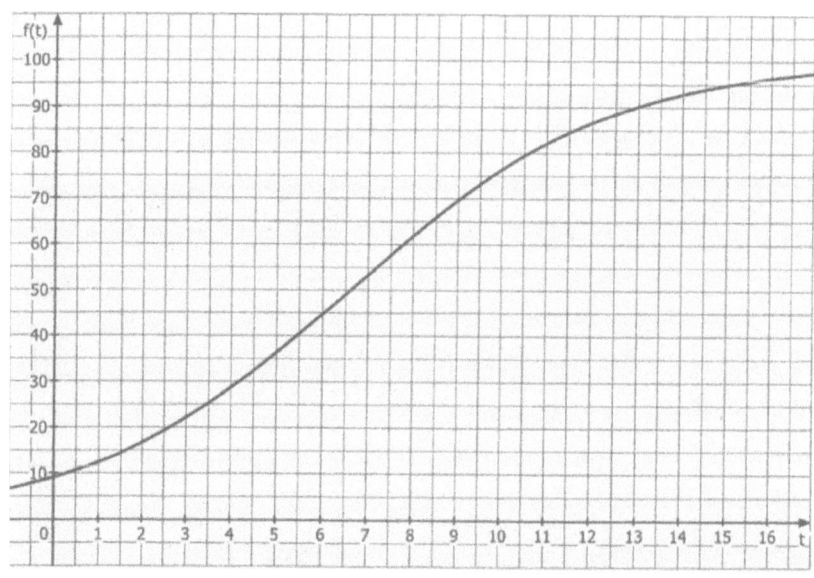

Aufgabe A 1.2

Gegeben ist die Funktion f mit $f(x) = \frac{1}{4}x^3 - 3x^2 + 9x$.
Die Abbildung zeigt ihren Graphen.

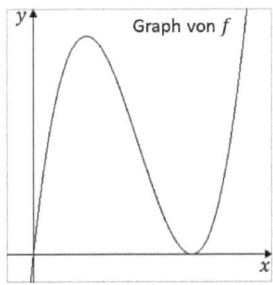

a) Weisen Sie nach, dass der Punkt $T(6|0)$ Tiefpunkt des
    Graphen von f ist.
    Betrachtet wird die Strecke OH zwischen $O(0|0)$ und
    $H(2|8)$ des Graphen von f. Diese Strecke und der Graph
    von f begrenzen eine Fläche.
    Berechnen Sie deren Inhalt.

    (5 VP)

b) Die Funktion g ist gegeben durch $g(x) = -3 \cdot f(x) - 6$.
    Beschreiben Sie, wie der Graph von g aus dem Graphen von f entsteht.
    Bestimmen Sie damit die Koordinaten des Tiefpunktes des Graphen
    von g.

    (3 VP)

c) Ein Kreis, dessen Mittelpunkt M auf der Geraden mit der Gleichung $x = 1$ liegt,
    berührt den Graphen von f im Punkt $P(4|4)$.
    Bestimmen Sie die Koordinaten von M.

    (2,5 VP)

d) Für jedes k mit $k \neq 0$ ist eine Funktion f_k gegeben durch
    $$f_k(x) = \frac{1}{2k}x^3 - 3x^2 + \frac{9}{2}kx.$$
    Berechnen Sie die Werte von k, für die die Tangente an den Graphen von f_k im Punkt
    $P\big(1|f_k(1)\big)$ parallel zur Geraden mit der Gleichung $y = 8x + 3$ ist.

    (3 VP)

5.5 Lösung Wahlteil 2019 – Analysis A 1

Aufgabe A 1.1

a) **Zeitraum**

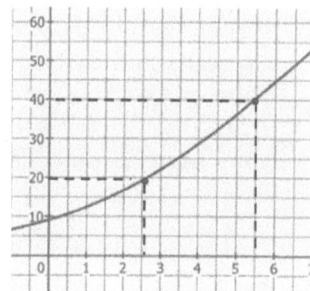

Der gesuchte Zeitraum kann direkt aus dem Diagramm
im Anhang abgelesen werden.

Ergebnis:
Von Woche 2,6 bis Woche 5,5 nimmt die Höhe der Pflanze
von 20 cm bis auf 40 cm zu.

Momentane Änderungsrate

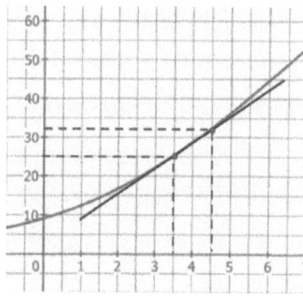

Wir zeichnen an der Stelle $t = 3,5$ eine Tangente
an den Graphen von f und bestimmen deren Steigung.
Man liest ab $f(3,5) = 25$, $f(4,5) \approx 32$.
Damit folgt $f'(3,5) \approx \frac{32-25}{4,5-3,5} = 7$.

Ergebnis:
Die momentane Änderungsrate in Woche 3,5 beträgt etwa
7 cm pro Woche.

Bedeutung der Wendestelle bei $t = 6,5$
Eine Wendestelle wie in der Aufgabe bei $t = 6,5$ bedeutet, dass die Wachstumsrate zu
diesem Zeitpunkt maximal ist und sich später abschwächt.

b) **Fragestellung für Gleichung**

In der Gleichung $f(t + 2) - f(t) = 5$ beschreibt t einen Zeitpunkt und $t + 2$ den Zeitpunkt
zwei Wochen nach t. Somit beschreibt der Ausdruck $f(t + 2) - f(t)$ die Größendifferenz
der Pflanze in einem zweiwöchigen Zeitraum. Eine entsprechende Frage könnte also wie
folgt lauten: **Wie lautet der Startzeitpunkt t, bei dem die Pflanze innerhalb zwei Wochen
um 5 cm wächst?**

Aufgabe A 1.2

a) Nachweis des Tiefpunkts $T(6|0)$

Die ersten beiden Ableitungen von $f(x) = \frac{1}{4}x^3 - 3x^2 + 9x$ sind $f'(x) = \frac{3}{4}x^2 - 6x + 9$ und $f''(x) = \frac{3}{2}x - 6$.

Nullsetzen der ersten Ableitung liefert:
$$\frac{3}{4}x^2 - 6x + 9 = 0 \qquad |\cdot\frac{4}{3}$$
$$x^2 - 8x + 12 = 0 \qquad |\text{pq-Formel}$$
$$x_{1,2} = 4 \pm \sqrt{16 - 12} = 4 \pm 2 \Rightarrow x_1 = 6,\ x_2 = 2$$

Einsetzen von $x_1 = 6$ in die weite Ableitung liefert: $f''(6) = \frac{3}{2} \cdot 6 - 6 = 3 > 0$, also liegt bei $x_1 = 6$ tatsächlich ein Tiefpunkt vor.

Einsetzen von $x_1 = 6$ in f liefert die y-Koordinate: $f(6) = 54 - 108 + 54 = 0$

Ergebnis: Der Tiefpunkt liegt wie behauptet bei $T(6|0)$.

Fläche zwischen OH und dem Graphen von f

Mit dem GTR lässt sich schnell bestätigen, dass $H(2|8)$ der Hochpunkt von f ist.

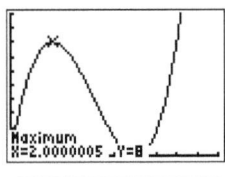

Das in der Abbildung eingezeichnete Dreieck hat Höhe 8 und Breite 2.
Der Flächeninhalt ist also $A_1 = \frac{1}{2} \cdot 8 \cdot 2 = 8$.

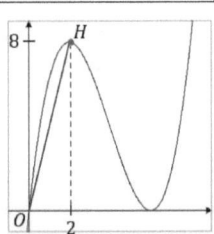

Die Fläche zwischen dem Graphen von f und der x-Achse im Intervall $[0; 2]$ ist gegeben durch das Integral $A_2 = \int_0^2 f(x)dx = 11$, Berechnung mit dem GTR.

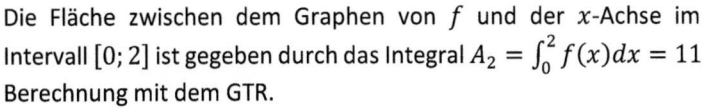

Die gesuchte Fläche ergibt sich aus der Differenz:
$A = A_2 - A_1 = 11 - 8 = 3$

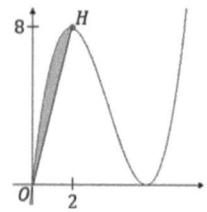

Ergebnis:
Die Fläche zwischen dem Graphen von f und der Strecke OH beträgt 3 LE².

b)   **Beschreibung wie g aus f entsteht**

Schritt 1: f wird um den Faktor 3 in entlang der y-Achse gestreckt, woraus $3 \cdot f(x)$ entsteht.

Schritt 2: Spiegelung an der y-Achse, woraus $-3 \cdot f(x)$ entsteht.

Schritt 3: Verschiebung nach unten um 6 Einheiten, woraus sich g ergibt.

Koordinaten des Tiefpunkts von g

Der Hochpunkt von f liegt bei $T(2|8)$, was nach einer Spiegelung an der y-Achse, einer Streckung und einer Verschiebung nach unten zum Tiefpunkt von g wird. Mit $f(2) = 8$ folgt $g(2) = -3 \cdot 8 - 6 = -30$.

Ergebnis: Der Tiefpunkt von g liegt bei $T(2|-30)$.

c)   **Mittelpunkt M des Kreises**

Wir bestimmen zunächst die Gleichung der Normalen im Punkt $P(4|4)$, mit Hilfe der Normalenformel:
$$N: y = -\frac{1}{f'(x_0)}(x - x_0) + f(x_0)$$

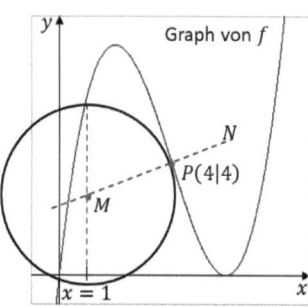

Graph von f

In unserem Fall ist $x_0 = 4$ und wir erhalten:
$$N: y = -\frac{1}{-3}(x - 4) + 4 = \frac{1}{3}x + \frac{8}{3}.$$

Bei $x = 1$, der x-Koordinate des Mittelpunkts des Kreises, haben wir $y = \frac{1}{3} \cdot 1 + \frac{8}{3} = 3$.

Ergebnis: Der Mittelpunkt des Kreises liegt bei $M(1|3)$.

d) Bestimmung von k

Wir bestimmen zunächst die Gleichung der Tangente an f_k im Punkt $P\left(1\mid f_k(1)\right)$.
Mit der Tangentenformel $T: y = f'(x_0)(x - x_0) + f(x_0)$ und $x_0 = 1$ folgt:
$y = f_k'(1)(x - 1) + f_k(1)$.

Mit $f_k'(x) = \frac{3}{2k}x^2 - 6x + \frac{9}{2}k$ folgt weiter $f_k'(1) = \frac{3}{2k} - 6 + \frac{9}{2}k$ und $f_k(1) = \frac{1}{2k} - 3 + \frac{9}{2}k$.

Einsetzen in die Tangentenformel liefert $y = \left(\frac{3}{2k} - 6 + \frac{9}{2}k\right)(x - 1) + \left(\frac{1}{2k} - 3 + \frac{9}{2}k\right)$.

Ausmultiplizieren: $y = \left(\frac{3}{2k} - 6 + \frac{9}{2}k\right)x - \left(\frac{3}{2k} - 6 + \frac{9}{2}k\right) + \left(\frac{1}{2k} - 3 + \frac{9}{2}k\right)$

Vereinfachen: $y = \left(\frac{3}{2k} - 6 + \frac{9}{2}k\right)x - \frac{1}{k} + 3$.

Die Tangentengleichung im Punkt P lautet also

$$T: y = \left(\frac{3}{2k} - 6 + \frac{9}{2}k\right)x - \frac{1}{k} + 3$$

Die Tangente soll parallel zur Geraden $y = 8x + 3$ verlaufen, d.h. die Steigung der beiden Geraden müssen übereinstimmen. Wir haben demnach $\frac{3}{2k} - 6 + \frac{9}{2}k = 8$ zu lösen.

$$
\begin{aligned}
\frac{3}{2k} - 6 + \frac{9}{2}k &= 8 & &\mid +6 \\
\frac{3}{2k} + \frac{9}{2}k &= 14 & &\mid \cdot 2k \\
3 + 9k^2 &= 28k & &\mid -28k \\
9k^2 - 28k + 3 &= 0 & &\mid :9 \\
k^2 - \frac{28}{9}k + \frac{1}{3} &= 0 & &\mid \text{pq-Formel}
\end{aligned}
$$

$k_{1,2} = \frac{14}{9} \pm \sqrt{\frac{196}{81} - \frac{27}{81}} = \frac{14}{9} \pm \sqrt{\frac{169}{81}} = \frac{14}{9} \pm \frac{13}{9} \;\Rightarrow\; k_1 = 3,\; k_2 = \frac{1}{9}.$

Ergebnis: Die Werte für die die Tangente durch den Punkt P parallel zur Geraden $y = 8x + 3$ verlaufen, sind $k_1 = 3$ und $k_2 = \frac{1}{9}$.

5.6 Wahlteil 2019 – Analysis A 2

Aufgabe A 2.1

In einem Labor wird erforscht, wie sich Bakterien unter verschiedenen Bedingungen entwickeln. Betrachtet wird jeweils der Flächeninhalt der von den Bakterien eingenommenen Fläche.

Versuchsreihe 1
Bei ungehinderter Vermehrung wird der Flächeninhalt während der ersten zwölf Stunden beschrieben durch die Funktion f mit $f(t) = 20 \cdot e^{0,1 \cdot t}$ (t in Stunden nach Beobachtungsbeginn, $f(t)$ in mm²).

a) Bestimmen Sie den Flächeninhalt drei Stunden nach Beobachtungsbeginn.
    Berechnen Sie den Zeitpunkt, zu dem sich der Flächeninhalt im Vergleich zum Beobachtungsbeginn verdreifacht hat.
    Berechnen Sie die momentane Änderungsrate des Flächeninhalts zwei Stunden nach Beobachtungsbeginn.

    (3,5 VP)

b) Berechnen Sie $\frac{1}{4}\int_5^9 f(t)dt$.

    Interpretieren Sie das Ergebnis im Sachzusammenhang.

    (3,5 VP)

Versuchsreihe 2
Wenn man einer Bakterienkultur ein Antibiotikum hinzugibt, dann wird der Flächeninhalt durch die Funktion g beschrieben mit
$$g(t) = 20 \cdot e^{0,1 \cdot t - 0,005 \cdot t^2}$$
(t in Stunden nach Beobachtungsbeginn, $g(t)$ in mm²).
Die Abbildung zeigt den Graphen der Funktion g.

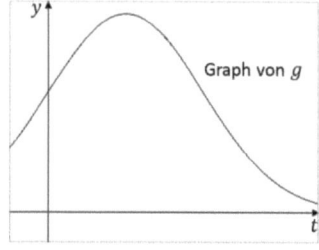

Graph von g

c) Der Flächeninhalt nimmt zu einem bestimmten Zeitpunkt seinen größten Wert an. Berechnen Sie diesen Wert.
    Berechnen Sie den Zeitpunkt, zu dem der Flächeninhalt wieder so groß ist, wie zu Beobachtungsbeginn.

    (5 VP)

d) Betrachtet wird die Funktion h mit $h(t) = g(t + 10)$.
    Für jede reelle Zahl gilt: $h(-t) = h(t)$.
    Erläutern Sie, welche geometrische Eigenschaft des Graphen von g damit begründet
    werden kann.

    (2 VP)

Aufgabe A 2.2

Für jedes $t > 0$ ist eine Funktion f_t gegeben durch $f_t(x) = x^4 - 2tx^2 + 9t$.
Der Graph der Funktion f_t ist G_t.

a) Bestimmen Sie t so, dass der Punkt $P(1|4)$ auf dem Graphen G_t liegt.

    (1 VP)

b) Jeder Graph G_t hat an der Stelle $x = \sqrt{t}$ einen Tiefpunkt.
    Berechnen Sie denjenigen Wert von t, für den dieser Tiefpunkt möglichst hoch liegt.

    (2,5 VP)

c) Zeigen Sie, dass es genau zwei Punkte gibt, durch die sämtliche Graphen G_t verlaufen.

    (2,5 VP)

5.7 Lösung Wahlteil 2019 – Analysis A 2

Lösung Aufgabe A 2.1

a) Flächeninhalt 3 Stunden nach Beobachtungsbeginn

Da f laut Aufgabe den Fläche misst, die die Bakterienkultur bedeckt, bestimmt man mit dem GTR einfach $f(3) \approx 27$.

Ergebnis: Die Fläche, die die Bakterienkultur 3 Stunden nach Beobachtungbeginn einnimmt beträgt 27 mm².

Zeitpunkt für dreifache Fläche

Die Fläche zum Zeitpunkt $t = 0$ beträgt $f(0) = 20$. Wir suchen also einen Zeitpunkt t zu dem die Fläche den Wert 60 hat. Damit folgt:

$$60 = 20 \cdot e^{0,1 \cdot t} \quad |:20$$
$$3 = e^{0,1 \cdot t} \quad |: \ln$$
$$\ln 3 = 0,1t \quad |: 0,1$$
$$t = \frac{\ln 3}{0,1} \approx 11$$

Ergebnis: Etwa 11 Stunden nach Beobachtungsbeginn bedeckt die Bakterienkultur die dreifache Fläche wie zu Beobachtungsbeginn.

Momentane Änderungsrate 2 Stunden nach Beobachtungsbeginn

Die momentane Änderungsrate wird dargestellt durch die erste Ableitung von f, also $f'(t) = 20e^{0,1t} \cdot 0,1 = 2e^{0,1t}$. Damit haben wir $f'(2) = 2e^{0,2} \approx 2,44$

Ergebnis:
Die momentane Änderungsrate 2 Stunden nach Beobachtungsbeginn beträgt etwa 2,44 mm²/h.

b) Berechnung und Bedeutung des Integrals

Der Wert des Integrals kann direkt mit dem GTR bestimmt werden: $\frac{1}{4} \int_5^9 f(t) dt \approx 40,5$
Der Term $\frac{1}{4} \int_5^9 f(t) dt$ stellt die durchschnittliche Fläche zwischen der 5ten und 9ten Stunde nach Beobachtungsbeginn dar.

c) Zeitpunkt des größten Flächeninhalts (Versuchsreihe 2)

Zunächst gibt man die Funktion $g(t)$ im y-Editor des GTR ein und lässt sich den Graphen im z.B. x-Intervall $[0; 30]$ und im y-Intervall $[0; 50]$ zeichnen. Mit 2ND CALC Maximum kann man dann den maximalen Wert ermitteln und erhält den Wert 32,97 bei $t = 10$.

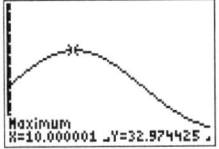

Ergebnis: Die größtmögliche Fläche von etwa 33 mm² wird nach 10 Stunden erreicht.

Zeitpunkt an dem die Fläche so groß ist wie zu Beobachtungsbeginn

Die Fläche zu Beobachtungsbeginn beträgt $g(0) = 20$. Gesucht ist folglich ein (anderer) Zeitpunkt t für den $g(t)=20$ gilt. Die dadurch entstehende Gleichung lösen wir nach t auf:

$20 = 20 \cdot e^{0,1 \cdot t - 0,005 \cdot t^2} \quad |:20$

$1 = e^{0,1 \cdot t - 0,005 \cdot t^2} \quad |\ln$

$\ln 1 = 0,1t - 0,005t^2 \quad |t \text{ ausklammern}, \ln(1) = 0$

$0 = t(0,1 - 0,005t)$

Es folgt $0,1 - 0,005t = 0 \quad \Leftrightarrow \quad 0,1 = 0,005t \quad \Leftrightarrow \quad t = \frac{0,1}{0,005} = 20$

Ergebnis: 20 Stunden nach Beobachtungsbeginn ist die Fläche wieder genauso groß wie bei Beobachtungsbeginn

Alternative Bestimmung mit dem GTR

Statt der Berechnung „von Hand" hätten wir auch den GTR verwenden können. Nach Eingabe des Wertes 20 bei Y_2 im y-Editor und nochmaligem Zeichnen der beiden Graphen, kann man mit 2ND CALC intersect den (rechts liegenden) Schnittpunkt bestimmen und erhält ebenfalls den Wert $t = 20$.

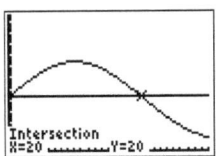

Ergebnis: 20 Stunden nach Beobachtungsbeginn ist die Fläche wieder genauso groß wie bei Beobachtungsbeginn

Geometrische Eigenschaft von h

Der Graph der Funktion h entsteht durch eine Verschiebung des Graphen von g in x-Richtung nach links(!). $h(-t) = h(t)$ bedeutet, dass der Graph von h achsensymmetrisch zur y-Achse ist. Zusammengenommen bedeutet dies, dass der Graph von g achsensymmetrisch zur senkrechten Achse bei $x = 10$ ist.

Lösung Aufgabe A 2.2

a)   **Wert für t**

Nach Einsetzen von $P(1|4)$ in f_t erhält man:

$4 = 1 - 2t + 9t$ |ausrechnen
$4 = 1 + 7t$ |-1
$3 = 7t$ |$:7$
$t = 3/7$

Ergebnis: Für den Wert $t = \frac{3}{7}$ liegt der Punkt $P(1|4)$ auf dem Graphen von f_t.

b)   **Wert von t für höchsten Tiefpunkt**

Einsetzen von $x = \sqrt{t}$ in f_t liefert die y-Koordinaten der Tiefpunkte:
$y_t = \sqrt{t}^4 - 2t\sqrt{t}^2 + 9t = t^2 - 2t^2 + 9t = -t^2 + 9t$
Durch Eingabe des rechten Terms im GTR kann man über 2ND CALC maximum leicht den höchsten Wert für y_t bestimmen. Wir berechnen die Lösung „von Hand" durch Nullsetzen der ersten Ableitung: $y_t' = -2t + 9 = 0 \Rightarrow t = \frac{9}{2}$. Einsetzen in y_t liefert $y_t = -\frac{81}{4} + \frac{81}{2} = -\frac{81}{4} + \frac{162}{4} = \frac{81}{4}$ ($= 20{,}25$).

Ergebnis: Der höchste Tiefpunkt liegt für $t = \frac{9}{2}$ bei $T_{max}\left(\frac{3}{\sqrt{2}}\middle|\frac{81}{4}\right)$.

c)   **Bestimmung der gemeinsamen Punkte von G_t**

Wir setzen für t zwei beliebige Werte eine, sagen wir $t = u$ und $t = v$, setzen die beiden Ausdrücke gleich und lösen nach x auf.

$x^4 - 2ux^2 + 9u = x^4 - 2vx^2 + 9v$ |$-x^4 + 2vx^2$
$-2ux^2 + 2vx^2 + 9u = 9v$ |$-9u$, links aus $2x^2$ ausklammern
$2x^2(-u + v) = 9v - 9u$ |rechts 9 ausklammern, $:2(v - u)$
$x^2 = \frac{9(v-u)}{2(v-u)}$ |kürzen und $\sqrt{\ }$
$x_1 = \frac{3}{\sqrt{2}}, x_2 = -\frac{3}{\sqrt{2}}$

Dies sind die x-Koordinaten der gemeinsamen Punkte aller G_t.
Durch Einsetzen von $x_1 = \frac{3}{\sqrt{2}}, x_2 = -\frac{3}{\sqrt{2}}$ in f_t erhalten wir die y-Koordinaten:

$$y_t = f_t\left(\pm\frac{3}{\sqrt{2}}\right) = \frac{81}{4} - 2t \cdot \frac{9}{2} + 9t = \frac{81}{4} - 9t + 9t = \frac{81}{4}.$$

Ergebnis:

Es gibt genau zwei gemeinsame Punkte aller Graphen G_t, nämlich $P_1\left(\frac{3}{\sqrt{2}}\,\middle|\,\frac{81}{4}\right)$ und $P_2\left(-\frac{3}{\sqrt{2}}\,\middle|\,\frac{81}{4}\right)$.

5.8 Wahlteil 2019 – Geometrie B 1

Aufgabe B 1

Die Abbildung in der Anlage zeigt den Würfel $ABCDEFGH$ mit $A(0|0|0)$ und $G(5|5|5)$ in einem kartesischen Koordinatensystem. Die Ebene T schneidet die Kanten des Würfels unter anderem in den Punkten $K(5|0|1)$, $L(2|5|0)$, $M(0|5|2)$ und $N(1|0|5)$.

a) Zeichnen Sie das Viereck $KLMN$ in die Abbildung ein.
    Zeigen Sie, dass das Viereck $KLMN$ ein Trapez ist und zwei gleich lange Seiten hat.
    Ermitteln Sie eine Gleichung der Ebene T in Koordinatenform.
    Geben Sie die Koordinaten des Schnittpunktes von T mit der x_1-Achse an.
    (Teilergebnis: $T: 5x_1 + 4x_2 + 5x_3 = 30$)

    (5 VP)

b) Die Spitze einer Pyramide mit der Grundfläche $KLMN$ liegt auf der Strecke FG.
    Untersuchen Sie, ob die Höhe dieser Pyramide $\frac{18}{\sqrt{66}}$ betragen kann.

    (2 VP)

c) Betrachten wir die Schar der Geraden $g_a: \vec{x} = \begin{pmatrix} 2,5 \\ 0 \\ 3,5 \end{pmatrix} + r \cdot \begin{pmatrix} 0 \\ -10a \\ \frac{2}{a} \end{pmatrix}$ mit $a > 0$.

    Begründen Sie, dass keine Gerade der Schar in der Ebene mit der Gleichung $x_3 = 3,5$ liegt.
    Gegeben ist die Ebene $U: -5x_1 + 4x_2 + 5x_3 = 5$.
    Untersuchen Sie, ob die Schnittgerade von T und U zur betrachteten Schar gehört.

    (3 VP)

Anlage

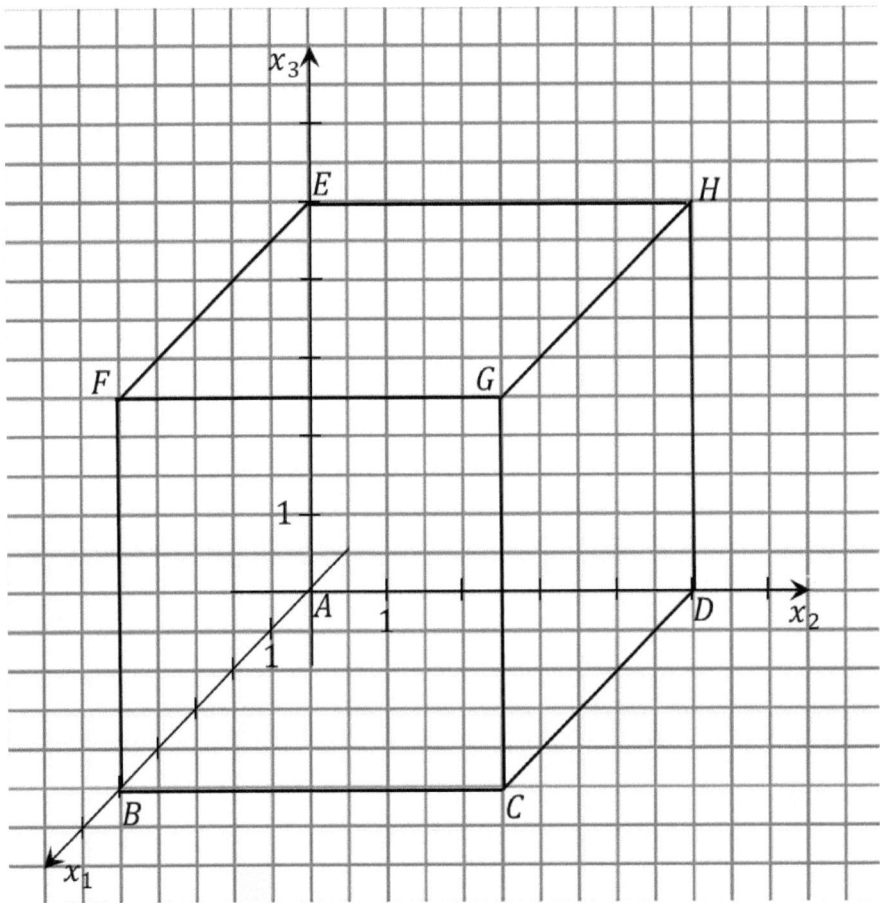

5.9 Lösung Wahlteil 2019 – Geometrie B 1

Lösung Aufgabe B 1

a)   Nachweis Trapez

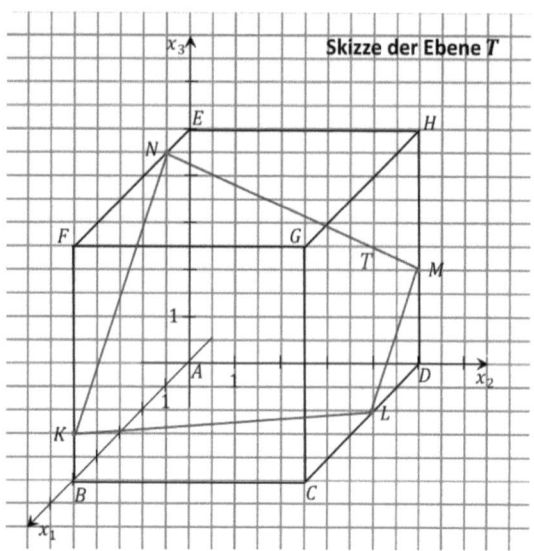

Anhand der Abbildung vermutet man, dass die Strecken $\overline{KN}$ und $\overline{LM}$ parallel verlaufen. Es gilt

$$\overrightarrow{KN} = \begin{pmatrix} 1 \\ 0 \\ 5 \end{pmatrix} - \begin{pmatrix} 5 \\ 0 \\ 1 \end{pmatrix} = \begin{pmatrix} -4 \\ 0 \\ 4 \end{pmatrix}$$

und

$$\overrightarrow{LM} = \begin{pmatrix} 0 \\ 5 \\ 2 \end{pmatrix} - \begin{pmatrix} 2 \\ 5 \\ 0 \end{pmatrix} = \begin{pmatrix} -2 \\ 0 \\ 2 \end{pmatrix}$$

Die lineare Abhängigkeit von $\overrightarrow{KN}$ und $\overrightarrow{LM}$ zeigt, dass die Strecken $\overline{KN}$ und $\overline{LM}$ tatsächlich parallel verlaufen.

Dass die beiden Strecken nicht aufeinander liegen sieht man anhand der Zeichnung (oder an den Koordinaten der Eckpunkte). Damit ist das Viereck $KLMN$ ein Trapez.
Wir vermuten Anhand der Zeichnung, dass die Strecken $\overline{NM}$ und $\overline{KL}$ die gleiche Länge haben. Es folgt

$$|\overrightarrow{NM}| = \left| \begin{pmatrix} 0 \\ 5 \\ 2 \end{pmatrix} - \begin{pmatrix} 1 \\ 0 \\ 5 \end{pmatrix} \right| = \left| \begin{pmatrix} -1 \\ 5 \\ -3 \end{pmatrix} \right| = \sqrt{1 + 25 + 9} = \sqrt{35}$$

und

$$|\overrightarrow{KL}| = \left| \begin{pmatrix} 2 \\ 5 \\ 0 \end{pmatrix} - \begin{pmatrix} 5 \\ 0 \\ 1 \end{pmatrix} \right| = \left| \begin{pmatrix} -3 \\ 5 \\ -1 \end{pmatrix} \right| = \sqrt{9 + 25 + 1} = \sqrt{35}$$

Das Trapez hat also, wie behauptet, zwei gleichlange Seiten.

Koordinatengleichung der Ebene T

Wir bilden zunächst zwei Richtungsvektoren der Ebene T,

z.B. $\vec{u} = \overrightarrow{KN} = \begin{pmatrix} -4 \\ 0 \\ 4 \end{pmatrix}$ und $\vec{v} = \overrightarrow{KL} = \begin{pmatrix} -3 \\ 5 \\ -1 \end{pmatrix}$. Mit dem Kreuzprodukt (=Vektorprodukt) erhält man daraus einen Normalenvektor für T.

$$\vec{u} \times \vec{v} = \begin{matrix} 0 \\ 4 \\ -4 \\ 0 \end{matrix} \begin{matrix} 5 \\ -1 \\ -3 \\ 5 \end{matrix} = \begin{pmatrix} 0 \\ -12 \\ -20 \end{pmatrix} - \begin{pmatrix} 20 \\ 4 \\ 0 \end{pmatrix} = \begin{pmatrix} -20 \\ -16 \\ -20 \end{pmatrix}$$

Da es auf die Länge nicht ankommt, teilen wir durch -4 und erhalten

$\vec{n} = \begin{pmatrix} 5 \\ 4 \\ 5 \end{pmatrix}$ als Normalenvektor für die Ebene T.

Damit haben wir $T\colon 5x_1 + 4x_2 + 5x_3 = d$ mit einem noch unbekannten d.
Da K in T liegt können wir d durch Einsetzen bestimmen:
$5 \cdot 5 + 4 \cdot 0 + 5 \cdot 1 = 30 = d$.

Ergebnis: Die Koordinatengleichung für T lautet $T\colon 5x_1 + 4x_2 + 5x_3 = 30$.

b) **Höhe der Pyramide**

Da die Spitze der Pyramide irgendwo auf der Strecke $\overline{FG}$ liegen soll, muss die Koordinaten $S(5|t|5)$ für $0 \leq t \leq 5$. Wir bestimmen nun den Abstand des Punktes $S(5|t|5)$ zur Ebene T, denn dieser Abstand ist nichts anderes als die Höhe der Pyramide. Dazu muss die Koordinatengleichung von T in die Hesse'sche Normalenform überführt werden:

$$HNF\ T\colon \frac{5x_1 + 4x_2 + 5x_3 - 30}{\sqrt{5^2 + 4^2 + 5^2}} = 0 \iff \frac{5x_1 + 4x_2 + 5x_3 - 30}{\sqrt{66}} = 0$$

Den Abstand von S zu T bekommen wir durch Einsetzen in die HNF (und Betragsbildung im Zähler). Somit gilt: $d = \frac{|5 \cdot 5 + 4t + 5 \cdot 5 - 30|}{\sqrt{66}} = \frac{|20 + 4t|}{\sqrt{66}}$.
Die Frage ist also, ob es einen Wert $0 \leq t \leq 5$ gibt, so dass $\frac{|20+4t|}{\sqrt{66}} = \frac{18}{\sqrt{66}}$ gilt. Wir multiplizieren mit $\sqrt{66}$ und erhalten $|20 + 4t| = 18$. Falls $20 + 4t \geq 0$ ist, können wir die Betragsstriche weglassen und erhalten $20 + 4t = 18 \iff 4t = -2 \iff t = -\frac{1}{2}$.
Falls $20 + 4t < 0$ ist, können wir die Betragsstriche nur weglassen, wenn wir den Ausdruck in den Betragsstrichen vorher mit -1 multiplizieren. Es folgt: $-20 - 4t = 18 \iff -4t = 38 \iff t = -\frac{19}{2}$. In beiden Fällen gilt nicht $0 \leq t \leq 5$.

Ergebnis: Wenn die Spitze der Pyramide auf der Strecke $\overline{FG}$ liegt, so kann die Höhe der Pyramide nicht $\frac{18}{\sqrt{66}}$ LE betragen.

c) Behauptung keine Gerade liegt in der Ebene mit der Gleichung $x_3 = 3,5$

Ein Normalenvektor für die Ebene $x_3 = 3,5$ ist z.B. $\vec{n} = \begin{pmatrix} 0 \\ 0 \\ 1 \end{pmatrix}$. Wenn eine der Geraden der

Schar in der Ebene liegen soll, dann muss deren Richtungsvektor senkrecht zu $\vec{n}$ stehen, d.h.

es muss $\begin{pmatrix} 0 \\ 0 \\ 1 \end{pmatrix} \begin{pmatrix} 0 \\ -10a \\ \frac{2}{a} \end{pmatrix} = 0$ gelten. Nun ist aber $\begin{pmatrix} 0 \\ 0 \\ 1 \end{pmatrix} \begin{pmatrix} 0 \\ -10a \\ \frac{2}{a} \end{pmatrix} = 0 \cdot 0 + 0 \cdot (-10a) + 1 \cdot$

$\frac{2}{a} = \frac{2}{a} \neq 0$ für jedes a. Eine entsprechende Gerade kann es somit nicht geben.

Gehört die Schnittgerade von T und U zu g_a?
Wir bestimmen zunächst die Schnittgerade h aus den beiden Koordinatengleichungen.
I. $5x_1 + 4x_2 + 5x_3 = 30$
II. $-5x_1 + 4x_2 + 5x_3 = 5$
Addieren beider Gleichungen liefert $8x_2 + 10x_3 = 35$. Wir haben nur noch eine Gleichung
mit zwei Unbekannten und können z.B. x_3 frei wählen, sagen wir $x_3 = t \in \mathbb{R}$. Damit folgt
$8x_2 + 10t = 35 \Leftrightarrow x_2 = \frac{35}{8} - \frac{10}{8}t$. Eingesetzt in Gleichung II. folgt

$-5x_1 + 4\left(\frac{35}{8} - \frac{10}{8}t\right) + 5t = 5$ |ausrechnen

$-5x_1 + \frac{35}{2} - 5t + 5t = 5$ |vereinfachen

$-5x_1 + \frac{35}{2} = 5$ $\left|-\frac{35}{2}\right.$

$-5x_1 = -\frac{25}{2}$ $|:(-5)$

$x_1 = \frac{5}{2}$

Damit haben wir Lösungen für x_1, x_2 und x_3 und können diese als Geradengleichung für die
Schnittgerade notieren:

$$h: \vec{x} = \begin{pmatrix} x_1 \\ x_2 \\ x_3 \end{pmatrix} = \begin{pmatrix} \frac{5}{2} \\ \frac{35}{8} - \frac{10}{8}t \\ t \end{pmatrix} = \begin{pmatrix} \frac{5}{2} \\ \frac{35}{8} \\ 0 \end{pmatrix} + t \begin{pmatrix} 0 \\ -\frac{10}{8} \\ 1 \end{pmatrix}.$$

Wir vergleichen nun die Gerade h mit der Schar g_a.
Wenn h mit einer der Geraden aus g_a identisch sein soll, so müssen die Richtungsvektor

Vielfache voneinander sein. Es muss also $\begin{pmatrix} 0 \\ -10a \\ \frac{2}{a} \end{pmatrix} = k \cdot \begin{pmatrix} 0 \\ -\frac{10}{8} \\ 1 \end{pmatrix}$ gelten.

In der dritten Koordinate lesen wir direkt $k = \frac{2}{a}$ ab. Eingesetzt in der zweiten Koordinate

erhält man $-10a = \frac{2}{a} \cdot \left(-\frac{10}{8}\right)$. Division durch -10 und Multiplikation mit a liefert $a^2 = \frac{2}{8} =$

$\frac{1}{4}$ also $a = \frac{1}{2}$. (Wegen $a > 0$ gibt es keine negative Lösung). Wir wissen nun zumindest, dass

$g_{\frac{1}{2}}: \vec{x} = \begin{pmatrix} 2,5 \\ 0 \\ 3,5 \end{pmatrix} + r \begin{pmatrix} 0 \\ -5 \\ 4 \end{pmatrix}$ parallel zu h verläuft. Aber sind die Geraden auch identisch?

Wir prüfen, ob der Punkt $(2,5|0|3,5)$, also der Stützvektor von $g_{\frac{1}{2}}$, auf h liegt.

$$\begin{pmatrix} 2,5 \\ 0 \\ 3,5 \end{pmatrix} = \begin{pmatrix} 2,5 \\ \frac{35}{8} \\ 0 \end{pmatrix} + t \begin{pmatrix} 0 \\ -\frac{10}{8} \\ 1 \end{pmatrix}$$

Wir lesen die dritte Koordinate direkt ab und erhalten $t = 3,5 = \frac{7}{2}$.

Einsetzen in die zweite Koordinate folgt $\frac{35}{8} + \frac{7}{2} \cdot \left(-\frac{10}{8}\right) = \frac{35}{8} - \frac{35}{8} = 0$, also kein Widerspruch. Auch in der ersten Koordinate haben wir keinen Widerspruch.

Ergebnis: Mit $h = g_{\frac{1}{2}}$ gehört h zur Schar g_a.

5.10 Wahlteil 2019 – Geometrie B 2

Aufgabe B 2

Die Punkte $A(6|6|0)$, $B(2|8|0)$ und $O(0|0|0)$ sind Eckpunkte einer dreiseitigen Pyramide mit der Spitze $S(4|6|10)$.
Die Ebene E enthält die Punkte A, B und $C(2|3|5)$.

a)   Stellen Sie die Pyramide in einem geeigneten Koordinatensystem dar.
     Bestimmen Sie eine Koordinatengleichung der Ebene E.
     (Teilergebnis: E: $x_1 + 2x_2 + 2x_3 = 18$)

     (3 VP)

b)   Zeigen Sie, dass das Dreieck ABC gleichschenklig ist.
     Berechnen Sie das Volumen der Pyramide, die das Dreieck ABC als Grundfläche und den Punkt S als Spitze hat.

     (4 VP)

c)   In einem Koordinatensystem, bei dem die x_1x_2-Ebene den Erdboden beschreibt, stellt die Pyramide $ABOS$ ein Kunstwerk dar (Koordinatenangaben in m).
     An der Stelle, die durch den Punkt $F(8|3|0)$ beschrieben wird, steht ein Mast senkrecht auf dem Erdboden. Auf den Mast treffendes Sonnenlicht lässt sich durch parallele Geraden mit dem Richtungsvektor $\vec{v} = \begin{pmatrix} -9 \\ 1 \\ -4 \end{pmatrix}$ beschreiben.

     Der Schattenpunkt der Mastspitze liegt auf der Kante des Kunstwerks, die durch die Strecke OS beschrieben wird.
     Beschreiben Sie ein Verfahren, mit dem man die Höhe des Masts rechnerisch bestimmen kann.

     (3 VP)

5.11 Lösung Wahlteil 2019 – Geometrie B 2

a) **Darstellung der Pyramide im Koordinatensystem**

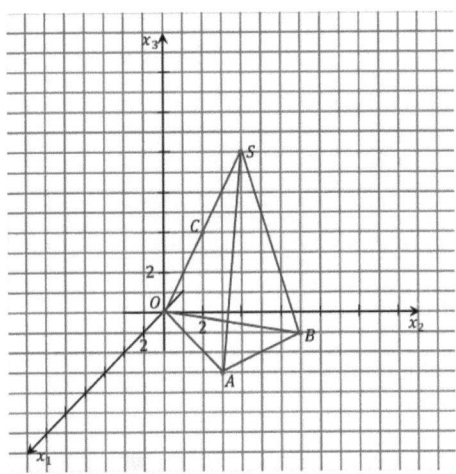

Koordinatengleichung der Ebene E

Wir bilden zunächst zwei Richtungsvektoren der Ebene E, z.B. $\vec{u} = \overrightarrow{AB} = \begin{pmatrix} -4 \\ 2 \\ 0 \end{pmatrix}$ und

$\vec{v} = \overrightarrow{AC} = \begin{pmatrix} -4 \\ -3 \\ 5 \end{pmatrix}$. Mit dem Kreuzprodukt erhält man daraus einen Normalenvektor für E.

$$\vec{u} \times \vec{v} = \begin{matrix} -4 & & -4 \\ 2 & \times & -3 \\ 0 & \times & 5 \\ -4 & \times & -4 \\ 2 & & -3 \\ 0 & & 5 \end{matrix} = \begin{pmatrix} 10 \\ 0 \\ 12 \end{pmatrix} - \begin{pmatrix} 0 \\ -20 \\ -8 \end{pmatrix} = \begin{pmatrix} 10 \\ 20 \\ 20 \end{pmatrix}$$

Da es auf die Länge nicht ankommt, teilen wir durch 10 und erhalten $\vec{n} = \begin{pmatrix} 1 \\ 2 \\ 2 \end{pmatrix}$ als

Normalenvektor für E. Damit haben wir $E: x_1 + 2x_2 + 2x_3 = d$ mit einem noch unbekannten d. Da z.B. A in E liegt können wir d durch Einsetzen bestimmen: $1 \cdot 6 + 2 \cdot 6 + 2 \cdot 0 = 18 = d$.

Ergebnis: Die Koordinatengleichung für E lautet $E: x_1 + 2x_2 + 2x_3 = 18$.

b) **Behauptung: Dreieck ABC ist gleichschenklig**

Wir vermuten anhand der Koordinaten, dass die Seiten $\overline{AC}$ und $\overline{BC}$ gleich lang sind und rechnen nach:

$$|\overrightarrow{BC}| = \left| \begin{pmatrix} 2 \\ 3 \\ 5 \end{pmatrix} - \begin{pmatrix} 2 \\ 8 \\ 0 \end{pmatrix} \right| = \left| \begin{pmatrix} 0 \\ -5 \\ 5 \end{pmatrix} \right| = \sqrt{(-5)^2 + 5^2} = \sqrt{50}$$

$$|\overrightarrow{AC}| = \left| \begin{pmatrix} 2 \\ 3 \\ 5 \end{pmatrix} - \begin{pmatrix} 6 \\ 6 \\ 0 \end{pmatrix} \right| = \left| \begin{pmatrix} -4 \\ -3 \\ 5 \end{pmatrix} \right| = \sqrt{(-4)^2 + (-3)^2 + 5^2} = \sqrt{50}$$

Ergebnis: Das Dreieck ABC ist wie behauptet gleichschenklig.

Volumen der Pyramide $ABCS$

Das Volumen einer Pyramide ergibt sich aus der Formel $V = \frac{1}{3}Gh$, wobei G die Grundfläche, also die Fläche des Dreiecks ABC ist und h die Höhe der Pyramide (also der Abstand des Punktes S zu der Ebene in der die Punkte ABC liegen).
Daraus ergibt sich der folgende „Fahrplan":
    1)   Fläche des Dreiecks ABC ausrechnen
    2)   Abstand von S zu E bestimmen (Koordinatengleichung für E haben wir bereits), denn das ist die Pyramidenhöhe.
    3)   Zwischenergebnisse in die Formel einsetzen und ausrechnen.

1) **Fläche des Dreiecks ABC**

Wir wählen willkürlich die Strecke $\overline{AB}$ als Grundseite des Dreiecks ABC und bestimmen nun den Abstand des Punktes C zu $\overline{AB}$, denn dies ist die Höhe des Dreiecks. Dazu konstruieren wir zunächst eine Hilfsebene H, senkrecht zu $\overrightarrow{AB}$, so dass C auf H liegt.

Mit $\overrightarrow{AB} = \begin{pmatrix} 2 \\ 8 \\ 0 \end{pmatrix} - \begin{pmatrix} 6 \\ 6 \\ 0 \end{pmatrix} = \begin{pmatrix} -4 \\ 2 \\ 0 \end{pmatrix}$ haben   wir   bereits   einen

Normalenvektor für H. Aber etwas einfacher wird es, wenn wir durch 2 teilen, da es ja auf die Länge nicht ankommt. Also nehmen wir

$\vec{n} = \begin{pmatrix} -2 \\ 1 \\ 0 \end{pmatrix}$ als Normalenvektor für H und haben somit: $H: \ -2x_1 + x_2 = d$ mit einem

noch unbekannten d. Da C in H liegt, können wir C einsetzen, um d zu bekommen. Es folgt: $-2 \cdot 2 + 3 = -1$ und damit $H: \ -2x_1 + x_2 = -1$. Die Gleichung der Geraden g, auf der

A und B liegen, lautet $g: \vec{x} = \overrightarrow{OA} + t\overrightarrow{AB} = \begin{pmatrix} 6 \\ 6 \\ 0 \end{pmatrix} + t\begin{pmatrix} -4 \\ 2 \\ 0 \end{pmatrix}$.

Damit bestimmen wir den Schnittpunkt T von g mit H durch Einsetzen (von g in H). Es folgt:

$$-2(6 - 4t) + (6 + 2t) = -1 \Leftrightarrow -6 + 10t = -1 \Leftrightarrow t = \frac{1}{2}$$

Einsetzen in g liefert: $\begin{pmatrix} 6 \\ 6 \\ 0 \end{pmatrix} + \frac{1}{2} \begin{pmatrix} -4 \\ 2 \\ 0 \end{pmatrix} = \begin{pmatrix} 4 \\ 7 \\ 0 \end{pmatrix}$ also $T(4|7|0)$.

Die Länge der Strecke $\overline{TC}$ ist schließlich die Höhe im Dreieck ABC (auf die Seite $\overline{AB}$). Es folgt:

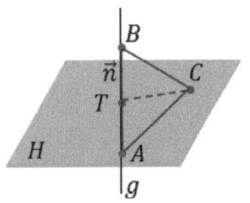

$$h = |\overrightarrow{TC}| = \left| \begin{pmatrix} 2 \\ 3 \\ 5 \end{pmatrix} - \begin{pmatrix} 4 \\ 7 \\ 0 \end{pmatrix} \right| = \left| \begin{pmatrix} -2 \\ -4 \\ 5 \end{pmatrix} \right| =$$

$$\sqrt{(-2)^2 + (-4)^2 + 5^2} = \sqrt{45}$$

Wir haben außerdem $g = |\overrightarrow{AB}| = \left| \begin{pmatrix} -4 \\ 2 \\ 0 \end{pmatrix} \right| = \sqrt{16 + 4} = \sqrt{20}$

und damit $A_{Dreieck} = \frac{1}{2}gh = \frac{1}{2}\sqrt{20} \cdot \sqrt{45} = \frac{\sqrt{4 \cdot 5 \cdot 5 \cdot 9}}{\sqrt{4}} = 5 \cdot 3 = 15$.

2) Abstand der Pyramidenspitze S zur Ebene E

Zunächst bilden wir die HNF der Ebene E. Die Länge des Normalenvektors $\vec{n} = \begin{pmatrix} 1 \\ 2 \\ 2 \end{pmatrix}$ ist

gegeben durch $\vec{n} = \sqrt{1^2 + 2^2 + 2^2} = 3$. Damit haben wir HNF E: $\frac{x_1 + 2x_2 + 2x_3 - 18}{3} = 0$.

Einsetzen von S und Betragsbildung im Zähler liefert den Abstand:

$$d = \frac{|4 + 2 \cdot 6 + 2 \cdot 10 - 18|}{3} = 6$$

Die Höhe der Pyramide $ABCS$ beträgt somit $h_{Pyramide} = 6$.

3) Zwischenergebnisse einsetzen

Mit $V_{Pyramide} = \frac{1}{3}Gh$ folgt nun $V_{Pyramide} = \frac{1}{3} \cdot 15 \cdot 6 = 30$

Ergebnis: Die Pyramide $ABCS$ hat ein Volumen von 30 LE³.

c) Wie kann man die Höhe des Mastes bestimmen?

Die Gerade durch die Punkte O und S hat die

Gleichung $g: \vec{x} = t\overrightarrow{OS} = t\begin{pmatrix} 4 \\ 6 \\ 10 \end{pmatrix}$.

Ein Punkt R auf g hat folglich die Koordinaten $R(4t\,|\,6t\,|\,10t)$.

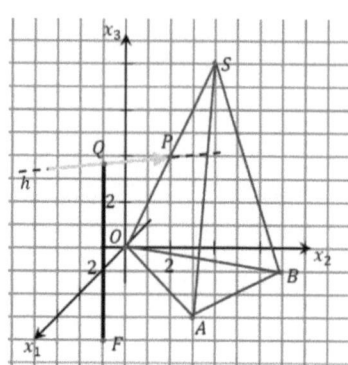

Mit $\vec{r}$ als Stützvektor und $\vec{v}$ als Richtungsvektor kann man die Geradengleichung für die Gerade h aufstellen, die g schneidet.

$$h: \vec{x} = \begin{pmatrix} 4t \\ 6t \\ 10t \end{pmatrix} + s\begin{pmatrix} -9 \\ 1 \\ -4 \end{pmatrix}.$$

Die Geradengleichung für die Gerade, auf der der Mast liegt lautet $k: \vec{x} = \begin{pmatrix} 8 \\ 3 \\ 0 \end{pmatrix} + r\begin{pmatrix} 0 \\ 0 \\ 1 \end{pmatrix}$.

Gleichsetzen der Geraden h und k liefert ein eindeutig lösbares lineares Gleichungssystem mit drei Unbekannten. Durch die Lösung des linearen Gleichungssystems kommen wir zum Schnittpunkt Q. Die Länge $|\overrightarrow{FQ}|$ ist dann die Höhe des Stabes.

Wir gehen nun über die Aufgabenstellung hinaus und berechnen die Höhe des Mastes konkret. Gleichsetzen von h und k liefert:

$$\begin{pmatrix} 4t \\ 6t \\ 10t \end{pmatrix} + s\begin{pmatrix} -9 \\ 1 \\ -4 \end{pmatrix} = \begin{pmatrix} 8 \\ 3 \\ 0 \end{pmatrix} + r\begin{pmatrix} 0 \\ 0 \\ 1 \end{pmatrix} \quad \left|\, -r\begin{pmatrix} 0 \\ 0 \\ 1 \end{pmatrix}\right.$$

$$\begin{pmatrix} 4t \\ 6t \\ 10t \end{pmatrix} + s\begin{pmatrix} -9 \\ 1 \\ -4 \end{pmatrix} - r\begin{pmatrix} 0 \\ 0 \\ 1 \end{pmatrix} = \begin{pmatrix} 8 \\ 3 \\ 0 \end{pmatrix}$$

Hieraus ergibt sich das folgende lineare Gleichungssystem

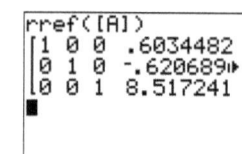

I. $4t - 9s \quad\;\; = 8$
II. $6t + s \quad\;\;\; = 3$
III. $10t - 4s - r = 0$

Mit dem GTR erhält man eine eindeutige Lösung. Insbesondere gilt $r \approx 8{,}517$.

Einsetzen von $r \approx 8{,}517$ in k liefert uns die Spitze Q des Mastes, nämlich $Q(8\,|\,3\,|\,8{,}517)$.

Da der Mast am Boden aufsetzt, kann man die Höhe an der x_3-Kooridnate der Spitze ablesen.

Ergebnis: Der Mast hat eine Höhe von etwa 8,5 LE.

5.12 Wahlteil 2019 – Stochastik C 1

Aufgabe C 1

Betrachtet werden Körper, die auf jeder Seitenfläche mit einer Zahl beschriftet sind.

Körper	Tetraeder	Würfel	Oktaeder
Anzahl Seitenflächen	vier	sechs	acht
Beschriftet mit	1, 2, 3, 4	1, 2, 3, 4, 5, 6	1, 2, 3, 4, 5, 6, 7, 8

Beim Werfen eines Körpers gilt die Zahl als geworfen, auf der der Körper zum Liegen kommt. Dabei werden bei jedem Körper die möglichen Zahlen jeweils mit derselben Wahrscheinlichkeit geworfen.

a) Ein Tetraeder wird 100-mal geworfen.
Bestimmen Sie die Wahrscheinlichkeit der folgenden Ereignisse.
A: „Die Zahl 1 wird genau 30-mal geworfen."
B: „Die Zahl 1 wird mindestens 20-mal geworfen."

(1,5 VP)

b) Ermitteln Sie, wie oft man ein Tetraeder mindestens werfen muss, um mit einer Wahrscheinlichkeit von mindestens 95 % mindestens einmal die Zahl 1 zu werfen.

(2 VP)

c) Ein Tetraeder, ein Würfel und ein Oktaeder werden gleichzeitig geworfen.
Berechnen Sie die Wahrscheinlichkeit der folgenden Ereignisse.
C: „Bei allen drei Körpern wird dieselbe Zahl geworfen."
D: „Die Summe der geworfenen Zahlen beträgt 17."

(2,5 VP)

d) Für einen Einsatz von 50 Cent darf ein Spieler ein Tetraeder und ein Würfel einmal werfen. Anschließend erhält er die Anzahl der geworfenen Einsen in Euro ausbezahlt. Bestimmen Sie den Erwartungswert für den Gewinn des Spielers.

(2 VP)

e) In einem Sack befinden sich 20 Körper. Es handelt sich dabei um Tetraeder und Oktaeder, wie sie oben beschrieben sind. Einer dieser Körper wird zufällig gezogen und anschließend geworfen. Die Wahrscheinlichkeit, dabei die Zahl 2 zu werfen, beträgt 15 %. Berechnen Sie die Anzahl der Tetraeder im Sack.

(2 VP)

5.13 Lösung Wahlteil 2019 – Stochastik C 1

Lösung Aufgabe C 1

a)   Wahrscheinlichkeit der Ereignisse A und B

Es sei X die Zufallsvariable, die die Anzahl der „Treffer" in $n = 100$ Versuchen misst. Die Trefferwahrscheinlichkeit beim Tetraeder ist $p = \frac{1}{4}$. Damit folgt:

$$P(A) = P(X = 30) = \binom{100}{30} \left(\frac{1}{4}\right)^{30} \left(\frac{3}{4}\right)^{70} \approx 0{,}046 = 4{,}6\%$$

Eingabe im GTR: 2ND DISTR binompdf(100,0.25,30)

$$P(B) = P(X \geq 20) = 1 - P(X \leq 19) \approx 0{,}9 = 90\%$$

Eingabe im GTR: 1-2ND DISTR binomcdf(100,0.25,19)

Ergebnis: Ereignis A tritt ein mit einer Wahrscheinlichkeit von 4,6% und Ereignis B mit einer Wahrscheinlichkeit von 90%.

b)   Mindestanzahl Würfe

Wieder sei X die Anzahl der Treffer. Gesucht ist eine Anzahl n von Versuchen so dass $P(X \geq 1) \geq 0{,}95$ gilt. Wir formen dies um zu $1 - P(X = 0) \geq 0{,}95$.

X	Y1
8	.89989
9	.92492
10	.94369
11	.95776
12	.96832
13	.97624
14	.98218

X=11

Hier lässt sich n mit Hilfe einer Wertetabelle mit dem GTR ermitteln. Dazu gibt man den Ausdruck 1-binompdf(X,0.25,0) im Y-Editor des GTR ein und lässt sich mit 2ND TABLE die Wertetabelle anzeigen. Dort liest man $X = 11$ (also $n = 11$) ab.

Ergebnis: Man braucht mindestens 11 Versuche, damit man mit einer Wahrscheinlichkeit von mindestens 95% mit dem Tetraeder mindestens einmal eine 1 wirft.

Zur Übung können wir den Ausdruck von eben auch „per Hand" umformen. Aber den Taschenrechner brauchen wir am Ende doch.

$$1 - P(X = 0) \geq 0{,}95 \Leftrightarrow 1 - \binom{n}{0} \left(\frac{1}{4}\right)^{0} \left(\frac{3}{4}\right)^{n} \geq 0{,}95 \Leftrightarrow$$

$1 - \left(\frac{3}{4}\right)^{n} \geq 0{,}95 \qquad |-1$

$-\left(\frac{3}{4}\right)^{n} \geq -0{,}05 \qquad |\cdot (-1)$

$\left(\frac{3}{4}\right)^{n} \leq 0{,}05 \qquad |\ln$

$n \cdot \ln\frac{3}{4} \leq \ln 0{,}05 \qquad |: \ln\frac{3}{4}$ (Achtung: Division durch negative Zahl!)

$$n \geq \frac{\ln 0{,}05}{\ln 0{,}75} = 10{,}41$$

Da n ganzzahlig ist, gilt wiederum $n \geq 11$.

c) Ereignis C

Darstellung als Menge: $C = \{(1,1,1),(2,2,2),(3,3,3),(4,4,4)\}$
Für jeden Wert n gilt $P(n, Tetraeder) = \frac{1}{4}$, $P(n, Würfel) = \frac{1}{6}$ bzw.
$P(n, Oktaeder) = \frac{1}{8}$. Damit folgt:

$$P(C) = \frac{1}{4} \cdot \frac{1}{6} \cdot \frac{1}{8} \cdot 4 = \frac{1}{48} \approx 0{,}021 = 2{,}1\%$$

Ereignis D

Die Summe 17 kann erreicht werden durch die Kombinationen $(8,6,3)$, $(8,5,4)$ und $(7,6,4)$.
Jede der Kombinationen hat dieselbe WS von $\frac{1}{8} \cdot \frac{1}{6} \cdot \frac{1}{4}$. Es folgt:

$$P(D) = \frac{1}{8} \cdot \frac{1}{6} \cdot \frac{1}{4} \cdot 3 = \frac{1}{64} \approx 0{,}016 = 1{,}6\%$$

Ergebnis: Ereignis C hat eine WS von 2,1% und Ereignis D hat eine WS von 1,6%.

d) Erwartungswert

Die Zufallsvariable X zählt die Anzahl der Einsen. Somit gilt $X \in \{0,1,2\}$.
Mit $P(1; Tetraeder) = \frac{1}{4}$, $P(Keine\ 1, Tetraeder) = \frac{3}{4}$, $P(1; Würfel) = \frac{1}{6}$,
$P(Keine\ 1, Würfel) = \frac{5}{6}$ folgt:

$$P(X = 0) = \frac{3}{4} \cdot \frac{5}{6} = \frac{15}{24}$$
$$P(X = 1) = \frac{1}{4} \cdot \frac{5}{6} + \frac{3}{4} \cdot \frac{1}{6} = \frac{8}{24}$$
$$P(X = 2) = \frac{1}{4} \cdot \frac{1}{6} = \frac{1}{24}$$

Der „reine" Erwartungswert ist daher:

$$E(X) = 0 \cdot P(X = 0) + 1 \cdot P(X = 1) + 2 \cdot P(X = 2) = \frac{8}{24} + \frac{2}{24} = \frac{10}{24}$$

Vom „reinen" Erwartungswert muss aber noch der Einsatz abgezogen werden, denn gesucht ist der **Erwartungswert des Gewinns**!

Es folgt: $E_{Gewinn}(X) = \frac{10}{24} - \frac{1}{2} = \frac{10}{24} - \frac{12}{24} = -\frac{2}{24} = -\frac{1}{12} \approx -0{,}083$

Ergebnis: Der erwartete Verlust des Spiels beträgt etwa 8,3 Cent.

e)   **Anzahl der Tetraeder**

Wir bezeichnen die Anzahl der Tetraeder mit x. Das Ereignis „2" kommt zustande durch A = Ziehung eines Tetraeders und anschließendes Würfeln der 2 oder durch B = Ziehung eines Oktaeders und anschließendes Würfeln der 2. Damit ist $P(2) = \frac{x}{20} \cdot \frac{1}{4} + \frac{(20-x)}{20} \cdot \frac{1}{8} = 0{,}15$. Dies lösen wir nach x auf:

$$\frac{2x}{160} + \frac{20}{160} - \frac{x}{160} = 0{,}15 \qquad |\,\text{Ausrechnen}$$
$$\frac{x}{160} + \frac{20}{160} = 0{,}15 \qquad\qquad |\cdot 160$$
$$x + 20 = 24 \Rightarrow x = 4$$

Ergebnis: In dem Sack befinden sich 4 Tetraeder (und 16 Oktaeder).

5.14 Wahlteil 2019 – Stochastik C 2

Aufgabe C 2

Ein Glücksspielautomat enthält drei gleiche Glücksräder, die jeweils wie dargestellt in fünf gleich große Kreissektoren eingeteilt sind. Bei jedem Spiel werden die Räder in Drehung versetzt und laufen unabhängig  voneinander aus. Schließlich bleiben sie so stehen, dass von jedem Rad genau ein Symbol im jeweiligen Rahmen angezeigt wird. Ein Spieler gewinnt nur dann, wenn alle drei Räder einen Stern zeigen.

a) Weisen Sie rechnerisch nach, dass die Gewinnwahrscheinlichkeit bei einem Spiel 6,4 % beträgt.

Ein Spieler spielt 20 Spiele.

Bestimmen Sie die Wahrscheinlichkeit der folgenden Ereignisse:

A: „Der Spieler gewinnt mehr als einmal."

B: „Der Spieler gewinnt in genau zwei Spielen und diese folgen direkt aufeinander."

(3 VP)

b) Eine Spielerin spielt 9 Spiele.

Für ein Ereignis C gilt dabei $P(C) = 0{,}064^a + 9 \cdot 0{,}064^8 \cdot 0{,}936^b$.

Geben Sie geeignete Werte für a und b an und beschreiben Sie das Ereignis C im Sachzusammenhang.

(2 VP)

c) Es wird vermutet, dass das mittlere Rad zu selten ein Sternsymbol zeigt. Deshalb wird die Nullhypothese „Das mittlere Rad zeigt mit einer Wahrscheinlichkeit von mindestens zwei Fünfteln ein Sternsymbol." getestet. Man vereinbart ein Signifikanzniveau von 3 % und einen Stichprobenumfang von 300 Drehungen.

Formulieren Sie die zugehörige Entscheidungsregel.

(2,5 VP)

d) Die Glücksräder des Automaten werden durch drei neue ersetzt, die sich nicht voneinander unterscheiden. Die Glücksräder sind in mehrere gleich große Sektoren unterteilt. Jedes Glücksrad trägt in genau einem Sektor ein Sternsymbol. Man gewinnt bei 50 Spielen mit einer Wahrscheinlichkeit von mindestens 99 % höchstens einmal.

Bestimmen Sie die minimale Anzahl der Sektoren pro Glücksrad.

(2,5 VP)

5.15 Lösung Wahlteil 2019 – Stochastik C 2

Lösung Aufgabe C 2

a) Gewinnwahrscheinlichkeit bei einem Spiel

Bei jedem der einzelnen Glücksräder beträgt die Wahrscheinlichkeit für „Stern" 2/5. Somit gilt:

$$P(Gewinn) = P(*,*,*) = \frac{2}{5} \cdot \frac{2}{5} \cdot \frac{2}{5} = 0{,}064 = 6{,}4\%$$

Ergebnis:
Die Wahrscheinlichkeit für einen Gewinn bei einem Spiel beträgt wie behauptet 6,4%.

Wahrscheinlichkeit für A: „Der Spieler gewinnt mehr als einmal."

Die Zufallsvariable X stehe für die Anzahl der gewonnenen Spiele. Die gesuchte Wahrscheinlichkeit ist somit $P(X > 1)$. Wir haben $n = 20$ Versuche und einer Trefferwahrscheinlichkeit von $p = 0{,}064$. Mit der Formel für die Binomialverteilung

$$P(X = k) = \binom{n}{k} p^k (1 - p)^{n-k}$$

ließe sich die Wahrscheinlichkeit dann ausrechnen. Es gilt nämlich

$$P(X > 1) = 1 - P(X \leq 1) = 1 - \big(P(X = 0) + P(X = 1)\big)$$

Aber dann müssten wir einmal $P(X = 0)$ und einmal $P(X = 1)$ mit der Formel ausrechnen. Das ist kompliziert und dauert zu lange. **Mit dem GTR geht es einfacher!**
Den Ausdruck $1 - P(X \leq 1)$ können wir direkt im GTR eingeben mit 1-2ND DISTR binomcdf(20,0.064,1) und erhalten den Wert 0,63.

Ergebnis:
Die Wahrscheinlichkeit für mehr als einen Gewinn bei 20 Versuchen beträgt etwa 63%.

Wahrscheinlichkeit für Ereignis B: „Der Spieler gewinnt in genau zwei Spielen und diese folgen direkt aufeinander."

Bei einer Reihe von 20 Versuchen gibt es genau 19 Möglichkeiten, zweimal direkt hintereinander zu gewinn (bei Durchgang 1 und 2 oder bei 2 und 3 … und zuletzt bei Durchgang 19 und 20). Die Wahrscheinlichkeit für einen einzelnen Gewinn beträgt $p =$

0,064 und die Wahrscheinlichkeit für „nicht Gewinn" beträgt folglich $q = 1 - 0,064 = 0,936$. Somit gilt $P(B) = 19 \cdot 0,064^2 \cdot 0,936^{18} \approx 0,024 = 2,4\%$

Ergebnis: Die Wahrscheinlichkeit für Ereignis B beträgt etwa 2,4%.

b) **Bedeutung des Ausdrucks $P(C) = 0,064^a + 9 \cdot 0,064^8 \cdot 0,936^b$**

Zunächst sei an die Formel $P(X = k) = \binom{n}{k} p^k (1 - p)^{n-k}$ erinnert. Bei einer binomialverteilten Zufallsvariablen X und einer Trefferwahrscheinlichkeit von p gibt die Formel die Wahrscheinlichkeit von genau k „Treffer" bei n Versuchen an. In der Aufgabe haben wir $n = 9, p = 0,064$ und $1 - p = 0,936$. Für $X = 9$ erhält man gemäß der Formel

$$P(X = 9) = \binom{9}{9} 0,064^9 \cdot 0,963^{9-9} = 1 \cdot 0,064^9 \cdot 1 = 0,064^9$$

Für $X = 8$ gilt

$$P(X = 8) = \binom{9}{8} 0,064^8 \cdot 0,963^{9-8} = 9 \cdot 0,064^8 \cdot 0,963^1$$

Für $P(X \geq 8)$ erhalten wir somit den Ausdruck

$$P(X \geq 8) = 9 \cdot 0,064^8 \cdot 0,963^1 + 0,064^9$$

Dies ist der Ausdruck aus der Aufgabenstellung mit $a = 9$ und $b = 1$.

Ergebnis: Das Ereignis C bedeutet „Mindestens 8 Treffer in 9 Versuchen". Die Variablen haben die Werte $a = 9$ und $b = 1$.

c) **Entscheidungsregel**

Die Nullhypothese H_0 behauptet $p \geq \frac{2}{5} = 0,4$. Das Signifikanzniveau ist $\alpha = 3\% = 0,03$ bei einem Stichprobenumfang von $n = 300$. Wenn wir also weniger Treffer in der Stichprobe vorfinden, als die Trefferwahrscheinlichkeit p nahelegt, dann muss H_0 abgelehnt werden. Folglich haben wir einen linksseitigen Test mit einem Ablehnungsintervall $[0, ..., k]$ mit einem noch zu bestimmenden k. Wir müssen also umgangssprachlich ein „letztes" k finden (mathematisch eine größtes ganzes k), so dass $P(X \leq k) \leq 0,03$ ist. Hierfür geben Sie im y-Editor des GTR den Ausdruck binomcdf(300,0.4,X) ein und lassen sich mit 2ND TABLE die zugehörige Wertetabelle anzeigen. Bei $X = 104$ liegt man noch oberhalb des Signifikanzniveaus von 3%. Bei $X = 103$ liegt man erstmals unter dem Signifikanzniveau.

Entscheidungsregel
Wird weniger als 104 mal „Stern" gedreht so muss die Nullhypothese abgelehnt werden, andernfalls kann sie angenommen werden.

d) **Minimale Anzahl Sektoren**

Wir nehmen an ein einzelnes Glücksrad habe k Sektoren. Bei gleich großen Sektoren ist die Wahrscheinlichkeit für „Stern" somit $\frac{1}{k}$. Die Wahrscheinlichkeit für „Stern" auf allen drei Glücksrädern ist folglich $\left(\frac{1}{k}\right)^3 = \frac{1}{k^3}$. Dies ist unsere Gewinnwahrscheinlichkeit p. Die Zufallsvariable X soll nun für die Anzahl der gewonnenen Spiele stehen. „Die Wahrscheinlichkeit bei 50 Spielen höchstens einmal zu gewinnen ist mindestens 99%" notieren wir mathematisch so: $P(X \leq 1) \geq 0{,}99$. Gemäß der Formel für die Binomialverteilung gilt

$$P(X \leq 1) = P(X = 0) + P(X = 1)$$
$$= \binom{50}{0} p^0 (1-p)^{50} + \binom{50}{1} p^1 (1-p)^{49}$$
$$= (1-p)^{50} + 50 p^1 (1-p)^{49} \geq 0{,}99$$

Wegen $p = \frac{1}{k^3}$ folgt weiter: $\left(1 - \frac{1}{k^3}\right)^{50} + \frac{50}{k^3}\left(1 - \frac{1}{k^3}\right)^{49} \geq 0{,}99$

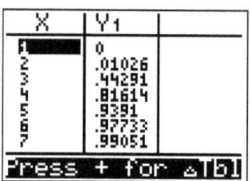

Wir geben den Ausdruck $(1-1/X^3)^{50}+(50/X^3)*(1-1/X^3)^{49}$
im GTR ein, lassen uns mit 2ND TABLE eine
Wertetabelle anzeigen und lesen ab, dass für $X = 6$
die Wahrscheinlichkeit letztmalig unterhalb den
geforderten 99% liegt.

Ergebnis:
Die neuen Glücksräder müssen mindestens 7 gleichgroße Sektoren haben, damit sämtliche Forderungen aus der Aufgabenstellung erfüllt sind.

5.16 Pflichtteil 2018

Aufgabe 1
Bilden Sie die Ableitung der Funktion f mit $f(x) = \sqrt{x} \cdot \sin(x^2)$. (2 VP)

Aufgabe 2
Untersuchen Sie, ob der Wert des Integrals $\displaystyle\int_{3}^{e+2} \frac{1}{x-2}\,dx$ ganzzahlig ist. (2,5 VP)

Aufgabe 3
Gegeben ist die Funktion f mit $f(x) = 4x^2 - 4x + 5$. F ist eine Stammfunktion von f.
Bestimmen Sie die Stelle, an der die Graphen von F und f parallele Tangenten besitzen.
(2,5 VP)

Aufgabe 4
Die Abbildung zeigt den Graphen der Ableitungsfunktion f' einer ganzrationalen Funktion f.
Entscheiden Sie, ob folgende Aussagen wahr
oder falsch sind. Begründen Sie jeweils Ihre Antwort.

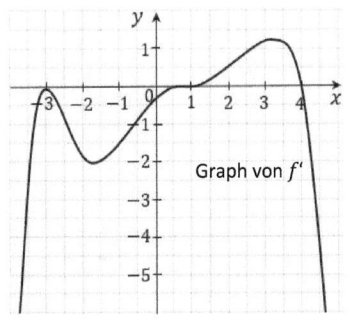

Graph von f'

(1) Im Bereich $-3{,}5 \leq x \leq 4{,}5$ besitzt f genau drei
Extremstellen.
(2) Die Gleichung $f' = -\frac{1}{2}x$ hat im abgebildeten
Bereich genau zwei Lösungen.
(3) Die Funktion f'' hat an der Stelle $x = -3$ einen
Vorzeichenwechsel von positiven zu negativen Werten.

(3 VP)

Aufgabe 5

Gegeben sind die Ebenen $E: 2x_1 + 2x_2 + x_3 = 5$ und die Gerade $g: \vec{x} = \begin{pmatrix} 1 \\ b \\ 1 \end{pmatrix} + s \begin{pmatrix} 1 \\ 0 \\ a \end{pmatrix}$.

Die Gerade g liegt in E.
a) Bestimmen Sie die Werte für a und b.
b) Geben Sie eine Gleichung einer Geraden h an, die ebenfalls in E liegt und
senkrecht zur Geraden g verläuft.

(3,5 VP)

Aufgabe 6

Gegeben ist die Ebene $E: x_1 + 2x_2 - x_3 = 4$.

a) Begründen Sie, dass die Spurpunkte von E die Ecken eines gleichschenkligen Dreiecks bilden.

b) Die Ebene $F: \vec{x} = \begin{pmatrix} -2 \\ -2 \\ 0 \end{pmatrix} + r \cdot \begin{pmatrix} 2 \\ 3 \\ 8 \end{pmatrix} + s \cdot \begin{pmatrix} 1 \\ 2 \\ 0 \end{pmatrix}$ schneidet die Ebene E.

Bestimmen Sie eine Gleichung der Schnittgeraden.

(3,5 VP)

Aufgabe 7

Zwei ideale Würfel werden gleichzeitig geworfen.

a) Bestimmen Sie die Wahrscheinlichkeit dafür, dass zwei verschiedene Augenzahlen fallen.

b) Mit welcher Wahrscheinlichkeit erhält man eine „1" und eine „2"?

c) Mit welcher Wahrscheinlichkeit zeigen die Würfel zwei aufeinanderfolgende Zahlen?

(3 VP)

5.17 Lösung Pflichtteil 2018

Aufgabe 1

Wir schreiben $f(x) = \sqrt{x} \cdot \sin(x^2)$ zunächst um in $f(x) = x^{\frac{1}{2}} \cdot \sin(x^2)$. Unter Verwendung sowohl der Produkt- als auch der Kettenregel folgt dann

$$f'(x) = \frac{1}{2}x^{-\frac{1}{2}} \cdot \sin(x^2) + x^{\frac{1}{2}} \cdot \cos(x^2) \cdot 2x = \frac{1}{2\sqrt{x}}\sin(x^2) + 2x\sqrt{x} \cdot \cos(x^2)$$

Aufgabe 2

$$\int\limits_{3}^{e+2} \frac{1}{x-2}\,dx = [\ln|x-2|]_3^{e+2} = \ln|e+2-2| - \ln|3-2| = \ln e - \ln 1 = 1 - 0 = 1$$

Ergebnis: Der Wert des Integrals ist ganzzahlig.

Aufgabe 3

Wenn die Graphen von F und f parallele Tangenten haben, dann muss es solche Stellen x geben, so dass $F'(x) = f'(x)$ gilt. Nun ist $F'(x) = f(x)$ und $f'(x) = 8x - 4$. An den Stellen mit paralleler Tangente muss also $4x^2 - 4x + 5 = 8x - 4$ gelten. Diese quadratische Gleichung lässt sich mit abc- oder der pq-Formel lösen:

$$
\begin{aligned}
4x^2 - 4x + 5 &= 8x - 4 \quad &| -8x + 4 \\
4x^2 - 12x + 9 &= 0 \quad &| :4 \\
x^2 - 3x + \frac{9}{4} &= 0 \quad &| \text{pq-Formel} \\
x_{1,2} &= \frac{3}{2} \pm \sqrt{\frac{9}{4} - \frac{9}{4}} \ \Rightarrow \ x = \frac{3}{2}
\end{aligned}
$$

Ergebnis: An der Stelle $x = \frac{3}{2}$ haben die beiden Graphen parallele Tangenten.

Aufgabe 4

(1) Im genannten Bereich hat f' jeweils bei $x_1 = 1$ und bei $x_2 = 4$ einen Nulldurchgang mit Vorzeichenwechsel. Somit hat f nur an diesen beiden Stellen Extrempunkte.

Ergebnis: Die Aussage ist falsch.

(2) Wir zeichnen die Gerade $y = -\frac{1}{2}x$ einfach zusätzlich in das Koordinatensystem ein und sehen, dass diese Gerade mit dem Graphen von f' tatsächlich zwei Schnittpunkte hat.

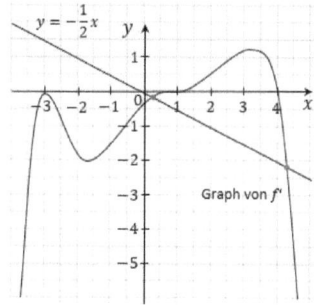

Ergebnis: Die Aussage ist wahr.

(3) Links von $x = -3$ haben wir aufsteigende Tangenten, d.h. f'' ist positiv. Rechts von $x = -3$ (zumindest bis etwa $x = -1,75$) haben wir absteigende Tangenten, d.h. f'' ist negativ. Folglich hat f'' bei $x = -3$ einen Vorzeichenwechsel von positiven zu negativen Werten (wenn man die Stelle $x = -3$ von links nach rechts überquert).

Ergebnis: Die Aussage ist wahr.

Aufgabe 5

a) Wenn g in E liegt, dann gilt dies für jeden Wert von s, insbesondere auch für den Wert $s = 0$. Es reicht also, den Stützvektor von g in E einzusetzen, wodurch wir b erhalten:

$$2 \cdot 1 + 2b + 1 = 5 \;\Rightarrow\; 2b + 3 = 5 \;\Rightarrow\; 2b = 2 \;\Rightarrow\; b = 1$$

Wir können nun s beliebig z.B. $s = 1$ wählen und mit $b = 1$ erhalten wir durch

Einsetzen in E folgendes:

$$2(1 + 1) + 2 \cdot 1 + (1 + a) = 5$$

Daraus ergibt sich

$$4 + 2 + 1 + a = 5 \ \Rightarrow \ 7 + a = 5 \ \Rightarrow \ a = -2$$

Ergebnis: Die gesuchten Werte lauten $a = -2$ und $b = 1$.

b) Gemäß den Ergebnissen aus Teilaufgabe a) ist die Gerade nun vollständig gegeben

durch g: $\vec{x} = \begin{pmatrix} 1 \\ 1 \\ 1 \end{pmatrix} + s \begin{pmatrix} 1 \\ 0 \\ -2 \end{pmatrix}$. Der Richtungsvektor einer Geraden h, die senkrecht zu

g steht und gleichzeitig in E liegt, muss sowohl senkrecht zum Richtungsvektor von g als auch senkrecht zum Normalenvektor von E verlaufen. Es müssen also folgende beiden Gleichungen erfüllt sein:

$$\text{I.} \ \begin{pmatrix} 1 \\ 0 \\ -2 \end{pmatrix} \cdot \begin{pmatrix} a \\ b \\ c \end{pmatrix} = 0 \ \text{und II.} \ \begin{pmatrix} 2 \\ 2 \\ 1 \end{pmatrix} \cdot \begin{pmatrix} a \\ b \\ c \end{pmatrix} = 0$$

Wenn wir beide Skalarprodukte ausmultiplizieren erhalten wir I. $a - 2c = 0$ und II. $2a + 2b + c = 0$. Wir formen die erste Gleichung um zu I. $a = 2c$, setzen dies in die zweite Gleichung ein und erhalten II. $2b + 5c = 0$. Übrig bleibt eine Gleichung mit zwei Unbekannten, von denen wir eine frei wählen können, z.B. $c = 2$. Daraus ergibt sich nach Umstellung $b = -5$ und durch Einsetzen in Gleichung I. $a = 4$. Damit haben wir einen Richtungsvektor für die Gerade h. Als Stützvektor können wir einen beliebigen Punkt aus E wählen, beispielsweise den Stützvektor von g. Damit haben wir ein

Ergebnis: Die gesuchte Gerade h ist gegeben durch h: $\vec{x} = \begin{pmatrix} 1 \\ 1 \\ 1 \end{pmatrix} + r \begin{pmatrix} 4 \\ -5 \\ 2 \end{pmatrix}$.

Aufgabe 6

a) Wenn man jeweils zwei Koordinaten Null setzt und die Ebenengleichung nach der dritten Koordinate auflöst, erhält man die Spurpunkte. Beispielsweise setzen wir $x_2 = x_3 = 0$ und erhalten $x_1 = 4$ und damit den Spurpunkt $S_1(4|0|0)$. Analog erhalten wir $S_2(0|2|0)$ und $S_3(0|0| - 4)$. Die Seiten $S_1 S_2$ und $S_2 S_3$ sind zwei Seiten eines Dreiecks und deren Längen sind gegeben durch

$$\left|\overrightarrow{S_1S_2}\right| = \left|\begin{pmatrix} 0 \\ 2 \\ 0 \end{pmatrix} - \begin{pmatrix} 4 \\ 0 \\ 0 \end{pmatrix}\right| = \left|\begin{pmatrix} -4 \\ 2 \\ 0 \end{pmatrix}\right| = \sqrt{(-4)^2 + 2^2 + 0^2} = \sqrt{20}$$

$$\left|\overrightarrow{S_2S_3}\right| = \left|\begin{pmatrix} 0 \\ 0 \\ -4 \end{pmatrix} - \begin{pmatrix} 0 \\ 2 \\ 0 \end{pmatrix}\right| = \left|\begin{pmatrix} 0 \\ -2 \\ -4 \end{pmatrix}\right| = \sqrt{0 + (-2)^2 + (-4)^2} = \sqrt{20}$$

Wie man sieht haben die beiden Seiten die gleiche Länge und somit ist das Dreieck $S_1S_2S_3$ wie behauptet gleichschenklig.

b)   Wir wandeln zunächst die Parameterform von F um in die Koordinatenform. Der Normalenvektor ergibt sich dabei aus dem Kreuzprodukt der beiden Richtungsvektoren, welches wir wie gewohnt nach dem „Schnürsenkelprinzip" ausrechnen

$$\begin{pmatrix} 3 \cdot 0 \\ 8 \cdot 1 \\ 2 \cdot 2 \end{pmatrix} - \begin{pmatrix} 8 \cdot 2 \\ 2 \cdot 0 \\ 3 \cdot 1 \end{pmatrix} = \begin{pmatrix} -16 \\ 8 \\ 1 \end{pmatrix} = \vec{n}$$

Damit folgt $F: -16x_1 + 8x_2 + x_3 = d$ mit noch unbekanntem d. Da der Stützvektor von F auf einen Punkt in F zeigt, können wir diesen in die Koordinatenform einsetzen und erhalten d:

$$-16 \cdot (-2) + 8 \cdot (-2) + 0 = 16 = d$$

Damit haben wir die Koordinatenform für F komplett: $F: -16x_1 + 8x_2 + x_3 = 16$. Wir schreiben nun beide Ebenengleichungen untereinander, und lösen das lineare Gleichungssystem.

I. $x_1 + 2x_2 - x_3 = 4$
II. $-16x_1 + 8x_2 + x_3 = 16$

Wir haben zwei Gleichungen mit drei Unbekannten. Somit lässt sich eine der Unbekannten frei wählen. Beispielsweise wählen wir $x_3 = t$. Dies setzen wir in das obige Gleichungssystem ein, bringen das t auf die rechte Seite und erhalten:

I. $x_1 + 2x_2 = 4 + t$

II. $-16x_1 + 8x_2 = 16 - t$

Wir multiplizieren die erste Gleichung mit 4 und ziehen die zweite ab. Daraus ergibt sich $20x_1 = 5t$ und weiter $x_1 = \frac{5}{20}t = \frac{1}{4}t$. Dies setzen wir in Gleichung II. ein und erhalten:

$$-16 \cdot \frac{1}{4}t + 8x_2 = 16 - t \;\Rightarrow\; -4t + 8x_2 = 16 - t$$

$$\Rightarrow\; 8x_2 = 16 + 3t \;\Rightarrow\; x_2 = 2 + \frac{3}{8}t$$

Die gefundenen Ausdrücke für x_1, x_2 und x_3 schreiben wir als Vektor und erhalten daraus eine Parameterform der Schnittgeraden:

$$\vec{x} = \begin{pmatrix} x_1 \\ x_2 \\ x_3 \end{pmatrix} = \begin{pmatrix} \frac{1}{4}t \\ 2 + \frac{3}{8}t \\ t \end{pmatrix} = \begin{pmatrix} 0 \\ 2 \\ 0 \end{pmatrix} + t\begin{pmatrix} \frac{1}{4} \\ \frac{3}{8} \\ 1 \end{pmatrix}$$

Da es auf die Länge des Richtungsvektors nicht ankommt multiplizieren wir noch mit 8 und erhalten dadurch „schönere" Zahlen.

Ergebnis: Eine Parameterform der Schnittgeraden der Ebenen E und F ist gegeben durch $g \colon \vec{x} = \begin{pmatrix} 0 \\ 2 \\ 0 \end{pmatrix} + t\begin{pmatrix} 2 \\ 3 \\ 8 \end{pmatrix}$.

Aufgabe 7

a) Für die erste Zahl gibt es 6 von 6 Möglichkeiten, aber für die zweite Zahl nur noch 5 von 6 Möglichkeiten, da die zweite Zahl von der ersten Zahl verschieden sein soll. Die gesuchte Wahrscheinlichkeit ist somit gegeben durch

$$P(\text{zwei verschiedene Zahlen}) = \frac{6}{6} \cdot \frac{5}{6} = \frac{5}{6}.$$

b) Eine „1" und eine „2" wird durch die Paare (1,2) und (2,1) realisiert. Das sind 2 von insgesamt 36 möglichen Paaren. Mithin ist die gesuchte Wahrscheinlichkeit

$$P(\text{eine „1" und eine „2"}) = \frac{2}{36} = \frac{1}{18}.$$

c) Das Ereignis „zwei aufeinanderfolgende Zahlen" wird realisiert durch die Paare $(1,2)$, $(2,3)$, $(3,4)$, $(4,5)$ und $(5,6)$. Nun muss man allerdings etwas aufpassen, denn beispielsweise ein Wurf, in dem eine 1 und eine 2 vorkommt kann, wie in Aufgabenteil b) auf zwei Arten realisiert werden, nämlich durch $(1,2)$ und $(2,1)$ und wir fassen beide Realisierungen als „zwei aufeinanderfolgende Zahlen" auf. Es geht hier also nicht um die Reihenfolge, in der die Würfel auf den Tisch fallen! Zu den obigen Paaren kommen also noch die Paare $(2,1)$, $(3,2)$, $(4,3)$, $(5,4)$ und $(6,5)$ hinzu. Das sind 10 von insgesamt 36 Paare von den wir sagen können, dass es sich um aufeinanderfolgende Zahlen handelt. Die Wahrscheinlichkeit ist demnach gegeben durch $P(\text{„zwei aufeinanderfolgende Zahlen"}) = \frac{10}{36} = \frac{5}{18}$.

5.18 Wahlteil 2018 – Analysis A 1

Aufgabe A 1.1

Der Graph der Funktion f mit

$$f(x) = 0{,}3x^4 - 2{,}8x^3 + 8{,}3x^2 - 7{,}6x + 6$$

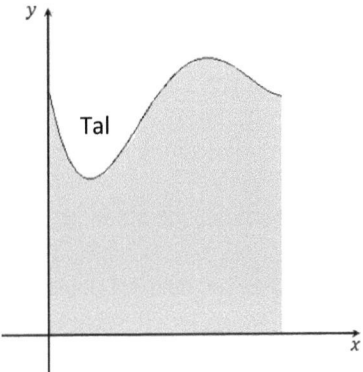

beschreibt modellhaft für $0 \leq x \leq 3{,}8$ das Profil eines Geländequerschnitts (siehe Abbildung). Die positive x-Achse weist nach Osten und $f(x)$ gibt die Höhe über dem Meeresspiegel an (eine Längeneinheit entspricht 100 Meter).
Eine Brücke führt in West-Ost-Richtung auf einer konstanten Höhe von 500 Meter über dem Meeresspiegel über das Tal.

a) Berechnen Sie den Höhenunterschied zwischen dem höchsten und dem tiefsten Punkt des Profils.
   Bestimmen Sie die Stelle, an der das Gelände am steilsten ist.
   Bestimmen Sie die Länge der Brücke.
   Ermitteln Sie die durchschnittliche Steigung des Geländeprofils zwischen dem östlichen Ende der Brücke und dem höchsten Punkt des Profils.

   (5 VP)

b) An einem Punkt der Brücke, der im Modell die Koordinaten $P(1|5)$ hat, wird ein 30 Meter langes Seil befestigt, das senkrecht nach unten hängt. Das untere Ende des Seils soll zu jedem Punkt des Geländeprofils einen Mindestabstand von 15 Meter haben.
   Untersuchen Sie, ob dieser Mindestabstand eingehalten wird.

   (3 VP)

c) Eine Drohne steigt vertikal von einer Position auf, die durch den Punkt $D(2{,}5|f(2{,}5))$ dargestellt wird. Die Drohne verfügt über eine Kamera.
   Ermitteln Sie, ab welcher Höhe über dem Gelände die Kamera den Ort auf der Brücker erfassen kann, der durch den Punkt $P(1|5)$ dargestellt wird.

   (4 VP)

d) Bei der Schneeschmelze füllt sich das Tal mit Wasser. Dabei entsteht ein See, der Im Querschnitt 30 Meter breit ist.
Berechnen Sie die durchschnittliche Tiefe der Querschnittsfläche des Sees.

(3,5 VP)

Aufgabe A 1.2

Für jede reelle Zahl k ist eine Funktion $f_k(x) = k \cdot e^x - 2x \cdot e^x$ gegeben.

a) Bestimmen Sie die Nullstellen von f_k.

(1 VP)

b) Zeigen Sie, dass f_{k+2} eine Stammfunktion von f_k ist.
Der Graph von f_2 schließt mit der positiven Koordinatenachse eine Fläche ein.
Bestimmen Sie ihren Inhalt exakt.

(3,5 VP)

5.19 Lösung Wahlteil 2018 – Analysis A 1

Aufgabe A 1.1

a) Höhenunterschied

Geben Sie zunächst den Funktionsterm von $f(x)$ im Y-Editor bei Y₁ im GTR ein und bestimmen dann mit 2ND CALC minimum bzw. 2ND CALC maximum die y-Koordinate des tiefsten bzw. des höchsten Punktes im Intervall $[0; 3{,}8]$.
Sie erhalten auf drei Nachkommastellen gerundet die Werte $y_T \approx 3{,}851$ (siehe Abbildung) bzw. $y_H \approx 6{,}848$.

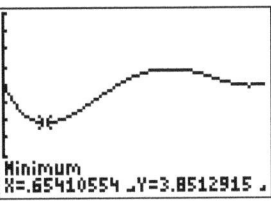

Der Höhenunterschied Δh ist dann gegeben durch $\Delta h = y_H - y_T = 2{,}997 \approx 3$.
Da eine Längeneinheit 100 m entspricht haben wir als

Ergebnis: Der Höhenunterschied zwischen dem höchsten und dem tiefsten Punkt im Gelände beträgt etwa 300 m.

Steilste Stelle

Die Stellen mit der steilsten Steigung sind für gewöhnlich die Wendestellen der Kurve. Wir müssen aber zusätzlich die Ränder des Betrachtungsintervalls berücksichtigen und prüfen, ob eventuell an diesen Rändern größere Steigungen vorliegen. Geben Sie dazu bei Y₂ im GTR den Ausdruck für die erste Ableitung von Y₁ ein (siehe Abbildung) und lassen Sie sich den Graphen der Ableitungskurve im x-Intervall $[0; 4]$ und im y-Intervall $[-10; 10]$ zeichnen. Nach Eingabe von 2ND CALC value sehen Sie bei $x = 0$, dass die Steigung dort den Wert $-7{,}6$ hat und dass dieser Wert im betrachteten Intervall dem Betrag nach nicht übertroffen wird. Somit haben wir das

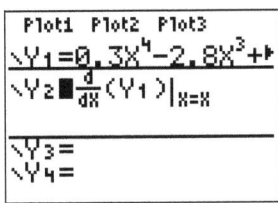

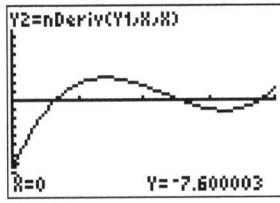

Ergebnis: Die steilste Stelle liegt bei $x = 0$, also am linken Rand.

Länge der Brücke

Veranschaulichen Sie sich den Verlauf der Brücke über den GTR, indem Sie bei Y₂ den Wert 5 eingeben. Dies ist die Höhe der Brücke über dem Meeresspiegel in den Einheiten des

Koordinatensystems. Mit 2ND CALC intersect bestimmen Sie anschließend die beiden Schnittpunkte mit dem Graphen von $f(x)$. Sie erhalten $x_1 \approx 0{,}157$ bzw. $x_2 \approx 1{,}361$. Die Breite der Brücke ist damit $b = x_2 - x_1 = 1{,}361 - 0{,}157 = 1{,}204$ was 120,40 m entspricht.

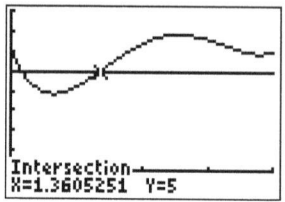

Ergebnis: Die Brücke hat eine Länge von 120,40 m.

Durchschnittliche Steigung

Der Punkt im Graphen von $f(x)$, der das östliche Ende der Brücke darstellt hat die Koordinaten $A(1{,}361; 5)$. Der höchste Punkt des Geländeprofils lässt sich mit 2ND CALC maximum mit dem GTR bestimmen. Sie erhalten die Koordinaten $H(2{,}55; 6{,}848)$. Die mittlere Steigung zwischen A und B erhalten Sie indem Sie den Höhenunterschied durch den Längenunterschied teilen. Folglich gilt $m = \frac{6{,}848 - 5}{2{,}55 - 1{,}361} = \frac{1{,}848}{1{,}189} = 1{,}554$.

Ergebnis: Die durchschnittliche Steigung zwischen dem östlichen Ende der Brücke und dem höchsten Punkt im Gelände beträgt etwa 1,554.

b) Prüfung auf Einhaltung des Mindestabstandes

Das untere Ende des Seils hat die Koordinaten $S(1|4{,}7)$ (beachte, dass 30 m Länge 0,3 Einheiten im Koordinatensystem entsprechen). Ein beliebiger Punkt Q im Geländequerschnitt hat die Koordinaten $Q(x|f(x))$. Der Abstand zwischen S und Q lässt sich mit dem Satz des Pythagoras wie folgt berechnen: $d = \sqrt{(x - 1)^2 + (f(x) - 4{,}7)^2}$.

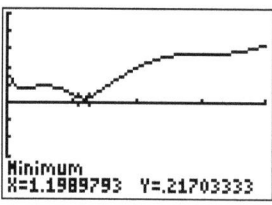

Geben Sie nun bei Y₂ im GTR den obigen Wurzelausdruck ein, lassen Sie sich den Graphen im x-Intervall $[0; 4]$ und im y-Intervall $[-5; 5]$ zeichnen und bestimmen Sie mit 2ND CALC minimum den minimalen Abstand. Sie erhalten den kleinsten Abstand bei $x = 1{,}2$ mit dem Wert 0,217 was 21,7 m entspricht.

Ergebnis: Der Mindestabstand von 15 m des unteren Seilendes zum Geländeprofil wird überall eingehalten.

c) Drohnen- bzw. Kamerahöhe

Um die Kamerahöhe zu bestimmen, müssen wir vom Punkt $P(1|5)$ eine Gerade g so konstruieren, dass diese den Graphen von $f(x)$ berührt.
Der Schnittpunkt Q von g mit der senkrechten Geraden bei $x = 2{,}5$ liefert dann die Kamerahöhe.
Den Berührpunkt von g mit dem Graphen von f nennen wir B mit den bislang unbekannten Koordinaten $B(u|f(u))$.

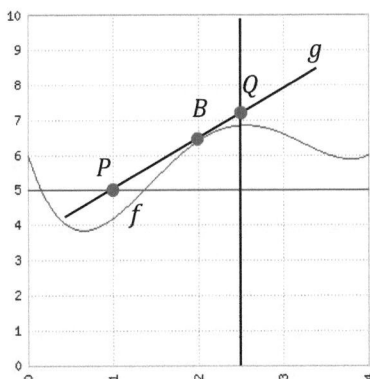

Die Tangentengleichung liefert uns nun einen Ansatz, u zu bestimmen. Damit bekommen wir die Geradengleichung für g, den Schnittpunkt Q und schließlich die Kamerahöhe.
Die Tangentengleichung lautet allgemein $y = f'(x_0)(x - x_0) + f(x_0)$, wobei x_0 diejenige x-Koordinate ist, an der die Tangente den Graphen von f berührt. In unserem Fall haben wir also $y = f'(u)(x - u) + f(u)$.

Da der Punkt $P(1|5)$ auf g liegt (siehe Abbildung), können wir die Koordinaten von P in die Tangentengleichung einsetzen und erhalten eine Gleichung mit u als einziger Unbekannten, nämlich $5 = f'(u)(1 - u) + f(u)$. Diese Gleichung lösen wir mit dem GTR. Geben Sie die rechte Seite der Gleichung bei Y_2 ein (Eingabe: $\frac{d}{dx}(Y_1)\,|_{X=X} * (1 - X) + Y_1$) und die linke Seite

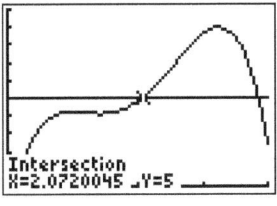

bei Y_3. Lassen Sie sich die beiden Graphen zeichnen und bestimmen Sie mit 2ND CALC intersect den linken Schnittpunkt. Sie erhalten $u = 2{,}072$.
Weiter folgt $f(2{,}072) = 6{,}508$ und $f'(2{,}072) = 1{,}407$.
Eingesetzt in die Tangentenformel folgt

$$y = 1{,}407 \cdot (x - 2{,}072) + 6{,}508$$

Nach Ausmultiplizieren folgt $y = 1{,}407x + 3{,}593$. Einsetzen von $x = 2{,}5$ liefert uns die y-Koordinate des Punktes Q, also $y = 1{,}407 \cdot 2{,}5 + 3{,}593 \approx 7{,}111$. Dies ist die Kamerahöhe über dem Meeresspiegel. Die Höhe des Geländes an der Stelle $x = 2{,}5$ ist $f(2{,}5) \approx 6{,}844$.
Die Kamerahöhe über dem Gelände beträgt demnach $7{,}111 - 6{,}844 = 0{,}267$, das sind $26{,}7$ m.

Ergebnis: Damit die Drohne den Punkt $P(1|5)$ auf der Brücke „sehen" kann, muss sie sich an der Stelle $x = 2{,}5$ etwa $26{,}7$ m über das Gelände erheben.

d) Durchschnittliche Tiefe des Sees

Wir bestimmen zunächst aber die linke und rechte Intervall-
grenze a und b, an denen der See anfängt bzw. endet.
Wir wissen, dass der See 30 m breit ist, was 0,3 Einheiten im
Koordinatensystem entspricht. Somit ist $b = a + 0,3$.
Außerdem muss $f(a) = f(b)$ also $f(a) = f(a + 0,3)$ gelten,
woraus sich die linke Grenze a bestimmen lässt.

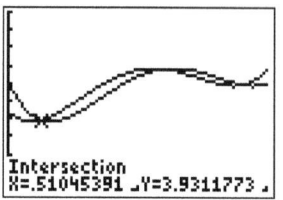

Geben Sie dazu im GTR bei Y₂ den Ausdruck Y₁(X+0.3) ein, lassen Sie sich beide Graphen
anzeigen und bestimmen Sie mit 2ND CALC intersect den am weitesten links liegenden
Schnittpunkt. Sie erhalten $x = 0,51$. Somit ist $a = 0,51$ und $b = 0,51 + 0,3 = 0,81$.
Die durchschnittliche Tiefe des Sees ist nichts anderes als der durchschnittliche Abstand
der Seeoberfläche zum Boden. Die Seeoberfläche liegt konstant bei $y = f(0,51) = 3,932$.
Den durchschnittlichen Abstand zum Boden bestimmen wir nun mit Hilfe der
Integralformel für Mittelwerte und erhalten $m = \frac{1}{0,3} \int_{0,51}^{0,81} (3,932 - f(x))dx \approx 0,054$ was
5,4 m entspricht.

Ergebnis: Der See ist durchschnittlich 5,4 m tief.

Aufgabe A 1.2

a) Nullstellen

Wir setzen $k \cdot e^x - 2x \cdot e^x = 0$ und klammern e^x aus, was zu $e^x(k - 2x) = 0$ führt. Da e^x für kein x Null wird, kann die Gleichung nur noch für $k - 2x = 0$ erfüllt werden. Es folgt $-2x = -k$ und nach Division durch -2 folgt weiter $x = \frac{k}{2}$.

Ergebnis: Für jedes $k \in \mathbb{R}$ besitzt $f_k(x)$ eine Nullstelle bei $x = \frac{k}{2}$.

b) Behauptung f_{k+2} Stammfunktion von f_k

Es gilt $f_{k+2}(x) = (k + 2) \cdot e^x - 2x \cdot e^x$. Wenn $f_{k+2}(x)$ eine Stammfunktion von $f_k(x)$ ist, dann muss $f'_{k+2}(x) = f_k(x)$ gelten. Unter Anwendung der Produktregel folgt

$$f'_{k+2}(x) = (k + 2)e^x - (2e^x + 2xe^x)$$
$$= k \cdot e^x + 2e^x - 2e^x - 2xe^x$$
$$= ke^x - 2xe^x = f_k(x)$$

Das war zu zeigen.

Flächeninhalt

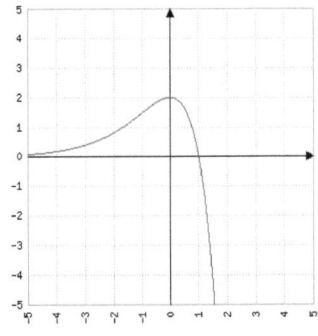

Die Funktion $f_2(x) = 2e^x - 2xe^x$ hat eine Nullstelle bei $x = 1$, siehe Abbildung. Dies ist die rechte Intervallgrenze für unseren Flächeninhalt.
Da die Fläche nur über die positive Koordinatenachse gebildet werden soll, ist die linke Intervallgrenze $x = 0$.
Somit ist A gegeben durch

$$A = \int_0^1 f_2(x)dx$$

Wie wir aus der vorherigen Teilaufgabe wissen, ist $f_{2+2} = f_4$ eine Stammfunktion von f_2, also gilt

$$A = \int_0^1 f_2(x)dx = [f_4(x)]_0^1 = [4e^x - 2xe^x]_0^1 = 2e - 4$$

Ergebnis: Der gesuchte Flächeninhalt beträgt exakt $2e - 4$ LE^2.

5.20 Wahlteil 2018 – Analysis A 2

Aufgabe A 2.1

Ein Klimaforscher beschreibt die Entwicklung der globalen Durchschnittstemperatur modellhaft durch die Funktion f mit

$$f(t) = 2{,}8 \cdot e^{0{,}008t} - 0{,}03t + 11{,}1; \ 0 \le t \le 200$$

Dabei gibt t die Zeit in Jahren seit Beginn des Jahres 1900 und $f(t)$ die globale Durchschnittstemperatur in Grad Celsius an.
Bearbeiten Sie die folgenden Teilaufgaben anhand dieses Modells.

a) Geben Sie die globale Durchschnittstemperatur zu Beginn des Jahres 1900 an.
   Geben Sie die niedrigste globale Durchschnittstemperatur seit 1900 an.
   In welchem Jahr wird die globale Durchschnittstemperatur 16,0 °C überschreiten?
   Ermitteln Sie die momentane Änderungsrate der globalen Durchschnittstemperatur zu Beginn des Jahres 2000.
   Bestimmen Sie den Mittelwert der globalen Durchschnittstemperatur im durch die Modellierung beschriebenen Zeitraum.

   (4,5 VP)

b) Formulieren Sie eine Fragestellung im Sachzusammenhang, die auf die Gleichung $f(t + 10) - f(t) = 0{,}5$ führt.
   Nachdem die globale Durchschnittstemperatur ihren niedrigsten Wert erreicht hat, steigt sie immer weiter an.
   Zeigen Sie, dass dieser Anstieg immer schneller verläuft.

   (3,5 VP)

c) Es werden Klimaschutzmaßnahmen geplant. Greifen diese zum Zeitpunkt t_0, so bleibt die momentane Änderungsrate der globalen Durchschnittstemperatur konstant bei dem Wert, der durch das Modell des Klimaforschers für t_0 vorausgesagt wird.
   Bestimmen Sie den spätesten Zeitpunkt t_0, zu dem die Maßnahmen greifen müssen, damit die globale Durchschnittstemperatur 15,7 °C bis zum Beginn des Jahres 2050 nicht überschreiten wird.

   (3 VP)

d) Infolge alternativer Klimaschutzmaßnahmen kann der Verlauf der globalen Durchschnittstemperatur ab Beginn des Jahres 2020 durch beschränktes Wachstum

modelliert werden. Der Graph der zugehörigen Funktion g schließt sich dabei ohne Knick an den Graphen der Funktion f an. Außerdem stellt sich nach diesem neuen Modell langfristig eine globale Durchschnittstemperatur von 16,8 °C ein.
Bestimmen Sie einen Funktionsterm von g.

(4 VP)

Aufgabe A 2.2

Für jedes $a > 0$ ist eine Funktion f_a mit $f_a(x) = -ax^4 + 4ax^2$ gegeben.

a) Begründen Sie, dass der Graph von f_a achsensymmetrisch zur y-Achse ist.
    Zeigen Sie, dass die Nullstellen der Funktion f_a unabhängig von a sind.

(2 VP)

b) Sowohl der Graph der Funktion g mit $g(x) = \frac{32}{15}\pi \cdot \sin\left(\frac{\pi}{2}x\right)$ als auch der Graph
    von f_a schließen für $0 \le x \le 2$ eine Fläche mit der x-Achse ein.
    Bestimmen Sie a so, dass beide Flächen den gleichen Inhalt haben.

(3 VP)

5.21 Lösung Wahlteil 2018 – Analysis A 2

Aufgabe A 2.1

a) Globale Durchschnittstemperatur zu Beginn des Jahres 1900

Für das Jahr 1900 ist $t = 0$. Somit haben wir $f(0) = 13,9$.

Ergebnis: Zu Beginn des Jahres 1900 betrug die globale Durchschnittstemperatur 13,9 °C.

Niedrigste globale Durchschnittstemperatur seit 1900

Geben Sie den Funktionsterm von $f(t)$ im GTR bei Y₁ ein und
lassen Sie sich den Graphen z.B. im x-Intervall $[0; 200]$ und im
y-Intervall $[10; 25]$ zeichnen. Mit 2ND CALC minimum erhalten Sie
den niedrigsten Wert der globalen Durchschnittstemperatur
bei $t = 36,5$ mit einer Temperatur von 13,75 °C.

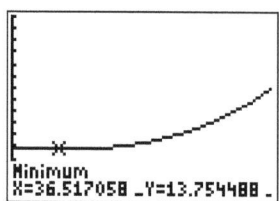

Ergebnis: Die niedrigste globale Durchschnittstemperatur im Betrachtungszeitraum liegt
bei 13,75 °C.

Jahr in dem die globale Durchschnittstemperatur $16,0$ °C überschreitet

Geben Sie hierzu bei Y₂ im GTR den Wert 16 ein und lassen Sie
sich anschließend beide Graphen zeichnen. Mit 2ND CALC intersect
bestimmen Sie den Schnittpunkt der beiden Graphen bei $t =$
152,3. Dies entspricht dem Jahr 2052.

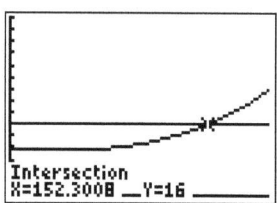

Ergebnis: Im Verlaufe des Jahres 2052 wird die globale Durchschnittstemperatur 16 °C
überschreiten.

**Momentane Änderungsrate der globalen Durchschnittstemperatur zu Beginn des Jahres
2000**

Die momentane Änderungsrate ist gegeben durch $f'(t)$ und
das Jahr 2000 entspricht $t = 100$. Wir bestimmen demnach
$f'(100)$ und erhalten mit dem GTR den ungefähren Wert
0,02.

Ergebnis: Die momentane Änderungsrate der globalen Durchschnittstemperatur beträgt im Jahr 2000 etwa 0,02 °C pro Jahr.

Mittelwert der globalen Durchschnittstemperatur

Wir verwenden die Integralformel für Mittelwerte, nämlich $m = \frac{1}{b-a} \int_a^b f(x)dx$. Der Betrachtungszeitraum beginnt bei $t = a = 0$ und endet bei $t = b = 200$. Somit haben wir $m = \frac{1}{200} \int_0^{200} f(t)dt$. Der GTR liefert den ungefähren Wert 15,02 °C.

$$\left[\left(\int_0^{200} (Y_1)dX \right) / 200 \right.$$
$$15.01780674$$

Ergebnis: Die mittlere globale Durchschnittstemperatur liegt im Betrachtungszeitraum bei etwa 15,02 °C.

b) Formulierung der Fragestellung

Die Gleichung $f(t + 10) - f(t) = 0,5$ beschreibt einen Temperaturunterschied von 0,5 °C. Der Unterschied zwischen den beiden betrachteten Zeitpunkten t und $t + 10$ beträgt 10 Jahre. Eine entsprechende Aufgabenstellung sollte also wie folgt lauten: Bestimmen Sie den Startzeitpunkt eines zehnjährigen Zeitraums, in dem die globale Durchschnittstemperatur um 0,5 °C steigt.

Nachweis des sich beschleunigenden Anstiegs

Nachzuweisen, dass der Anstieg der globalen Durchschnittstemperatur immer schneller wird, bedeutet, dass wir $f''(t) > 0$ zeigen müssen, denn f' steht für die momentane Änderungsrate und f'' für die momentane Änderungsrate von f' also für den „Anstieg des Anstiegs".
Mit $f(t) = 2,8 \cdot e^{0,008t} - 0,03t + 11,1$ folgt $f'(t) = 0,008 \cdot 2,8 \cdot e^{0,008t} - 0,03 = 0,0224 \cdot e^{0,008t} - 0,03$ und weiter $f''(t) = 0,008 \cdot 0,0224 \cdot e^{0,008t} = 0,0001792 \cdot e^{0,008t}$. Für $t > 36,5$ gilt $f'(t) > 0$ und $f''(t) > 0$ gilt für alle t.
Damit ist der Nachweis erbracht.

c) Spätester Zeitpunkt t_0

Die vom Klimamodell zum Zeitpunkt t_0 vorausgesagte momentane Änderungsrate ist $f'(t_0)$. Wenn f' ab dem Zeitpunkt t_0 konstant bleiben soll, so geht der Graph von f ab diesem Zeitpunkt in eine Gerade über. Laut Aufgabenstellung muss diese Gerade im Jahr 2050, also zum Zeitpunkt $t = 150$, die y-Koordinate 15,7 haben. Wir gehen nun von der allgemeinen Geradengleichung $y = mx + c$ aus, setzen für x den Wert 150, für y den Wert 15,7 und für die Steigung m den Ausdruck $f'(t_0)$ ein und erhalten I. $15{,}7 = f'(t_0) \cdot 150 + c$. Wir wissen außerdem, dass die Gerade zum Zeitpunkt t_0 „beginnt" und dass zu diesem Zeitpunkt gemäß dem Klimamodell die Temperatur $f(t_0)$ herrscht. Wir setzen wieder die entsprechenden Ausdrücke in die Geradengleichung ein und erhalten II. $f(t_0) = f'(t_0) \cdot t_0 + c$. Wenn wir beide Gleichungen voneinander abziehen, fällt c heraus und wir erhalten eine Gleichung, in der t_0 die einzige Unbekannte ist, nach der wir (mit dem GTR) auflösen können. Mit I. – II. folgt:

$$15{,}7 - f(t_0) = f'(t_0) \cdot (150 - t_0)$$

Geben Sie nun die linke Seite der Gleichung bei Y₂ und die rechte Seite bei Y₃ im GTR ein und lassen Sie sich beide Graphen zeichnen x-Intervall $[0; 200]$, y-Intervall $[-3; 3]$. Mit 2ND CALC intersect finden Sie zwei Schnittpunkte, nämlich bei $x \approx 122{,}4$ und bei $x \approx 174{,}1$. Der rechte Schnittpunkt bei $x \approx 174{,}1$ entspricht dem Jahr 2074 und liegt somit nach dem Jahr 2050. Daher kommt nur der erste Schnittpunkt bei $x \approx 122{,}4$ als Lösung in Betracht.

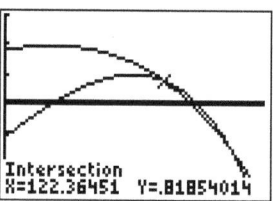

Ergebnis: Der gesuchte späteste Zeitpunkt liegt bei $t_0 \approx 122{,}4$ also etwa Mitte des Jahres 2022.

d) Funktionsterm für g

Beschränktes Wachstum wird durch die Formel $B(t) = S - ce^{-kt}$ beschrieben, wobei S die obere Schranke und $S - c$ der „Anfangsbestand" zum Zeitpunkt $t = 0$. Da die Temperatur auf lange Sicht bei 16,8 °C liegen soll, ist dies die obere Schranke S. Somit haben wir bereits $g(t) = 16{,}8 - ce^{-kt}$. Im neuen Klimamodell haben wir zum Zeitpunkt $t = 0$ die globale Durchschnittstemperatur $g(0) = 16{,}8 - c$. Der Zeitpunkt $t = 0$ entspricht im alten Klimamodell dem Jahr 2020 also dort dem Wert $t = 120$ und damit der globalen Durchschnittstemperatur $f(120) \approx 14{,}8$. Somit gilt $14{,}8 = 16{,}8 - c$ woraus sich $c = 2$ ergibt. Inzwischen haben wir $g(t) = 16{,}8 - 2e^{-kt}$.

Laut Aufgabenstellung geht zu Beginn des Jahres 2020 der Graph von f ohne Knick in den Graphen von g über, folglich muss $f'(120) = g'(0)$ gelten. Mit dem GTR erhalten wir $f'(120) = 0{,}0285$. Mit $g'(t) = 2ke^{-kt}$ folgt $g'(0) = 2k$ und damit $0{,}0285 = 2k$ also $k \approx 0{,}01425$.

Ergebnis: Der gesuchte Funktionsterm lautet $g(t) = 16{,}8 - 2e^{-0{,}01425t}$, wobei t in Jahren seit 2020 gemessen wird.

Aufgabe A 2.2

a) Achsensymmetrie

Achsensymmetrie (zur y-Achse) weist man mit dem Kriterium $f(-x) = f(x)$ nach. Es gilt
$f_a(-x) = -a(-x)^4 + 4a(-x)^2 = -ax^4 + 4ax^2 = f_a(x)$ und das war zu zeigen.
Alternativ kann man auch argumentieren, dass der Funktionsterm nur gerade Potenzen hat
und deshalb achsensymmetrisch sein muss.

Unabhängigkeit der Nullstellen vom Parameter a

In $-ax^4 + 4ax^2 = 0$ klammern wir ax^2 aus und erhalten $ax^2(-x^2 + 4) = 0$. Daraus ist
sofort $x_1 = 0$, $x_2 = 2$ oder $x_3 = -2$ ersichtlich. In keiner der Lösungen kommt der
Parameter a vor, folglich sind die Nullstellen, wie behauptet, unabhängig von a.

b) Bestimmung des Parameters a

Zunächst einmal stellen wir fest, dass die Nullstellen der Funktion $g(x)$ im Intervall $[0; 2]$
bei $x = 0$ und bei $x = 2$, also genau an den Rändern, liegen. Dazwischen gibt es keine
weiteren Nullstellen. Somit ist der Flächeninhalt zwischen dem Graphen von $g(x)$ und der
x-Achse durch das Integral $A = \int_0^2 g(x)dx$ gegeben. Wir könnten nun den Wert der Fläche
mit dem GTR berechnen, wählen jedoch den exakten Weg und bestimmen das Integral „per
Hand". Es folgt

$$A = \int_0^2 \frac{32}{15}\pi \cdot \sin\left(\frac{\pi}{2}x\right) dx = \left[-\frac{32}{15}\pi \cdot \frac{2}{\pi} \cdot \cos\left(\frac{\pi}{2}x\right)\right]_0^2 = \left[-\frac{64}{15} \cdot \cos\left(\frac{\pi}{2}x\right)\right]_0^2$$
$$= \left(-\frac{64}{15} \cdot \cos(\pi)\right) - \left(-\frac{64}{15} \cdot \cos(0)\right) = \frac{64}{15} + \frac{64}{15} = \frac{128}{15}$$

Die Nullstellen der Funktion f_a liegen ebenfalls bei $x = 0$ und $x = 2$ (siehe Teilaufgabe a)).
Gesucht ist somit ein Wert für a, so dass $A = \int_0^2 f_a(x)dx = \frac{128}{15}$ ist. Es folgt

$$\frac{128}{15} = \int_0^2 f_a(x)dx = \int_0^2 (-ax^4 + 4ax^2)dx = \left[-\frac{1}{5}ax^5 + \frac{4}{3}ax^3\right]_0^2$$
$$= \left(-\frac{1}{5}a \cdot 2^5 + \frac{4}{3}a \cdot 2^3\right) - 0 = -\frac{32}{5}a + \frac{32}{3}a = -\frac{96}{15}a + \frac{160}{15}a = \frac{64}{15}a$$

Demnach ist $\frac{128}{15} = \frac{64}{15}a$ bzw. $a = 2$.

Ergebnis: Für den Wert $a = 2$ schließen die beiden Graphen von f_a und g im Intervall $[0; 2]$
denselben Flächeninhalt mit der x-Achse ein.

5.22 Wahlteil 2018 – Analytische Geometrie B 1

Das Gebäude eines Museums kann modellhaft durch den
abgebildeten Körper $ABCDEFG$ dargestellt werden. Die obere
Etage des Museums entspricht dabei der Pyramide $DEFG$, die
untere Etage dem Körper $ABCDEF$, der Teil der Pyramide $DEFS$
ist. Die Ebene, in der das Dreieck ABC liegt, beschreibt die
Horizontale. Das Dreieck DEF liegt parallel zu dieser Ebene.
In einem kartesischen Koordinatensystem gilt für die Lage einiger
der genannten Punkte $A(-5|5|0)$, $B(-5|25|0)$, $D(0|0|15)$,
$E(0|30|15)$, $F(-25|5|15)$, $G(-10|10|35)$. Eine Längeneinheit
im Koordinatensystem entspricht 1 m in der Realität.

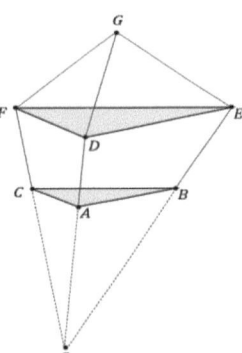

a) Weisen Sie nach, dass die Bodenfläche der oberen Etage nicht rechtwinklig ist.
    Die folgenden Rechnungen zeigen ein mögliches Vorgehen zur Ermittlung der
    Koordinaten von S.

$$\begin{pmatrix} 0 \\ 0 \\ 15 \end{pmatrix} + r \cdot \begin{pmatrix} -5 \\ 5 \\ -15 \end{pmatrix} = \begin{pmatrix} 0 \\ 30 \\ 15 \end{pmatrix} + s \cdot \begin{pmatrix} -5 \\ -5 \\ -15 \end{pmatrix} \Leftrightarrow r = s = 3$$

$$\begin{pmatrix} 0 \\ 0 \\ 15 \end{pmatrix} + 3 \cdot \begin{pmatrix} -5 \\ 5 \\ -15 \end{pmatrix} = \begin{pmatrix} -15 \\ 15 \\ -30 \end{pmatrix}, \text{ d.h. } S(-15|15|-30)$$

Erläutern Sie die Schritte des dargestellten Vorgehens.

(3,5 VP)

b) Berechnen Sie den Inhalt der Bodenfläche der oberen Etage.
    Für die obere Etage wird eine Anlage zur Entfeuchtung der Luft installiert, die für
    jeweils 100 m^3 Rauminhalt eine elektrische Leistung von $0,8$ Kilowatt benötigt.
    Weisen Sie nach, dass zur Entfeuchtung der Luft eine Leistung von 25 Kilowatt
    ausreichend ist.

(3 VP)

c) An einer Metallstange, deren Enden durch die Punkte G und $R(-5|5|15)$
    dargestellt werden, ist ein Scheinwerfer befestigt, der sich entlang der Stange
    verschieben lässt. Die Größe des Scheinwerfers soll vernachlässigt werden.
    Der Scheinwerfer soll aus einer Entfernung von 8 m diejenige Wand beleuchten,
    die im Modell durch das Dreieck EFG dargestellt wird.
    Berechnen Sie die Koordinaten des Punktes, der die Position des Scheinwerfers
    im Modell beschreibt.

(3,5 VP)

5.23 Lösung Wahlteil 2018 –
Analytische Geometrie B 1

a) Nachweis, dass die Bodenfläche der oberen Etage nicht rechtwinklig ist

Die Verbindungsvektoren, welche die Kanten der oberen Etage beschreiben sind:

$$\overrightarrow{FD} = \begin{pmatrix} 0 \\ 0 \\ 15 \end{pmatrix} - \begin{pmatrix} -25 \\ 5 \\ 15 \end{pmatrix} = \begin{pmatrix} 25 \\ -5 \\ 0 \end{pmatrix}, \overrightarrow{FE} = \begin{pmatrix} 0 \\ 30 \\ 15 \end{pmatrix} - \begin{pmatrix} -25 \\ 5 \\ 15 \end{pmatrix} = \begin{pmatrix} 25 \\ 25 \\ 0 \end{pmatrix},$$

$$\overrightarrow{DE} = \begin{pmatrix} 0 \\ 30 \\ 15 \end{pmatrix} - \begin{pmatrix} 0 \\ 0 \\ 15 \end{pmatrix} = \begin{pmatrix} 0 \\ 30 \\ 0 \end{pmatrix}.$$

Wir bilden nun die verschiedenen Skalarprodukte und prüfen, ob eines davon Null ist.

$$\overrightarrow{FD} \cdot \overrightarrow{FE} = \begin{pmatrix} 25 \\ -5 \\ 0 \end{pmatrix} \cdot \begin{pmatrix} 25 \\ 25 \\ 0 \end{pmatrix} = 25 \cdot 25 - 5 \cdot 25 = 21 \cdot 25 \neq 0$$

$$\overrightarrow{FD} \cdot \overrightarrow{DE} = \begin{pmatrix} 25 \\ -5 \\ 0 \end{pmatrix} \cdot \begin{pmatrix} 0 \\ 30 \\ 0 \end{pmatrix} = -150 \neq 0$$

$$\overrightarrow{FE} \cdot \overrightarrow{DE} = \begin{pmatrix} 25 \\ 25 \\ 0 \end{pmatrix} \cdot \begin{pmatrix} 0 \\ 30 \\ 0 \end{pmatrix} = 25 \cdot 30 \neq 0$$

Wie man sieht sind die Skalarprodukte jeweils nicht Null, d.h. an keinem der Eckpunkte D, E oder F liegt ein rechter Winkel.

Erläuterung der Rechnung

Auf der linken Seite der ersten Gleichung steht die Geradengleichung für die Gerade g durch die Punkte D und A mit $\begin{pmatrix} 0 \\ 0 \\ 15 \end{pmatrix}$ als Stützvektor und $\overrightarrow{DA} = \begin{pmatrix} -5 \\ 5 \\ 0 \end{pmatrix} - \begin{pmatrix} 0 \\ 0 \\ 15 \end{pmatrix} = \begin{pmatrix} -5 \\ 5 \\ -15 \end{pmatrix}$ als Richtungsvektor.

Auf der rechten Seite steht die Geradengleichung für die Gerade h durch die Punkte E und B mit $\begin{pmatrix} 0 \\ 30 \\ 15 \end{pmatrix}$ als Stützvektor und $\overrightarrow{EB} = \begin{pmatrix} -5 \\ 25 \\ 0 \end{pmatrix} - \begin{pmatrix} 0 \\ 30 \\ 15 \end{pmatrix} = \begin{pmatrix} -5 \\ -5 \\ -15 \end{pmatrix}$ als Richtungsvektor.

Löst man das entsprechende Gleichungssystem, so führt dies auf die Parameterwerte $r = s = 3$. Setzt man den Parameterwert $r = 3$ in g ein (zweite Gleichung), so erhält man den Schnittpunkt S der beiden Geraden.

b) Inhalt der Fläche der oberen Etage

Die obere Etage wird durch das Dreieck DEF gebildet. Die Fläche eines Dreiecks ist durch $A = \frac{1}{2}gh$ gegeben, wobei g die Länge der Grundseite und h die Höhe des Dreiecks darstellt. In unserem Fall verwenden wir als Grundseite die Strecke FE und erhalten damit

$$g = |\overrightarrow{FE}| = \left|\begin{pmatrix} 25 \\ 25 \\ 0 \end{pmatrix}\right| = \sqrt{25^2 + 25^2} = 25 \cdot \sqrt{2}$$

Die Höhe h ist gegeben durch den Abstand des Punktes D zur Geraden durch die Punkte F und E.

Wir verwenden zur Berechnung das aus der schule bekannte Verfahren. Zuerst bilden wir eine Hilfsebene H, die senkrecht zur Geraden h durch F und E liegt, so dass der Punkt D in H liegt. Der Normalenvektor von H ist dann $\overrightarrow{FE} = \begin{pmatrix} 25 \\ 25 \\ 0 \end{pmatrix}$. Da es auf die Länge des Normalenvektors nicht ankommt, teilen wir durch 25 und erhalten $\vec{n} = \begin{pmatrix} 1 \\ 1 \\ 0 \end{pmatrix}$.

Somit haben wir $H: x_1 + x_2 = d$ mit noch unbekanntem d. Da D in H liegen soll, setzen wir D ein und erhalten $0 + 0 = 0 = d$ und somit $H: x_1 + x_2 = 0$. Die Gerade h durch die Punkte F und E ist gegeben durch $h: \vec{x} = \begin{pmatrix} -25 \\ 5 \\ 15 \end{pmatrix} + t \cdot \begin{pmatrix} 25 \\ 25 \\ 0 \end{pmatrix}$.

Jetzt bestimmen wir den Schnittpunkt S von H mit h durch Einsetzen von h in H:
$$(-25 + 25t) + (5 + 25t) = 0 \Rightarrow 50t - 20 = 0 \Rightarrow t = \frac{2}{5}.$$

Den Schnittpunkt S erhalten wir durch Einsetzen $t = \frac{2}{5}$ in h: $\begin{pmatrix} -25 \\ 5 \\ 15 \end{pmatrix} + \frac{2}{5} \cdot \begin{pmatrix} 25 \\ 25 \\ 0 \end{pmatrix} = \begin{pmatrix} -15 \\ 15 \\ 15 \end{pmatrix}$

also $S(-15|15|15)$. Nun endlich bekommen wir die Höhe des Dreiecks DEF als Länge der Verbindung von D nach S mit

$$h = |\overrightarrow{DS}| = \left|\begin{pmatrix} -15 \\ 15 \\ 15 \end{pmatrix} - \begin{pmatrix} 0 \\ 0 \\ 15 \end{pmatrix}\right| = \left|\begin{pmatrix} -15 \\ 15 \\ 0 \end{pmatrix}\right| = \sqrt{(-15)^2 + 15^2} = 15 \cdot \sqrt{2}$$

Schließlich haben wir $A = \frac{1}{2}gh = \frac{1}{2} \cdot 25 \cdot \sqrt{2} \cdot 15 \cdot \sqrt{2} = 25 \cdot 15 = 375$.

Ergebnis: Die Fläche der oberen Etage misst 375 m².

Nachweis, dass für die Luftentfeuchtung eine Leistung von 25 Kilowatt ausreicht

Das obere Stockwerk ist eine Pyramide mit dreieckiger Grundfläche. Das Volumen der Pyramide berechnet sich durch $V = \frac{1}{3}Ah$, wobei A die Grundfläche und h die Höhe der Pyramide ist. A haben wir eben mit 375 m^2 bestimmt. Die Höhe der Pyramide ist nichts anderes als der Abstand des Punktes G zur Grundfläche. Wir bestimmen zunächst die Koordinatenform der Ebene, in der die Grundfläche liegt. Aus dem Kreuzprodukt der beiden Vektoren $\overrightarrow{FD} = \begin{pmatrix} 25 \\ -5 \\ 0 \end{pmatrix}$ und $\overrightarrow{FE} = \begin{pmatrix} 25 \\ 25 \\ 0 \end{pmatrix}$ erhalten wir einen Normalenvektor der Ebene. Da es auf die Länge der beteiligten Vektoren nicht ankommt, teilen wir jeweils durch 5 und vereinfachen dadurch die folgenden Rechnungen. Wir haben also $\overrightarrow{FD}_{neu} = \begin{pmatrix} 5 \\ -1 \\ 0 \end{pmatrix}$ und $\overrightarrow{FE}_{neu} = \begin{pmatrix} 5 \\ 5 \\ 0 \end{pmatrix}$ und folglich

$$\begin{pmatrix} 5 & 5 \\ -1 & 5 \\ 0 & 0 \\ 5 & 5 \\ -1 & 5 \\ 0 & 0 \end{pmatrix} = \begin{pmatrix} 0 \\ 0 \\ 25 \end{pmatrix} - \begin{pmatrix} 0 \\ 0 \\ -5 \end{pmatrix} = \begin{pmatrix} 0 \\ 0 \\ 30 \end{pmatrix}$$

Wir teilen durch 30 und erhalten $\vec{n} = \begin{pmatrix} 0 \\ 0 \\ 1 \end{pmatrix}$ als Normalenvektor der Ebene, in der die Bodenfläche liegt. Damit ergibt sich die noch unvollständige Koordinatenform $BF: x_3 = d$ mit noch unbekanntem d. Wir wissen aber, dass beispielsweise der Punkt $D(0|0|15)$ in BF liegt. Durch Einsetzen erhalten wir also $BF: x_3 = 15$. Daraus ergibt sich nun die Hesse'sche Normalform der Ebenengleichung mit $HNF\ BF: \frac{x_3-15}{1} = x_3 - 15 = 0$. Damit bekommen wir schließlich durch Einsetzen des Punktes G den Abstand zur Bodenfläche: $d(G, BF) = |35 - 15| = 20$. Somit ist $h = 20$ die Höhe der Pyramide und wir erhalten $V = \frac{1}{3}Ah = \frac{1}{3} \cdot 375\text{m}^2 \cdot 20\text{m} = 125\text{m}^2 \cdot 20\text{m} = 2500\text{m}^3$. Laut Aufgabe wird für die Entfeuchtung von 100m^3 Luft $0{,}8$ KW Leistung benötigt. Für 2500m^3 sind es $0{,}8$ KW $\cdot\ 25 = 20$ KW. Damit ist der Nachweis erbracht, dass für die Entfeuchtung der Luft im oberen Stockwerk 25 KW Leistung ausreichen.

c) Koordinaten des Scheinwerfers

Der Scheinwerfer bewegt sich auf der Geraden h durch die Punkte $G(-10|10|35)$ und $R(-5|5|15)$. Eine Geradengleichung für h ist dann gegeben durch

$h: \vec{x} = \begin{pmatrix} -10 \\ 10 \\ 35 \end{pmatrix} + t \cdot \begin{pmatrix} 5 \\ -5 \\ -20 \end{pmatrix}$. Die allgemeinen Koordinaten des Scheinwerfers sind also $K(-10 + 5t \mid 10 - 5t \mid 35 - 20t)$. Wir brauchen noch eine Koordinatengleichung der Ebene, nennen wir sie H, in der die Seitenwand EFG des Gebäudes liegt.

Mit $\overrightarrow{FE} = \begin{pmatrix} 25 \\ 25 \\ 0 \end{pmatrix}$ und $\overrightarrow{FG} = \begin{pmatrix} 15 \\ 5 \\ 20 \end{pmatrix}$ haben wir bereits zwei Richtungsvektoren. Da es auf die Länge der Vektoren nicht ankommt, teilen wir den ersten durch 25 und den zweiten durch 5 und bilden damit das Vektorprodukt, wodurch wir anschließend einen Normalenvektor erhalten.

$$\begin{pmatrix} 1 \\ 0 \\ 1 \\ 1 \\ 0 \end{pmatrix} \boxtimes \begin{pmatrix} 3 \\ 1 \\ 4 \\ 3 \\ 1 \\ 4 \end{pmatrix} = \begin{pmatrix} 4 \\ 0 \\ 1 \end{pmatrix} - \begin{pmatrix} 0 \\ 4 \\ 3 \end{pmatrix} = \begin{pmatrix} 4 \\ -4 \\ -2 \end{pmatrix}$$

Da es auch hier nicht auf die Länge ankommt, teilen wir durch -2 und erhalten den Normalenvektor $\vec{n} = \begin{pmatrix} -2 \\ 2 \\ 1 \end{pmatrix}$. Wir bestimmen noch die Länge des Normalenvektors mit $|\vec{n}| = \sqrt{(-2)^2 + 2^2 + 1^2} = 3$. Damit ergibt sich nun die noch unvollständige Koordinatenform $H: -2x_1 + 2x_2 + x_3 = d$. Da beispielsweise der Punkt $E(0 \mid 30 \mid 15)$ in H liegt, ergibt sich durch Einsetzen $-2 \cdot 0 + 2 \cdot 30 + 15 = 75 = d$ und folglich $H: -2x_1 + 2x_2 + x_3 = 75$. Die Hesse'sche Normalenform von H ist dann

$$HNF \ H: \frac{-2x_1 + 2x_2 + x_3 - 75}{3} = 0$$

Den Abstand des Scheinwerfers K zu H erhalten wir durch Einsetzen der Koordinaten von K wie folgt:

$$d(K, H) = \frac{|-2(-10 + 5t) + 2(10 - 5t) + (35 - 20t) - 75|}{3}$$
$$= \frac{|20 - 10t + 20 - 10t + 35 - 20t - 75|}{3} = \frac{|-40t|}{3}$$

Laut Aufgabenstellung soll dieser Abstand genau den Wert 8 haben. Es gilt also: $\frac{|-40t|}{3} = 8$ und nach Multiplikation mit 3 folgt weiter $|-40t| = 24$. Falls $t \geq 0$, können wir die Betragsstriche nur weglassen, wenn wir das Vorzeichen umdrehen. Somit haben wir $40t = 24$ und damit $t = \frac{3}{5}$. Da sich der Scheinwerfer nur zwischen den Punkten G und R befinden kann, kann der Parameter t nur Werte zwischen 0 und 1 annehmen. Der eben gefundene Wert ist demnach ein gültiger Wert. Aus dem Grund können wir uns auch die

Untersuchung des zweiten Falls $t < 0$ ersparen. Somit ist $t = \frac{3}{5}$ der einzige gültige Wert und durch Einsetzen erhalten wir $K\left(-10 + 5 \cdot \frac{3}{5}\middle|10 - 5 \cdot \frac{3}{5}\middle|35 - 20 \cdot \frac{3}{5}\right)$ also $K(-7|7|23)$.

Ergebnis: Damit der Abstand des Scheinwerfers K zur Seitenwand EFG den Wert 8 hat, muss K am Punkt $(-7|7|23)$ befestigt sein.

5.24 Wahlteil 2018 – Analytische Geometrie B 2

Gegeben sind die Ebenen $E: 4x_1 + 2x_2 + x_3 = 4$ und $F: 2x_1 + x_3 = 4$.

a) Stellen Sie die Ebene E in einem Koordinatensystem dar.
   Zeigen Sie, dass E nicht orthogonal zu F ist.
   Bestimmen Sie eine Gleichung der Schnittgeraden s der Ebenen E und F.

   (3 VP)

Die Ebenen E und F gehören zur Ebnenschar $E_a: ax_1 + (a-2)x_2 + x_3 = 4, a \in \mathbb{R}$.

b) Geben Sie an, für welche Werte von a die zugehörige Ebene E_a alle drei
   Koordinatenachsen schneidet.
   Für diese Werte von a bilden die Spurpunkte von E_a zusammen mit dem
   Koordinatenursprung die Eckpunkte einer Pyramide.
   Bestimmen Sie einen Wert für a so, dass das Pyramidenvolumen 6 VE beträgt.

   (4 VP)

c) Bestimmen Sie den Wert für a so, dass der Abstand von $P(0|0|1)$ zu E_a maximal ist.
   Begründen Sie, dass die Schar keine zueinander parallele Ebenen enthält.

   (3 VP)

5.25 Lösung Wahlteil 2018 –
Analytische Geometrie B 2

a) Darstellung von E im Koordinatensystem

Wir bestimmen zunächst die Spurpunkte, also die Schnittpunkte von E mit den Koordinatenachsen. Dabei werden bekanntlich immer zwei Koordinaten Null gesetzt und nach der dritten Koordinate aufgelöst.
Wir erhalten $S_1(1|0|0)$, $S_2(0|2|0)$ und $S_3(0|0|4)$. Damit verdeutlichen wir die Lage von E im Koordinatensystem.

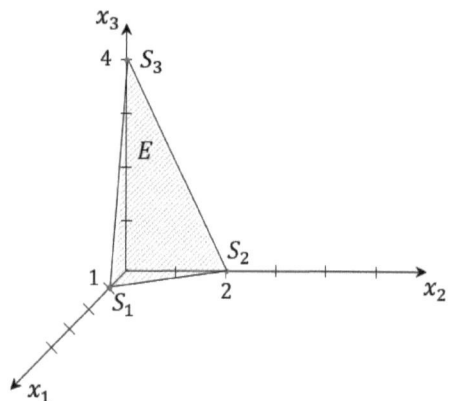

Behauptung E ist nicht orthogonal zu F

Wenn das Skalarprodukt der beiden Normalenvektoren Null ist, stehen die Ebenen senkrecht zueinander. Mit $\vec{n}_E = \begin{pmatrix} 4 \\ 2 \\ 1 \end{pmatrix}$ und $\vec{n}_F = \begin{pmatrix} 2 \\ 0 \\ 1 \end{pmatrix}$ folgt $\vec{n}_E \cdot \vec{n}_F = 4 \cdot 2 + 2 \cdot 0 + 1 \cdot 1 = 9 \neq 0$. Damit ist gezeigt, dass E nicht orthogonal zu F ist.

Schnittgerade s der Ebenen E und F

Wir schreiben die Koordinatengleichungen der beiden Ebenen untereinander und betrachten dies als ein lineares Gleichungssystem, das es zu lösen gilt:

$I.\ 4x_1 + 2x_2 + x_3 = 4$
$II.\ 2x_1 \quad\quad + x_3 = 4$

Wir haben zwei Gleichungen und drei Unbekannte und können somit eine der Unbekannten frei wählen, z.B. $x_3 = t$. Dieser Wert wird in das Gleichungssystem eingesetzt und anschließend auf die rechte Seite gebracht. Es ergibt sich:

$I.\ 4x_1 + 2x_2 = 4 - t$
$II.\ 2x_1 \quad\quad = 4 - t \quad \Rightarrow \quad x_1 = 2 - \frac{1}{2}t$

Eingesetzt in die erste Gleichung folgt:

$$4\left(2 - \frac{1}{2}t\right) + 2x_2 = 4 - t \;\Rightarrow\; 8 - 2t + 2x_2 = 4 - t$$

$$\Rightarrow\; 2x_2 = -4 + t \;\Rightarrow\; x_2 = -2 + \frac{1}{2}t$$

Die gefundenen Werte für x_1, x_2 und x_3 schreiben wir als Vektor untereinander, was uns anschließend zur Gleichung der Schnittgeraden führt:

$$\vec{x} = \begin{pmatrix} x_1 \\ x_2 \\ x_3 \end{pmatrix} = \begin{pmatrix} 2 - \frac{1}{2}t \\ -2 + \frac{1}{2}t \\ t \end{pmatrix} = \begin{pmatrix} 2 \\ -2 \\ 0 \end{pmatrix} + t \begin{pmatrix} -\frac{1}{2} \\ \frac{1}{2} \\ 1 \end{pmatrix}$$

Da es auf die Länge des Richtungsvektors nicht ankommt, können wir diesen mit 2 multiplizieren, wodurch die Zahlen etwas „schöner" werden.

Ergebnis: Die Gleichung der Schnittgeraden von E und F ist lautet $s\colon \vec{x} = \begin{pmatrix} 2 \\ -2 \\ 0 \end{pmatrix} + t \begin{pmatrix} -1 \\ 1 \\ 2 \end{pmatrix}$.

b) Werte für a, so dass die Ebene alle Koordinatenachsen schneidet

Wenn in einer Koordinatengleichung eine der Variablen x_1, x_2 oder x_3 wegfällt, so bedeutet dies, dass die Ebene parallel zur weggefallenen Koordinatenachse verläuft. Wenn wir also in E_a $a = 0$ wählen, so haben wir $E_0\colon -2x_2 + x_3 = 4$ und E_0 verläuft parallel zur x_1-Achse, hat mit dieser also keinen Schnittpunkt. Für $a = 2$ haben wir $E_2\colon 2x_1 + x_3 = 4$ und E_2 verläuft parallel zur x_2-Achse, hat mit dieser also keinen Schnittpunkt. Für alle anderen Werte von a hat E_a somit Schnittpunkte mit allen Achsen.

Ergebnis: Für $a \in \mathbb{R}\backslash\{0; 2\}$ schneidet E_a alle Koordinatenachsen.

Wert für a für gegebenes Pyramidenvolumen

Die Spurpunkte erhält man dadurch, dass man jeweils zwei Koordinaten Null setzt und nach der dritten Koordinate auflöst. Somit erhalten wir $S_1\left(\frac{4}{a}|0|0\right)$, $S_2\left(0\left|\frac{4}{a-2}\right|0\right)$ und $S_3(0|0|4)$. Die Bodenfläche der Pyramide ist das Dreieck OS_1S_2. Die Seiten OS_1 und OS_2 stehen senkrecht zueinander, daher können wir die Fläche des Dreiecks „bequem" wie folgt berechnen:

$$A = \frac{1}{2} \cdot |\overrightarrow{OS_1}| \cdot |\overrightarrow{OS_2}| = \frac{1}{2} \cdot \frac{4}{a} \cdot \frac{4}{a-2} = \frac{8}{a^2 - 2a}$$

Die Höhe h der Pyramide ist gegeben durch $h = |\overrightarrow{OS_3}| = 4$.

Das Volumen der Pyramide soll den Wert 6 annehmen, es soll also $V_P = \frac{1}{3}Ah = 6$ gelten.

Somit haben wir nach Einsetzen $\frac{1}{3} \cdot \frac{8}{a^2-2a} \cdot 4 = 6$. Dies lösen wir nun nach a auf.

$$\frac{1}{3} \cdot \frac{8}{a^2-2a} \cdot 4 = 6 \qquad |\cdot 3$$
$$\frac{32}{a^2-2a} = 18 \qquad |\cdot (a^2 - 2a)$$
$$18(a^2 - 2a) = 32 \qquad |\text{ausmultiplizieren}$$
$$18a^2 - 36a = 32 \qquad |-32$$
$$18a^2 - 36a - 32 = 0 \quad |:18$$
$$a^2 - 2a - \frac{16}{9} = 0 \qquad |pq\text{-Formel}$$

$$a_{1,2} = 1 \pm \sqrt{1 + \frac{16}{9}} = 1 \pm \sqrt{\frac{25}{9}} = 1 \pm \frac{5}{3} \Rightarrow a_1 = \frac{8}{3}, \quad a_2 = -\frac{2}{3}$$

Ergebnis: Sowohl für $a = \frac{8}{3}$ als auch für $a = -\frac{2}{3}$ gilt $V_P = 6$.

c) Wert für a so, dass der Abstand von $P(0|0|1)$ zu E_a maximal ist

Zunächst formen wir die Koordinatenform $E_a: ax_1 + (a - 2)x_2 + x_3 = 4$ in die Hesse'sche

Normalenform um. Der Normalenvektor von E_a ist $\vec{n} = \begin{pmatrix} a \\ a - 2 \\ 1 \end{pmatrix}$ und hat die Länge

$$|\vec{n}| = \sqrt{a^2 + (a - 2)^2 + 1} = \sqrt{a^2 + a^2 - 4a + 4 + 1} = \sqrt{2a^2 - 4a + 5}$$

Damit erhalten wir $HNF\ E_a: \frac{ax_1+(a-2)x_2+x_3-4}{\sqrt{2a^2-4a+5}} = 0$.

Es folgt $d(P, E_a) = \frac{|a\cdot 0+(a-2)\cdot 0+1-4|}{\sqrt{2a^2-4a+5}} = \frac{3}{\sqrt{2a^2-4a+5}}$.

Um das Maximum herauszufinden, geben Sie den Ausdruck auf der rechten Seite der Gleichung im GTR z.B. bei Y1 ein, lassen sich die Kurve im x-Abschnitt $[-10; 10]$ und im y-Abschnitt $[-3; 3]$ zeichnen. Mit 2ND CALC maximum erhalten Sie den maximalen Wert für $a = 1$.

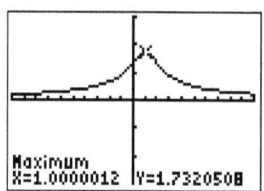

Ergebnis: Für $a = 1$ hat $P(0|0|1)$ zu E_a maximalen Abstand.

Nachweis der Behauptung, dass die Schar keine zueinander parallele Ebenen enthält

Angenommen zwei Ebenen der Schar, E_a und E_b, seien parallel, dann müssen deren Normalenvektoren $\vec{n}_a = \begin{pmatrix} a \\ a-2 \\ 1 \end{pmatrix}$ und $\vec{n}_b = \begin{pmatrix} b \\ b-2 \\ 1 \end{pmatrix}$ linear abhängig sein. Es müsste also

ein $k \in \mathbb{R}$ geben so, dass $\begin{pmatrix} a \\ a-2 \\ 1 \end{pmatrix} = k \cdot \begin{pmatrix} b \\ b-2 \\ 1 \end{pmatrix}$ gilt. Anhand der dritten Koordinate sieht

man, dass $k = 1$ sein muss. Anhand der ersten Koordinate sieht man anschließend, dass mit $k = 1$ auch $a = b$ gilt, was auch in der zweiten Koordinate zu keinem Widerspruch führt. Damit sind E_a und E_b identisch und folglich gibt es keine zwei verschiedenen(!) Ebenen der Schar, die zueinander parallel sind.

5.26 Wahlteil 2018 – Stochastik C 1

Aufgabe C 1.1

Ein Unternehmer stellt Kunststoffteile her. Erfahrungsgemäß sind 4 % der hergestellten Teile fehlerhaft. Die Anzahl fehlerhafter Teile unter zufällig ausgewählten kann als binomialverteilt angenommen werden.

a) 800 Kunststoffteile werden zufällig ausgewählt.
    Berechnen Sie für die folgenden Ereignisse jeweils die Wahrscheinlichkeit:
    A: „Genau 30 der Teile sind fehlerhaft."
    B: „Mindestens 5 % der Teile sind fehlerhaft."

                                                                        (1,5 VP)

b) Ermitteln Sie, wie viele Kunststoffteile mindestens zufällig ausgewählt werden müssen, damit davon mit einer Wahrscheinlichkeit von mindestens 95 % mindestens 100 Teile keinen Fehler haben.

                                                                        (2 VP)

c) Die Kunststoffteile werden aus Kunststoffgranulat hergestellt. Nach einem Wechsel des Granulats vermutet der Produktionsleiter, dass sich der Anteil der fehlerhaften Teile reduziert hat. Um einen Anhaltspunkt dafür zu gewinnen, ob die Vermutung gerechtfertigt ist, soll die Nullhypothese „Der Anteil der fehlerhaften Teile beträgt mindestens 4 %." auf der Grundlage einer Stichprobe von 500 Teilen auf einem Signifikanzniveau von 5 % getestet werden.
    Bestimmen Sie die zugehörige Entscheidungsregel.

                                                                        (2,5 VP)

Aufgabe C 1.2

Für ein Spiel wird ein Glücksrad verwendet, das drei Sektoren in den Farben rot, grün und blau hat. Für einen Einsatz von 5 Euro darf ein Spieler das Glücksrad dreimal drehen. Erzielt der Spieler dreimal die gleiche Farbe, werden ihm 10 Euro ausgezahlt. Erzielt er drei verschiedene Farben, wird ein anderer Betrag ausgezahlt. In allen anderen Fällen erfolgt keine Auszahlung.

Die Wahrscheinlichkeit dafür, dass dreimal die gleiche Farbe erzielt wird, ist $\frac{1}{6}$.

Die Wahrscheinlichkeit dafür, dass dreimal verschiedene Farben erzielt werden, beträgt ebenfalls $\frac{1}{6}$.

a) Bei dem Spiel ist zu erwarten, dass sich die Einsätze der Spieler und die Auszahlungen auf lange Sicht ausgleichen.
   Berechnen Sie den Betrag, der ausgezahlt wird, wenn drei verschiedene Farben erscheinen.

   (1,5 VP)

b) Die ursprünglichen Größen der Sektoren werden geändert. Dabei soll der Mittelpunktswinkel des blauen Sektors größer als 180° werden.
   Die Abbildung zeigt einen Teil des Baumdiagramms, das für das geänderte Glücksrad die drei Drehungen beschreibt. Ergänzend ist für einen Pfad die zugehörige Wahrscheinlichkeit angegeben.

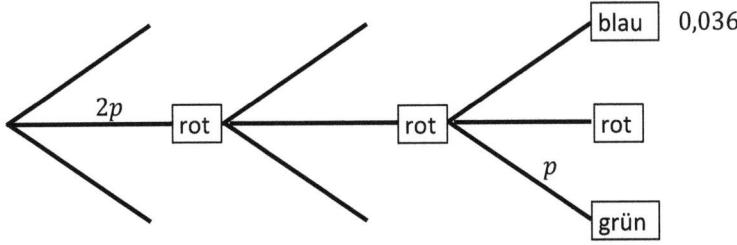

Bestimmen Sie die Werte des zum blauen Sektor gehörenden Mittelpunkts-winkels.

   (2,5 VP)

5.27 Lösung Wahlteil 2018 – Stochastik C 1

Aufgabe C 1.1

Lösung a)

Wahrscheinlichkeit von Ereignis A

Mit $p = 4\% = 0{,}04$, $k = 30$ und $n = 800$ folgt $P(A) = \binom{800}{30} 0{,}04^{30} \cdot 0{,}96^{770} = 0{,}0692 \approx 7\%$. Den obigen Ausdruck können Sie mit dem GTR über die Eingabe von binompdf(800,0.04,30) bestimmen. Die Funktion binompdf erhalten Sie über 2ND DISTR.

Ergebnis: Es gilt $P(A) = 7\%$.

Wahrscheinlichkeit von Ereignis B

5% von 800 Teilen sind 40 Teile. Gesucht ist demnach $P(X \geq 40)$, wobei X die Anzahl der defekten Teile darstellt. Nun gilt $P(X \geq 40) = 1 - P(X \leq 39)$ und dies lässt sich mit dem GTR über Eingabe von 1-binomcdf(800,0.04,39) bestimmen. Sie erhalten den Wert $0{,}091 \approx 9\%$.

Ergebnis: Es gilt $P(B) = 9\%$.

Lösung b)

Die Wahrscheinlichkeit, dass kein Fehler vorliegt ist $q = 1 - p = 1 - 0{,}04 = 0{,}96 = 96\%$. Das Ereignis „mindestens 100 Teile haben keinen Fehler" lässt sich mit $X \geq 100$ formulieren, wobei X die Anzahl der fehlerfreien Teile darstellt. Demnach ist eine Anzahl n an Teilen gesucht, für die $P(X \geq 100) \geq 0{,}95$ gilt. Den Ausdruck auf der linken Seite formen wir um zu $1 - P(X \leq 99) \geq 0{,}95$.
Es folgt $-P(X \leq 99) \geq -0{,}05$ und weiter $P(X \leq 99) \leq 0{,}05$, was wir mit dem GTR bestimmen können. Geben Sie dazu bei Y_1 im GTR den Ausdruck binomcdf(X,0.96,99) ein und lassen Sie sich über 2ND TABLE die Werteliste anzeigen. Beim Wert $X = 108$ wird die 5%-Marke erstmals unterschritten.

X	Y1
105	.24414
106	.13293
107	.06557
108	.02953
109	.01224
110	.00469
111	.00168

X=105

Ergebnis: Es müssen mindestens 108 Kunststoffteile ausgewählt werden.

Lösung c)

Ermittlung einer Entscheidungsregel

Wir haben $p \geq 4\%$, den Stichprobenumfang $n = 500$ und das Signifikanzniveau $\alpha = 5\%$. Wenn wir bei der Stichprobe weniger als eine gewisse Anzahl k an fehlerhaften Teilen vorfinden, so lehnen wir H_0 ab. Das Ablehnungsintervall ist also $[1, ..., k]$, d.h. es handelt sich um einen linksseitigen Test. Wir suchen also das größtmögliche k für das $P(X \leq k) \leq 5\%$ gilt. Im GTR geben Sie nun bei Y_1 den Ausdruck binomcdf(500,0.04,X) ein (beachten Sie, dass das k in obiger Formel das X im GTR ist) und lassen sich mit 2ND TABLE die Wertetabelle anzeigen. Dort lesen Sie ab, dass für $k = 12$ die Wahrscheinlichkeit letztmals unter 5% liegt.

X	Y1
8	.00179
9	.00438
10	.00967
11	.01951
12	.0362
13	.06232
14	.10017

X=12

Entscheidungsregel:
Wenn sich in der Stichprobe 12 oder weniger defekte Teile finden, wird die Nullhypothese abgelehnt und wir nehmen stattdessen an, dass die Wahrscheinlichkeit für ein defektes Teil $p < 4\%$ ist.

Aufgabe C 1.2

Lösung a)

Der auf lange Sicht zu erwartende Auszahlbetrag soll den Einsatz der Spieler ausgleichen, d.h. es muss $E(X) = 5$ (Euro) gelten. Wenn wir den Auszahlbetrag für drei verschiedene Farben mit a bezeichnen, haben wir $E(X) = 10 \cdot P(3 \text{ gleiche Farben}) + a \cdot P(3 \text{ verschiedene Farben}) = 5$, also $10 \cdot \frac{1}{6} + a \cdot \frac{1}{6} = 5$. Nach Multiplikation mit 6 folgt $10 + a = 30$ und damit $a = 20$.

Ergebnis: Der Auszahlbetrag für drei verschiedene Farben beträgt 20 €.

Lösung b)

Die Wahrscheinlichkeit, dass irgendeine der drei Farben gedreht wird ist 1. Mit $P(\text{blau}) = x$, $P(\text{rot}) = 2p$ und $P(\text{grün}) = p$ erhalten wir also $x + 2p + p = 1$ und damit $x = 1 - 3p$. Das bedeutet, dass wenn wir p herausfinden, wir automatisch auch x und damit den Mittelpunktswinkel der Farbe Blau bekommen. Aus der Zeichnung lesen wir die Wahrscheinlichkeit der Kombination $(\text{rot}, \text{rot}, \text{blau})$ mit $2p \cdot 2p \cdot x = 0,036$ ab. Mit $x = 1 - 3p$ erhalten wir $2p \cdot 2p \cdot (1 - 3p) = 0,036 \Leftrightarrow 4p^2 - 12p^3 = 0,036$. Division durch 4 liefert $p^2 - 3p^3 = 0,009$ bzw. $-3p^3 + p^2 - 0,009 = 0$.

Diesen Ausdruck geben Sie bei Y_1 im GTR ein, lassen sich den Graphen der Kurve zeichnen (z.B. im x-Intervall $[0; 1]$ und y-Intervall $[-0,1; 0,1]$) und bestimmen mit 2ND CALC zero die Lösungen. Sie erhalten $p_1 \approx 0,118$ und $p_2 = 0,3$.

Da der Mittelpunktswinkel von Blau größer als $180°$ sein soll, muss $x > 0,5$ gelten. Somit kommt als Lösung nur p_1 in Frage.

Wir erhalten $x = 1 - 3 \cdot 0,118 = 0,646$. Für den gesuchten Mittelpunktswinkel α gilt dann $\alpha = 0,646 \cdot 360° = 232,56°$.

Ergebnis: Der Mittelpunktswinkel α des blauen Sektors beträgt $232,56°$.

5.28 Wahlteil 2018 – Stochastik C 2

Ein Affe sitzt vor einer Tastatur, deren
Tasten mit den Ziffern 1, 2, 3 und 4 sowie
mit den Buchstaben A, B, C, D, E und F
beschriftet sind (siehe Abbildung).
Zunächst wird angenommen, dass der Affe
zufällig auf die Tasten tippt.
Die Tastatureingaben werden aufgezeichnet.

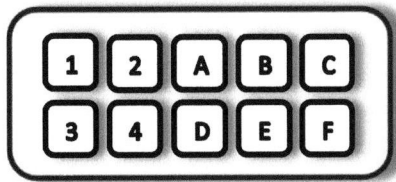

a) Es werden die ersten fünf Tastaturanschläge des Affen betrachtet.
    Bestimmen Sie die Wahrscheinlichkeiten für die folgenden Ereignisse:
    A: „Der Affe tippt nur Tasten mit Ziffern."
    B: „Der Affe tippt höchsten dreimal eine Ziffer."
    C: „Die vom Affen getippte Zeichenfolge enthält die Buchstaben
    A F F E direkt nebeneinander."

    (3 VP)

b) Nun werden Versuchsreihen mit jeweils 20 Tastaturanschlägen durchgeführt.
    Wie viele Buchstaben pro Versuchsreihe kann man dabei auf lange Sicht im Mittel
    erwarten?
    Bestimmen Sie die Wahrscheinlichkeit, dass in einer Versuchsreihe die Anzahl
    der getippten Buchstabentasten um höchstens 20 % von diesem erwarteten Wert
    abweicht.
    Wie viele Zifferntasten müssten mindestens hinzugefügt werden, damit die
    Wahrscheinlichkeit, dass mindestens 15 Buchstabentasten in einer Versuchs-
    reihe getippt werden, auf unter 1 % fällt?

    (4,5 VP)

c) Die Ergebnisse der Versuche lassen die Vermutung aufkommen, dass der Affe
    die Zifferntasten gegenüber den Buchstabentasten bevorzugt. Daher wird die
    Nullhypothese „Der Affe tippt mit einer Wahrscheinlichkeit von höchstens 40 %
    eine Zifferntaste." mit einer Stichprobe von 80 Tastaturanschlägen auf einem
    Signifikanzniveau von 1 % überprüft.
    Formulieren Sie die zugehörige Entscheidungsregel.

    (2,5 VP)

5.29 Lösung Wahlteil 2018 – Stochastik C 2

Lösung a)

Ereignis A

Die Tastatur hat 10 Tasten, 4 davon sind mit Ziffern beschriftet. Die Wahrscheinlichkeit für eine Ziffer beträgt somit $\frac{4}{10} = \frac{2}{5}$. Die Wahrscheinlichkeit, dass der Affe nur Ziffern tippt ist folglich $\left(\frac{2}{5}\right)^5$.

Ergebnis: Es gilt $P(A) = \left(\frac{2}{5}\right)^5 = 0{,}01024 \approx 1\%$.

Ereignis B

Das Gegenereignis zu B ist $\bar{B} = $ „der Affe tippt viermal oder fünfmal eine Ziffer". Damit ist $P(B) = 1 - P(\bar{B})$. Die Wahrscheinlichkeit, dass der Affe vier Ziffern tippt ist $5 \cdot \left(\frac{2}{5}\right)^4 \cdot \frac{6}{10} = 0{,}0768$. Beachte, dass der einzelne Buchstabe an jeder der 5 möglichen Positionen vorkommen kann, daher kommt der Faktor 5 in der Formel. Die Wahrscheinlichkeit für 5 getippte Ziffern ist $\left(\frac{2}{5}\right)^5 = 0{,}01024$. Damit haben wir $P(\bar{B}) = 0{,}0768 + 0{,}01024 = 0{,}08704$ also $P(B) = 1 - 0{,}08704 = 0{,}91296 \approx 91{,}3\%$.

Ergebnis: Es gilt $P(B) \approx 91{,}3\%$.

Ereignis C

Die Wahrscheinlichkeit, den Buchstaben A zu tippen ist $\frac{1}{10} = 0{,}1 = 10\%$. Dies gilt natürlich auch für jeden anderen Buchstaben. (Verwechseln Sie dies nicht mit der Wahrscheinlichkeit für „irgendeinen" Buchstaben, denn diese beträgt $\frac{6}{10} = 0{,}6 = 60\%$). In einer Reihe mit 5 Tastenanschlägen kann das Wort AFFE an erster oder zweiter Position beginnen. Wir haben also die beiden Möglichkeiten $(*, A, F, F, E)$ bzw. $(A, F, F, E, *)$ wobei das Sternchen für „irgendeine Taste" steht. Die Wahrscheinlichkeit für „irgendeine Taste" ist 1. Mithin ist die gesuchte Wahrscheinlichkeit gleich $2 \cdot 1 \cdot 0{,}1^4 = 0{,}0002$.

Ergebnis: Es gilt $P(C) \approx 0{,}0002$.

Lösung b)

Mittlere Anzahl der Buchstaben auf lange Sicht

Mit der Zufallsvariablen X modellieren wir die Anzahl der Buchstaben in einem Experiment mit 20 Tastaturanschlägen. Folglich kann X die Werte 0 bis 20 annehmen. Da es sich um ein Bernoulli-Experiment handelt („Buchstabe" oder „nicht Buchstabe"), ist X binomialverteilt. Der Erwartungswert ist damit durch die Formel $E(X) = n \cdot p$ gegeben, wobei n=20 die Anzahl der Versuche (=Tastenanschläge) und $p = \frac{3}{5}$ die Trefferwahrscheinlichkeit (also die Wahrscheinlichkeit für „Buchstabe") darstellt. Es folgt $E(X) = 20 \cdot \frac{3}{5} = 12$.

Ergebnis: Auf lange Sicht sind im Mittel 12 Buchstaben pro Experiment mit 20 Tastaturanschlägen zu erwarten.

Wahrscheinlichkeit für eine Abweichung um höchstens 20% vom Erwartungswert

20% von 12 (dem Erwartungswert) sind $12 * 0{,}2 = 2{,}4$. Da es hier aber um ganze Zahlen geht müssen wir uns jetzt fragen, ob wir die 2,4 auf- oder abrunden müssen. Da es sich um eine Abweichung von „höchstens" 2,4 handeln soll, können wir nicht auf 3 aufrunden, denn dann würde wir ja über der 2,4 liegen. Wir müssen also auf 2 abrunden und haben entsprechend die Spanne von 10 bis 14 Buchstaben zu betrachten. Gesucht ist demnach $P(10 \leq X \leq 14)$. Wir formen diesen Ausdruck nun „GTR-gerecht" um und erhalten:

$$P(10 \leq X \leq 14) = P(X \leq 14) - P(X \leq 9)$$

Mit $n = 20$ und $p = 0{,}6$ bestimmen wir die rechte Seite mit dem GTR wir folgt:

$$\text{binomcdf}(20,0.6,14)\text{-binomcdf}(20,0.6,9)$$

Sie erhalten den ungefähren Wert 0,747.

Ergebnis: Die Wahrscheinlichkeit dafür, dass die Anzahl der getippten Buchstaben um höchsten 20% vom Erwartungswert abweicht, beträgt etwa 74,7%.

Anzahl Zifferntasten

Laut Aufgabenstellung soll gelten $P(X \geq 15) < 0{,}01$, wobei X wieder für die Anzahl der Buchstaben in einem „Tippexperiment" mit 20 Tastaturanschlägen steht. Wieder wird die linke Seite so umgeformt, dass wir später den GTR zur Berechnung benutzen können. Es folgt $1 - P(X \leq 14) < 0{,}01$ bzw. $P(X \leq 14) > 0{,}99$.

Wenn wir der Tastatur k Zifferntasten hinzufügen, dann ist die Wahrscheinlichkeit, dass ein Buchstabe getippt wird $p = \frac{6}{10+k}$. Im GTR geben Sie nun bei Y_1 den Ausdruck binomcdf(20,6/(10+X),14) ein und lassen sich mit 2ND TABLE die Wertetabelle anzeigen. (Beachten Sie, dass das X in der GTR-Eingabe für die Anzahl k der zusätzlichen Zifferntasten steht). Aus der Tabelle entnimmt man, dass man für $X = 3$ erstmals über 0,99 liegt.

X	Y1
1	.94904
2	.97931
3	.99142
4	.99634
5	.99839
6	.99927
7	.99965

X=3

Ergebnis: Es müssen mindestens drei Zifferntasten hinzugefügt werden, damit die Bedingungen der Aufgabenstellung erfüllt sind.

Lösung c)

Entscheidungsregel

Wir haben die Nullhypothese $H_0: p \leq 0,4$, die Anzahl der Tastaturanschläge mit $n = 80$ und das Signifikanzniveau $\alpha = 0,01$. Es handelt sich außerdem um ein Bernoulli-Experiment, denn wir fragen nach „Zifferntaste" oder „nicht Zifferntaste". Mithin ist die Zufallsvariable X, die für die Anzahl der Zifferntaste steht binomialverteilt. Wenn wir nun in der Stichprobe mehr als eine gewisse Anzahl k an Zifferntasten vorfinden, muss H_0 abgelehnt werden. Unser Ablehnungsintervall hat somit die Gestalt $[k, ..., 80]$, d.h. wir führen einen rechtsseitigen Test durch. Gesucht ist also ein kleinstmögliches k, so dass $P(X \geq k) \leq 0,01$ gilt. Wir formen die linke Seite um zu $1 - P(X \leq k - 1) \leq 0,01$ bzw. $P(X \leq k - 1) \geq 0,99$. Im GTR geben Sie bei Y_1 den Ausdruck binomcdf(80,0.4,X-1) ein und lassen sich die Wertetabelle anzeigen. In der Tabelle lesen Sie ab, dass man für $k = 43$ erstmals über 0,99 liegt.

X	Y1
39	.93008
40	.9555
41	.97288
42	.98418
43	.99117
44	.99529
45	.9976

X=43

Entscheidungsregel: Wenn bei einem Tippexperiment mit 80 Tastaturanschlägen 43 oder mehr Zifferntasten gezählt werden, wird H_0 abgelehnt, andernfalls angenommen.

5.30 Pflichtteil 2017

Aufgabe 1
Bilden Sie die Ableitung der Funktion f mit $f(x) = (3 + \cos(x))^4$.

(1,5 VP)

Aufgabe 2
Lösen Sie die Gleichung $e^{4x} - 5 = 4e^{2x}$.

(3 VP)

Aufgabe 3
Gegeben ist die Funktion f mit $f(x) = \frac{2}{x^2}; x > 0$.
Berechnen Sie den Inhalt der markierten Fläche.

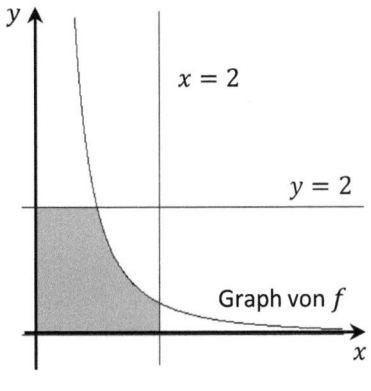

$x = 2$

$y = 2$

Graph von f

(3 VP)

Aufgabe 4
Sind folgende Aussagen wahr? Begründen Sie jeweils Ihre Entscheidung.
(1) Jede Funktion, deren Ableitung eine Nullstelle hat, besitzt eine Extremstelle.
(2) Jede ganzrationale Funktion vierten Grades hat eine Extremstelle.

(2,5 VP)

Aufgabe 5
Gegeben Sind die Ebenen $E: x_1 + 3x_2 = 6$ und $F: \left[\vec{x} - \begin{pmatrix} 2 \\ 5 \\ 3 \end{pmatrix} \right] \cdot \begin{pmatrix} 2 \\ 0 \\ -1 \end{pmatrix} = 0$.

a) Stellen Sie die Ebene E in einem Koordinatensystem dar.
b) Bestimmen Sie eine Gleichung der Schnittgeraden von E und F.
c) Ermitteln Sie eine Gleichung einer Geraden, die in E enthalten ist und mit F keinen Punkt gemeinsam hat.

(4,5 VP)

Aufgabe 6

Gegeben sind eine Ebene E, ein Punkt P in E sowie ein weiterer Punkt S, der nicht in E liegt. Der Punkt S ist die Spitze eines geraden Kegels, dessen Grundkreis in E liegt und durch P verläuft. Die Strecke PQ bildet einen Durchmesser des Grundkreises.

Beschreiben Sie ein Verfahren, mit dem man die Koordinaten des Punktes Q bestimmen kann.

(3 VP)

Aufgabe 7

In einer Urne liegen drei rote, zwei grüne und eine blaue Kugel. Es werden so lange nacheinander einzelne Kugeln gezogen und zur Seite gelegt, bis man eine rote Kugel erhält. Bestimmen Sie die Wahrscheinlichkeit dafür, dass man höchstens drei Kugeln zieht.

(2,5 VP)

5.31 Lösung Pflichtteil 2017

Aufgabe 1

Die Ableitung von $f(x) = (3 + \cos(x))^4$ ergibt sich mit der Potenz- und Kettenregel.

Ergebnis: $f'(x) = -4 \cdot (3 + \cos(x))^3 \cdot \sin(x)$.

Aufgabe 2

$$
\begin{aligned}
e^{4x} - 5 &= 4e^{2x} && |\ -4e^{2x} \\
e^{4x} - 4e^{2x} - 5 &= 0 && |\ \text{Setze } z := e^{2x} \text{ (Substitution)} \\
z^2 - 4z - 5 &= 0 && |\ \text{pq-Formel} \\
z_{1,2} &= 2 \pm \sqrt{4+5} \ \Rightarrow \ z_{1,2} = 2 \pm 3 \ \text{also } z_1 = -1; z_2 = 5
\end{aligned}
$$

Rücksubstitution:
$e^{2x} = -1$ liefert keine Lösung, da $e^{2x} > 0$ für alle x.
$e^{2x} = 5 \ |\ \ln$
$2x = \ln 5 \ \Rightarrow \ x = \frac{1}{2}\ln 5 = \ln 5^{\frac{1}{2}} = \ln\sqrt{5}$

Ergebnis: $x = \frac{1}{2}\ln 5 = \ln\sqrt{5}$ ist die einzige Lösung.

Aufgabe 3

Wir bestimmen zunächst die x-Koordinate des Schnittpunkts des Graphen von $f(x)$ (x_0 in der Zeichnung) mit der Geraden $y = 2$.

$$
2 = \frac{2}{x^2} \ \Rightarrow \ x^2 = 1 \ \Rightarrow \ x_0 = 1
$$

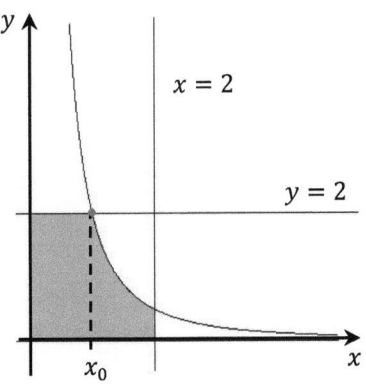

Die grau markierte Fläche ergibt sich dann wie folgt:

$$
\begin{aligned}
A &= A_{Rechteck} + A_{unter\ der\ Kurve} \\
&= 1 \cdot 2 + \int_1^2 \frac{2}{x^2}\, dx = 2 + \int_1^2 2x^{-2}\, dx
\end{aligned}
$$

$$= 2 + \left[\frac{2x^{-1}}{-1}\right]_1^2 = 2 + \left[-\frac{2}{x}\right]_1^2 = 2 + (-1 - (-2)) = 3$$

Ergebnis: Die gesuchte Fläche beträgt $3\ \text{LE}^2$.

Aufgabe 4

(1) Die Aussage ist falsch, denn beispielsweise die Funktion $f(x) = x^3$ hat keine Extremstelle, aber dennoch bei $x = 0$ eine Nullstelle in der Ableitung, da $f(x)$ an dieser Stelle einen Sattelpunkt besitzt.

(2) Die Aussage ist wahr. Eine ganzrationale Funktion vierten Grades besitzt als Ableitung eine ganzrationale Funktion dritten Grades. Eine Funktion dritten Grades hat aber mindestens eine Nullstelle mit Vorzeichenwechsel. Somit hat die ursprüngliche Funktion an dieser Stelle eine Extremstelle.

Aufgabe 5

a) Darstellung der Ebene E im Koordinatensystem

Zunächst bestimmt man die Spurpunkte für E: $x_1 + 3x_2 = 6$ indem man jeweils eine Koordinaten Null setzt und nach der andren Koordinate auflöst:
Mit $x_2 = 0$ folgt $S_1(6|0|0)$ und mit $x_1 = 0$ folgt $S_2(0|2|0)$. Da in der Koordinatengleichung x_3 nicht enthalten gibt es auch keinen dritten Spurpunkt, was wiederum bedeutet, dass E parallel zur x_3-Achse verläuft.

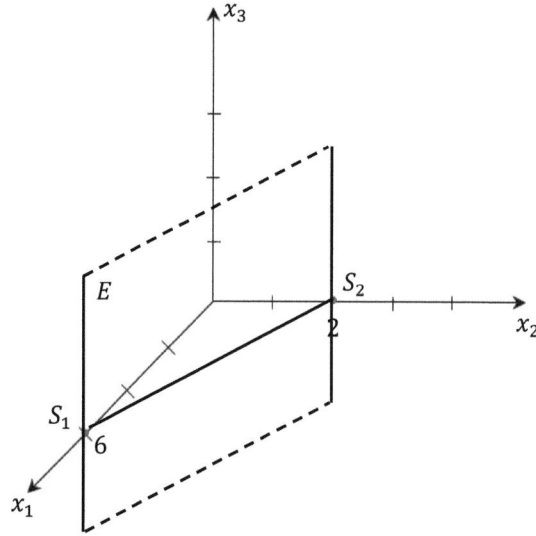

b) Schnittgerade

Zur Bestimmung der Schnittgeraden wird F zunächst durch Ausmultiplizieren in die Koordinatenform umgewandelt:

$$\left[\vec{x} - \begin{pmatrix} 2 \\ 5 \\ 3 \end{pmatrix}\right] \cdot \begin{pmatrix} 2 \\ 0 \\ -1 \end{pmatrix} = 0 \Leftrightarrow \begin{pmatrix} x_1 - 2 \\ x_2 - 5 \\ x_3 - 3 \end{pmatrix} \cdot \begin{pmatrix} 2 \\ 0 \\ -1 \end{pmatrix} = 0$$

$$\Leftrightarrow 2 \cdot (x_1 - 2) + 0 \cdot (x_2 - 5) - 1 \cdot (x_3 - 3) = 0$$

Es folgt $F: 2x_1 - x_3 = 1$

Zusammen mit der Ebene E ergibt sich ein Lineares Gleichungssystem mit zwei Gleichungen und drei Unbekannten:

$$\text{I. } x_1 + 3x_2 = 6$$
$$\text{II. } 2x_1 - x_3 = 1$$

Wir können eine der Unbekannten frei wählen, etwa $x_3 = t$ wobei $t \in \mathbb{R}$. Damit wird Gleichung II. nach x_1 aufgelöst und wir erhalten $2x_1 - t = 1$ bzw. $x_1 = \frac{1}{2} + \frac{t}{2}$. Eingesetzt in Gleichung I. ergibt sich $\frac{1}{2} + \frac{t}{2} + 3x_2 = 6$. Nach Multiplikation mit 2 folgt $1 + t + 6x_2 = 12$ bzw. $x_2 = \frac{11}{6} - \frac{t}{6}$.

Damit haben wir $\vec{x} = \begin{pmatrix} x_1 \\ x_2 \\ x_3 \end{pmatrix} = \begin{pmatrix} \frac{1}{2} + \frac{t}{2} \\ \frac{11}{6} - \frac{t}{6} \\ t \end{pmatrix} = \begin{pmatrix} \frac{1}{2} \\ \frac{11}{6} \\ 0 \end{pmatrix} + t \cdot \begin{pmatrix} \frac{1}{2} \\ -\frac{1}{6} \\ 1 \end{pmatrix}.$

Da es auf die Länge des Richtungsvektors nicht ankommt, multiplizieren wir diesen mit 6 und erhalten $\begin{pmatrix} 3 \\ -1 \\ 6 \end{pmatrix}$ als neuen Richtungsvektor. Damit wir auch im Stützvektor ohne Brüche auskommen, setzen wir in obiger Gleichung einfach $t = 11$ und erhalten

$$\begin{pmatrix} \frac{1}{2} \\ \frac{11}{6} \\ 0 \end{pmatrix} + 11 \cdot \begin{pmatrix} \frac{1}{2} \\ -\frac{1}{6} \\ 1 \end{pmatrix} = \begin{pmatrix} 6 \\ 0 \\ 11 \end{pmatrix}.$$

Dies ist der neue Stützvektor. Damit können wir die Gleichung der Schnittgeraden in „schön" notieren.

Ergebnis: Die Schnittgerade von E und F ist gegeben durch

$$g: \vec{x} = \begin{pmatrix} 6 \\ 0 \\ 11 \end{pmatrix} + t \begin{pmatrix} 3 \\ -1 \\ 6 \end{pmatrix}; t \in \mathbb{R}.$$

c)   Bestimmung der Geraden

Eine Gerade h, die in E liegt, aber keinen gemeinsamen Punkt mit F hat muss parallel zur Schnittgeraden aus Aufgabenteil b) liegen. Entsprechend können wir den Richtungsvektor von g als Richtungsvektor von h nehmen. Nun brauchen wir noch einen Punkt, der auf E aber nicht auf g liegt, den wir als Stützvektor verwenden können. Der Spurpunkt $(6|0|0)$ von E ist ein solcher Punkt. Wir prüfen dies durch Einsetzen in g nach. Aus

$$\begin{pmatrix} 6 \\ 0 \\ 0 \end{pmatrix} = \begin{pmatrix} 6 \\ 0 \\ 11 \end{pmatrix} + t \cdot \begin{pmatrix} 3 \\ -1 \\ 6 \end{pmatrix}$$

erhalten wir

$$\begin{pmatrix} 0 \\ 0 \\ -11 \end{pmatrix} = t \cdot \begin{pmatrix} 3 \\ -1 \\ 6 \end{pmatrix}$$

Für die ersten beiden Koordinaten ergibt sich hier $t = 0$ gelten, was aber nicht für die dritte Koordinate gilt. Der Widerspruch zeigt, dass der Spurpunkt tatsächlich nicht auf g liegt.

Ergebnis: Eine Gerade in E, welche keinen Schnittpunkt mit g hat ist gegeben durch

$$h: \vec{x} = \begin{pmatrix} 6 \\ 0 \\ 0 \end{pmatrix} + t \cdot \begin{pmatrix} 3 \\ -1 \\ 6 \end{pmatrix}; t \in \mathbb{R}$$

Aufgabe 6

.

Im Folgenden setzen wir voraus, dass die Gleichung der Ebene E in Koordinatenform vorliegt. Andernfalls lässt sich diese durch Umwandlung ermitteln.

Die Gerade g verläuft senkrecht zu E und durch die Spitze S des Kreiskegels. Deren Gleichung bekommen wir dadurch, dass wir den Ortsvektor von S als Stützvektor verwenden und den

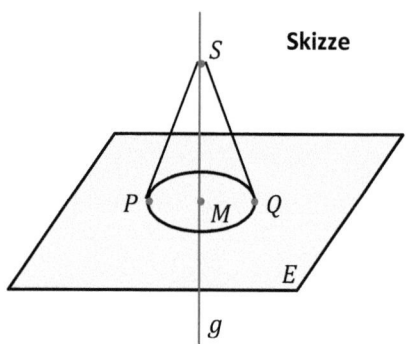

Skizze

Normalenvektor der Ebene E als Richtungsvektor.

Durch Einsetzen von g in E erhalten wir den Schnittpunkt M von g mit E. Dies ist der Mittelpunkt des Grundkreises. Aus der Gleichung $\overrightarrow{OP} + 2 \cdot \overrightarrow{PM} = \overrightarrow{OQ}$ erhält man schließlich die Koordinaten von Q.

Aufgabe 7

Gesucht ist die Wahrscheinlichkeit des Ereignisses $E = \{(r), (\overline{r}, r), (\overline{r}, \overline{r}, r)\}$, wobei r für „rot" und $\overline{r}$ für „nicht rot" steht. Wir haben Anfangs sechs Kugeln in der Urne und ziehen ohne zurücklegen. Somit verringert sich die Anzahl der Kugeln nach jeder Ziehung um eins. Mit

$$P(r) = \frac{3}{6} = \frac{1}{2}; \quad P(\overline{r}, r) = \frac{3}{6} \cdot \frac{3}{5} = \frac{3}{10}; \quad P(\overline{r}, \overline{r}, r) = \frac{3}{6} \cdot \frac{2}{5} \cdot \frac{3}{4} = \frac{3}{20}$$

folgt

$$P(E) = \frac{1}{2} + \frac{3}{10} + \frac{3}{20} = \frac{19}{20} = 0{,}95 = 95\%$$

Ergebnis: Die Wahrscheinlichkeit, dass man höchstens 3 Ziehungen benötigt, um mit einer roten Kugel abzuschließen, beträgt 95%.

5.32 Wahlteil 2017 – Analysis A 1

Aufgabe A 1.1

Die Anzahl der Käufer einer neu eingeführten Smartphone-App soll modelliert werden. Dabei wird die momentane Änderungsrate beschrieben durch die Funktion f mit

$$f(t) = 6000 \cdot t \cdot e^{-0,5t} \; ; t \geq 0$$

(t in Monaten nach der Einführung, $f(t)$ in Käufer pro Monat).

a) Zuerst werden nur die ersten zwölf Monate nach der Einführung betrachtet.
    Geben Sie die maximale momentane Änderungsrate an.
    Bestimmen Sie den Zeitraum, in dem die momentane Änderungsrate größer als 4000 Käufer pro Monat ist.
    Bestimmen Sie die Zeitpunkte, zu denen die momentane Änderungsrate am stärksten abnimmt bzw. zunimmt.

    (4,5 VP)

b) Zeigen Sie, dass für $t > 2$ die Funktion f streng monoton fallend ist und nur positive Werte annimmt.
    Interpretieren Sie dies in Bezug auf die Entwicklung der Käuferzahlen.

    (4 VP)

c) Ermitteln Sie die Gesamtzahl der Käufer sechs Monate nach Einführung der App.
    Bestimmen Sie den Zeitraum von zwei Monaten, in dem es 5000 neue Käufer gibt.

    (3,5 VP)

d) Bei einer anderen neuen App erwartet man maximal 30 000 Käufer.
    In einem Modell soll angenommen werden, dass sich die Gesamtzahl der Käufer nach dem Gesetz des beschränkten Wachstums entwickelt.
    Sechs Monate nach Verkaufsbeginn gibt es bereits 20 000 Käufer.
    Bestimmen Sie einen Funktionsterm, welcher die Gesamtzahl der Käufer in Abhängigkeit von der Zeit beschreibt.

    (3 VP)

Aufgabe A 1.2

Die Funktion g ist gegeben durch $g(x) = x - \frac{1}{x^3}$; $x \neq 0$.

a) Die Tangente an den Graphen von g im Punkt B verläuft durch $P(0|-0,5)$.
   Bestimmen Sie die Koordinaten von B.

   (2,5 VP)

b) Es gibt einen Punkt auf dem Graphen von g, der den kleinsten Abstand zur Geraden
   mit der Gleichung $y = 2x - 1$ besitzt.
   Ermitteln Sie die x-Koordinate dieses Punktes.

   (2,5 VP)

5.33 Lösung Wahlteil 2017 – Analysis A 1

Aufgabe A 1.1

a) Maximale momentane Änderungsrate

Geben Sie den Funktionsterm zunächst bei Y_1 im Y-Editor des GTR ein und lassen Sie sich den Graphen im x-Intervall [0; 12] und im y-Intervall [0; 6000] zeichnen. Anschließend können Sie mit 2ND CALC maximum das Maximum bestimmen und erhalten aufgerundet 4415.

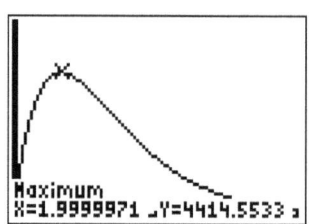

Ergebnis: Die maximale momentane Änderungsrate beträgt 4.415 Käufer pro Monat.

Zeitraum der größten Änderungsrate

Für die nächste Teilaufgabe geben Sie im Y-Editor bei Y_2 den konstanten Wert 4000 ein und lassen sich die beiden Graphen nochmals zeichnen. Mit 2ND CALC intersect bestimmen Sie den linken und den rechten Schnittpunkt der beiden Graphen. Sie erhalten $t_1 = 1,24$ und $t_2 = 3,02$.

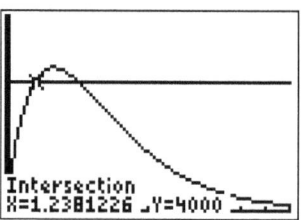

Ergebnis: Im Zeitraum zwischen 1,24 und 3,02 Monaten nach Einführung der App ist die momentane Änderungsrate größer als 4.000 Käufer pro Monat.

Stärkste Ab- und Zunahme der Änderungsrate

Die stärkste Ab- bzw. Zunahme der momentanen Änderungsrate bekommen wir über den Tief- bzw. Hochpunkt der ersten Ableitung. Hierfür geben Sie im GTR bei Y_2 den Ausdruck für die erste Ableitung ein (Taste MATH und Position 8 nDeriv).

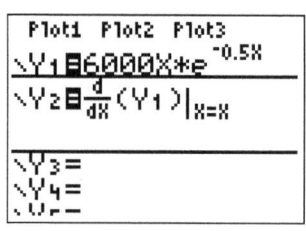

Lassen Sie sich anschließend den Graphen der ersten Ableitung zeichnen und bestimmen Sie mit 2ND CALC minimum den Tiefpunkt. Beachten Sie, dass es sich bei der stärksten Zunahme nicht um einen Wendepunkt handelt! Die stärkste Zunahme findet sich in der Ableitungskurve am linken Rand, da dort die Ableitung (also die Steigung von

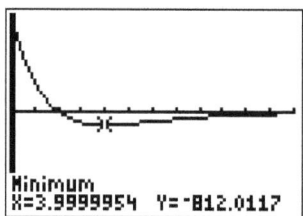

$f(x)$) den höchsten Wert hat.

Ergebnis: Der Zeitpunkt der stärksten Abnahme liegt im vierten Monat nach Einführung der App, während die stärkste Zunahme gleich zu Beginn der Einführung stattfindet.

b) Streng monotone Abnahme für $t > 2$

Das Schaubild von $f(x)$ gibt einen Anhaltspunkt dafür, dass die Aussage wahr ist. Doch „sehen" alleine taugt nicht als Beweis! Wir führen den Nachweis rechnerisch, durch Untersuchung der ersten Ableitung. Unter Anwendung der Produkt- und Kettenregel erhalten wir:

$$f'(t) = 6000e^{-0,5t} + 6000t \cdot (-0,5) \cdot e^{-0,5t} = 6000e^{-0,5t} \cdot (1 - 0,5t)$$

Nun ist für alle t (also insbesondere für $t > 2$) der Term $6000e^{-0,5t} > 0$. Hingegen ist der Term $(1 - 0,5t)$ für $t > 2$ negativ. Damit ist auch $f'(t) < 0$ für $t > 2$. Da für $t > 2$ sowohl t als auch $e^{-0,5t}$ positiv sind, gilt dies auch für $f(t)$.

Ergebnis: Für $t > 2$ gilt $f'(t) < 0$ und folglich ist $f(x)$ für $t > 2$, wie behauptet, streng monoton fallend und $f(t)$ nimmt nur positive Werte an.

Interpretation:
Die momentane Änderungsrate ist im gesamten Betrachtungszeitraum positiv, ist aber ab dem zweiten Monat nach Einführung der App rückläufig. Das bedeutet, dass nach dem zweiten Monat die Käuferzahlen zwar immer noch zunehmen, aber jeden Monat weniger neue Käufer hinzukommen.

c) Anzahl der Käufer sechs Monate nach Einführung

Die gesuchte Anzahl ergibt sich aus dem Integral $\int_0^6 f(t)dt$. Zur Berechnung mit dem GTR geben Sie hierzu den Ausdruck aus der nebenstehenden Abbildung ein.

```
∫₀⁶(Y₁)dX
        19220.44144
▮
```

Ergebnis: Sechs Monate nach Einführung haben 19.221 Personen die App gekauft. (Da es keine „Bruchteile" von Käufern gibt runden wir grundsätzlich auf ganze Käufer auf!)

Zweimonatiger Zeitraum mit 5.000 neuen Käufern

Wir bezeichnen den noch unbekannten Startzeitpunkt mit T. Zwei Monate später bedeutet folglich $T + 2$. Wir haben also die Gleichung $\int_T^{T+2} f(t)dt = 5000$ zu lösen.

Da man derzeit das Thema „partielle Integration" in der Schule nicht mehr behandelt, bleibt uns hier nur der Weg über den GTR. Geben Sie das Integral bei Y_2 im GTR ein, den Wert 5000 bei Y_3 und lassen Sie sich die beiden Graphen zeichnen. Mit 2ND CALC intersect bestimmen Sie den Schnittpunkt der beiden Kurven bei $x \approx 3{,}98$.

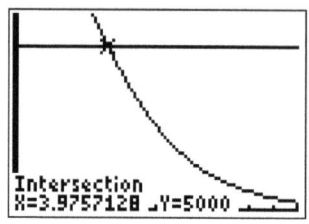

Ergebnis: Im Zeitraum von 3,98 bis 5,98 Monaten nach Einführung kaufen 5.000 Personen die App.

d)   Funktionsterm für Käuferzahlen der neuen App

Das Gesetz für größenbeschränktes Wachstum lautet $f(t) = S - ce^{-kt}$ mit S als oberer Schranke und k als Wachstumskonstante. $S = 30000$ ist in der Aufgabenstellung bereits gegeben. Da zum Zeitpunkt $t = 0$ noch nichts verkauft wurde gilt $f(0) = 30000 - ce^{-k \cdot 0} = 0$ also $30000 - c = 0$ und damit $c = 30000$. Wir haben nun $f(t) = 30000 - 30000e^{-kt}$. Was uns noch fehlt ist die Wachstumskonstante k. Aus der Aufgabenstellung wissen wir, dass $f(6) = 20000$ gilt.
Damit folgt:

$$
\begin{aligned}
30000 - 30000e^{-k \cdot 6} &= 20000 &&| -30000 \\
-30000e^{-k \cdot 6} &= -10000 &&| : (-30000) \\
e^{-k \cdot 6} &= \frac{1}{3} &&| \ln \\
-6k &= \ln\frac{1}{3} &&| : (-6) \\
k &= \frac{\ln\frac{1}{3}}{-6} \approx 0{,}1831 &&
\end{aligned}
$$

Ergebnis: Die Anzahl der Käufer der zweiten neuen App entwickelt sich nach der Funktion $f(t) = 30000 - 30000e^{-0{,}1831t}$.

Aufgabe A 1.2

a) Koordinaten des Punktes B

Der Punkt B habe die Koordinaten $B(u|f(u))$.
Wir bestimmen zunächst die Geradengleichung der Tangente über die Tangentenformel:
$y = g'(u)(x - u) + g(u)$.

Mit $g(x) = x - \frac{1}{x^3} = x - x^{-3}$ folgt $g'(x) = 1 + 3x^{-4} = 1 + \frac{3}{x^4}$.

Wir haben also $g(u) = u - \frac{1}{u^3}$ und $g'(u) = 1 + \frac{3}{u^4}$. Eingesetzt in die Tangentenformel
ergibt sich:

$$y = \left(1 + \frac{3}{u^4}\right)(x - u) + u - \frac{1}{u^3}$$

Wir wissen außerdem, dass die Tangente durch den Punkt $P(0|-0{,}5)$ verläuft. Die x- und
y-Koordinate setzen wir in die Tangentenformel ein (das dürfen wir, weil P auf der
Tangente liegt) und erhalten:

$$-0{,}5 = \left(1 + \frac{3}{u^4}\right)(-u) + u - \frac{1}{u^3} \Leftrightarrow -0{,}5 = -u - \frac{3}{u^3} + u - \frac{1}{u^3} = -\frac{4}{u^3}$$

$$\Leftrightarrow \frac{1}{8} = \frac{1}{u^3} \Leftrightarrow u = 2$$

Mit $u = 2$ folgt $g(2) = 2 - \frac{1}{8} = 1{,}875$.

Ergebnis: Der Punkt B hat die Koordinaten $B(2|1{,}875)$.

b) Punkt auf g mit kleinsten Abstand zur Geraden h: $y = 2x - 1$

Die Darstellung der beiden Kurven im GTR lässt
vermuten, dass g und h keinen Schnittpunkt haben. Der
rechnerische Nachweis erfolgt durch Gleichsetzen von
g mit h. Die resultierende Gleichung hat keine Lösung.
Damit ist sichergestellt, dass der kleinste Abstand von g
zu h nicht Null ist. Wenn man nun h parallel verschiebt,
so dass h irgendwann den Graphen von g berührt (also
zur Tangente wird), so ist der Berührpunkt $B(u|f(u))$ zwangsläufig derjenige mit dem

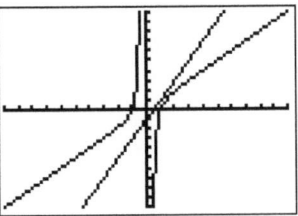

kleinsten Abstand zu h. Damit wissen wir, dass die Tangente in B die Steigung 2 hat, dass also $g'(u) = 2$ gelten muss. Mit $g'(u) = 1 + \frac{3}{u^4} = 2$ folgt

$$\frac{3}{u^4} = 1 \iff u^4 = 3 \iff u_1 \approx 1{,}32; u_2 = -1{,}32$$

Dies sind unsere beiden Kandidaten für die Lösung. Wir könnten nun mit „Gewalt" noch die y-Koordinaten der beiden Punkte ermitteln und hätten dann B_1 und B_2. Anschließend könnte man den Abstand zu h bestimmen und würden per Rechnung herausfinden, dass B_1 die Lösung ist. Man kann aber auch argumentieren, dass $g(x)$ punktsymmetrisch ist (wegen $g(-x) = -g(x)$), die Gerade h unterhalb des Ursprungs verläuft und deshalb näher an B_1 liegt als an B_2. Aber mit einem Blick auf die obige Abbildung und einem beherzten „das sieht man doch" formulieren wir das

Ergebnis: Der Punkt mit der x-Koordinate $x = 1{,}32$ ist derjenige auf dem Graphen von g, der den kürzesten Abstand zur Geraden $y = 2x - 1$ hat.

5.34 Wahlteil 2017 – Analysis A 2

Aufgabe A 2.1

An einem Stausee wird der Zu- und Abfluss künstlich geregelt. Dabei wird die momentane Zuflussrate beschrieben durch die Funktion z mit

$$z(t) = 20 \cdot \sin\left(\frac{\pi}{12} \cdot t\right) + 25 \; ; t \geq 0$$

Die konstante Abflussrate wird beschrieben durch die Funktion a mit

$$a(t) = 19 \; ; t \geq 0$$

(t in Stunden seit Beobachtungsbeginn, $z(t)$ und $a(t)$ in $1000\,\frac{m^3}{h}$).

a) Zunächst werden die ersten 24 Stunden nach Beobachtungsbeginn betrachtet.
   Bestimmen Sie die minimale momentane Zuflussrate.
   In welchem Zeitraum nimmt die Wassermenge im Stausee ab?
   Bestimmen Sie die maximale momentane Änderungsrate der Wassermenge.

   (4 VP)

b) Zu Beobachtungsbeginn befinden sich 2 500 000 m³ Wasser im See.
   Bestimmen Sie die Wassermenge im Stausee 12 Stunden nach Beobachtungsbeginn.
   Begründen Sie, dass die Wassermenge in jedem 24-Stunden-Zeitraum um
   144 000 m³ zunimmt.
   Welchen Wert müsste die konstante Abflussrate haben, damit nach Ablauf von 14
   Tagen die Wassermenge im Stausee 4 180 000 m³ betragen würde?

   (5,5 VP)

Aufgabe A 2.2

Gegeben ist die Funktion f mit $f(x) = x^3 - 9x^2 + 24x - 14$.

a)   Die Gerade g durch den Hochpunkt H und den Tiefpunkt T des Graphen von f
     schneidet die Koordinatenachsen in den Punkten P und Q.
     Bestimmen Sie den prozentuellen Anteil der Strecke HT an der Strecke PQ.

                                                                        (4 VP)

b)   Begründen Sie, dass die Steigung des Graphen von f keine Werte kleiner als -3
     annehmen kann.

                                                                        (2 VP)

c)   Der Graph von f und die Gerade h mit der Gleichung $y = 2$ schließen eine Fläche ein.
     Diese Fläche rotiert um die Gerade h.
     Berechnen Sie das Volumen des entstehenden Rotationskörpers.

                                                                        (2,5 VP)

d)   Eine Parallele zur x-Achse schneidet aus dem Graphen von f ein Kurvenstück aus, das
     den Tiefpunkt enthält. Die Endpunkte dieses Kurvenstücks haben den Abstand 2,5
     voneinander.
     Bestimmen Sie eine Gleichung dieser Parallelen.

                                                                        (2 VP)

5.35 Lösung Wahlteil 2017 – Analysis A 2

Aufgabe A 2.1

a) Minimale momentane Zuflussrate

Geben Sie den Funktionsterm von $z(t)$ bei Y₁ im GTR ein und lassen Sie sich den Graphen im x-Intervall $[0; 24]$ und im y-Intervall $[0; 50]$ zeichnen. Achten Sie darauf, dass Ihr GTR auf RADIAN eingestellt ist! Mit 2ND CALC minimum findet man $x = 18$ und $y = 5$, siehe Abbildung. Da in $1000\,\frac{m^3}{h}$ gemessen wird haben wir als

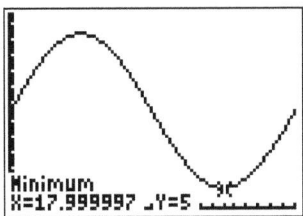

Ergebnis: Die minimale momentane Zuflussrate beträgt $5.000\,\frac{m^3}{h}$.

Zeitraum, in dem die Wassermenge abnimmt

Die Wassermenge im Stausee nimmt ab, wenn die Zuflussrate kleiner ist als die Abflussrate. Geben Sie hierfür zunächst den Wert 19 (also die Abflussrate) bei Y₂ im GTR ein und lassen Sie sich die beiden Graphen erneut zeichnen. Mit 2ND CALC intersect bestimmen Sie die beiden Schnittpunkte bei $t_1 \approx 13,16$ und $t_2 \approx 22,84$. Zwischen t_1 und t_2 liegt die Zuflussrate unterhalb der Abflussrate.

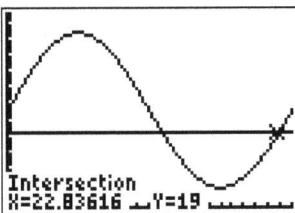

Ergebnis: Zwischen 13,16 und 22,84 Stunden nach Beobachtungsbeginn nimmt die Wassermenge im Stausee ab.

Maximale momentane Änderungsrate

Die Änderungsrate ist gegeben durch Zufluss minus Abfluss also durch $z(t) - a(t) = 20\sin\left(\frac{\pi}{12}\cdot t\right) + 6$. Geben Sie den entsprechenden Funktionsterm bei Y₃ im GTR ein und lassen Sie sich die Kurve zeichnen. Mit 2ND CALC maximum erhalten Sie die maximale Änderungsrate bei $x = 6$ mit $y = 26$, siehe Abbildung.

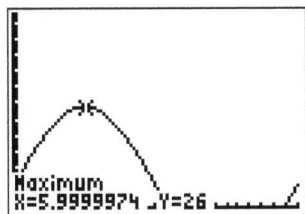

Ergebnis: Die maximale Änderungsrate wird 6 Stunden nach Beobachtungsbeginn erreicht und beträgt dann $26.000 \frac{m^3}{h}$.

b)   Wassermenge 12 Stunden nach Beobachtungsbeginn

Die Änderungsrate ist wie in Teilaufgabe a) beschrieben gegeben durch $z(t) - a(t) = 20 \cdot \sin\left(\frac{\pi}{12} \cdot t\right) + 6$. Die Wassermenge im Stausee ist folglich gegeben durch

$$W(t) = 2500 + \int_0^{12} \left(20 \sin\left(\frac{\pi}{12}t\right) + 6\right) dt$$

Beachten Sie, dass die Änderungsrate in $1000 \frac{m^3}{h}$ gemessen wird. Dementsprechend geben wir die Wassermenge in Einheiten zu $1000 m^3$ an. In der obigen Formel muss daher die anfängliche Wassermenge mit 2.500 angegeben werden und nicht mit 2.500.000! Wenn wie in Teilaufgabe a) bei Y_3 im GTR noch die momentane Änderungsrate steht, können Sie nun im Berechnungsmodus eingeben, was Sie in der Abbildung rechts sehen.

$2500+\int_0^{12}(Y_3)dX$
2724.788745

Unter Beachtung, dass der Wert wieder in m^3 umgerechnet werden muss, erhalten Sie folgendes

Ergebnis: 12 Stunden nach Beobachtungsbeginn befinden sich etwa $2.724.788 \ m^3$ im See.

Wasserzunahme nach jedem 24-Stunden-Zeitraum

Die Periode der Funktion $\sin\left(\frac{\pi}{12}t\right)$ berechnet sich mit $p = \frac{2\pi}{\pi/12} = 24$. Das bedeutet, dass auch die Änderungsrate in einem 24-Stunden-Rhythmus schwankt. Die tatsächliche Zunahme ergibt sich nun durch $\int_0^{24} \left(20 \sin\left(\frac{\pi}{12}t\right) + 6\right) dt$. Beachte, dass die Wassermenge zu Beobachtungsbeginn hier natürlich keine Rolle spielt. Der GTR liefert den Wert 144.

Ergebnis: In einem 24-Stunden-Rhythmus nimmt die Wassermenge im Stausee um $144.000 \ m^3$ zu.

Neuer Wert für Abflussrate, Variante 1

Wir bezeichnen den neuen Wert für die Abflussrate zunächst mit a. Die Wassermenge im Stausee nach T Stunden beträgt dann

$$W(t) = 2500 + \int_0^T \left(20 \sin\left(\frac{\pi}{12}t\right) + 25 - a\right) dt$$

Eine Stammfunktion für das Integral ist z.B. $F(t) = -\dfrac{20\cos\left(\frac{\pi}{12}t\right)}{\frac{\pi}{12}} + 25t - at.$

14 Tage sind $14 \cdot 24 = 336$ Stunden. Für die Wassermenge nach 14 Tagen muss also gelten

$$W(336) = 2500 + \int_0^{336}\left(20\sin\left(\frac{\pi}{12}t\right) + 25 - a\right)dt = 2500 + F(336) - F(0)$$

Wiederum unter Beachtung, dass wir in Einheiten zu $1000\ \text{m}^3$ rechnen folgt also

$$4180 = 2500 + F(336) - F(0)$$

$$= 2500 + \left(-\frac{20\cos\left(\frac{\pi}{12}\cdot 336\right)}{\frac{\pi}{12}} + 25\cdot 336 - 336a\right) - \left(-\frac{20}{\frac{\pi}{12}}\right)$$

$$= 2500 + (-76{,}39 + 8400 - 336a) + 76{,}39$$

$$= 10900 - 336a$$

Aufgelöst nach a ergibt sich $a = 20$.

Ergebnis: Die neue Abflussrate beträgt $20.000\ \dfrac{\text{m}^3}{\text{h}}$

Dies war die schwierige/formale Variante.

Neuer Wert für Abflussrate, Variante 2

Statt wie oben ein Integral per Hand zu berechnen können wir auch etwas mehr „intuitiv" vorgehen. Die Wassermenge im Stausee nach 14 Tagen = 336 Stunden ist gegeben durch Anfangsmenge + Zuflussrate – Abflussrate, also gilt

$$4180 = 2500 + \int_0^{336}\left(20\sin\left(\frac{\pi}{12}t\right) + 25\right)dt - 336a$$

Mit dem GTR ergibt sich

$$4180 = 2500 + 8400 - 336a$$

Nach a aufgelöst folgt wiederum $a = 20$.

Ergebnis: Die neue Abflussrate beträgt $20.000\ \dfrac{\text{m}^3}{\text{h}}$

Aufgabe A 2.2

a) Bestimmung von Hochpunkt und Tiefpunkt

Geben Sie den Funktionsterm bei Y_1 im GTR ein und lasse n
Sie sich den Graphen im x-Intervall $[-5; 10]$ und im y-
Intervall $[-20; 20]$ zeichnen. Mit 2ND CALC maximum bzw. 2ND CALC
minimum bestimmen Sie die Koordinaten des Hoch- bzw.
Tiefpunktes. Sie erhalten $H(2|6)$ bzw. $T(4|2)$.

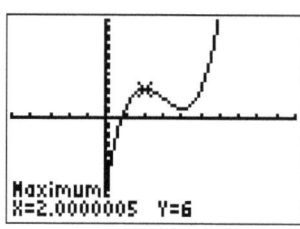

Gerade durch H und T

In der allgemeinen Geradengleichung $y = mx + c$ ist m die Steigung und c der Schnittpunkt
mit der y-Achse. Die Steigung ist in unserem Fall gegeben durch

$$m = \frac{Differenz \ y - Koordinaten}{Differenz \ x - Koordinaten} = \frac{6 - 2}{2 - 4} = -2$$

Wir haben somit nun $y = -2x + c$. Durch Einsetzen der Koordinaten z.B. des Tiefpunkts
erhält man $2 = -2 \cdot 4 + c$ also $c = 10$. Folglich ist $y = -2x + 10$ die Gerade durch H und
T. Der Schnittpunkt mit der y-Achse ist $Q(0|10)$. Für den Schnittpunkt mit der x-Achse
setzen wir $y = 0$ und erhalten $0 = -2x + 10 \Leftrightarrow -10 = -2x$ also $x = 5$. Damit haben wir
$P(5|0)$.

Streckenanteil HT an PQ

Die Länge der Strecke HT ist gegeben durch

$$L(HT) = \sqrt{(4 - 2)^2 + (2 - 6)^2} = \sqrt{20} \approx 4,47$$

Für die Länge der Strecke PQ gilt entsprechend

$$L(PQ) = \sqrt{(5 - 0)^2 + (0 - 10)^2} = \sqrt{125} \approx 11,18$$

Der Anteil der Strecke HT an PQ ist damit gegeben durch $\frac{L(HT)}{L(PQ)} = \frac{4,47}{11,18} = 0,3998$.

Ergebnis: Die Strecke HT beträgt etwa 40% der Strecke PQ.

b) Steigung des Graphen f

Mit $f(x) = x^3 - 9x^2 + 24x - 14$ folgt $f'(x) = 3x^2 - 18x + 24$. Bekanntlich stellt f' die Steigung von f dar und wir können nun mit dem GTR den kleinsten Wert von f' herausfinden. Dieser liegt, wie in der Abbildung zu sehen für $x = 3$ exakt bei $y = -3$. Kleinere Steigungen gibt es also nicht!

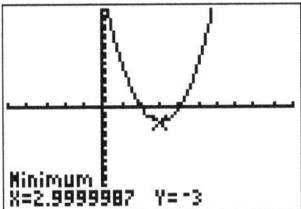

c) Volumen des Rotationskörpers

Wir verdeutlichen uns die Situation zunächst in einer Skizze, siehe rechts.

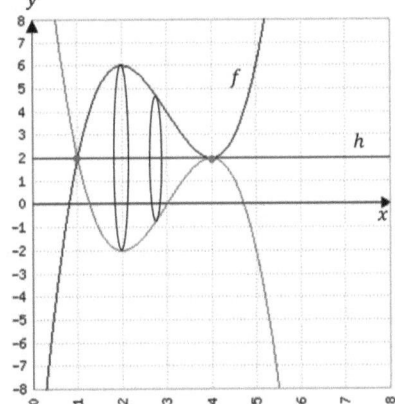

Die Formel für das Volumen bei Rotation um die x-Achse lautet

$$V_x = \pi \int_a^b [f(x)]^2 dx$$

Damit wir diese Formel anwenden können, müssen wir sowohl f und h um zwei Einheiten nach unten verschieben. Dadurch wird h zur x-Achse und f wird zu $g(x) = x^3 - 9x^2 + 24x - 16$.

Die Nullstellen von g sind dann die Grenzen a und b aus d er Volumenformel. Geben Sie $g(x)$ im GTR bei Y3 ein, lassen Sie sich den Graphen zeichnen und mit 2ND CALC zero erhalten Sie die beiden Nullstellen bei $a = 1$ und $b = 4$.

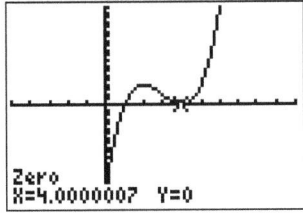

Damit haben wir

$$V_x = \pi \int_1^4 [x^3 - 9x^2 + 24x - 16]^2 dx$$

Wechseln Sie im GTR in den Berechnungsmodus und geben Sie den nebenstehenden Ausdruck ein. Sie erhalten den Wert 65,43.

$\pi \int_1^4 (Y_3{}^2) dX$

Ergebnis: Das Volumen des Rotationskörpers beträgt etwa 65,43 LE^3.

d) Gleichung der Parallelen

Wir bezeichnen die Schnittpunkte der Parallelen mit dem Graphen von f mit P und Q. P sei der linke Schnittpunkt und habe die noch unbekannte x-Koordinate x_0.

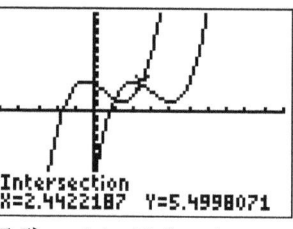

Q liegt 2,5 Einheiten rechts davon, hat also die x-Koordinate $x_1 = x_0 + 2,5$. Da es sich um eine Parallele zur x-Achse handeln soll, müssen die y-Koordinaten auf derselben Höhe liegen.

Dadurch bekommen wir die Gleichung $f(x_0) = f(x_0 + 2,5)$.

Geben Sie nun im GTR bei Y₂ den Ausdruck Y₁(X+2.5) ein, wie oben rechts gezeigt und lassen Sie sich die beiden Graphen zeichnen. Bestimmen Sie anschließend mit 2ND CALC intersect den rechten Schnittpunkt. Sie erhalten $x_0 = 2,44$ mit der y-Koordinate $y_0 \approx 5,5$. Damit haben wir $P(2,44|5,5)$ und $Q(4,94|5,5)$ und der Tiefpunkt von f liegt wie gefordert zwischen den beiden x-Koordinaten.

Ergebnis: Die gesuchte Parallel hat die Gleichung $y = 5,5$.

5.36 Wahlteil 2017 – Analytische Geometrie B 1

Aufgabe B 1

Ein Künstler teilt einen quaderförmigen Container durch einen ebenen Schnitt in einen großen und einen kleinen Teilkörper. Der Container wird in einem Koordinatensystem als Quader mit den Eckpunkten $A(2|0|3)$, $B(2|10|3)$, $C(0|10|3)$, D, F, $G(2|10|0)$, H und $O(0|0|0)$ dargestellt (Koordinatenangaben in Meter).

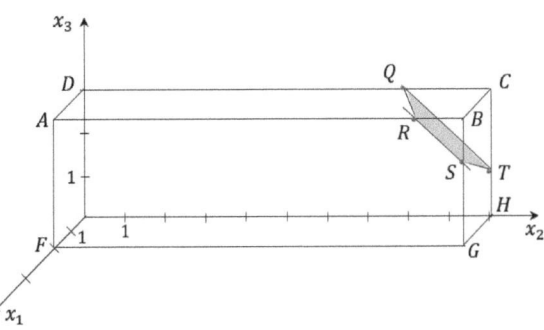

Die Ebene E scheidet die Kanten des Quaders in den Punkten $R(2|9|3)$, $S(2|10|2)$, $T(0|10|1)$ und $Q(0|8|3)$. Der kleine Teilkörper hat also die Eckpunkte Q, R, S, T, B, C.

a) Bestimmen Sie eine Koordinatengleichung der Ebene E.
   Begründen Sie, dass es sich bei dem Viereck $QRST$ um ein Trapez handelt.
   Berechnen Sie den Flächeninhalt des Trapezes $QRST$.
   (Teilergebnis: $E: -x_1 + 2x_2 + 2x_3 = 22$)

   (6 VP)

b) Der kleine Teilkörper wird mit den Schnittkanten nach unten auf den großen Teilkörper gestellt.
   Bestimmen Sie die Höhe des zusammengesetzten Körpers.

   (1,5 VP)

c) Der Container besitzt eine Tür, die im geschlossenen Zustand durch das Viereck $ODAF$ dargestellt wird. Die Tür ist drehbar um die Kante, die durch die Strecke OD beschrieben wird.
   Jede Ebene $T_a: ax_1 + x_2 = 0; a \geq 0$ beschreibt eine mögliche Stellung dieser Tür.
   Bestimmen Sie den Wert für a, für den der Öffnungswinkel der Tür 30° beträgt.

   (2,5 VP)

5.37 Lösung Wahlteil 2017 – Analytische Geometrie B 1

Aufgabe B 1

a) Koordinatengleichung der Ebene E

Wir bilden aus den drei Punkte R, S und T die beiden Richtungsvektoren:

$$\overrightarrow{RS} = \begin{pmatrix} 2 \\ 10 \\ 2 \end{pmatrix} - \begin{pmatrix} 2 \\ 9 \\ 3 \end{pmatrix} = \begin{pmatrix} 0 \\ 1 \\ -1 \end{pmatrix}, \overrightarrow{RT} = \begin{pmatrix} 0 \\ 10 \\ 1 \end{pmatrix} - \begin{pmatrix} 2 \\ 9 \\ 3 \end{pmatrix} = \begin{pmatrix} -2 \\ 1 \\ -2 \end{pmatrix}$$

Aus den beiden Richtungsvektoren bekommt man mit Hilfe des Kreuzprodukts einen Normalenvektor:

$$\begin{pmatrix} -2 \\ 2 \\ 0 \end{pmatrix} - \begin{pmatrix} -1 \\ 0 \\ -2 \end{pmatrix} = \begin{pmatrix} -1 \\ 2 \\ 2 \end{pmatrix} = \vec{n}$$

Damit haben wir bereits $E: -x_1 + 2x_2 + 2x_3 = d$ mit noch unbekanntem d. Durch Einsetzen eines beliebigen Punktes, der auf E liegt, z.B. R, erhält man $d = -2 + 2 \cdot 9 + 2 \cdot 3 = 22$.

Ergebnis: Eine Koordinatengleichung von E lautet $E: -x_1 + 2x_2 + 2x_3 = 22$.

Begründung für Behauptung „$QRST$ ist ein Trapez"

Die Strecke RS liegt in der vorderen Wand, die Strecke QT liegt in der hinteren Wand des Quaders. Die Punkte Q, R, S und T liegen darüber hinaus in einer Ebene. Damit sind die Strecken RS und QT zwangsläufig parallel. Entsprechend muss $QRST$ ein Trapez sein.

Flächeninhalt des Trapezes $QRST$

Die Flächenformel für das Trapez lautet $A = \frac{|RS|+|QT|}{2} \cdot h$. Mit $\overrightarrow{RS} = \begin{pmatrix} 0 \\ 1 \\ -1 \end{pmatrix}$ und $\overrightarrow{QT} = \begin{pmatrix} 0 \\ 10 \\ 1 \end{pmatrix} - \begin{pmatrix} 0 \\ 8 \\ 3 \end{pmatrix} = \begin{pmatrix} 0 \\ 2 \\ -2 \end{pmatrix}$ folgt $|\overrightarrow{RS}| = \sqrt{2}$ und $|\overrightarrow{QT}| = \sqrt{8}$. Die Höhe h erhalten wir, indem wir z.B. den Abstand des Punktes R von der Geraden durch Q und T bestimmen. Wir verwenden dazu das aus der Schule bekannte Verfahren und konstruieren zunächst eine Hilfsebene H senkrecht zu der Geraden g durch Q und T, so dass R in H liegt. Damit kann $\vec{n} = \overrightarrow{QT}$ als Normalenvektor für H dienen. Somit haben wir $2x_2 - 2x_3 = d$ mit noch unbekanntem d. Einsetzen von R liefert $2 \cdot 9 - 2 \cdot 3 = 12 = d$. Damit ist $2x_2 - 2x_3 = 12$ bzw. $x_2 - x_3 = 6$ eine Koordinatengleichung für unsere Hilfsebene. Die Gerade g durch Q und T lautet

$$g: \vec{x} = \begin{pmatrix} 0 \\ 8 \\ 3 \end{pmatrix} + t \cdot \begin{pmatrix} 0 \\ 2 \\ -2 \end{pmatrix}.$$ Wir bestimmen den Schnittpunkt von H mit g durch Einsetzen von

g in H: $(8 + 2t) - (3 - 2t) = 6 \iff 5 + 4t = 6 \iff t = \frac{1}{4}$. Eingesetzt in g erhalten wir

den Schnittpunkt $\begin{pmatrix} 0 \\ 8 \\ 3 \end{pmatrix} + \frac{1}{4} \cdot \begin{pmatrix} 0 \\ 2 \\ -2 \end{pmatrix} = \begin{pmatrix} 0 \\ 8{,}5 \\ 2{,}5 \end{pmatrix}$, also $S'(0|8{,}5|2{,}5)$. Damit ist schließlich der

Abstand von R zu g gegeben durch $|\overrightarrow{RS'}| = \left| \begin{pmatrix} 0 \\ 8{,}5 \\ 2{,}5 \end{pmatrix} - \begin{pmatrix} 2 \\ 9 \\ 3 \end{pmatrix} \right| = \left| \begin{pmatrix} -2 \\ -0{,}5 \\ -0{,}5 \end{pmatrix} \right| \approx 2{,}12$. Dies ist die

Höhe h des Trapezes. Es folgt: $A = \frac{|RS| + |QT|}{2} \cdot h = \frac{\sqrt{2} + \sqrt{8}}{2} \cdot 2{,}12 = 4{,}5$.

Ergebnis: Die Fläche des Trapezes $QRST$ beträgt etwa $4{,}5 \text{ LE}^2$.

b)   Höhe des zusammengesetzten Körpers

Wir bestimmen zunächst die Abstände der beiden Punkte B und C zur Ebene E aus Teilaufgabe a). Der größere dieser beiden Abstände ist die Höhe des abgeschnittenen

Körpers. Die Länge des Normalenvektors von E ist $|\vec{n}| = \left| \begin{pmatrix} -1 \\ 2 \\ 2 \end{pmatrix} \right| = \sqrt{9} = 3$. Damit

schreiben wir E in Hesse'scher Normalform:

$$HNF\ E: \frac{-x_1 + 2x_2 + 2x_3 - 22}{3} = 0$$

Es folgt

$$d(B, E) = \frac{|-2 + 2 \cdot 10 + 2 \cdot 3 - 22|}{3} = \frac{2}{3}$$

und

$$d(C, E) = \frac{|-0 + 2 \cdot 10 + 2 \cdot 3 - 22|}{3} = \frac{4}{3}$$

Die Höhe des abgeschnittenen Körpers ist somit $h_1 = \frac{4}{3}$. Die Höhe des Restkörpers liest man mit $h_2 = 3$ einfach an den Koordinaten ab.

Ergebnis: Die Höhe des zusammengesetzten Körpers beträgt 4,33m.

c)   Wert für a, so dass der Öffnungswinkel der Tür 30° beträgt

Das Viereck $ODAF$ (also die geschlossene Tür) liegt in der $x_1 x_3$-Ebene, welche durch die Ebenengleichung $x_2 = 0$ beschrieben wird. Der Normalenvektor ist hier gegeben durch $\vec{n}_1 = \begin{pmatrix} 0 \\ 1 \\ 0 \end{pmatrix}$. Der Normalenvektor in $T_a: ax_1 + x_2 = 0$ ist $\vec{n}_2 = \begin{pmatrix} a \\ 1 \\ 0 \end{pmatrix}$ mit $a \geq 0$. Der Winkel zwischen zwei Ebenen wird durch die Formel $\cos \alpha = \frac{|\vec{n}_1 \cdot \vec{n}_2|}{|\vec{n}_1| \cdot |\vec{n}_2|}$ berechnet. Wir müssen also lediglich die entsprechenden Werte einsetzen und nach a auflösen. Mit $|\vec{n}_1| = 1$, $|\vec{n}_2| = \sqrt{a^2 + 1}$, $|\vec{n}_1 \cdot \vec{n}_2| = 1$ und $\cos 30° = \frac{1}{2}\sqrt{3}$ (Formelsammlung) folgt

$$\frac{1}{2}\sqrt{3} = \frac{1}{\sqrt{a^2+1}} \qquad | \cdot \sqrt{a^2 + 1}$$

$$\frac{1}{2}\sqrt{3} \cdot \sqrt{a^2 + 1} = 1 \qquad | \cdot 2 \text{ und linke Seite ausmultiplizieren}$$

$$\sqrt{3a^2 + 3} = 2 \qquad |^\wedge 2$$

$$3a^2 + 3 = 4 \qquad |-3$$

$$3a^2 = 1 \qquad |:3$$

$$a^2 = \frac{1}{3} \qquad |\sqrt{}$$

$$a_1 = \frac{1}{\sqrt{3}}; \; a_2 = -\frac{1}{\sqrt{3}}$$

Wegen $a > 0$ kann nur $a_1 = \frac{1}{\sqrt{3}}$, was man auch als $\frac{1}{3}\sqrt{3}$ schreiben kann, die Lösung sein.

Ergebnis: Für $a = \frac{1}{3}\sqrt{3} \approx 0{,}58$ hat die Tür einen Öffnungswinkel von 30°.

5.38 Wahlteil 2017 – Analytische Geometrie B 2

Aufgabe B 2

Zwei Flugzeuge F_1 und F_2 bewegen sich geradlinig mit jeweils konstanter Geschwindigkeit über dem offenen Meer. In einem Koordinatensystem beschreibt dabei die $x_1 x_2$-Ebene die Meeresoberfläche. Die Beobachtung der Flugzeuge beginnt um 14.00 Uhr.
Die Flugbahn von F_1 wird beschrieben durch die Gleichung

$$g_1: \vec{x} = \begin{pmatrix} 15 \\ 6 \\ 3,4 \end{pmatrix} + t \cdot \begin{pmatrix} -4 \\ 12 \\ 0,3 \end{pmatrix} \qquad \text{(t in Minuten nach Beobachtungsbeginn).}$$

Der Punkt $P(-17|54|3,2)$ beschreibt die Position von F_2 um 14.00 Uhr, der Punkt $Q(1|36|3,8)$ die Position von F_2 um 14.03 Uhr (1 LE entspricht 1 km).

a) Berechnen Sie die Geschwindigkeit von F_1 in km/min.
    Bestimmen Sie den Zeitpunkt, zu dem F_1 eine Höhe von 4,9 km erreicht.
    Berechnen Sie die Weite des Winkels, mit dem das Flugzeug F_2 steigt.

    (3 VP)

b) Die Flugbahnen von F_1 und F_2 schneiden sich.
    Aus Sicherheitsgründen müssen die Zeitpunkte, zu denen die Flugzeuge den Schnittpunkt ihrer Flugbahnen durchfliegen, mindestens eine Minute auseinander liegen.
    Prüfen Sie, ob diese Bedingung erfüllt ist.

    (3 VP)

c) Die Position eines Ballons wird durch den Punkt $B(6|43|4,3)$ beschrieben.
    Bestimmen Sie einen Zeitpunkt t_0, zu dem beide Flugzeuge denselben Abstand vom Ballon haben.
    Die Punkte auf der Meeresoberfläche, die zum Zeitpunkt t_0 ebenfalls von beiden Flugzeugen gleich weit entfernt sind, liegen auf einer Geraden.
    Beschreiben Sie ein Verfahren, mit dem man eine Gleichung dieser Geraden bestimmen kann.

    (4 VP)

5.39 Lösung Wahlteil 2017 – Analytische Geometrie B 2

Aufgabe B 2

a) Geschwindigkeit von F_1

In der betrachteten Minute wird genau einmal die Länge des Richtungsvektors aus der Geradengleichung g_1 zurückgelegt. Daher folgt $\left| \begin{pmatrix} -4 \\ 12 \\ 0{,}3 \end{pmatrix} \right| = \sqrt{(-4)^2 + 12^2 + 0{,}3^2} \approx 12{,}65.$

Ergebnis: Das Flugzeug F_1 fliegt mit einer Geschwindigkeit von 12,65 km/min.

Zeitpunkt zu dem F_1 in einer Höhe von 4, 9 km fliegt

Aus g_1 entnimmt man, dass die Höhenkoordinate zum Zeitpunkt t gegeben ist durch $x_3 = 3{,}4 + 0{,}3t$. Für $x_3 = 4{,}9$ erhält man durch Auflösen nach t:

$$
\begin{array}{ll}
4{,}9 = 3{,}4 + 0{,}3t & |-3{,}4 \\
1{,}5 = 0{,}3t & |:0{,}3 \\
5 = t &
\end{array}
$$

Ergebnis: F_1 hat zum Zeitpunkt $t = 5$ (Minuten), also um 14.05 Uhr eine Höhe von 4,9 km.

Steigungswinkel von F_2

Das Flugzeug F_2 fliegt ebenfalls entlang einer Geraden. Diese hat den Richtungsvektor $\vec{u} = \overrightarrow{PQ} = \begin{pmatrix} 1 \\ 36 \\ 3{,}8 \end{pmatrix} - \begin{pmatrix} -17 \\ 54 \\ 3{,}2 \end{pmatrix} = \begin{pmatrix} 18 \\ -18 \\ 0{,}6 \end{pmatrix}$. Der Steigungswinkel α wird bezüglich der Bodenfläche, also der $x_1 x_2$-Ebene gemessen. Es muss also der Winkel zwischen einer Geraden und einer Ebene bestimmt werden. Die Formel hierfür lautet $\sin \alpha = \frac{|\vec{u} \cdot \vec{n}|}{|\vec{u}| \cdot |\vec{n}|}$. Die $x_1 x_2$-Ebene hat den Normalenvektor $\vec{n} = \begin{pmatrix} 0 \\ 0 \\ 1 \end{pmatrix}$. Damit folgt $|\vec{u} \cdot \vec{n}| = 0{,}6$, $|\vec{n}| = 1$ und $|\vec{u}| \approx 25{,}463$ (GTR).

Durch Einsetzen in die Winkelformel erhält man:

$$
\sin \alpha = \frac{0{,}6}{25{,}463 \cdot 1} \approx 0{,}02356
$$

Mit 2ND SIN erhält man daraus den Winkel $\alpha = 1{,}35°$ (vorausgesetzt, der GTR ist auf DEGREE eingestellt).

Ergebnis: Das Flugzeug F_2 steigt in einem Winkel von $1{,}35°$.

b) Prüfung der Sicherheitsvorschriften

Wir bestimmen zunächst die Geradengleichung des Flugzeugs F_2. Ein Richtungsvektor ist gegeben durch den Vektor $\overrightarrow{PQ} = \begin{pmatrix} 18 \\ -18 \\ 0{,}6 \end{pmatrix}$ aus Teilaufgabe a). Die Länge dieses Vektors wird jedoch in einem Zeitraum von drei Minuten zurückgelegt. Da wir aber in Minuten-Einheiten rechnen wollen brauchen einen Richtungsvektor dessen Länge in einer Minute zurückgelegt wird. Wir teilen somit durch 3 und erhalten den Richtungsvektor $\vec{u} = \begin{pmatrix} 6 \\ -6 \\ 0{,}2 \end{pmatrix}$ und daraus die

Geradengleichung für die Flugbahn von F_2:

$$g_2: \vec{x} = \begin{pmatrix} -17 \\ 54 \\ 3{,}2 \end{pmatrix} + s \begin{pmatrix} 6 \\ -6 \\ 0{,}2 \end{pmatrix}; s \in \mathbb{R}.$$

Wir bestimmen nun den Schnittpunkt von g_1 mit g_2 durch Gleichsetzen. Es folgt:

$$\begin{pmatrix} 15 \\ 6 \\ 3{,}4 \end{pmatrix} + t \begin{pmatrix} -4 \\ 12 \\ 0{,}3 \end{pmatrix} = \begin{pmatrix} -17 \\ 54 \\ 3{,}2 \end{pmatrix} + s \begin{pmatrix} 6 \\ -6 \\ 0{,}2 \end{pmatrix} \Leftrightarrow$$

$$t \begin{pmatrix} -4 \\ 12 \\ 0{,}3 \end{pmatrix} - s \begin{pmatrix} 6 \\ -6 \\ 0{,}2 \end{pmatrix} = \begin{pmatrix} -17 \\ 54 \\ 3{,}2 \end{pmatrix} - \begin{pmatrix} 15 \\ 6 \\ 3{,}4 \end{pmatrix} = \begin{pmatrix} -32 \\ 48 \\ -0{,}2 \end{pmatrix}$$

Aufgeschlüsselt in die Koordinatengleichungen erhalten wir:

I. $-4t - 6s = -32$
II. $12t + 6s = 48$
III. $0{,}3t - 0{,}2s = -0{,}2$

Addieren der ersten beiden Gleichungen liefert $8t = 16$ also $t = 2$. Eingesetzt z.B. in die zweite Gleichung haben wir $24 + 6s = 48$ also $6s = 24$ bzw. $s = 4$. Nun muss noch geprüft werden, ob mit diesen beiden Werten auch die dritte Gleichung erfüllt ist. Der Einfachheit halber multiplizieren wir Gleichung *III.* zunächst mit 10, was uns zu $3t - 2s = -2$ führt. Nach Einsetzen von $t = 2$ und $s = 4$ folgt widerspruchsfrei $3 \cdot 2 - 2 \cdot 4 = 6 - 8 = -2$. Die beiden Flugbahnen haben also wie behauptet einen Schnittpunkt und F_1 erreicht diesen

2 Minuten und F_2 erreicht ihn nach 4 Minuten (nach Beobachtungsbeginn). Der zeitliche Abstand beträgt 2 Minuten.

Ergebnis: Die Sicherheitsbestimmungen werden eingehalten!

c) Bestimmung des Zeitpunkts t_0

Zum Zeitpunkt t_0 befindet sich das Flugzeug F_1 an der Position $\vec{p}_1 = \begin{pmatrix} 15 - 4t_0 \\ 6 + 12t_0 \\ 3{,}4 + 0{,}3t_0 \end{pmatrix}$ und F_2

befindet sich an der Position $\vec{p}_2 = \begin{pmatrix} -17 + 6t_0 \\ 54 - 6t_0 \\ 3{,}2 + 0{,}2t_0 \end{pmatrix}$, was sich den jeweiligen

Geradengleichungen entnehmen lässt. Der Abstand zu $B(6|43|4{,}3)$ ist dann jeweils gegeben durch

$$|P_1B| = \left| \begin{pmatrix} 6 \\ 43 \\ 4{,}3 \end{pmatrix} - \begin{pmatrix} 15 - 4t_0 \\ 6 + 12t_0 \\ 3{,}4 + 0{,}3t_0 \end{pmatrix} \right| = \left| \begin{pmatrix} -9 + 4t_0 \\ 37 - 12t_0 \\ 0{,}9 - 0{,}3t_0 \end{pmatrix} \right| \text{ bzw.}$$

$$|P_2B| = \left| \begin{pmatrix} 6 \\ 43 \\ 4{,}3 \end{pmatrix} - \begin{pmatrix} -17 + 6t_0 \\ 54 - 6t_0 \\ 3{,}2 + 0{,}2t_0 \end{pmatrix} \right| = \left| \begin{pmatrix} 23 - 6t_0 \\ -11 + 6t_0 \\ 1{,}1 - 0{,}2t_0 \end{pmatrix} \right|.$$

Die beiden Abstände sollen gleich sein. Somit gilt:

$$\left| \begin{pmatrix} -9 + 4t_0 \\ 37 - 12t_0 \\ 0{,}9 - 0{,}3t_0 \end{pmatrix} \right| = \left| \begin{pmatrix} 23 - 6t_0 \\ -11 + 6t_0 \\ 1{,}1 - 0{,}2t_0 \end{pmatrix} \right|$$

$$\Leftrightarrow \sqrt{(-9 + 4t_0)^2 + (37 - 12t_0)^2 + (0{,}9 - 0{,}3t_0)^2}$$
$$= \sqrt{(23 - 6t_0)^2 + (-11 + 6t_0)^2 + (1{,}1 - 0{,}2t_0)^2}$$

Wir quadrieren auf beiden Seiten und geben die linke Seite bei Y_1 und die rechte Seite bei Y_2 im GTR ein. Wenn Sie sich den Graphen der beiden Funktionen zeichnen lassen (x-Intervall $[0; 5]$, y-Intervall $[0; 1000]$) finden Sie mit 2ND CALC intersect den ersten Schnittpunkt bei $x \approx 2{,}27$ und den zweiten Schnittpunkt bei $x = 4$.

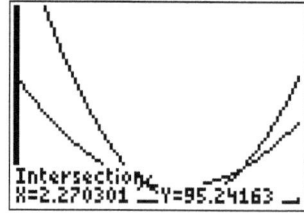

Ergebnis: Etwa 2,27 Minuten und ebenso 4 Minuten nach Beobachtungsbeginn haben die beiden Flugzeuge denselben Abstand zum Ballon.

Verfahren zur Bestimmung der Geradengleichung

Wir bestimmen zunächst die beiden Punkte P_1 und P_2 in denen sich die Flugzeuge zum Zeitpunkt t_0 befinden konkret. Der Ansatz besteht nun in der Feststellung, dass der Mittelpunkt M zwischen P_1 und P_2 logischerweise den selben Abstand zu diesen beiden Punkten hat. Wenn wir nun eine Hilfsebene H so konstruieren, dass diese den Punkt M enthält und senkrecht zu $\overrightarrow{P_1 P_2}$ verläuft, so sind wir schon fast am Ziel, denn jeder Punkt in H hat zu P_1 und P_2 denselben Abstand. Wir müssen lediglich noch die Schnittgerade zwischen H und der $x_1 x_2$-Ebene (also der Meeresoberfläche) bilden. Das ist dann die Gerade auf der Meeresoberfläche, die zum Zeitpunkt t_0 sämtliche Punkte (auf der Meeresoberfläche) enthält, die zu P_1 und P_2 denselben Abstand haben.

Das Verfahren lässt sich noch ein wenig verfeinern. Der Punkt B, in dem sich der Ballon zum Zeitpunkt t_0 befindet hat ja zu P_1 und P_2 ebenfalls denselben Abstand. Das heißt, dass B ebenfalls auf unserer Hilfsebene liegt. Zur Konstruktion von H müssen wir also nicht erst den Mittelpunkt zwischen P_1 und P_2 bestimmen. Wir können vielmehr gleich den Punkt B verwenden. Die Gleichung von H ist dann gegeben durch $H\colon \left(\vec{x} - \overrightarrow{OB}\right) \cdot \overrightarrow{P_1 P_2} = 0$.

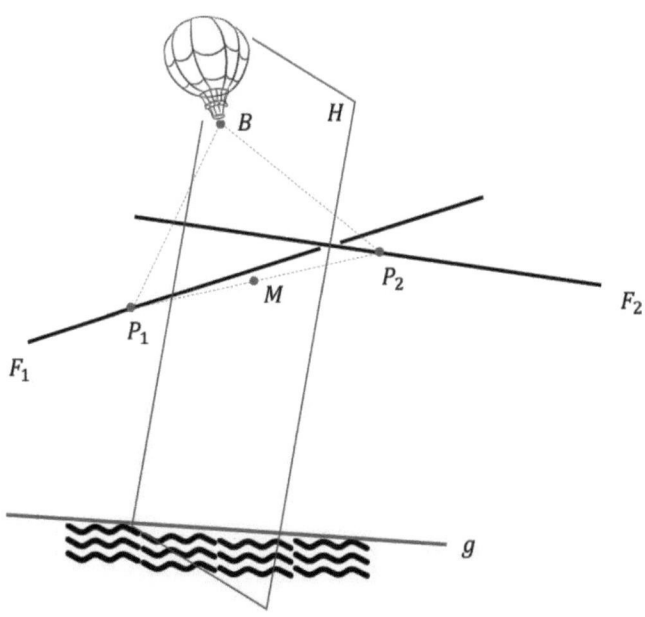

5.40 Wahlteil 2017 – Stochastik C 1

Aufgabe C 1

Die Tabelle zeigt den prozentuellen Anteil einiger Farben der in Deutschland fahrenden Autos:

Farbe	silber oder grau	schwarz	weiß
Anteil	29,9 %	28,8 %	15,1 %

Diese Anteile werden im Folgenden als Wahrscheinlichkeiten für das Auftreten der jeweiligen Autofarben verwendet.
Zwei Kinder beobachten vorbeifahrende Autos und achten auf deren Farbe.

a)   Zunächst beobachten die Kinder 80 Autos.
    Bestimmen Sie die Wahrscheinlichkeit folgender Ereignisse:
    A: „Genau 22 Autos sind silber oder grau."
    B: „Mindestens 33 Autos sind schwarz."
    C: „Unter den ersten zehn Autos sind mindestens drei, die keine der in der Tabelle angegebenen Farben haben, und von den anderen 70 Autos sind höchstens 20 schwarz".

    (3 VP)

b)   Wie hoch müsste der Anteil der schwarzen Autos mindestens sein, damit mit einer Wahrscheinlichkeit von mindestens 95 % unter 100 beobachteten Autos mindestens 28 schwarz sind?

    (2 VP)

c)   Das eine Kind bietet dem anderen folgendes Spiel an:
    „Wenn von den nächsten vier Autos mindestens drei hintereinander nicht schwarz sind, bekommst Du von mir ein Gummibärchen, ansonsten bekomme ich eines von dir".
    Untersuchen Sie, ob dieses Spiel fair ist.

    (2,5 VP)

d)   Es wird vermutet, dass der Anteil p, der weißen Autos zugenommen hat.
    Um dies zu überprüfen wird die Nullhypothese H_0: $p \leq 0,151$ auf dem Signifikanzniveau 10 % getestet. Dazu werden die Farben von 500 Autos erfasst.
    Bestimmen Sie die zugehörige Entscheidungsregel.

    (2,5 VP)

5.41 Lösung Wahlteil 2017 – Stochastik C 1

Aufgabe C 1

a) Wahrscheinlichkeit der Ereignisse A, B und C

Ereignis A: „Genau 22 Autos sind silber oder grau."
Die Wahrscheinlichkeit für „silber oder grau" ist 29,9 %.
Die Wahrscheinlichkeit für „nicht (silber oder grau)" ist entsprechend $100\% - 29,9\% =$
70,1%. Demnach gilt $P(A) = \binom{80}{22} \cdot 0,299^{22} \cdot 0,701^{58} \approx 0,08896 = 8,9\%$. (Eingabe mit
dem GTR: binompdf(80,0.299,22)).

Ereignis B: Mindestens 33 Autos sind schwarz."
Die Wahrscheinlichkeit für „schwarz" ist $p = 28,8\%$.
Die Anzahl der schwarzen Autos modellieren wir mit der Zufallsvariablen X.
Demnach gilt $P(B) = P(X \geq 33) = 1 - P(X \leq 32)$. Nach Eingabe von 1-binomcdf(80,0.288,32))
liefert der GTR das Ergebnis $\approx 0,0115 = 1,15\%$.

Ereignis C:
Das Ereignis C setzt sich zusammen aus den zwei Ereignissen $C_1 = $„Unter den ersten zehn
Autos sind mindestens drei, die keine der in der Tabelle angegebenen Farben haben" und
$C_2 = $„Von den anderen 70 Autos sind höchstens 20 schwarz". Beide Wahrscheinlichkeiten
werden getrennt berechnet und anschließend multipliziert.
Die Wahrscheinlichkeit für „keine Farbe aus der Tabelle" ist $p = 100\% - 29,9\% -$
$28,8\% - 15,1\% = 26,2\%$.
Die Anzahl der „andersfarbigen" Autos modellieren wir mit der Zufallsvariablen X.
Demnach gilt $P(C_1) = P(X \geq 3) = 1 - P(X \leq 2)$. Nach Eingabe von 1-binomcdf(10,0.262,2))
liefert der GTR das Ergebnis $p_1 \approx 0,51$.
Die Anzahl der schwarzen Autos mit $p = 28,8\%$ sei modelliert durch die Zufallsvariable Y.
Dann gilt: $P(C_2) = P(Y \leq 20)$. Die Eingabe binomcdf(70,0.288,20)) liefert das Ergebnis $p_2 \approx$
$0,5431 = 54,3\%$. Die Gesamtwahrscheinlichkeit ist dann $p_1 \cdot p_2 \approx 0,277 = 27,7\%$

Ergebnis: Die gesuchten Wahrscheinlichkeiten sind $P(A) = 8,9\%$, $P(B) = 1,15\%$ und
$P(C) = 27,7\%$.

b) Mindestanteil der schwarzen Autos

Es sei X die Anzahl der schwarzen Autos. X ist binomialverteilt mit $n = 100$ (das ist die
Anzahl der beobachteten Autos). In der Aufgabe muss eine neue Wahrscheinlichkeit p für
„schwarz" bestimmt werden, so dass $P(X \geq 28) \geq 0,95$ gilt, was gleichbedeutend ist mit

$1 - P(X \leq 27) \geq 0,95$. Dies lässt sich per Hand nur schwer berechnen, daher geben Sie bei Y_1 im GTR den Ausdruck 1-binomcdf(100,X,27) ein und bei Y_2 den Wert 0,95. Beachten Sie, dass im Ausdruck binomcdf(100,X,27) das X nicht wie oben für die Anzahl der Autos steht, sondern die Trefferwahrscheinlichkeit angibt, also das p! Lassen Sie sich den Graphen der beiden Kurven im x-Intervall [0; 1] und im y-Intervall [0; 1] zeichnen.

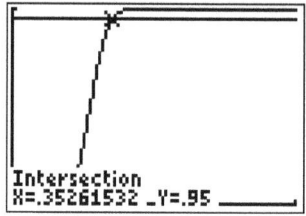

Mit 2ND CALC intersect bestimmen Sie den Schnittpunkt der beiden Kurven und erhalten $x \approx 0,353$. Wir haben somit die neue Wahrscheinlichkeit für „schwarz" mit $p = 35,3\%$.

Ergebnis: Der Anteil der schwarzen Autos muss mindestens 35,3 % betragen, damit die Bedingungen aus der Aufgabenstellung erfüllt sind.

c) Ist das Spiel fair?

Es sei X die Auszahlung in Gummibärchen. Somit kann X die Werte 1 und -1 annehmen. Wenn das Spiel fair ist, so muss der Erwartungswert Null sein, d.h. es muss $E = 1 \cdot P(X = 1) + (-1) \cdot P(X = -1) = 0$ gelten. Wir bestimmen nun die WS des Ereignisses A = „bei den nächsten vier Autos mindestens drei hintereinander nicht schwarz". Dann gilt $P(A) = P(s\overline{sss}) + P(\overline{sss}s) + P(\overline{ssss})$ wobei s für „schwarz" und $\overline{s}$ für „nicht schwarz" steht. Mit $P(s) = 0,288$ und $P(\overline{s}) = 0,712$ folgt dann $P(A) = 0,288 \cdot 0,712^3 + 0,712^3 \cdot 0,288 + 0,712^4 \approx 0,465$. Also ist $P(X = 1) = 0,465$ und $P(X = -1) = 1 - P(X = 1) = 0,535$ und es folgt $E = 0,465 - 0,535 \neq 0$

Ergebnis: Das Spiel ist nicht fair.

d) Entscheidungsregel

Die Nullhypothese H_0 mit $p \leq 0,151$ legt nahe, dass wir höchstens eine gewisse Anzahl k weißer Autos in der Stichprobe vorfinden sollten. Werden aber mehr gezählt, so wird H_0 abgelehnt. Daher haben wir einen rechtsseitigen Test mit Ablehnungsbereich $[k; 500]$. Die Zufallsvariable X, welche die Anzahl der weißen Autos beschreibt ist höchstens binomialverteilt mit $n = 500$ und $p = 0,151$. Gesucht ist also ein k mit $P(X \geq k) = 1 - P(X \leq k - 1) \leq 0,1$. Geben Sie nun den Ausdruck 1-binomcdf(500,0.151,X-1) bei Y_1 im GTR ein und lassen Sie sich mit 2ND TABLE die Werte-

X	Y1
82	.22488
83	.19
84	.15876
85	.13118
86	.10717
87	.08656
88	.06912

X=87

tabelle anzeigen. Sie sehen, dass bei $X = 87$ das Signifikanzniveau erstmals unter 0,1 fällt.

Ergebnis / Entscheidungsregel: Wenn sich in der Stichprobe 87 oder mehr weiße Autos befinden, so wird die Nullhypothese abgelehnt, andernfalls wird sie angenommen.

5.42 Wahlteil 2017 – Stochastik C 2

Aufgabe C 2

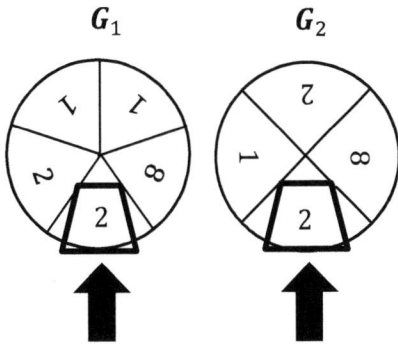

G_1 G_2

Bei dem dargestellten Glücksspielautomaten sind zwei Glücksräder G_1 und G_2 mit fünf bzw. vier gleich großen Kreissektoren angebracht.
Bei jedem Spiel werden Sie in Drehung versetzt und laufen dann unabhängig voneinander aus. Schließlich bleiben Sie so stehen, dass von jedem Rad genau eine Zahl im Rahmen angezeigt wird.
Der Spieleinsatz beträgt 2 €. Sind die beiden angezeigten Zahlen gleich, so wird deren Summe in Euro ausgezahlt; andernfalls wird nichts ausgezahlt.
Der Hauptgewinn besteht also darin, dass 16 € ausgezahlt werden.

a) Ein Spieler spielt zehn Mal. Berechnen Sie die Wahrscheinlichkeit folgender Ereignisse:

A: „Das Glücksrad G_1 zeigt genau fünf Mal die Zahl 1."

B: „Beim ersten Spiel beträgt die Summe der beiden angezeigten Zahlen 10."

C: „Der Spieler erhält mindestens einmal den Hauptgewinn".

(3 VP)

b) Mit einer Wahrscheinlichkeit von mehr als 95% soll in mindestens einem Spiel der Hauptgewinn erzielt werden.
Berechnen Sie, wie oft man dazu mindestens spielen muss.

(2 VP)

c) Berechnen Sie, wie viel der Betreiber auf lange Sicht durchschnittlich pro Spiel verdient.

(2 VP)

d) Der Betreiber möchte erreichen, dass bei zehn Spielen die Wahrscheinlichkeit für mindestens einen Hauptgewinn maximal 25 % beträgt.
Dazu möchte er beim Glücksrad G_2 den Mittelpunktswinkel des Kreissektors verändern, der mit der Zahl 8 beschriftet ist.
Berechnen Sie, wie weit der Mittelpunktswinkel dieses Kreissektors maximal gewählt werden darf.

(3 VP)

5.43 Lösung Wahlteil 2017 – Stochastik C 2

Aufgabe C 2

Wir notieren zunächst die Wahrscheinlichkeiten für jede einzelne Zahl und jedes Glücksrad.

$$G_1: P(1) = \frac{2}{5}, P(2) = \frac{2}{5}, P(8) = \frac{1}{5}$$
$$G_2: P(1) = \frac{1}{4}, P(2) = \frac{1}{2}, P(8) = \frac{1}{4}$$

a)   Wahrscheinlichkeit der verschiedenen Ereignisse

Ereignis A:

Es gibt $\binom{10}{5} = 252$ (Eingabe mit dem GTR 10 nCr 5) Möglichkeiten fünf Einsen und fünf

„Nicht-Einsen" zu verteilen. Mit $P(1) = \frac{2}{5}$ und $P(nicht\ 1) = \frac{3}{5}$ folgt dann

$$P(A) = \binom{10}{5} \cdot \left(\frac{2}{5}\right)^5 \cdot \left(\frac{3}{5}\right)^5 = 0{,}201 = 20{,}1\%$$

Ereignis B:

Da wir nur den ersten Spieldurchgang betrachten, spielen die restlichen neun Durchgänge keine Rolle. Die Summe 10 kann nur durch die Kombinationen $(2; 8)$ und $(8; 2)$ erreicht werden (die erste Stelle steht dabei für G_1, die zweite für G_2). Mit $P(2; 8) = \frac{2}{5} \cdot \frac{1}{4} = \frac{1}{10}$ und

$P(8; 2) = \frac{1}{5} \cdot \frac{2}{4} = \frac{1}{10}$ folgt dann $P(B) = \frac{1}{10} + \frac{1}{10} = \frac{2}{10} = 0{,}2 = 20\%$.

Ereignis C:

Ansatz: Gegenereignis! Es sei X die Anzahl der Hauptgewinne bei $n = 10$ Durchgängen.

Dann ist X binomialverteilt mit $p = P(8; 8) = \frac{1}{5} \cdot \frac{1}{4} = \frac{1}{20}$. Es folgt $P(X \geq 1) = 1 - P(X = 0)$. $P(X = 0)$ steht für die Wahrscheinlichkeit, keinen Hauptgewinn in allen zehn Durchgängen zu bekommen. Die Wahrscheinlichkeit, dass man in nur einem Durchgang keinen Hauptgewinn erzielt ist $1 - p$. Wir haben also $P(X \geq 1) = 1 - (1 - p)^{10} = 1 - $

$\left(1 - \frac{1}{20}\right)^{10} = 1 - \left(\frac{19}{20}\right)^{10} = 0{,}401 = 40{,}1\%$.

Ergebnis: $P(A) = 20{,}1\%, P(B) = 20\%, P(C) = 40{,}1\%$

b) Anzahl der Spiele

Wie in Ereignis C aus Aufgabenteil a) sei X die Anzahl der Hauptgewinne und n die Anzahl der Durchgänge/Spiele. Wie oben ist dann $P(X \geq 1) = 1 - \left(\frac{19}{20}\right)^n$ die Wahrscheinlichkeit für mindestens einen Hauptgewinn in n Spielen. Diese soll mehr als 95% sein, also muss $1 - \left(\frac{19}{20}\right)^n > 0{,}95$ gelten. Wir lösen nach n auf:

$$
\begin{aligned}
1 - \left(\tfrac{19}{20}\right)^n &> 0{,}95 & &\Big| + \left(\tfrac{19}{20}\right)^n \\
1 &> 0{,}95 + \left(\tfrac{19}{20}\right)^n & &\Big| -0{,}95 \\
0{,}05 &> \left(\tfrac{19}{20}\right)^n & &\Big| \ln \\
\ln 0{,}05 &> n \cdot \ln \tfrac{19}{20} & &\Big| : \ln \tfrac{19}{20} \\
\tfrac{\ln 0{,}05}{\ln \frac{19}{20}} &< n \text{ bzw.} \quad n > \tfrac{\ln 0{,}05}{\ln \frac{19}{20}} \approx 58{,}4
\end{aligned}
$$

Beachte, dass $\ln \frac{19}{20}$ eine negative Zahl ist und sich bei der Division das Relationszeichen $>$ umdreht und zu $<$ wird!

Ergebnis: Man muss mindestens 59 Mal spielen, damit man mit einer Wahrscheinlichkeit von mehr als 95% mindestens einmal den Hauptgewinn erzielt.

c) Durchschnittlicher Verdienst

Gesucht ist der Erwartungswert. Es sei X der Auszahlungsbetrag eines Spiels. Somit kann X die Werte 2, 4, 16 oder 0 annehmen. Damit ergeben sich die entsprechenden Wahrscheinlichkeiten wie folgt:

$$
\begin{aligned}
P(X = 2) &= P(1;1) = \tfrac{2}{5} \cdot \tfrac{1}{4} = \tfrac{1}{10} = 0{,}1 \\
P(X = 4) &= P(2;2) = \tfrac{2}{5} \cdot \tfrac{1}{2} = \tfrac{1}{5} = 0{,}2 \\
P(X = 16) &= P(8;8) = \tfrac{1}{5} \cdot \tfrac{1}{4} = \tfrac{1}{20} = 0{,}05 \\
P(X = 0) &= 1 - (0{,}1 + 0{,}2 + 0{,}05) = 0{,}65
\end{aligned}
$$

Der Erwartungswert ist dann $E = 2 \cdot 0{,}1 + 4 \cdot 0{,}2 + 16 \cdot 0{,}05 + 0 \cdot 0{,}65 = 1{,}8$. Ein Spieler bezahlt 2€ pro Spiel, gewinnt aber pro Spiel durchschnittlich nur 1,80€. Das führt zu folgendem

Ergebnis: Auf lange Sicht gewinnt der Betreiber des Glücksrades durchschnittlich 20 Cent pro Spiel.

d) Maximaler Mittelpunktswinkel für 8 bei G_2

Der neue Mittelpunkswinkel von G_2 bei 8 sei α. Damit erhalten wir die neue
Wahrscheinlichkeit $P(8) = \frac{\alpha}{360}$ für die 8 bei G_2. Die Wahrscheinlichkeit für den
Hauptgewinn in einem Spiel ist demnach $p = P(8; 8) = \frac{1}{5} \cdot \frac{\alpha}{360} = \frac{\alpha}{1800}$. Wie in
Aufgabenteil b) ist dann die Wahrscheinlichkeit für mindestens einen Hauptgewinn in 10
Spielen gegeben durch $P(X \geq 1) = 1 - (1 - p)^{10} = 1 - \left(1 - \frac{\alpha}{1800}\right)^{10}$. Diese Wahr-
scheinlichkeit soll höchsten 25% betragen, also muss $1 - \left(1 - \frac{\alpha}{1800}\right)^{10} \leq 0{,}25$ gelten.
Wir lösen nach α auf:

$$1 - \left(1 - \frac{\alpha}{1800}\right)^{10} \leq 0{,}25 \qquad \Big| + \left(1 - \frac{\alpha}{1800}\right)^{10}$$

$$1 \leq 0{,}25 + \left(1 - \frac{\alpha}{1800}\right)^{10} \qquad \Big| -0{,}25$$

$$0{,}75 \leq \left(1 - \frac{\alpha}{1800}\right)^{10} \qquad \Big| \sqrt[10]{}$$

$$\sqrt[10]{0{,}75} \leq 1 - \frac{\alpha}{1800} \qquad \Big| -1$$

$$\sqrt[10]{0{,}75} - 1 \leq -\frac{\alpha}{1800} \qquad \Big| \cdot (-1) \text{ (Bei Multiplikation mit } -1 \text{ wird } \leq \text{ zu } \geq\text{)}$$

$$1 - \sqrt[10]{0{,}75} \geq \frac{\alpha}{1800} \qquad \Big| \cdot 1800$$

$$1800 \cdot \left(1 - \sqrt[10]{0{,}75}\right) \geq \alpha \qquad \Big| \text{GTR}$$

$$51{,}05 \geq \alpha$$

Ergebnis: Der neue Mittelpunktswinkel bei G_2 für die 8 darf höchsten 51,05° betragen.

5.44 Pflichtteil 2016

Aufgabe 1:
Bilden Sie die Ableitung der Funktion f mit $f(x) = (5x + 1) \cdot \sin(x^2)$.

(2 VP)

Aufgabe 2:
Gegeben ist die Funktion f mit $f(x) = \frac{48}{(2x-4)^3}$.
Bestimmen Sie diejenige Stammfunktion F von f mit $F(3) = 1$.

(2 VP)

Aufgabe 3:
Lösen Sie die Gleichung $3 - e^x = \frac{2}{e^x}$.

(3 VP)

Aufgabe 4:
Der Graph der Funktionen f mit $f(x) = -\frac{1}{6}x^3 + x^2 - x$ besitzt einen Wendepunkt.
Zeigen Sie, dass $y = x - \frac{4}{3}$ eine Gleichung der Tangente in diesem Wendepunkt ist.

(4 VP)

Aufgabe 5:

Die Abbildung zeigt den Graphen einer Stammfunktion F einer Funktion f. Entscheiden Sie, ob folgende Aussagen wahr oder falsch sind.
Begründen Sie jeweils Ihre Entscheidung.

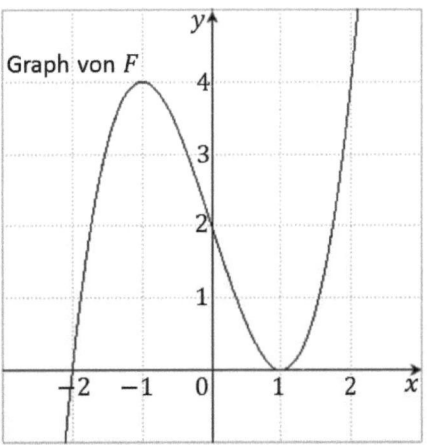

(1) $f(1) = F(1)$

(2) $\int_0^2 f(x)\,dx = 4$

(3) f' besitzt im Bereich $-1 \leq x \leq 1$ eine Nullstelle.

(4) $f\big(F(-2)\big) > 0$

(5 VP)

Aufgabe 6:

Gegeben ist die Gerade $g\colon \vec{x} = \begin{pmatrix} 3 \\ 0 \\ 1 \end{pmatrix} + r \cdot \begin{pmatrix} 1 \\ 4 \\ 3 \end{pmatrix}$.

a) Untersuchen Sie, ob es einen Punkt auf g gibt, dessen drei Koordinaten identisch sind.

b) Die Gerade h verläuft durch $Q(8|5|10)$ und schneidet g orthogonal. Bestimmen Sie eine Gleichung von h.

(5 VP)

Aufgabe 7:

Gegeben ist die Ebene $E\colon 4x_1 + 4x_2 + 7x_3 = 28$.
Es gibt zwei zu E parallele Ebenen F und G, die vom Ursprung den Abstand 2 haben.
Bestimmen Sie jeweils eine Gleichung von F und G.

(3 VP)

Aufgabe 8:

Bei einem Glücksrad werden die Zahlen 1, 2, 3 und 4 bei einmaligem Drehen mit folgenden Wahrscheinlichkeiten angezeigt:

Zahl	1	2	3	4
Wahrscheinlichkeit	0,4	0,1	0,3	0,2

a) Das Glücksrad wird einmal gedreht.
    Geben Sie zwei verschiedene Ereignisse an, deren Wahrscheinlichkeit jeweils 0,7 beträgt.

b) An dem Glücksrad sollen nur die Wahrscheinlichkeiten für die Zahlen 1 und 2 so verändert werden, dass das folgende Spiel fair ist:
    Für einen Einsatz von 2,50 € darf man einmal am Glücksrad drehen.
    Die angezeigte Zahl gibt den Auszahlungsbetrag in Euro an.
    Bestimmen Sie die entsprechenden Wahrscheinlichkeiten für die Zahlen 1 und 2.

(4 VP)

Aufgabe 9

Von zwei Kugeln K_1 und K_2 sind die Mittelpunkte M_1 und M_2 sowie die Radien r_1 und r_2 bekannt. Die Kugeln berühren einander von außen im Punkt B.
Beschreiben Sie ein Verfahren, mit dem man B bestimmen kann.

(3 VP)

5.45 Lösung Pflichtteil 2016

Aufgabe 1:

Verwende die Produkt- und Kettenregel

$$f'(x) = 5\sin(x^2) + (5x+1) \cdot \cos(x^2) \cdot 2x$$
$$= 5\sin(x^2) + 2x(5x+1)\cos(x^2)$$

Aufgabe 2:

$$F(x) = \int \frac{48}{(2x-4)^3} dx = \int 48 \cdot (2x-4)^{-3} dx$$
$$= 48 \cdot \left(-\frac{1}{2}\right) \cdot (2x-4)^{-2} \cdot \frac{1}{2} + C = -\frac{12}{(2x-4)^2} + C$$

Mit der Bedingung $F(3) = 1$ können wir nun C bestimmen und erhalten damit die gesuchte Stammfunktion. Mit der Bedingung $F(3) = 1$ folgt:

$$-\frac{12}{(2 \cdot 3 - 4)^2} + C = 1 \quad \Leftrightarrow \quad -3 + C = 1 \Leftrightarrow C = 4$$

Ergebnis: Die gesuchte Stammfunktion lautet $F(x) = -\frac{12}{(2x-4)^2} + 4$.

Aufgabe 3:

$$
\begin{array}{ll}
3 - e^x = \frac{2}{e^x} & | \cdot e^x \\
-(e^x)^2 + 3e^x = 2 & |-2 \\
-(e^x)^2 + 3e^x - 2 = 0 & | \cdot (-1) \\
(e^x)^2 - 3e^x + 2 = 0 & |\text{Substitution } z := e^x \\
z^2 - 3z + 2 = 0 & |\text{p,q-Formel} \\
z_{1,2} = \frac{3}{2} \pm \sqrt{\frac{9}{4} - 2} & |\text{weiter siehe nächste Folie} \\
z_{1,2} = \frac{3}{2} \pm \frac{1}{2} & |\text{ausrechnen}
\end{array}
$$

$$
\begin{array}{lll}
z_1 = 2 & z_2 = 1 & |\text{Rücksubstitution} \\
\Downarrow & \Downarrow & \\
e^x = 2 & e^x = 1 & |\text{auflösen nach } x \\
x_1 = \ln(2) & x_2 = 0 &
\end{array}
$$

Ergebnis: $\mathbb{L} = \{0; \ln(2)\}$.

Aufgabe 4:

Wir bestimmen zunächst den Wendepunkt:

$$f'(x) = -\frac{1}{2}x^2 + 2x - 1, \quad f''(x) = -x + 2, \quad f'''(x) = -1$$

Mit $f''(x) = 0$ folgt $-x + 2 = 0$ also $x = 2$.

Mit $f'''(2) = -1 \neq 0$ liegt an der Stelle $x = 2$ somit tatsächlich ein Wendepunkt vor.

Mit $f(2) = -\frac{1}{6}2^3 + 2^2 - 2 = -\frac{4}{3} + 2 = \frac{2}{3}$ liefert die y-Koordinate des Wendepunkts.

Somit haben wir $W\left(2\middle|\frac{2}{3}\right)$. Die Gleichung der Tangente bekommen wir mit der Tangentenformel:

$$y = f'(x_0)(x - x_0) + f(x_0)$$

In unserem Fall ist $x_0 = 2$ und mit $f'(2) = 1$ und $f(2) = \frac{2}{3}$ erhalten wir:

$$y = 1(x - 2) + \frac{2}{3} = x - \frac{4}{3}$$

Ergebnis: Die Gleichung der Tangente im Wendepunkt lautet $y = x - \frac{4}{3}$.

Aufgabe 5:

(1) Da F eine Stammfunktion von f ist
gilt $F'(x) = f(x)$.
Wir lesen ab $F(1) = 0$ und sehen, dass F
an der Stelle $x = 1$ eine waagrechte Tangente
hat. Somit gilt $F'(1) = 0$ und wegen
$F'(1) = f(1)$ folgt die Behauptung.

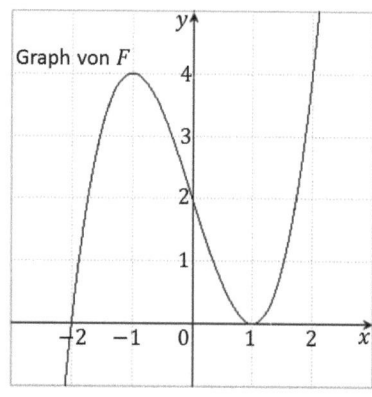

Graph von F

Ergebnis: Die Aussage ist wahr.

(2) Nach dem Hauptsatz der Differenzial- und
Integralrechnung gilt

Ergebnis: Die Aussage ist falsch.

(3) Wir sehen, dass F bei $x = 0$ einen
Wendepunkt besitzt. Somit gilt $F''(0) = 0$.
Wegen $F'(x) = f(x)$ folgt sofort
$F''(0) = f'(0) = 0$, d.h. f' hat bei $x = 0$
eine Nullstelle.

Ergebnis: Die Aussage ist wahr.

(4) Wegen $f(x) = F'(x)$ können wir statt

$f(F(-2))$ auch $F'(F(-2))$ schreiben.

Aus der Abbildung lesen wir $F(-2) = 0$ ab und müssen nun nur noch $F'(0)$ bilden.

Wir sehen aber, dass der Graph von F bei x=0 (im Wendepunkt) eine fallende Tangente hat, d.h. $F'(0) < 0$.

Ergebnis: Die Aussage ist falsch.

Aufgabe 6:

a) Bestimmung des Punktes P

Ein Punkt, dessen drei Koordinaten identisch sind beschreiben wir z.B. mit $P(k|k|k)$. Wir müssen also feststellen, ob es ein k und ein r gibt, so dass sich die Gleichung

$$\begin{pmatrix} k \\ k \\ k \end{pmatrix} = \begin{pmatrix} 3 \\ 0 \\ 1 \end{pmatrix} + r \cdot \begin{pmatrix} 1 \\ 4 \\ 3 \end{pmatrix}$$

widerspruchsfrei lösen lässt.

Aus der zweiten Koordinatengleichung erhalten wir $k = 4r$ und damit $r = \frac{k}{4}$. Einsetzen in die erste Koordinatengleichung liefert $k = 3 + \frac{k}{4}$. Nach Multiplikation mit 4 folgt $4k = 12 + k$ und damit $3k = 12$ bzw. $k = 4$. Mit $k = 4$ haben wir nun $r = 1$ und wir müssen nur noch feststellen, ob mit diesen Werten auch die dritte Koordinatengleichung widerspruchsfrei ist. Einsetzen liefert $4 = 1 + 1 \cdot 3$ was offensichtlich korrekt ist.

Ergebnis: Der Punkt $P(4|4|4)$ hat die gewünschten Eigenschaften.

b) Geradengleichung für h

Ein Punkt P auf g hat die Koordinaten $P(3 + r|4r|1 + 3r)$.

Wenn h die Gerade g orthogonal schneidet, dann muss

das Skalarprodukt des Richtungsvektors $\begin{pmatrix} 1 \\ 4 \\ 3 \end{pmatrix}$ von g mit dem

Vektor $\overrightarrow{PQ}$ gleich 0 sein.

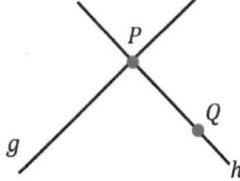

Mit $\overrightarrow{PQ} = \begin{pmatrix} 8 \\ 5 \\ 10 \end{pmatrix} - \begin{pmatrix} 3 + r \\ 4r \\ 1 + 3r \end{pmatrix} = \begin{pmatrix} 5 - r \\ 5 - 4r \\ 9 - 3r \end{pmatrix}$ folgt also

$$\begin{pmatrix} 5-r \\ 5-4r \\ 9-3r \end{pmatrix} \cdot \begin{pmatrix} 1 \\ 4 \\ 3 \end{pmatrix} = 0 \iff (5-r) + (5-4r) \cdot 4 + (9-3r) \cdot 3 = 0$$

$$\iff 52 - 26r = 0 \iff 52 = 26r \iff r = 2$$

Damit erhalten wir den Richtungsvektor $\overrightarrow{PQ}$ von h: $\overrightarrow{PQ} = \begin{pmatrix} 3 \\ -3 \\ 3 \end{pmatrix}$. Mit $\vec{q} = \begin{pmatrix} 8 \\ 5 \\ 10 \end{pmatrix}$ als

Stützvektor ergibt sich daraus eine Geradengleichung für h.

Ergebnis: Die Gerade h ist gegeben durch die Gleichung $h: \vec{x} = \begin{pmatrix} 8 \\ 5 \\ 10 \end{pmatrix} + s \cdot \begin{pmatrix} 3 \\ -3 \\ 3 \end{pmatrix}$; $s \in \mathbb{R}$.

Aufgabe 7:

Eine Ebene F, die den selben Normalenvektor wie E hat ist parallele zu E. Wir können für die Ebenengleichung von F somit $F: 4x_1 + 4x_2 + 7x_3 = d$ mit einem noch unbekannten d ansetzen. Natürlich muss $d \neq 28$ sein, denn andernfalls wären E und F identisch. Wir berechnen zunächst die Länge des Normalenvektors:

$$|\vec{n}| = \left| \begin{pmatrix} 4 \\ 4 \\ 7 \end{pmatrix} \right| = \sqrt{4^2 + 4^2 + 7^2} = \sqrt{81} = 9$$

Hiermit bestimmen wir die Hesse'sche Normalform von F:

$$HNF\, F: \frac{4x_1 + 4x_2 + 7x_3 - d}{9} = 0$$

Der Abstand eines Punktes $P(a|b|c)$ zur Ebene F ist dann gegeben durch

$$d(P, F) = \frac{|4a + 4b + 7c - d|}{9}$$

Der Abstand des Ursprungs O zu F soll laut Aufgabe genau 2 sein. Folglich gilt:

$$d(O, F) = \frac{|4 \cdot 0 + 4 \cdot 0 + 7 \cdot 0 - d|}{9} = \frac{|-d|}{9} = 2$$

Es folgt $|-d| = 18$, was nur für $d_1 = 18$ und $d_2 = -18$ erfüllt ist.

Ergebnis: Die beiden gesuchten Ebenen haben die Gleichungen
$$F: 4x_1 + 4x_2 + 7x_3 = 18 \text{ bzw. } G: 4x_1 + 4x_2 + 7x_3 = -18$$

Aufgabe 8:

a) Beispiele für Ereignisse mit Wahrscheinlichkeit $0,7$

Für die Lösung sucht man sich aus der Tabelle einfach diejenigen Zahlen heraus, deren Wahrscheinlichkeiten zusammen 0,7 ergeben, z.B.:

$$A = \text{Es erscheint eine ungerade Zahl} = \{1, 3\}$$
$$B = \text{Es erscheint keine 3} = \{1, 2, 4\}.$$

Ergebnis: Für die Ereignisse A und B gilt, wie gewünscht, $P(A) = P(B) = 0,7$ und $A \neq B$.

b) Neue Wahrscheinlichkeiten damit das Spiel fair wird

Wir modellieren den Auszahlungsbetrag als Zufallsvariable X. Laut Aufgabenstellung kann X die Werte 1, 2, 3 oder 4 (Euro) annehmen. Wenn das Spiel fair sein soll muss der erwartete Auszahlungsbetrag dem Einsatz entsprechen. Es muss also $E(X) = 2,5$ gelten. Die neuen Wahrscheinlichkeiten für die Zahlen 1 und 2 seien a und b. Es folgt

$$E(X) = a \cdot 1 + b \cdot 2 + 0,3 \cdot 3 + 0,2 \cdot 4 = 2,5$$
$$\Leftrightarrow \quad a \cdot 1 + b \cdot 2 + 1,7 = 2,5 \quad \Leftrightarrow \quad a + 2b = 0,8$$

Nun müssen wir noch beachten, dass die Summe aller Wahrscheinlichkeiten genau 1 ergeben muss. Somit muss gelten: $a + b + 0,3 + 0,2 = 1$, also $a + b = 0,5$. Wir haben nun ein lineares Gleichungssystem mit zwei Gleichungen und zwei Unbekannten, das wir wie folgt lösen:

$$
\begin{array}{ll}
I. & a + 2b = 0,8 \\
II. & a + b = 0,5 \\
\hline
& b = 0,3
\end{array}
$$

Eingesetzt in $I.$ folgt $a + 2 \cdot 0,3 = 0,8$, also $a = 0,2$.

Ergebnis:
Damit das Spiel fair wird, müssen die Wahrscheinlichkeiten (und damit das Glücksrad) so verändert werden, dass die 1 mit einer Wahrscheinlichkeit von 0,2 (20 %) und die 2 mit einer Wahrscheinlichkeit von 0,3 (30 %) gedreht wird.

Aufgabe 9

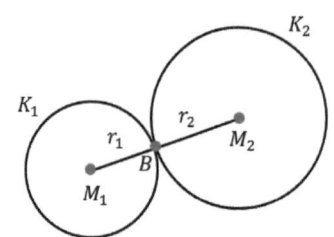

Wenn wir einen Querschnitt durch die Mittelpunkte
der beiden Kugeln vornehmen, so erhalten wir nebenstehende Abbildung.
Eine Gerade g, auf der die Mittelpunkte M_1 und M_2 liegen,
ist gegeben durch die Gleichung $g: \vec{x} = \overrightarrow{OM_1} + s \cdot \overrightarrow{M_1 M_2}$.
Die Länge der Strecke $M_1 M_2$ ist $r_1 + r_2$. Der Punkt B teilt
diese Strecke im Verhältnis $\frac{r_1}{r_2}$, d.h. dass r_1 Anteile der Gesamtstrecke auf die Strecke $M_1 B$
entfallen. Wenn wir demnach in g für s den Wert $\frac{r_1}{r_1 + r_2}$ einsetzen erhalten wir die
Koordinaten des Punktes B.

Ergebnis: Der Punkt B bestimmt sich durch $\overrightarrow{OB} = \overrightarrow{OM_1} + \frac{r_1}{r_1 + r_2} \cdot \overrightarrow{M_1 M_2}$.

5.46 Wahlteil 2016 – Analysis A 1

Aufgabe A 1.1

Der Graph der Funktion f mit $f(x) = -0{,}1x^3 + 0{,}5x^2 + 3{,}6$ beschreibt modellhaft für $-1 \leq x \leq 5$ das Profil eines Geländequerschnitts.
Die positive x-Achse weist nach Osten, $f(x)$ gibt die Höhe über dem Meeresspiegel an (1 Längeneinheit entspricht 100 m).

a) Auf welcher Höhe liegt der höchste Punkt des Profils?
    In dem Tal westlich dieses Punktes befindet sich ein See, der im Geländequerschnitt an seiner tiefsten Stelle 10 m tief ist.
    Bestimmen Sie die Breite des Sees im Geländequerschnitt.
    Ab einer Hangneigung von 30° besteht die Gefahr, dass sich Lawinen lösen.
    Besteht an der steilsten Stelle des Profils zwischen See und höchstem Punkt Lawinengefahr?

    (5 VP)

b) Am Hang zwischen dem höchsten Punkt und dem westlich davon gelegenen Tal befindet sich ein in den Hang gebautes Gebäude, dessen rechteckige Seitenwand im Geländequerschnitt liegt. 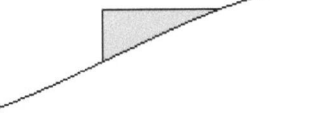 Die Abbildung zeigt den sichtbaren Teil dieser Seitenwand. Die Oberkante der Wand verläuft waagrecht auf 540 m Höhe.
    Von dieser Kante sind 28 m sichtbar.
    Untersuchen Sie, ob der Flächeninhalt des sichtbaren Wandteils größer als 130 m² ist.

    (3 VP)

c) Der zweite Verlauf des Profils nach Osten hin kann durch eine Parabel zweiter Ordnung modelliert werden, die sich ohne Knick an den Graphen von f anschließt. Ihr Scheitel liegt bei $x = 6$ und beschreibt den tiefsten Punkt eines benachbarten Tals.
    Auf welcher Höhe befindet sich dieser Punkt?

    (4 VP)

Aufgabe A 1.2

Gegeben ist die Funktion h mit $h(x) = \frac{1}{x^2} - \frac{1}{4}$, deren Graph symmetrisch zur y-Achse ist. Es gibt einen Kreis, der den Graphen von h in dessen Schnittpunkten mit der x-Achse berührt.
Berechnen Sie die Koordinaten des Mittelpunktes dieses Kreises.

(3 VP)

5.47 Lösung Wahlteil 2016 – Analysis A 1

Aufgabe A 1.1 a)
$$f(x) = -0,1x^3 + 0,5x^2 + 3,6$$
$$-1 \leq x \leq 5$$

Höchster Punkt des Profils
Wenn Sie den Funktionsterm im GTR bei Y_1 eingeben, können Sie mit {2ND CALC maximum} höchsten Punkt im Geländeprofil bestimmen, siehe Abbildung rechts.
Beachte: 1 LE entspricht 100 m.

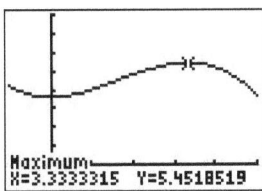

Ergebnis:
333 m östlich des Ursprungs hat das Gelände eine Höhe von 545 m über dem Meeresspiegel. Dies ist der höchste Punkt im Geländeprofil.

Breite des Sees
Wir bestimmen zunächst mit dem GTR über {2ND CALC minimum} den tiefsten Punkt im Gelände und erhalten $T(0|3,6)$.

Der Wasserspiegel des Sees liegt 10 m über diesem Punkt, das sind 0,1 Längeneinheiten über 3,6.

Wenn wir nun mit dem GTR eine Gerade bei $y = 3,7$ zeichnen lassen, können wir mit {2ND CALC intersect} die Schnittpunkte dieser Geraden mit dem Graphen bestimmen.

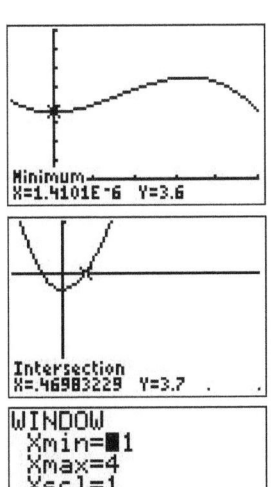

Sie erhalten $x_1 = -0,43$ und $x_2 = 0,47$.
Die Breite des Sees beträgt somit $0,47 - (-0,43) = 0,9$ LE also 90 m.

Ergebnis: Der See ist ca. 90 m breit.

Besteht Lawinengefahr
Die steilste Stelle zwischen dem See und dem höchsten Punkt ist der Wendepunkt W. Wir bestimmen W mit dem GTR indem wir den Graphen der Ableitung zeichnen lassen (Einstellungen siehe Abbildung rechts).

Die x-Koordinate des Maximums im Graphen von f' ist diejenige des Wendepunkts, nämlich $x = 1{,}67$.
An dieser Stelle gilt f' den Wert 0,83 (siehe Abbildung), dies ist der Wert der Steigung im Wendepunkt.
Wenn Sie den GTR in den DEGREE-Modus schalten, können Sie den Steigungswinkel mit 2ND tan(0.83333) bestimmen und erhalten $\alpha \approx 39{,}8°$.

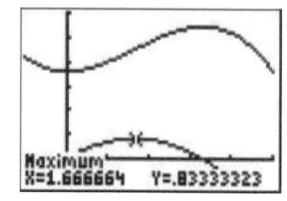

Ergebnis: Der Steigungswinkel an der steilsten Stelle zwischen See und höchstem Punkt ist größer als 30°. Somit besteht Lawinengefahr!

Aufgabe A 1.1 b)

Flächeninhalt des sichtbaren Wandteils
Den oberen Rand der Wand stellen wir als Gerade mit der Gleichung $g(x) = 5{,}4$ dar, da laut Aufgabe dieser Rand in einer Höhe von 540 m liegt. (Beachte: 1 LE entspricht 100 m).
Der Flächeninhalt des sichtbaren Wandteils ist dann gegeben durch:

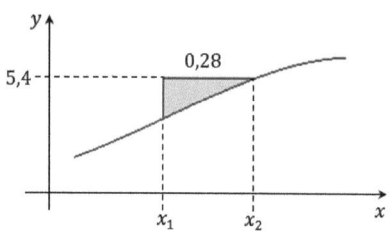

$$A = \int_{x_1}^{x_2} \big(g(x) - f(x)\big)dx$$

Unsere Aufgabe besteht nun darin, die Begrenzungen x_1 und x_2 herauszufinden. Den Rest erledigen wir mit dem GTR.

Schritt 1: Bestimmung von x_2 und x_1:
Geben Sie im GTR bei Y_2 den Wert 5,4 ein, lassen Sie sich die beiden Graphen von Y_1 und Y_2 zeichnen und bestimmen Sie mit {2ND CALC intersect} den Schnittpunkt der beiden Graphen.
Sie erhalten $x_2 = 3$ und daraus $x_1 = x_2 - 0{,}28 = 2{,}72$.

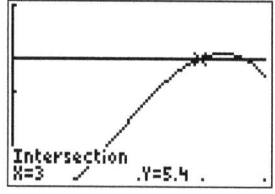

Schritt 2: Bestimmung des Flächeninhalts mit dem GTR
Wir haben nun $A = \int_{2{,}72}^{3}\big(g(x) - f(x)\big)dx$ und geben dies wie nebenstehend gezeigt im GTR ein.
Dies liefert $A \approx 0{,}0145$. 1 LE² entspricht 10.000 m².
Folglich ist $A = 145$ m².

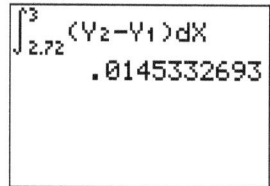

Ergebnis: Der sichtbare Wandteil hat eine Fläche von etwa 145 m² und ist damit größer als 130 m².

Aufgabe A 1.1 c)

Wir versuchen zunächst uns die Situation in einer
Skizze zu veranschaulichen.
Der Graph von $f(x)$ ist bis zur Stelle $x = 5$ definiert.
$x = 5$ ist somit die Stelle des Übergangspunktes von
$f(x)$ zu $g(x)$. Der Übergang soll ohne Knick erfolgen, er soll
also „glatt" sein, was formal $f(5) = g(5)$ und $f'(5) =$
$g'(5)$ bedeutet. $g(x)$ soll eine Parabel zweiter Ordnung

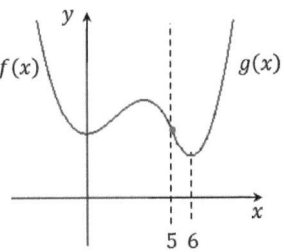

sein, d.h. $g(x)$ kann allgemein durch die Funktionsgleichung $g(x) = ax^2 + bx + c$ beschrieben werden mit
bislang noch unbekannten Koeffizienten a, b und c.
Weiter hin soll $g(x)$ an der Stelle $x = 6$ einen Scheitelpunkt haben, was in unserem Fall nur
der Tiefpunkt sein kann. Es gilt also $g'(6) = 0$. Damit haben wir bereits alles, was wir
brauchen um $g(x)$ zu bestimmen. Wir haben $g(x) = ax^2 + bx + c$ und $g'(x) = 2ax + b$.
Wir haben außerdem $f(x) = -0,1x^3 + 0,5x^2 + 3,6$ und damit $f'(x) = -0,3x^2 + x$.

Mit $g'(6) = 0$ folgt

Wegen $f(5) = 3,6$ und $f(5) = g(5)$ folgt

Aus $f'(5) = -2,5$ und $f'(5) = g'(5)$ folgt

I. $12a + b = 0$.

II. $25a + 5b + c = 3,6$.

III. $10a + b = -2,5$.

Natürlich kann man dieses Gleichungssystem mit dem GTR lösen, aber zur Übung
bestimmen wir die Lösung diesmal „von Hand".
Wir ziehen Gleichung III. von Gleichung I. ab und erhalten: $2a = 2,5$ also $a = 1,25$.
Eingesetzt in Gleichung I. liefert dies $12 \cdot 1,25 + b = 0$ also $15 + b = 0$ und folglich
$b = -15$. Die Werte für a und b setzen wir zuletzt in Gleichung II. ein und erhalten:

$$25 \cdot 1,25 + 5 \cdot (-15) + c = 3,6 \Leftrightarrow -43,75 + c = 3,6 \Leftrightarrow c = 47,35$$

Mit den gefundenen Werten erhalten wir $g(x)$ mit

$$g(x) = 1,25x^2 - 15x + 47,35$$

Da sich an der Stelle $x = 6$ der Tiefpunkt, d.h. die Talsohle, befindet, können wir nun dessen
Höhe berechnen. Es folgt $g(6) = 2,35$. Unter Beachtung, dass 1 LE 100 m entspricht
bekommen wir das

Ergebnis: Die Talsohle im Osten liegt auf einer Höhe von 235 m über dem Meeresspiegel.

Lösung A 1.2

Mittelpunkt des Kreises

Wir setzen zunächst $h(x) = 0$ und erhalten dadurch die Nullstellen x_1 und x_2 von $h(x)$.

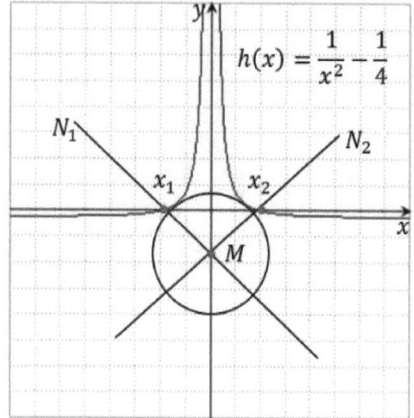

$$\frac{1}{x^2} - \frac{1}{4} = 0 \iff \frac{1}{x^2} = \frac{1}{4} \iff x^2 = 4$$

Es folgt $x_1 = -2$ und $x_2 = 2$.
Diejenigen Geraden, die senkrecht zu den Tangenten bei x_1 und x_2 stehen sind die in der Abbildung gezeigten Normalen N_1 und N_2. Deren Schnittpunkt ist dann der Mittelpunkt M des Kreises.
Die Formel zur Bestimmung einer Normalengleichung lautet:

$$N: y = -\frac{1}{f'(x_0)}(x - x_0) + f(x_0)$$

Daraus erhalten wir

$$N_1: y = -\frac{1}{h'(-2)}(x + 2) + h(-2) \quad \text{bzw.} \quad N_2: y = -\frac{1}{h'(2)}(x - 2) + h(2)$$

Es gilt $h(-2) = h(2) = 0$, da dies die Nullstellen von h sind. Mit $h(x) = \frac{1}{x^2} - \frac{1}{4} = x^{-2} - \frac{1}{4}$ folgt $h'(x) = -2x^{-3} = -\frac{2}{x^3}$ und damit $h'(-2) = \frac{1}{4}$ sowie $h'(2) = -\frac{1}{4}$.
Einsetzen in die beiden Normalengleichungen liefert:

$$N_1: y = -\frac{1}{1/4}(x + 2) \quad \text{bzw.} \quad N_2: y = -\frac{1}{-1/4}(x - 2)$$

Nach Vereinfachen erhalten wir:

$$N_1: y = -4x - 8 \quad \text{bzw.} \quad N_2: y = 4x - 8$$

Durch Gleichsetzen erhalten wir:

$$-4x - 8 = 4x - 8 \iff -8x = 0 \iff x = 0$$

Dies ist die x-Koordinate des Mittelpunktes. Einsetzen in N_1 (oder wahlweise in N_2) ergibt sich die y-Koordinate, nämlich $y = -8$.

Ergebnis:
Der Mittelpunkt desjenigen Kreises der die Nullstellen von $h(x)$ berührt ist $M(0|-8)$.

Bemerkung:
Da $h(x)$ symmetrisch zur y-Achse ist, gilt dies auch für die Nullstellen. Der Mittelpunkt des Kreises muss somit bei $x = 0$ liegen. Es hätte also bereits ausgereicht, nur N_1 zu bestimmen und dort $x = 0$ einzusetzen, um die y-Koordinate zu erhalten!

5.48 Wahlteil 2016 – Analysis A 2

Aufgabe A 2.1

In einem Skigebiet beträgt die Schneehöhe um 10.00 Uhr an einer Messstelle 150 cm. Die momentane Änderungsrate dieser Schneehöhe wird beschrieben durch die Funktion s mit

$$s(t) = 16e^{-0,5t} - 14e^{-t} - 2; \quad 0 \le t \le 12$$

(t in Stunden nach 10.00 Uhr, $s(t)$ in Zentimeter pro Stunde).

a) Bestimmen Sie die maximale momentane Änderungsrate der Schneehöhe.
   Ermitteln Sie den Zeitraum, in dem die momentane Änderungsrate der Schneehöhe größer als 2 cm pro Stunde ist.
   Wie hoch liegt der Schnee um 12.00 Uhr?

   (4 VP)

b) Bestimmen Sie einen integralfreien Funktionsterm der die Schneehöhe zum Zeitpunkt t beschreibt.
   Zu welchen Uhrzeiten beträgt die Schneehöhe 153 cm?

   (3 VP)

c) Um 12.30 Uhr werden nun Schneekanonen in Betrieb genommen. Sie liefern konstant so viel Schnee, dass sich die momentane Änderungsrate der Schneehöhe an der Messstelle um 1 cm pro Stunde erhöht.
   Um wie viele Stunden verlängert sich durch diese Maßnahme der Zeitraum, in dem die Schneehöhe zunimmt?
   Wie viele Zentimeter Schnee pro Stunde müssten die Schneekanonen ab 12.30 Uhr liefern, damit um 18 Uhr die Schneehöhe 160 cm betragen würde?

   (4 VP)

Aufgabe A 2.2

Für jedes $a > 0$ ist eine Funktion g_a gegeben durch

$$g_a(x) = a \cdot \cos(a \cdot x); \quad -\frac{\pi}{2a} \leq x \leq \frac{\pi}{2a}$$

Der Graph von g_a schneidet die y-Achse in einem Punkt. Die Strecke von diesem Punkt zum Ursprung ist die Diagonale einer Raute. Die beiden weiteren Eckpunkte der Raute liegen auf dem Graphen von g_a.

a) Bestimmen Sie für $a = 3$ die Längen der beiden Diagonalen dieser Raute.

(2 VP)

b) Bestimmen Sie den Wert von a, für den die Raute ein Quadrat ist.

(2 VP)

5.49 Lösung Wahlteil 2016 – Analysis A 2

Lösung Aufgabe A 2.1 a)

Maximale momentane Änderungsrate der Schneehöhe

Geben Sie den Funktionsterm bei Y_1 im GTR ein,
und lassen Sie sich den Graphen im x-Intervall
$[0; 12]$ und im y-Intervall $[-5; 5]$ zeichnen.
Mit {2ND CALC maximum} bestimmen Sie den höchsten Punkt.
Sie erhalten die Stelle $x = 1,12$ mit einer momentanen
Änderungsrate von $y = 2,57$, siehe Abbildung rechts.

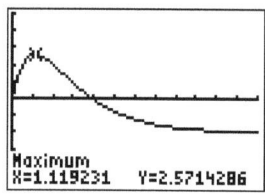

Ergebnis: Die maximale momentane Änderungsrate beträgt 2,57 cm pro Stunde.

Zeitraum in dem die momentane Änderungsrate der Schneehöhe größer als 2 cm pro Stunde ist

Hierfür lassen wir uns mit dem GTR eine waagrechte
Gerade bei $y = 2$ zeichnen (einfach bei Y_2 den Wert 2
eingeben). Mit {2ND CALC intersect} bestimmen Sie die
beiden Schnittpunkte mit der Kurve.
Sie erhalten $x_1 = 0,51$ bzw. $x_2 = 1,99$,
siehe Abbildungen rechts.

Da x in Stunden nach 10.00 Uhr gemessen wird, haben
wir folgendes

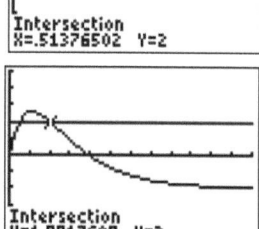

Ergebnis: Etwa zwischen 10.30 Uhr und 12.00 Uhr ist die
momentane Änderungsrate größer als 2 cm pro Stunde.

Wie hoch liegt der Schnee um 12.00 Uhr?

Über das Integral $\int_0^T s(t)dt$ lässt sich der gesamte
Höhenzuwachs des Schnees nach T Stunden ermitteln. Für die
Gesamthöhe nehmen wir noch die Anfangshöhe, nämlich
150 cm, hinzu und erhalten $h(T) = 150 + \int_0^T s(t)dt$.
Um 12.00 Uhr haben wir 2 Stunden nach 10.00 Uhr, d.h. wir

müssen für T den Wert 2 einsetzen (und nicht 12!) . Das Integral geben Sie dann wie in der Abbildung gezeigt im GTR ein.

Ergebnis: Um 12.00 Uhr liegt der Schnee etwa 154,1 cm hoch.

Lösung Aufgabe A 2.1 b)

Integralfreier Funktionsterm für die Schneehöhe

In Teilaufgabe a) wurde bereits gezeigt, dass die Schneehöhe durch die Funktion $h(T) = 150 + \int_0^T s(t)dt$ gegeben ist. Folglich müssen wir eine Stammfunktion für $s(t)$ finden.

$$\begin{aligned} S(t) &= \int(16e^{-0,5t} - 14e^{-t} - 2)dt \\ &= 16e^{-0,5t} \cdot \left(-\frac{1}{0,5}\right) - 14e^{-t} \cdot (-1) - 2t \\ &= -32e^{-0,5t} + 14e^{-t} - 2t \end{aligned}$$

Nun ist gemäß dem Hauptsatz der Differenzial- und Integralrechnung

$$\int_0^T s(t)dt = S(T) - S(0)$$

Mit $S(T) = -32e^{-0,5T} + 14e^{-T} - 2T$ und $S(0) = -32 \cdot 1 + 14 \cdot 1 = -18$ folgt

$$\int_0^T s(t)dt = -32e^{-0,5T} + 14e^{-T} - 2T + 18$$

Daher ist $h(T) = 150 + \int_0^T s(t)dt = -32e^{-0,5T} + 14e^{-T} - 2T + 168$ der gesuchte integralfreie Term.

Ergebnis: Die Schneehöhe zum Zeitpunkt t kann bestimmt werden durch die Funktion $h(t) = -32e^{-0,5t} + 14e^{-t} - 2t + 168$; $0 \leq t \leq 12$.

Zu welchen Uhrzeiten beträgt die Schneehöhe 153 cm?

Hierzu geben wie den Funktionsterm aus der vorherigen Teilaufgabe bei Y_2 im GTR ein. Bei Y_3 geben Sie den Wert 153 ein und lassen sich anschließend die beiden Graphen anzeigen (x-Intervall [0; 12], y-Intervall [140; 180]).
Mit {2ND CALC intersect} bestimmen Sie die beiden Schnittpunkte und erhalten $t_1 \approx 1,5$ bzw. $t_2 \approx 7,0$.

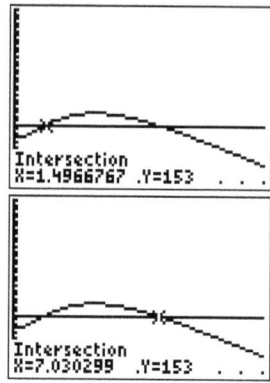

Ergebnis: Die Schneehöhe von 153 cm wird etwa um 11.30 Uhr und etwa um 17.00 Uhr erreicht.

Lösung Aufgabe A 2.1 c)

Um wie viele Stunden verlängert sich der Zeitraum, in dem die Schneehöhe zunimmt?

Wenn durch den Einsatz der Schneekanonen sich die momentane Änderungsrate um 1 cm pro Stunde vergrößert, dann ist die neue momentane Änderungsrate gegeben durch

$$s_{neu}(t) = 16e^{-0,5t} - 14e^{-t} - 1$$

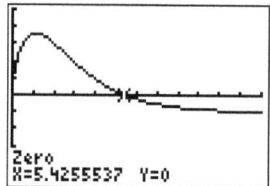

Geben Sie diesen Funktionsterm im GTR ein und lassen Sie sich den Graphen im x-Intervall [0; 12] und im y-Intervall [−5; 5] zeichnen. Mit {2ND CALC zero} bestimmen Sie die einzige Nullstelle im Betrachtungszeitraum bei $t \approx 5,4$.
Wir sehen, dass im Zeitraum von $t = 0$ bis $t = 5,4$ $s_{neu}(t) > 0$ ist. Das bedeutet, dass die Schneehöhe mit Hilfe der Schneekanonen 5,4 Stunden lang zunimmt.
Nun müssen wir das noch mit der alten momentanen Änderungsrate vergleichen. Diese ist gegeben mit $s(t) = 16e^{-0,5t} - 14e^{-t} - 2$.
Geben Sie den Funktionsterm im GTR ein, lassen Sie sich den Graphen zeichnen und bestimmen Sie mit {2ND CALC zero} wieder die Nullstelle(n). Sie erhalten $t_1 = 0$ und $t_2 \approx 3,9$.
Zwischen diesen Zeitpunkten, also etwa für die Dauer von 3,9 Stunden nimmt die Schneehöhe zu. Die Zunahme der Schneehöhe verlängert sich somit um $5,4 - 3,9 = 1,5$ Stunden.

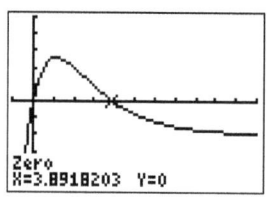

Ergebnis: Der Zeitraum, in dem die Schneehöhe zunimmt, verlängert sich mit Hilfe der Schneekanonen um etwa 1,5 Stunden.

Lösung Aufgabe A 2.2 a)

Längen der beiden Diagonalen der Raute

Für $a = 3$ erhält man die Funktion $g_3(x) = 3\cos(3x)$. Wegen $g_3(0) = 3\cos(0) = 3$ ist $P(0|3)$ der Schnittpunkt mit der y-Achse. Die Länge der senkrechten Diagonalen in der Raute ist somit 3. In einer Raute halbieren sich die beiden Diagonalen und stehen außerdem senkrecht zueinander. Daher muss die waagrechte Diagonale auf der Höhe $y = 1{,}5$ liegen. Diese lassen Sie zusammen mit $g_3(x)$ durch den GTR zeichnen. Mit {2ND CALC intersect} bestimmen Sie einen der beiden Schnittpunkte und erhalten $x \approx 0{,}35$, siehe Abbildung rechts. Die waagrechte Diagonale ist wegen der Symmetrie von $g_3(x)$ doppelt so lang.

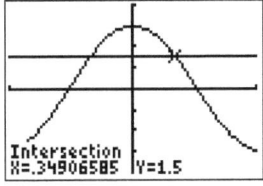

Ergebnis: Für den Wert $a = 3$ hat die senkrechte Diagonale die Länge 3 LE und die waagrechte Diagonale die Länge 0,7 LE.

Lösung Aufgabe A 2.2 b)

Wert für a, so dass die Raute zum Quadrat wird

Bei $x = 0$ gilt $g_a(0) = a\cos(0) = a$.
Der Schnittpunkt mit der y-Achse liegt somit bei $P(0|a)$, d.h. die senkrechte Diagonale hat die Länge a.

Da in einem Quadrat die Diagonalen gleich lang sind, hat auch die waagrechte Diagonale die Länge a.

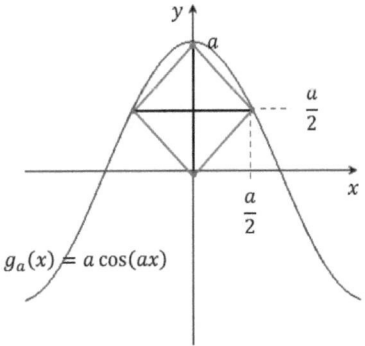

Da sich in einem Quadrat die Diagonalen halbieren, liegt die waagrechte Diagonale auf der Höhe $y = \frac{1}{2}a$. Wenn wir also in $g_a(x)$ den Wert $x = \frac{1}{2}a$ einsetzen, so muss folglich $y = g_a\left(\frac{1}{2}a\right) = \frac{1}{2}a$ gelten.

Aus $g_a\left(\frac{1}{2}a\right) = \frac{1}{2}a$ erhält man $a \cdot \cos\left(a \cdot \frac{1}{2}a\right) = \frac{1}{2}a$. Nach Division durch a folgt $\cos\left(\frac{1}{2}a^2\right) = \frac{1}{2}$. In der Formelsammlung findet man dass, $\cos\left(\frac{\pi}{3}\right) = \frac{1}{2}$ ist (besser ist es natürlich, wenn man das auswendig weiß).

Somit muss $\frac{1}{2}a^2 = \frac{\pi}{3}$ gelten. Daraus erhält man nach Umstellung $a = \sqrt{\frac{2\pi}{3}} \approx 1{,}45$.

Nun müssen wir aber noch prüfen, ob dies der Bedingung $-\frac{\pi}{2a} \le x \le \frac{\pi}{2a}$ genügt. Wegen $x = \frac{1}{2}a = \frac{1{,}45}{2} = 0{,}725$ und $\frac{\pi}{2a} = \frac{\pi}{2 \cdot 1{,}45} \approx 1{,}08$ sehen wir, dass tatsächlich $-1{,}08 \le x \le 1{,}08$ gilt.

Ergebnis: Für den Wert $a = \sqrt{\frac{2\pi}{3}} \approx 1{,}45$ wird die Raute zum Quadrat.

5.50 Wahlteil 2016 –
Analytische Geometrie / Stochastik
Aufgabe B 1

Aufgabe B 1.1

In einem Koordinatensystem be-
schreiben die Punkte $A(15|0|0)$,
$B(15|20|0)$, und $C(0|20|6)$
Eckpunkte der rechteckigen
Nutzfläche einer Tribüne (alle
Koordinatenangaben in Meter).
Die x_1x_2-Ebene stellt den Erdboden
dar.
Die Eckpunkte der Dachfläche liegen
vertikal über den Eckpunkten der
Nutzfläche. Die Dachfläche liegt in
der durch $E\colon x_1 - 3x_3 = -27$ beschriebenen
Ebene (siehe Abbildung).

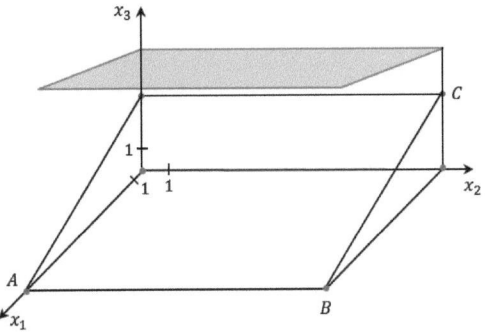

a) Bestimmen Sie eine Koordinatengleichung der Ebene, in der die Nutzfläche liegt.
    Berechnen Sie den Neigungswinkel der Nutzfläche gegen den Erdboden.
    Ermitteln Sie den Inhalt der Nutzfläche.

    (4 VP)

b) Aus Sicherheitsgründen muss die senkrecht zum Boden verlaufende Rückwand
    zwischen der Nutzfläche und der Dachfläche mindestens
    2,5 m hoch sein.
    Überprüfen Sie, ob diese Bedingung erfüllt ist.

    Zur Installation von Lautsprechern wird eine 5,2 m lange, senkrecht zum
    Erdboden verlaufende Stütze montiert. Ihre Enden werden an der Kante BC und
    am Dach der Tribüne fixiert.
    Berechnen Sie die Koordinaten des Punktes auf der Kante BC, in dem das untere
    Ende der Stütze fixiert wird.

    (4 VP)

Aufgabe B 1.2

Bei einem Spiel wird ein idealer Würfel verwendet, dessen Netz in der Abbildung dargestellt ist.

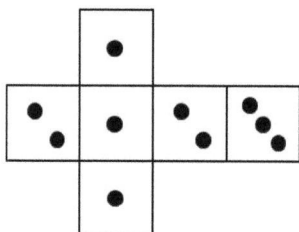

a) Der Würfel wird 2-mal geworfen.
    Bestimmen Sie die Wahrscheinlichkeit dafür, dass die Augensumme der beiden Würfe 3 beträgt.
    Nun wird der Würfel 12-mal geworfen.
    Berechnen Sie die Wahrscheinlichkeit dafür, dass er mindestens 4-mal die Augenzahl 2 zeigt.
    Die Beschriftung des Würfels soll so geändert werden, dass man bei 12-maligem Werfen des Würfels mit mindestens 99 % Wahrscheinlichkeit mindestens 4-mal die Augenzahl 3 erhält.
    Auf wie vielen Seiten muss dann die Augenzahl 3 mindestens stehen?

    (4 VP)

b) Ein Spieler hat die Vermutung, dass der ursprüngliche Würfel zu oft die Augenzahl 3 zeigt. Die Nullhypothese

    H_0: „Die Wahrscheinlichkeit für die Augenzahl 3 beträgt höchstens $\frac{1}{6}$."

    soll durch eine Stichprobe mit 100 Würfen auf einem Signifikanzniveau von 1 % getestet werden.
    Formulieren Sie die dazugehörige Entscheidungsregel in Worten.

    (3 VP)

5.51 Lösung Wahlteil 2016 – Analytische Geometrie / Stochastik Aufgabe B 1

Lösung Aufgabe B 1.1 a)

Koordinatengleichung der Ebene in der die Tribüne liegt

Mit Hilfe der Punkte A, B und C kann man die beiden Richtungsvektoren $\overrightarrow{BA}$ und $\overrightarrow{BC}$ bestimmen:

$$\overrightarrow{BA} = \begin{pmatrix} 15 \\ 0 \\ 0 \end{pmatrix} - \begin{pmatrix} 15 \\ 20 \\ 0 \end{pmatrix} = \begin{pmatrix} 0 \\ -20 \\ 0 \end{pmatrix}$$

$$\overrightarrow{BC} = \begin{pmatrix} 0 \\ 20 \\ 6 \end{pmatrix} - \begin{pmatrix} 15 \\ 20 \\ 0 \end{pmatrix} = \begin{pmatrix} -15 \\ 0 \\ 6 \end{pmatrix}$$

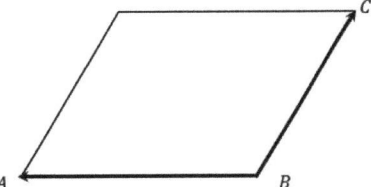

Mit dem Kreuzprodukt $\overrightarrow{BA} \times \overrightarrow{BC}$ lässt sich aus den beiden Richtungsvektoren ein Normalenvektor bestimmen:

$$\overrightarrow{BA} \times \overrightarrow{BC} = \begin{pmatrix} -20 \cdot 6 \\ 0 \cdot (-15) \\ 0 \cdot 0 \end{pmatrix} - \begin{pmatrix} 0 \cdot 0 \\ 0 \cdot 6 \\ -20 \cdot (-15) \end{pmatrix} = \begin{pmatrix} -20 \cdot 6 \\ 0 \\ 20 \cdot (-15) \end{pmatrix}$$

Da es bei einem Normalenvektor nicht auf die Länge ankommt, teilen wir zunächst durch -20 und anschließend durch 3 und erhalten: $\vec{n} = \begin{pmatrix} 2 \\ 0 \\ 5 \end{pmatrix}$.

Mit dem Normalenvektor lässt sich nun eine Koordinatengleichung der Ebene aufstellen, nämlich $F: 2x_1 + 5x_3 = d$ mit einem noch unbekannten d. Da wir aber wissen, dass beispielsweise der Punkt A in der Ebene liegt, können wir A einsetzen und erhalten $2 \cdot 15 + 5 \cdot 0 = 30 = d$. Damit haben wir die Ebenengleichung komplett.

Ergebnis: Eine Koordinatengleichung der Ebene in der die Tribüne liegt lautet $F: 2x_1 + 5x_3 = 30$.

Neigungswinkel von E bezüglich des Erdbodens

Für den Winkel zwischen zwei Ebenen verwendet man die Winkelformel $\cos\alpha = \frac{|\vec{n}_1 \cdot \vec{n}_2|}{|\vec{n}_1| \cdot |\vec{n}_2|}$ wobei $\vec{n}_1$ und $\vec{n}_2$ die Normalenvektoren der beiden Ebenen sind.

In unserem Fall ist $\vec{n}_1 = \begin{pmatrix} 2 \\ 0 \\ 5 \end{pmatrix}$ der Normalenvektor der Ebene E.

Ein Normalenvektor für die Bodenfläche (die x_1x_2-Ebene) ist z.B. $\vec{n}_2 = \begin{pmatrix} 0 \\ 0 \\ 1 \end{pmatrix}$.

Es gilt $|\vec{n}_1 \cdot \vec{n}_2| = |2 \cdot 0 + 0 \cdot 0 + 5 \cdot 1| = 5$ sowie
$|\vec{n}_1| = \sqrt{2^2 + 5^2} = \sqrt{29}$ und $|\vec{n}_2| = 1$.

Einsetzen in die Winkelformel $\cos\alpha = \frac{|\vec{n}_1 \cdot \vec{n}_2|}{|\vec{n}_1| \cdot |\vec{n}_2|}$ liefert

$\cos\alpha = \frac{5}{\sqrt{29}} \approx 0{,}92848$.

Mit dem GTR (siehe Abbildung rechts) erhält man daraus den Neigungswinkel $\alpha \approx 21{,}8°$.

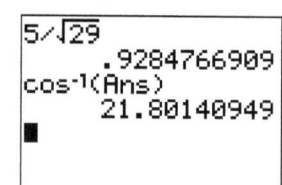

Ergebnis: Die Tribüne ist um etwa 21,8° gegen den Boden geneigt.
Hinweis: Vergessen Sie nicht, den GTR in den Modus DEGREE umzuschalten!

Inhalt der Nutzfläche

An den Koordinaten der Punkte A, B und C kann man erkennen, dass die Tribüne rechtwinklig ist. Wir haben also lediglich die Fläche eines Rechtecks zu berechnen.

Es gilt $\overrightarrow{AB} = \begin{pmatrix} 15 \\ 20 \\ 0 \end{pmatrix} - \begin{pmatrix} 15 \\ 0 \\ 0 \end{pmatrix} = \begin{pmatrix} 0 \\ 20 \\ 0 \end{pmatrix}$,

d.h. $|\overrightarrow{AB}| = 20$.

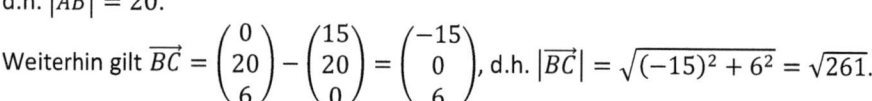

Weiterhin gilt $\overrightarrow{BC} = \begin{pmatrix} 0 \\ 20 \\ 6 \end{pmatrix} - \begin{pmatrix} 15 \\ 20 \\ 0 \end{pmatrix} = \begin{pmatrix} -15 \\ 0 \\ 6 \end{pmatrix}$, d.h. $|\overrightarrow{BC}| = \sqrt{(-15)^2 + 6^2} = \sqrt{261}$.

Der Flächeninhalt des Rechtecks ist somit gegeben durch: $A = 20 \cdot \sqrt{261} \approx 323{,}1$.

Ergebnis: Die Tribüne hat eine Nutzfläche von etwa 323 m².

Lösung Aufgabe B 1.1 b)

Werden die Sicherheitsbestimmungen eingehalten?

Wir formulieren die Frage einfach um:
Liegt die Dachfläche mindestens 2,5m
über dem hinteren Rand der Tribüne?
Der Punkt D der Dachfläche liegt
senkrecht über dem Punkt C. Somit
hat D dieselbe x_1- und dieselbe x_2-
Koordinate wie C. Wir setzen daher
die x_1- und die x_2-Koordinate von C in
die Ebenengleichung E ein und
bestimmen daraus die

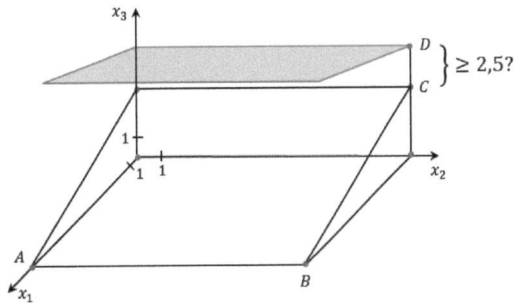

Höhenkoordinate x_3 des Punktes D und damit die des Dachs. Es folgt $0 - 3x_3 = -27$ also
$x_3 = 9$. Der Punkt D hat die Koordinaten $D(0|20|9)$. Das Dach liegt drei Meter über der
Nutzfläche, d.h. die Rückwand zwischen der Nutzfläche und des Dachs ist überall 3 m hoch.

Ergebnis: Die Sicherheitsbestimmung, die eine Mindesthöhe der Rückwand von 2,5 m
verlangt, wird eingehalten.

Verankerungspunkt der Stütze

Wir konstruieren uns eine zum Dach
(genauer gesagt zur Ebene E) parallele
Hilfsebene H, die genau 5,2 m unterhalb
des Dachs liegt.
Danach bestimmen wir eine
Geradengleichung für die Gerade g, auf
der die Kante BC liegt.
Schließlich bestimmen wir den Schnitt
von g mit H und erhalten so den
Verankerungspunkt V.

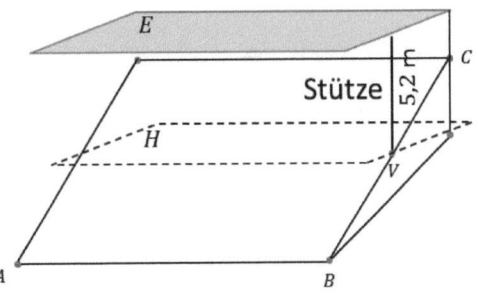

Schritt 1: Konstruktion der Hilfsebene H

Da H parallel zu E sein soll, können wir den Normalenvektor von E für H verwenden.
Wir können also $H: x_1 - 3x_3 = d$ mit einem noch unbekannten d ansetzen.
Nun suchen wir uns einen beliebigen Punkt P auf der Ebene E, indem wir z.B. $x_1 = x_2 = 0$
setzen und aus der Ebenengleichung von E x_3 bestimmen.
Wir erhalten $0 - 3x_3 = -27$ also $x_3 = 9$. Somit ist $P(0|0|9)$ ein Punkt auf E.

Der Punkt $P'(0|0|3,8)$, der 5,2 m unter P liegt muss damit ein Punkt der Hilfsebene H sein. Wenn wir die Koordinaten von P' in H einsetzen erhalten wir d und damit die komplette Gleichung von H. Es folgt $0 - 3 \cdot 3,8 = -11,4 = d$ und damit H: $x_1 - 3x_3 = -11,4$.

Schritt 2: Aufstellen der Geradengleichung für die Kante BC

Die Gerade g, auf der die Kante BC liegt ist gegeben durch g: $\vec{x} = \overrightarrow{OB} + s \cdot \overrightarrow{BC}$.

Durch Einsetzen erhält man g: $\vec{x} = \begin{pmatrix} 15 \\ 20 \\ 0 \end{pmatrix} + s \cdot \begin{pmatrix} -15 \\ 0 \\ 6 \end{pmatrix}$.

Schritt 3: Schnitt von g mit H

Ein Punkt auf g hat die Koordinaten $(15 - 15s|20|6s)$. Diese setzen wir ein in H und erhalten:

$$(15 - 15s) - 18s = -11,4 \Leftrightarrow 15 - 33s = -11,4$$
$$\Leftrightarrow -33s = -26,4 \Leftrightarrow s = 0,8$$

Schritt 4: Ermittlung der Koordinaten des Verankerungspunktes V

Einsetzen von $s = 0,8$ in g liefert $\begin{pmatrix} 15 \\ 20 \\ 0 \end{pmatrix} + 0,8 \cdot \begin{pmatrix} -15 \\ 0 \\ 6 \end{pmatrix} = \begin{pmatrix} 3 \\ 20 \\ 4,8 \end{pmatrix}$.

Ergebnis: Der Verankerungspunkt V der Stütze hat die Koordinaten $V(3|20|4,8)$.

Lösung Aufgabe B 1.2 a)

Wahrscheinlichkeit für Augensumme 3

Die Wahrscheinlichkeiten bei einem Wurf sind folgende:
$P(Augenzahl\ 1) = \frac{3}{6} = \frac{1}{2}$, $P(Augenzahl\ 2) = \frac{2}{6} = \frac{1}{3}$ und $P(Augenzahl\ 3) = \frac{1}{6}$.
Bei zweimaligem Würfeln kann die Augensumme 3 nur durch die Kombination (1,2) oder (2,1) zustande kommen. Da beide Kombinationen dieselbe Wahrscheinlichkeit haben gilt

$$P(Augensumme\ 3) = 2 \cdot P(1,2) = 2 \cdot \frac{1}{2} \cdot \frac{1}{3} = \frac{1}{3} \approx 33{,}3\%$$

Ergebnis: Die Ausgensumme 3 wird mit einer Wahrscheinlichkeit von etwa 33% geworfen.

Wahrscheinlichkeit für mindestens 4-mal Augenzahl 2 bei 12 Würfen

Bei diese Art von Versuch handelt es sich um ein Bernoulli-Experiment, genauer gesagt um eine Bernoulli-Kette der Länge 12. Die „Trefferwahrscheinlichkeit", also die Wahrscheinlichkeit für Augenzahl 2 ist $p = \frac{1}{3}$. Die Anzahl der Würfe werde repräsentiert durch die Zufallsvariable X. Zu bestimmen ist also $P(X \geq 4)$.
Gemäß den Rechenregeln ist $P(X \geq 4) = 1 - P(X \leq 3)$.
Die rechte Seite der Gleichung können Sie mit dem GTR berechnen, indem Sie 1-binomcdf(12,1/3,3) eingeben (die Funktion binomcdf erhalten Sie über {2ND distr}).
Sie erhalten das folgende

```
1-binomcdf(12,1.▶
      .6069253219
```

Ergebnis: Die Wahrscheinlichkeit für mindestens 4-mal Augenzahl 2 bei 12 Würfen beträgt 0,6069 also etwa 61%.

Anzahl der Seitenflächen mit einer Drei

12mal Werfen, mindestens 4mal und Augenzahl 3 mit eine WS von 99%. Wir haben eine unbekannte Anzahl a an Seiten mit Augenzahl 3, daher ist die „Trefferwahrscheinlichkeit" $p = \frac{a}{6}$. Das formale ausrechnen der gesuchten Wahrscheinlichkeit wäre sehr kompliziert. Ein einfacherer Weg besteht darin, die verschiedenen Werte für a auszuprobieren und mit dem GTR nachzurechnen.

Versuch 1 z.B. mit $a = 3$, also $p = \frac{3}{6} = \frac{1}{2}$:

Wir bestimmen $P(X \geq 4) = 1 - P(X \leq 3)$ mit dem GTR und erhalten nach Eingabe von 1-binomcdf(12,1/2,3) den Wert $0{,}927 < 0{,}99$.

Versuch 2 mit $a = 3$, also $p = \frac{4}{6} = \frac{2}{3}$:
Eingabe von 1-binomcdf(12,2/3,3) liefert den Wert $0{,}996 > 0{,}99$.

Ergebnis: Die Augenzahl 3 muss auf mindestens 4 Seiten vorliegen, damit man bei 12maligem Würfeln mit einer Mindestwahrscheinlichkeit von 99% eine 3 wirft.

Lösung Aufgabe B 1.2 b)

Entscheidungsregel

Gegeben sind folgende Eckdaten:
$H_0 \colon p \leq \frac{1}{6}$, Stichprobenumfang $n = 100$, Signifikanzniveau $= 1\% = 0{,}01$.
Wir haben einen rechtsseitigen Test, denn wenn die Augenzahl 3 öfter als „erwartet" erscheint, dann muss H_0 abgelehnt werden. Der Ablehnungsbereich hat folglich die Gestalt $[k, \ldots, 100]$. Unsere Aufgabe besteht also darin, einen konkreten Wert für k zu bestimmen. Wie üblich bezeichnen wir die Anzahl der Dreien mit der Zufallsvariablen X.
Gesucht ist also ein kleinstmögliches k, so dass $P(X \geq k) \leq 0{,}01$ gilt. Leider lässt sich $P(X \geq k)$ nicht direkt mit dem GTR berechnen. Daher formen wir um:

$$P(X \geq k) \leq 0{,}01 \iff 1 - P(X \leq k - 1) \leq 0{,}01$$

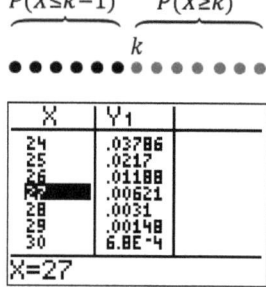

Geben Sie im Y-Editor Ihres GTR bei Y₁ den Ausdruck
1-binomcdf(100,1/6,X-1) ein und lassen Sie sich mit 2ND Table die Wertetabelle anzeigen, siehe rechts. Hier lesen Sie ab $P(X \geq 26) \approx 0{,}011 > 0{,}01$ bzw. $P(X \geq 27) \approx 0{,}006 < 0{,}01$, d.h. für $k = 27$ liegen wir erstmals unter dem Signifikanzniveau. Bei 27 oder mehr Dreien muss die Nullhypothese abgelehnt werden.

Ergebnis:
Die Entscheidungsregel lautet: Wenn in einer Stichprobe von 100 Würfen 27 oder mehr Dreien beobachtet werden, so muss die Nullhypothese bei einer Irrtumswahrscheinlichkeit von höchstens 0,6% (was kleiner als die Forderung von 1% ist) abgelehnt werden. Erscheint die 3 weniger als 27 Mal, so kann die Nullhypothese angenommen werden.

5.52 Wahlteil - 2016 –
Analytische Geometrie / Stochastik
Aufgabe B 2

Aufgabe B 2.1

Die Punkte $A(0|-6|0)$, $B(6|0|0)$, $C(0|6|0)$ und $S(0|0|5)$ sind die Eckpunkte der Pyramide $ABCS$. Der Punkt M_1 ist der Mittelpunkt der Kante AS und M_2 ist der Mittelpunkt der Kante CS. Die Ebene E verläuft durch M_1, M_2 und B.

a) Die Ebene E schneidet die Pyramide in einer Schnittfläche.
Stellen Sie Pyramide und Schnittfläche in einer Koordinatensystem dar.
Berechnen Sie den Umfang der Schnittfläche.
Bestimmen Sie eine Koordinatengleichung von E.
(Teilergebnis: $E: 5x_1 + 12x_3 = 30$)

(4 VP)

b) Der Punkt Q liegt auf der Kante BS und bildet mit M_1 und M_2 ein rechtwinkliges Dreieck.
Bestimmen Sie die Koordinaten des Punktes Q.

(3 VP)

c) Der Punkt Z liegt in der x_1x_3-Ebene und im Inneren der Pyramide $ABCS$.
Er hat von der Grundfläche ABC, der Seitenfläche ACS und von E den gleichen Abstand.
Bestimmen Sie die Koordinaten von Z.

(3 VP)

Aufgabe B 2.2

Eine Tanzgruppe besteht aus 8 Anfängerpaaren und 4 Fortgeschrittenen-paaren. Aus der Erfahrung vergangener Jahre weiß man, dass Anfängerpaare mit einer Wahrscheinlichkeit von 90 % bei den abendlichen Tanzstunden anwesend sind, Fortgeschrittenenpaare mit einer Wahrscheinlichkeit von 75 %. Man geht davon aus, dass die Entscheidung von Tanzpaaren über die Teilnahme an der Tanzstunde voneinander unabhängig sind.

Bestimmen Sie die Wahrscheinlichkeit dafür, dass an einem Abend alle Fortgeschrittenenpaare anwesend sind.
Bestimmen Sie die Wahrscheinlichkeit dafür, dass an einem Abend mindestens 6 Anfängerpaare und höchstens 3 Fortgeschrittenenpaare anwesend sind.
Wie groß die Wahrscheinlichkeit dafür, dass an einem Abend mindestens 11 Paare anwesend sind?

(5 VP)

5.53 Lösung Wahlteil 2016 – Analytische Geometrie / Stochastik Aufgabe B 1

Lösung Aufgabe B 2.1 a)

Schaubild für die Pyramide mit der Schnittfläche

... siehe Abbildung rechts.

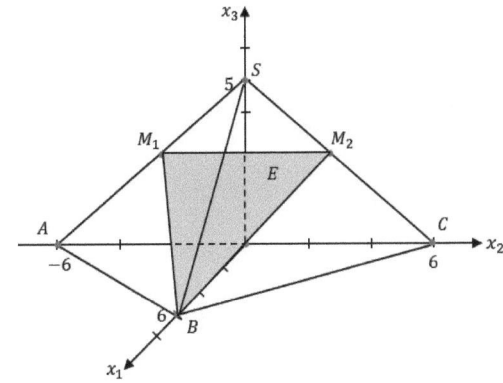

Umfang der Schnittfläche

Der Mittelpunkt M_1 der Kante AS ist $M_1(0|-3|2,5)$. Der Mittelpunkt M_2 der Kante CS ist $M_2(0|3|2,5)$.

Die Länge der Strecke $\overline{M_1M_2}$ ist damit $|\overline{M_1M_2}| = \left| \begin{pmatrix} 0 \\ 6 \\ 0 \end{pmatrix} \right| = 6$. Die Längen der Strecken

$\overline{BM_1}$ und $\overline{BM_2}$ sind aus Symmetriegründen gleich.

Es gilt $|\overline{BM_1}| = \left| \begin{pmatrix} -6 \\ 3 \\ -5 \end{pmatrix} \right| = \sqrt{(-6)^2 + (-3)^2 + (2,5)^2} = \sqrt{51,25}$.

Folglich ist auch $|\overline{BM_2}| = \sqrt{51,25}$. Der Umfang der Schnittfläche ist damit

$$U = |\overline{BM_1}| + |\overline{BM_2}| + |\overline{M_1M_2}| = 2 \cdot \sqrt{51,25} + 6 \approx 20,32$$

Ergebnis: Der Umfang der Schnittfläche beträgt etwa 20,32 LE.

Koordinatengleichung der Ebene E

Aus den Richtungsvektoren $\overrightarrow{M_1B} = \begin{pmatrix} 6 \\ 3 \\ -2,5 \end{pmatrix}$ und $\overrightarrow{M_2B} = \begin{pmatrix} 6 \\ -3 \\ -2,5 \end{pmatrix}$ erhält man mit Hilfe des Vektorprodukts einen Normalenvektor für die Ebene E.

$$\overline{M_1B} \times \overline{M_2B} = \begin{pmatrix} 3 \cdot (-2,5) \\ -2,5 \cdot 6 \\ 6 \cdot (-3) \end{pmatrix} - \begin{pmatrix} -2,5 \cdot (-3) \\ 6 \cdot (-2,5) \\ 3 \cdot 6 \end{pmatrix} = \begin{pmatrix} -15 \\ 0 \\ -36 \end{pmatrix}$$

Da es bei einem Normalenvektor nicht auf die Länge ankommt, teilen wir durch -3 und

erhalten $\vec{n} = \begin{pmatrix} 5 \\ 0 \\ 12 \end{pmatrix}$. Die Koordinatengleichung von E lautet somit $E: 5x_1 + 12x_3 = d$ mit

einem noch unbekannten d. Da der Punkt $B(6|0|0)$ in E liegt, setzen wir B in E ein und erhalten $5 \cdot 6 + 12 \cdot 0 = 30 = d$. Damit haben wir die Koordinatengleichung komplett.

Ergebnis: Die Koordinatengleichung für E lautet $E: 5x_1 + 12x_3 = 30$.

Lösung Aufgabe B 2.1 b)

Bestimmung des Punktes Q

Eine Gerade durch die Punkte B und S kann beschrieben werden durch

$$g: \vec{x} = \overrightarrow{OB} + t \cdot \overrightarrow{BS} = \begin{pmatrix} 6 \\ 0 \\ 0 \end{pmatrix} + t \cdot \begin{pmatrix} -6 \\ 0 \\ 5 \end{pmatrix}$$

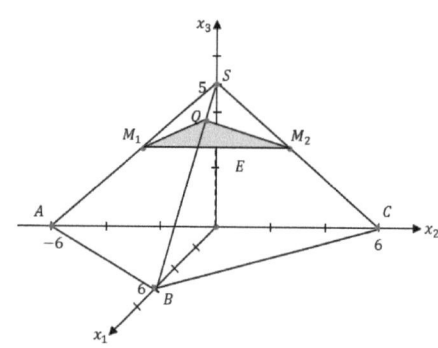

Ein Punkt Q auf g hat somit die Koordinaten $Q(6 - 6t|0|5t)$. Das Dreieck M_1QM_2 ist in Q rechtwinklig, d.h. dass die Vektoren $\overrightarrow{QM_1}$ und $\overrightarrow{QM_2}$ senkrecht zueinander stehen und somit $\overrightarrow{QM_1} \cdot \overrightarrow{QM_2} = 0$ gilt. Daraus gewinnen wir eine Bestimmungsgleichung für t und erhalten damit Q.

Mit $\overrightarrow{QM_1} = \begin{pmatrix} 0 \\ -3 \\ 2,5 \end{pmatrix} - \begin{pmatrix} 6 - 6t \\ 0 \\ 5t \end{pmatrix} = \begin{pmatrix} -6 + 6t \\ -3 \\ 2,5 - 5t \end{pmatrix}$

und $\overrightarrow{QM_2} = \begin{pmatrix} 0 \\ 3 \\ 2,5 \end{pmatrix} - \begin{pmatrix} 6 - 6t \\ 0 \\ 5t \end{pmatrix} = \begin{pmatrix} -6 + 6t \\ 3 \\ 2,5 - 5t \end{pmatrix}$

folgt

$$\overrightarrow{QM}_1 \cdot \overrightarrow{QM}_2 = (-6 + 6t)^2 - 9 + (2,5 - 5t)^2 = 0$$
$$\Leftrightarrow 36 - 72t + 36t^2 - 9 + 6,25 - 25t + 25t^2 = 0$$
$$\Leftrightarrow 33,25 - 97t + 61t^2 = 0$$

Die Lösungen dieser quadratischen Gleichung bestimmen wir mit dem GTR.

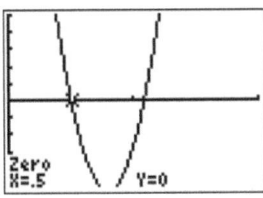

Dazu geben Sie bei Y₁ den Term $61x^2 - 97x + 33,25$ ein und lassen sich den Graphen im x-Auschnitt $[0; 2]$ und im y-Ausschnitt $[-5; 5]$ zeichnen. Mit {2ND CALC zero} bestimmen Sie die beiden Nullstellen und erhalten $x_1 = 0,5$ bzw. $x_2 \approx 1,09$. Da Q nur für $0 \le t \le 1$ auf der Kante BS liegt, kann $t = 1,09$ keine Lösung sein.

Wir setzen $t = 0,5$ in g ein und erhalten $\begin{pmatrix} 6 \\ 0 \\ 0 \end{pmatrix} + 0,5 \cdot \begin{pmatrix} -6 \\ 0 \\ 5 \end{pmatrix} = \begin{pmatrix} 3 \\ 0 \\ 2,5 \end{pmatrix}$.

Ergebnis: Der Punkt Q hat die Koordinaten $Q(3|0|2,5)$.

Lösung Aufgabe B 2.1 c)

Bestimmung des Punktes Z

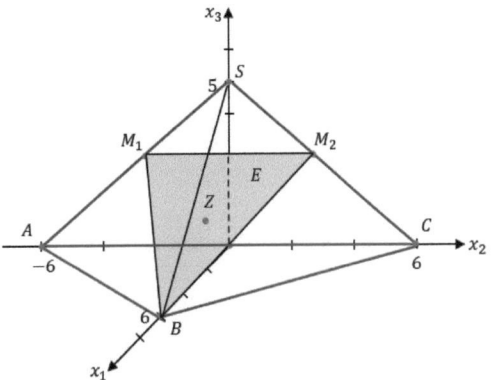

Der Punkt Z soll in der $x_1 x_3$-Ebene liegen, d.h. die x_2-Koordinate von Z ist 0. Wir können somit $Z(a|0|c)$ mit noch unbekannten a und b ansetzen.

Das Dreieck ABC liegt in der $x_1 x_2$-Ebene, somit ist der Abstand von Z zum Dreieck ABC nichts anderes als die x_3-Koordinate von Z, nämlich c.

Das Dreieck ACS liegt in der $x_2 x_3$-Ebene, somit ist der Abstand von Z zum Dreieck ACS die x_1-Koordinate von Z, nämlich a.

Diese beiden Abstände sollen gleich sein, also ist $a = c$. Der Punkt Z hat daher die Koordinaten $Z(a|0|a)$. Wir bestimmen nun den Abstand des Punktes Z von der Ebene E. Dazu wird die Ebenengleichung in die Hesse'sche Normalenform überführt.

Mit $\vec{n} = \begin{pmatrix} 5 \\ 0 \\ 12 \end{pmatrix}$ folgt $|\vec{n}| = \sqrt{5^2 + 12^2} = \sqrt{169} = 13$ folgt

$$\text{HNF } E: \quad \frac{5x_1 + 12x_3 - 30}{13} = 0$$

Ein beliebiger Punkt $P(x_1|x_2|x_3)$ hat damit zur Ebene E den Abstand

$$d(P,E) = \frac{|5x_1 + 12x_3 - 30|}{13}$$

Laut Aufgabenstellung soll der Abstand von Z zu E derselbe sein wie zum Dreieck ACS und wie zum Dreieck ABC ... also a. Folglich gilt

$$d(Z,E) = a \iff \frac{|5a + 12a - 30|}{13} = a \iff |17a - 30| = 13a$$

Um die Betragsgleichung aufzulösen müssen zwei Fälle unterschieden werden.

Fall 1, $17a - 30 \geq 0$:
Hier können wir die Betragsstriche weglassen und erhalten

$$17a - 30 = 13a \iff 4a = 30 \iff a = 7{,}5$$

Für diesen Wert von a liegt der Punkt Z aber außerhalb der Pyramide. Diese „vermeintliche" Lösung müssen wir daher streichen.

Fall 2, $17a - 30 < 0$:
In diesem Fall können wir die Betragsstriche erst weglassen, wenn wir den Ausdruck zwischen den Betragsstrichen mit -1 malnehmen.

$$-17a + 30 = 13a \iff 30a = 30 \iff a = 1$$

Dies ist der einzig mögliche Wert für a für den der Punkt Z innerhalb der Pyramide liegt.

Ergebnis: Der Punkt Z hat die Koordinaten $Z(1|0|1)$.

Lösung Aufgabe B 2.2

Wahrscheinlichkeit dafür, dass an einem Abend alle Fortgeschrittenenpaare anwesend sind.

Die Zufallsvariable X stehe für die Anzahl der Fortgeschrittenen-Paare. Da es sich um ein „Ja/Nein"-Experiment (anwesend oder nicht anwesend) handelt ist X binomialverteilt. Die Trefferwahrscheinlichkeit ist $p = 75\%$, die Anzahl der Versuche ist $n = 4$. Mit dem GTR lässt sich dann $P(X = 4)$ bestimmen. Nach Eingabe von binompdf(4,0.75,4) erhält man den Wert 0,3164.

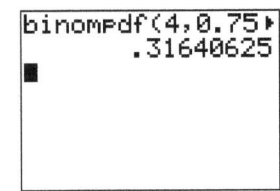

Ergebnis: Die Wahrscheinlichkeit dafür, dass an einem Abend alle Fortgeschrittenenpaare anwesend sind beträgt etwa 32%.

Bemerkung:
Statt den komplizierten Weg mit „Zufallsvariable und Binomialverteilung" zu gehen, hätte man einfach $0,75^4 = 0,3164$ berechnen können. Das führt ebenfalls zu der gesuchten Wahrscheinlichkeit! In der Aufgabe wird ja nach „allen" Fortgeschrittenen-Paaren gefragt. Das ist vergleichbar mit der Frage: Wie groß ist die WS, dass man bei 4maligem Würfel immer(!) eine 6 würfelt. Nun, die WS ist $\left(\frac{1}{6}\right)^4$.

Allerdings ist die folgende Denkweise **falsch**:

Die WS, dass ein F-Paar kommt ist 0,75.
Die WS, dass zwei F-Paare kommen ist $0,75^2$.
Die WS, dass drei F-Paare kommen ist $0,75^3$.
Daher ist die WS, dass alle vier F-Paare kommen gleich $0,75^4$.

Die ersten drei Aussagen in dieser Liste sind falsch und nur die letzte ist korrekt! Um sich das zu verdeutlichen, vergleichen Sie das mit dem Würfelexperiment „4maliges Würfeln".

Die WS, dass eine 6 kommt ist eben nicht $\frac{1}{6}$, sondern $4 \cdot \frac{1}{6} \cdot \left(\frac{5}{6}\right)^3$.

Die WS, dass zwei 6en kommen ist nicht $\left(\frac{1}{6}\right)^2$, sondern $6 \cdot \left(\frac{1}{6}\right)^2 \cdot \left(\frac{5}{6}\right)^2$.

Die WS, dass drei 6en kommen ist nicht $\left(\frac{1}{6}\right)^3$, sondern $4 \cdot \left(\frac{1}{6}\right)^3 \cdot \left(\frac{5}{6}\right)^1$.

Die WS, dass vier 6en kommen ist $1 \cdot \left(\frac{1}{6}\right)^4 \cdot \left(\frac{5}{6}\right)^0 = \left(\frac{1}{6}\right)^4$.

Sie sehen also, dass es erst am Ende der Kette „passt". Falls Sie also aufgrund eines fehlerhaften Gedankenganges zum korrekten Ergebnis gekommen sind, dann sollten Sie sich die Vorgehensweise nochmal Schritt für Schritt verdeutlichen und den korrekten Gedankengang trainieren!

Wahrscheinlichkeit für mindestens 6 Anfängerpaare und höchstens 3 Fortgeschrittenenpaare

Die Zufallsvariable X stehe für die Anzahl der Anfängerpaare und die Zufallsvariable Y für die Anzahl der Fortgeschrittenenpaare. Es gibt insgesamt 8 A-Paare und ein Paar kann anwesend sein oder nicht. Folglich ist X binomialverteilt mit $p = 0{,}9$ und $n = 8$. Die WS für mindestens 6 anwesende A-Paare ist dann $P(X \geq 6)$.

Es gibt insgesamt 4 F-Paare und ein Paar kann anwesend sein oder nicht. Folglich ist Y binomialverteilt mit $p = 0{,}75$ und $n = 4$. Die WS für höchstens 3 anwesende F-Paare ist dann $P(Y \leq 3)$.

Die Gesamtwahrscheinlichkeit ist dann $P(X \geq 6) \cdot P(Y \leq 3)$. Nun ist

$$P(X \geq 6) \cdot P(Y \leq 3) = (1 - P(X \leq 5)) \cdot P(Y \leq 3)$$

Den Ausdruck auf der rechten Seite können wir mit dem GTR bestimmen: (1-binomcdf(8,0.9,5))* binomcdf(4,0.75,3). Dies liefert etwa den Wert 0,6576.

Ergebnis: Die Wahrscheinlichkeit dass an einem Abend mindestens 6 Anfängerpaare und höchstens 3 Fortgeschrittenenpaare kommen beträgt etwa 66%.

Wahrscheinlichkeit dafür, dass an einem Abend mindestens 11 Paare anwesend sind

Die Zufallsvariablen X bzw. Y bezeichnen wieder die Anzahl der A-Paare bzw. die Anzahl der F-Paare. Die Forderung „mindestens 11 Paare" bedeutet „genau 11 Paare oder genau 12 Paare".

„Genau 11 Paare" bekommen wir durch die Kombination $X = 8$ und $Y = 3$ oder durch die Kombination $X = 7$ und $Y = 4$. Andere Möglichkeiten gibt es nicht.

„Genau 12 Paare" bekommen wir nur mit der Kombination $X = 8$ und $Y = 4$.

In die mathematische Formelsprache übersetzt erhält man

$$\underbrace{P(X = 8) \cdot P(Y = 3) + P(X = 7) \cdot P(Y = 4)}_{P(genau\ 11\ Paare)} + \underbrace{P(X = 8) \cdot P(Y = 4)}_{P(genau\ 12\ Paare)}$$

Im GTR gibt man zur Berechnung des obigen Ausdrucks folgendes ein:

binompdf(8,0.9,8)*binompdf(4,0.75,3) + binompdf(8,0.9,7)*binompdf(4,0.75,4) + binompdf(8,0.9,8)*binompdf(4,0.75,4)

Sie erhalten etwa den Wert 0,4389.

Ergebnis: Die Wahrscheinlichkeit dafür, dass an einem Abend mindestens 11 Paare anwesend sind liegt bei etwa 44%.

5.54 Pflichtteil 2015

Aufgabe 1:
Bilden Sie die Ableitung der Funktion f mit $f(x) = (4 + e^{3x})^5$.

(2 VP)

Aufgabe 2:
Berechnen Sie das Integral $\int_0^\pi \left(4x - sin\left(\frac{1}{2}x\right) \right) dx$.

(2 VP)

Aufgabe 3:
Lösen Sie die Gleichung $(x^3 - 3x)(e^{2x} - 5) = 0$.

(3 VP)

Aufgabe 4:
Der Graph einer ganzrationalen Funktionen f dritten Grades hat im Ursprung einen Hochpunkt und an der Stelle $x = 2$ die Tangente mit der Gleichung $y = 4x - 12$.
Bestimmen Sie eine Funktionsgleichung von f.

(4 VP)

Aufgabe 5:
Die Abbildung zeigt den Graphen der Ableitungsfunktion f' einer ganzrationalen Funktion.
Entscheiden Sie, ob die folgenden Aussagen wahr oder falsch sind.
Begründen Sie jeweils Ihre Antwort.

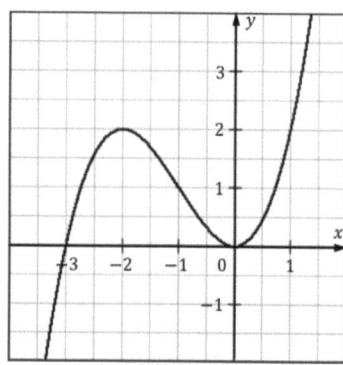

   (1) Der Graph von f hat bei $x = -3$ einen Tiefpunkt.
   (2) $f(-2) < f(-1)$
   (3) $f''(-2) + f'(-2) < 1$
   (4) Der Grad der Funktion f ist mindestens 4.

(5 VP)

Aufgabe 6:
Gegeben sind die drei Punkte $A(4|0|4)$, $B(0|4|4)$, $C(6|6|2)$.
a) Zeigen Sie, dass das Dreieck ABC gleichschenklig ist.
b) Bestimmen Sie die Koordinaten eines Punktes, der das Dreieck ABC zu einem Parallelogramm ergänzt.
Veranschaulichen Sie durch eine Skizze, wie viele solcher Punkte es gibt.

(5 VP)

Aufgabe 7:
Gegeben ist die Ebene $E: 4x_1 + 3x_3 = 12$.
a) Stellen Sie E in einem Koordinatensystem dar.
b) Bestimmen Sie alle Punkte der x_3-Achse, die von E den Abstand 3 haben.

(3 VP)

Aufgabe 8
Ein Glücksrad hat drei farbige Sektoren, die beim einmaligen Drehen mit folgenden Wahrscheinlichkeiten angezeigt werden:
    Rot 20%   Grün: 30%   Blau 50%
Das Glücksrad wird n-mal gedreht.
Die Zufallsvariable X gibt an, wie oft die Farbe rot angezeigt wird.

a) Begründen Sie, das X binomialverteilt ist.

Die Tabelle zeigt einen Ausschnitt der Wahrscheinlichkeitsverteilung von X:

k	0	1	2	3	4	5	6	7	...
$P(X=k)$	0,01	0,06	0,14	0,21	0,22	0,17	0,11	0,05	...

b) Bestimmen Sie die Wahrscheinlichkeit, dass mindestens dreimal rot angezeigt wird.
c) Entscheiden Sie, welcher der folgenden Werte von n der Tabelle zugrunde liegen kann: 20, 25 oder 30.
Begründen Sie Ihre Entscheidung.

(4 VP)

Aufgabe 9:
Mit $V = \pi \int_0^4 \left(4 - \frac{1}{2}x\right)^2 dx$ wird der Rauminhalt eines Körpers berechnet.
Skizzieren Sie diesen Sachverhalt und beschreiben Sie den Körper.

(3 VP)

5.55 Lösung Pflichtteil 2015

Aufgabe 1:

Verwende die Potenzregel und zweimal(!) die Kettenregel

$$f'(x) = 5(4 + e^{3x})^4 \cdot e^{3x} \cdot 3 = 15e^{3x}(4 + e^{3x})^4$$

Aufgabe 2:

$$\int_0^\pi \left(4x - sin\left(\frac{1}{2}x\right)\right) = \left[4 \cdot \frac{1}{2}x^2 + \cos\left(\frac{1}{2}x\right) \cdot \frac{1}{1/2}\right]_0^\pi$$

$$= \left[2x^2 + 2\cos\left(\frac{1}{2}x\right)\right]_0^\pi = (2\pi^2 + 0) - (0 + 2) = 2\pi^2 - 2$$

Aufgabe 3:

$(x^3 - 3x)(e^{2x} - 5) = 0 \Rightarrow$ I. $x^3 - 3x = 0$ oder II. $e^{2x} - 5 = 0$

I. $x^3 - 3x = x(x^2 - 3) = 0$

$\Rightarrow x_1 = 0$ oder $x^2 - 3 = 0 \Rightarrow x_2 = \sqrt{3}$, $x_3 = -\sqrt{3}$

II. $e^{2x} - 5 = 0 \Rightarrow e^{2x} = 5 \Rightarrow 2x = \ln(5) \Rightarrow x_4 = \frac{1}{2}\ln(5) = \ln(\sqrt{5})$

Ergebnis: $\mathbb{L} = \{0; \sqrt{3}; -\sqrt{3}; \ln(\sqrt{5})\}$.

Aufgabe 4:

Eine ganzrationale Funktion dritten Grades hat die allgemeine Form:

$$f(x) = ax^3 + bx^2 + cx + d$$

Die Ableitung ist $f'(x) = 3ax^2 + 2bx + c$. Die Aussage, dass f im Ursprung einen Hochpunkt hat, bedeutet sowohl I. $f(0) = 0$ als auch II. $f'(0) = 0$. Damit folgt:
I. $a \cdot 0 + b \cdot 0 + c \cdot 0 + d = 0$, also $d = 0$ und II. $3a \cdot 0 + 2b \cdot 0 + c = 0$, also $c = 0$.
An der Stelle $x = 2$ hat f die Tangente mit der Gleichung $y = 4x - 12$.
Die Steigung dieser Tangente ist 4, somit gilt III. $f'(2) = 4$.
Setzen wir $x = 2$ in die Tangente ein, erhalten wir die y-Koordinate des Punktes auf dem Graphen von f, an dem die Tangente anliegt, also $y = -4$. Somit gilt IV. $f(2) = -4$.
Wir erhalten unter Berücksichtigung von $c = d = 0$:

III. $12a + 4b = 4$ und IV. $8a + 4b = -4$

III. $-$IV. liefert $4a = 8$, also $a = 2$.

Eingesetzt in IV. folgt $16 + 4b = -4 \Rightarrow 4b = -20 \Rightarrow b = -5$.

Ergebnis: Die Funktionsgleichung für f lautet $f(x) = 2x^3 - 5x^2$.

Aufgabe 5:

(1) Für $x < -3$ ist $f'(x) < 0$, für $x > -3$ ist $f'(x) > 0$, während $f(3) = 0$ ist. Dies bedeutet, dass f in $x = -3$ tatsächlich einen Tiefpunkt hat.

Ergebnis: Die Aussage ist wahr.

(2) Für $-2 \le x \le -1$ ist $f'(x) > 0$, d.h. die Funktionswerte von f wachsen stetig an. Damit ist wie behauptet $f(-2) < f(-1)$.

Ergebnis: Die Aussage ist wahr.

(3) f' hat in $x = -2$ einen Hochpunkt, d.h. $f''(-2) = 0$. Den Funktionswert von f' an der Stelle $x = -2$ liest man mit 2 am Schaubild ab. Also ist $f'(-2) = 2$ und damit folgt $f''(-2) + f'(-2) = 2 > 1$.

Ergebnis: Die Aussage $f''(-2) + f'(-2) < 1$ ist falsch.

(4) Der Graph von f' hat zwei Extremstellen und ist damit mindestens vom Grad 3. Daher ist f (eine Stammfunktion) mindestens vom Grad 4.

Ergebnis: Die Aussage ist wahr.

Aufgabe 6:

a) **Behauptung: Das Dreieck ABC ist gleichschenklig**

Es gilt $\overrightarrow{AC} = \begin{pmatrix} 2 \\ 6 \\ -2 \end{pmatrix}$, $\overrightarrow{BC} = \begin{pmatrix} 6 \\ 2 \\ -2 \end{pmatrix}$ also $|\overrightarrow{AC}| = \sqrt{2^2 + 6^2 + (-2)^2} = \sqrt{44}$
und $|BC| = \sqrt{6^2 + 2^2 + (-2)^2} = \sqrt{44}$. Folglich ist $|\overrightarrow{AC}| = |\overrightarrow{BC}|$ und das Dreieck ABC wie behauptet gleichschenklig.

b) Parallelogramm

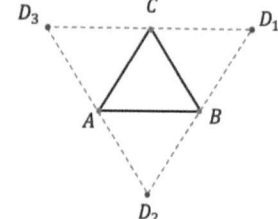

Wie die nebenstehende Skizze zeigt, gibt es drei Punkte, D_1, D_2 und D_3, durch die das Dreieck zu einem Parallelogramm ergänzt werden kann.

Mit der Gleichung $\overrightarrow{OA} + \overrightarrow{AB} + \overrightarrow{AC} = \overrightarrow{OD_1}$ lässt sich z.B. D_1 bestimmen und es gilt:

$$\overrightarrow{OD_1} = \begin{pmatrix} 4 \\ 0 \\ 4 \end{pmatrix} + \begin{pmatrix} -4 \\ 4 \\ 0 \end{pmatrix} + \begin{pmatrix} 2 \\ 6 \\ -2 \end{pmatrix} = \begin{pmatrix} 2 \\ 10 \\ 2 \end{pmatrix}$$

Ergebnis: Einer der Punkte, der das Dreieck ABC zu einem Parallelogramm ergänzt ist $D_1(2|10|2)$. Analog erhält man die beiden anderen möglichen Punkte: $D_2(-2|-2|6)$ und $D_3(10|2|2)$.

Aufgabe 7:

a) Darstellung im Koordinatensystem

Aus der Gleichung $E: 4x_1 + 3x_3 = 12$ ermittelt man zunächst die Spurpunkte.
Für $x_3 = x_2 = 0$ folgt $x_1 = 3$, also $S_1(3|0|0)$.
Für $x_1 = x_2 = 0$ folgt $x_3 = 4$, also $S_3(0|0|4)$.

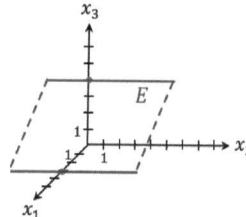

Das Fehlen der x_2-Koordinate in der Ebenengleichung bedeutet, dass die Ebene parallel zur x_2-Achse verläuft, siehe nebenstehende Abbildung.

b) Punkte auf der x_3-Achse, die von E den Abstand 3 haben

Wir überführen die Ebene zunächst in die Hesse'sche Normalenform (HNF). Ein Normalenvektor für E ist $\vec{n} = \begin{pmatrix} 4 \\ 0 \\ 3 \end{pmatrix}$ mit Länge $|\vec{n}| = \sqrt{4^2 + 0^2 + 3^2} = 5$.

Daraus ergibt sich die HNF $E: \frac{4x_1 + 3x_3 - 12}{5} = 0$. Der Punkt $P(0|0|c)$ auf der x_3-Achse soll zu E den Abstand 3 haben. Damit gilt: $d(P; E) = \frac{|4 \cdot 0 + 3c - 12|}{5} = \frac{|3c - 12|}{5} = 3$. Es folgt $|3c - 12| = 15$.

Um die Betragsgleichung zu lösen, unterscheiden wir zwei Fälle.

Fall 1, $3c - 12 \geq 0$:
Dann können wir die Betragsstriche einfach weglassen. Es folgt $3c - 12 = 15$, also $c = 9$.

Fall 2, $3c - 12 < 0$:
Dann können wir die Betragsstriche erst auflösen, wenn der Ausdruck im Betrag mit -1 multipliziert wird. Es folgt $-3c + 12 = 15$, also $c = -1$.

Ergebnis:
Die Punkte $P_1(0|0|9)$ und $P_2(0|0|-1)$ auf der x_3-Achse haben zu E den Abstand 3.

Aufgabe 8

a) **Begründung für die Binomialverteilung von X**

Bei einer einzelnen Drehung gibt X an, ob der rote Sektor gewählt wurde oder nicht. Das Experiment hat also nur zwei Ausgänge „Treffer" oder „kein Treffer", bei gleichbleibender Trefferwahrscheinlichkeit ($p = 0,2$). Damit handelt es sich um ein Bernoulli-Experiment. Bei n-maliger Wiederholung haben wir eine Bernoulli-Kette der Länge n. Entsprechend ist X binomialverteilt.

b) **Wahrscheinlichkeit für „mindestens dreimal rot"**

Gesucht ist $P(X \geq 3)$.
Mit Hilfe der Gegenwahrscheinlichkeit berechnen wir: $P(X \geq 3) = 1 - P(X \leq 2)$.
Aus der Tabelle kann man die Einzelwahrscheinlichkeiten für $P(X \leq 2)$ entnehmen. Es folgt: $P(X \geq 3) = 1 - P(X \leq 2) = 1 - 0,01 - 0,06 - 0,14 = 0,79 = 79\%$

Ergebnis: Die Wahrscheinlichkeit für „mindestens dreimal rot" beträgt 79%.

c) **Bestimmung von n**

Der Erwartungswert einer binomialverteilten Zufallsvariable X bei n Versuchen und Trefferwahrscheinlichkeit p ist gegeben durch $E(X) = n \cdot p$. Der Erwartungswert ist der „gewichtete Mittelwert" der Wahrscheinlichkeitsverteilung und liegt in unserem Fall bei etwa 4, was aus der Tabelle abgelesen werden kann. $p = 0,2$ war vorgegeben. Also gilt $4 = n \cdot 0,2$ und damit ist $n = 20$.

Ergebnis: Die angegebene Wahrscheinlichkeitsverteilung wird am ehesten durch eine Versuchsreihe mit $n = 20$ Experimenten erreicht.

Aufgabe 9:

Der Ausdruck $y = f(x) = 4 - \frac{1}{2}x$ stellt eine
fallende Gerade dar.
Diese rotiert im Bereich zwischen $x = 0$
und $x = 4$ um die x-Achse und erzeugt
dadurch einen Kegelstumpf, siehe Abbildung.

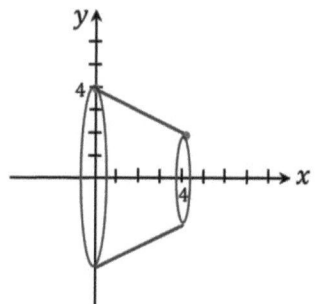

5.56 Wahlteil 2015 – Analysis A 1

Aufgabe A 1

Der Laderaum eines Lastkahns ist 50 m lang. Sein Querschnitt ist auf der gesamten Länge gleich und wird modellhaft beschrieben durch den Graphen der Funktion f mit

$$f(x) = \frac{1}{125} x^4; \quad -5 \leq x \leq 5 \quad (x \text{ und } f(x) \text{ in Meter})$$

a) Wie tief ist der Laderaum in der Mitte?
    Wie breit ist er in 3 m Höhe?
    In welchem Bereich hat der Boden des Laderaums eine Neigung unter 5%?
    Berechnen Sie das Volumen des Laderaums.

    (5 VP)

b) Zur Wartung steht der Lastkahn an Land auf einer ebenen Plattform. Dort wird er stabilisiert durch gerade Stützen, die orthogonal zur Außenwand des Laderaums angebracht sind. Betrachtet werden zwei einander gegenüberliegende Stützen, deren Befestigungspunkte im Modell durch die Punkte $P_1\big(-4\big|f(-4)\big)$ und $P_2\big(4\big|f(4)\big)$ beschrieben werden.
    In welchem Abstand voneinander enden diese Stützen auf der Plattform?

    (3 VP)

c) Der Laderaum kann durch eine horizontale Zwischendecke der Länge 50 m in zwei Teilräume geteilt werden. Das Volumen des unteren Teilraums beträgt 500 m^3.
    Berechnen Sie die Breite der Zwischendecke.

    (4 VP)

d) Untersuchen Sie, ob sich eine zylinderförmige Röhre mit Außendurchmesser 9,8 m so in Längsrichtung legen lässt, dass sie ihn an der tiefsten Stelle berührt.

    (3 VP)

5.57 Lösung Wahlteil 2015 – Analysis A 1

Lösung Aufgabe A 1 a)

Tiefe des Laderaums in der Mitte
Mit dem GTR lassen wir uns den Graphen der Funktion
zeichnen, um uns einen Überblick zu verschaffen.
Es gilt $f(5) = f(-5) = 5$ und $f(0) = 0$ (GTR).
An den Stellen $x = 5$ und $x = -5$ ist der Lastkahn am
höchsten und an der Stelle $x = 0$ (in der Mitte) ist er am
tiefsten (ohne weiteren rechnerischen Nachweis). Dieser
Höhenunterschied ist die Tiefe des Lastkahns.

$$f(x) = \frac{1}{125}x^4$$

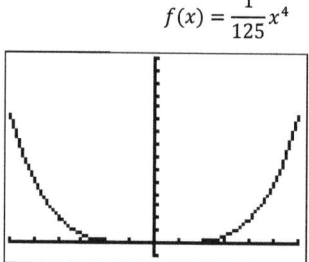

Ergebnis: Der Laderaum ist in der Mitte 5m tief.

Breite des Laderaums in 3 m Höhe
Mit dem GTR lassen wir uns bei Y_2 zusätzlich die
Gerade $y = 3$ einzeichnen. Mit {2ND CALC intersect}
bestimmen wir den Schnittpunkt beider Kurven
an der Stelle $x_1 = 4,4$ bzw. wegen der Achsensymmetrie bei $x_2 = -4,4$.
Die Differenz ist dann die gesuchte Breite.

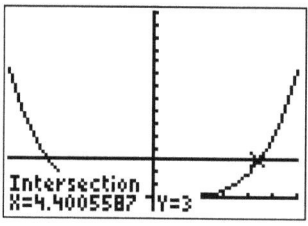

Ergebnis: In 3 m Höhe ist der Lastkahn 8,8 m breit.

Bereich mit Neigung $< 5\%$
Gesucht ist ein Bereich mit $|f'(x)| < 0,05$.
Beachte hier die Betragsbildung!
Hierzu geben wir im GTR bei Y_2 den Ausdruck für die
erste Ableitung von $f(x)$ ein, siehe Abbildung rechts.
Bei Y_3 geben wir 0,05 ein und lassen uns die Graphen
für Y_2 und Y_3 im Bereich $x \in [-5; 5]$ bzw. $y \in [-0,2; 0,2]$
zeichnen. Mit 2ND CALC intersect bestimmen wir den
Schnittpunkt der beiden Kurven bei $x \approx 1,16$.
Somit ist für $|x| < 1,16$ die Neigung des Bodens unter
5% oder anders ausgedrückt:

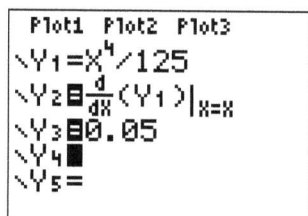

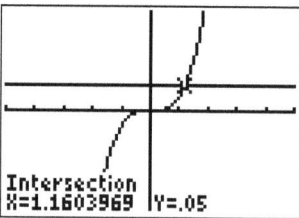

Ergebnis: Im Bereich $-1,16 < x < 1,16$ hat der Boden
eine Neigung unter 5%.

Volumen des Laderaums

Wir berechnen zunächst die Querschnittsfläche A des Lastkahns, siehe Abbildung. Aufgrund der Achsensymmetrie gilt $A_1 = A_2$ und somit:

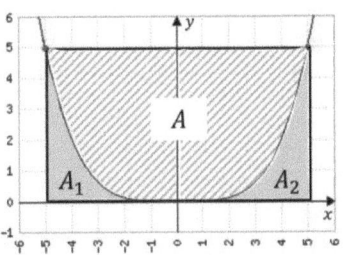

$$A = A_{Rechteck} - 2 \cdot A_1$$

Die Abmessungen des Rechtecks kennen wir aus den vorherigen Aufgaben. Es gilt

$$A_{Rechteck} = 10 \cdot 5 = 50.$$

Mit dem GTR berechnet man $A_2 = \int_0^5 f(x)dx = 5$.
Damit folgt $A = 50 - 10 = 40$. Bei einer Länge des Lastkahns von 50 m ergibt dies $V = 40 \cdot 50 = 2000$.

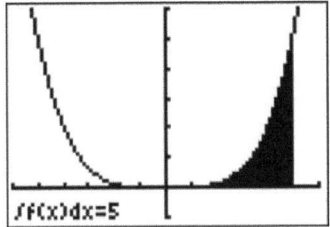

Ergebnis: Der Lastkahn hat ein Volumen von 2000 m^3.

Lösung Aufgabe A 1 b)

Abstand der Stützen

Die Stütze im Punkt $P_2\big(4|f(4)\big)$ steht senkrecht zur Tangente an der Stelle $x = 4$.
Daher bestimmen wir zunächst die Gleichung der Normalen und stellen dann fest, wo diese die x-Achse schneidet.
Die Normalengleichung ist gegeben durch die Formel

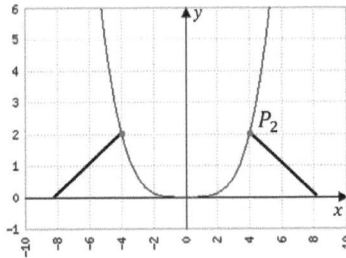

$$y_N = -\frac{1}{f'(x_0)} \cdot (x - x_0) + f(x_0)$$

Mit $x_0 = 4$ folgt $f(x_0) = 2{,}048$ und nach Eingabe von $\{nDerive(Y_1,X,4)\}$ im GTR ebenfalls $f'(x_0) = 2{,}048$.

Eingesetzt in die Normalengleichung liefert dies

$$y_N = -\frac{1}{2{,}048} \cdot (x - 4) + 2{,}048$$

Für $y_N = 0$ erhalten wir den Schnittpunkt mit der x-Achse:

$$0 = -\frac{1}{2,048} \cdot (x - 4) + 2,048 \Rightarrow -2,048 = -\frac{1}{2,048} \cdot (x - 4)$$

$$\Rightarrow 2,048^2 = (x - 4) \Rightarrow x = 2,048^2 + 4 \approx 8,194$$

Dies ist der Abstand des rechten Stützbalkens am Boden zur Mitte des Lastkahns. Da $f(x)$ symmetrisch zur y-Achse ist, hat der linke Stützbalken denselben Abstand.

Ergebnis: Der Abstand der Stützbalken am Boden ist ca. 16,39 m.

Lösung Aufgabe A 1 c)

Breite des Zwischendecks
Die Querschnittsfläche A des unteren Teilraums
ergibt sich aus $A = \frac{V}{l} = \frac{500}{50} = 10$.

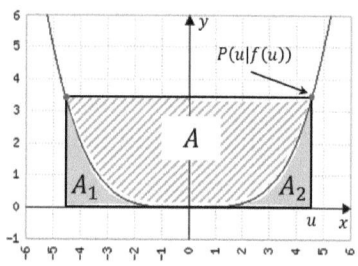

Wie in Teilaufgabe a) lautet die Formel für die
Querschnittsfläche $A = A_{Rechteck} - 2 \cdot A_1$.
Wenn wir die noch unbekannte Breite des Rechtecks
u setzen ergibt sich:

$$10 = 2 \cdot u \cdot f(u) - 2 \cdot \int_0^u f(x)dx$$

Mit $\int_0^u f(x)dx = \int_0^u \frac{1}{125}x^4 dx = \left[\frac{1}{625}x^5\right]_0^u = \frac{u^5}{625}$ und $f(u) = \frac{1}{125}u^4$ folgt

$$10 = 2 \cdot \frac{u^5}{125} - 2 \cdot \frac{u^5}{625} = 2u^5\left(\frac{1}{125} - \frac{1}{625}\right) = 2u^5 \cdot \frac{4}{625} = u^5 \cdot \frac{8}{625}$$

Umstellen nach u liefert $u^5 = \frac{10 \cdot 625}{8} \Rightarrow u \approx 3,79$. Die Breites des Zwischendecks ist dann das Doppelte von u.

Ergebnis: Das Zwischendeck ist etwa 7,58 m breit.

Lösung Aufgabe A 1 d)

Berührt die Röhre den Boden des Lastkahns?
Wenn die Röhre auf dem Boden aufliegt, dann
muss wegen $d = 9,8$ also $r = 4,9$ der Mittel-
punkt bei $M(0|4,9)$ liegen. Die Punkte der
Wand des Lastkahns haben die Koordinaten
$P(u|f(u))$. Wenn es nun einen Punkt P gibt,
der zu M einen geringeren Abstand als r hat,
dann liegt dieser Punkt innerhalb der Röhre.
Da dies nicht möglich ist, kann in diesem Fall die
Röhre nicht auf dem Boden
aufliegen. Wir müssen also prüfen, ob

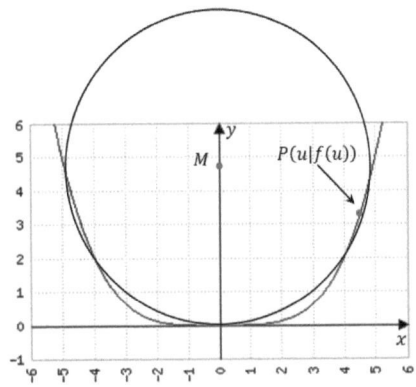

$$d(M,P) = \sqrt{(u - 0)^2 + (f(u) - 4,9)^2} < 4,9$$

werden kann.

Wenn Sie bei Y₁ im GTR den Funktionsterm für $f(x)$
eingegeben haben, geben Sie nun bei Y₂ den
Ausdruck $\sqrt{X^2 + (Y1(X) - 4,9)^2}$ ein.
Lassen Sie sich den Graphen von Y₂ zeichnen.
Mit 2ND CALC minimum finden Sie den minimalen
Abstand von M zur Wand des Lastkahns mit $d_{min} = 4,78$.
Da $d_{min} < 4,9$ ist, müsste die Wand des Lastkahns innerhalb
der Röhre verlaufen, was nicht sein kann.

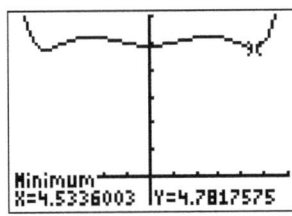

Ergebnis: Die Röhre kann nicht bis zur tiefsten Stelle des Lastkahns abgesenkt werden.

5.58 Wahlteil 2015 – Analysis A 2

Aufgabe A 2.1

Die Entwicklung einer Population in den Jahren 1960 bis 2020 lässt sich durch zwei Funktionen modellhaft beschreiben.
Die Funktion g mit $g(t) = 400 + 20 \cdot (t + 1)^2 \cdot e^{-0,1t}$ beschreibt die Geburtenrate und die Funktion s mit $s(t) = 600 + 10 \cdot (t - 6)^2 \cdot e^{-0,09t}$ beschreibt die Sterberate der Population (t in Jahren seit Beginn des Jahres 1960, $g(t)$ und $s(t)$ in Individuen pro Jahr).

a) Bestimmen Sie die geringste Sterberate.
   In welchem Jahr war die Differenz aus Geburten- und Sterberate am größten?
   Bestimmen Sie den Zeitraum, in dem die Population zugenommen hat.

   (4 VP)

b) Zu Beginn des Jahres 1960 bestand die Population aus 20 000 Individuen. Berechnen Sie den Bestand der Population zu Beginn des Jahres 2017.
   In welchem Jahr erreichte Die Population erstmals wieder den Bestand von 1960?

   (3 VP)

Betrachten wir nun das Größenwachstum eines einzelnen Individuums der Population. Dies kann im Beobachtungszeitraum durch das Gesetz des beschränkten Wachstums modelliert werden. Man geht davon aus, dass dieses Individuum in ausgewachsenen Zustand 0,8 m groß ist. Zu Beobachtungsbeginn betragen seine Größe 0,5 m und seine momentane Wachstumsgeschwindigkeit 0,15 m pro Jahr.

c) Bestimmen Sie eine Gleichung einer Funktion, die die Körpergröße des Individuums in Abhängigkeit von der Zeit beschreibt.
   Wie viele Jahre nach Beobachtungsbeginn hat die Körpergröße des Individuums um 50% zugenommen?

   (4 VP)

Aufgabe A 2.2

Gegeben sind ein Kreis mit Mittelpunkt $O(0|0)$ und die Funktion f mit $f(x) = \frac{4}{x^2+1}$.
Bestimmen Sie die Anzahl der gemeinsamen Punkte des Kreises mit dem Graphen von f in Abhängigkeit vom Kreisradius.

   (4 VP)

5.59 Lösung Wahlteil 2015 – Analysis A 2

Lösung Aufgabe A 2.1 a)

$$s(t) = 600 + 10 \cdot (t - 6)^2 \cdot e^{-0,09t}$$

Geringste Sterberate
Geben Sie zunächst die Funktion g bei Y₁ und s bei Y₂
im GTR ein.
Lassen Sie sich den Graphen von s im x-Intervall
$[0; 60]$ und im y-Intervall $[0; 1500]$ zeichnen.
Über {2ND CALC minimum} erhalten Sie den kleinsten Wert
bei $x = 6$ und $y = 600$.

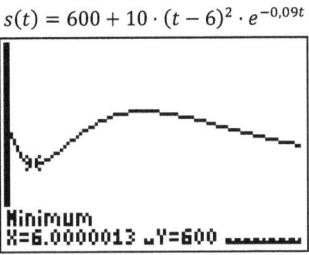

Ergebnis: Die geringste Sterberate liegt 6 Jahre nach Beobachtungsbeginn vor, also 1966, und liegt bei 600 Individuen pro Jahr.

Größte Differenz zwischen Geburten- und Sterberate
Geben Sie bei Y₃ Y₁(X)-Y₂(X) den Ausdruck und lassen
Sie sich den Graphen im x-Intervall $[0; 60]$ zeichnen.
Über {2ND CALC maximum} erhalten Sie den größten Wert
bei $x \approx 15,1$ und $y \approx 732,5$.

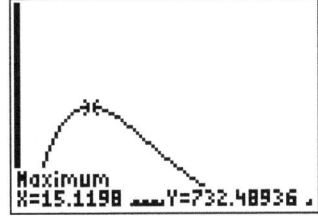

Ergebnis: Die größte Differenz zwischen Geburten- und Sterberate lag im Jahr 1975 vor und betrug 732 Individuen.

Zeitraum, in dem die Population zugenommen hat
Lassen Sie den Graphen von Y₃ noch einmal zeichnen.
Dieser gibt die Zu- bzw. Abnahme der Population
wieder. Verwenden Sie diesmal jedoch das y-Intervall
$[-500; 1000]$.
An den Stellen, an denen der Graph oberhalb der x-Achse
verläuft, also zwischen den beiden Nullstellen, nimmt die

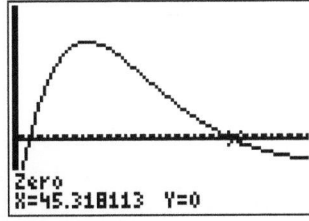

Population zu. Mit {2ND CALC zero} bestimmen Sie die beiden Nullstellen mit $x_1 = 3,2$ und $x_2 = 45,3$.

Ergebnis: Zwischen den Jahren 1963 und 2005 hat die Population zugenommen.

Lösung Aufgabe A 2.1 b)

Population zu Beginn des Jahres 2017

Die Funktion $z(x) = g(x) - s(x)$ ist die Differenz zwischen Geburten- und Sterberate, stellt also den Zuwachs der Population im Jahr x nach 1960 dar. Die Population betrug im Jahr 1960 20.000 Individuen also ist

$$p = 20000 + \int_0^{57} z(x)dx \approx 35636$$

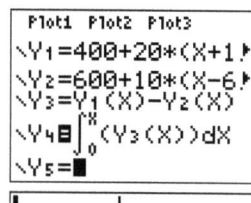

Die Funktion $z(x)$ wurde bereits im GTR bei Y_3 eingegeben. Sie können p wie in der Abbildung gezeigt eingeben.

Ergebnis: Zu Beginn des Jahres 2017 besteht die Population aus 35.636 Individuen.

In welchem Jahr erreichte die Population erstmals wieder den Bestand von 1960?

Der Ausdruck $p = 20000 + \int_0^t z(x)dx$ stellt den Bestand der Population t Jahre nach 1960 dar (siehe letzte Teilaufgabe). 1960 gab es 20.000 Individuen.

Gesucht ist somit ein t, so dass $\int_0^t z(x)dx = 0$ wird. Geben Sie dazu den rechts gezeigten Ausdruck bei Y_4 ein und lassen Sie sich den Graphen von Y_4 im x-Intervall $[0; 20]$ und im y-Intervall $[-500; 1000]$ zeichnen. Mit 2ND CALC zero bestimmen Sie die Nullstelle bei $x \approx 6{,}8$.

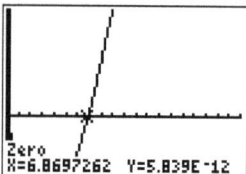

Ergebnis: Gegen Ende des Jahres 1966 erreicht die Population erstmals wieder den Bestand von 1960.

Lösung Aufgabe A 2.1 c)

Funktionsgleichung für das Wachstum eines Individuums

Die Formel für größenbeschränktes Wachstum lautet $I.$ $f(t) = S - c \cdot e^{-kt}$ und die zugehörige Differenzialgleichung ist $II.$ $f'(t) = k \cdot (S - f(t))$. Aus der Aufgabe kennen wir bereits $S = 0{,}8$ (die maximale Größe). Zu Beobachtungsbeginn ist das Individuum 0,5m groß, d.h. $f(0) = 0{,}5$. Eingesetzt in $I.$ liefert dies $0{,}5 = 0{,}8 - c \cdot e^{-k \cdot 0} \Leftrightarrow 0{,}5 = 0{,}8 - c \Leftrightarrow c = 0{,}3$. Bei Beobachtungsbeginn ist die momentane Wachstumsgeschwindigkeit 0,15m, d.h. $f'(0) = 0{,}15$. Zusammen mit $S = 0{,}8$ und $f(0) = 0{,}5$ setzen wir dies in $II.$ ein und erhalten dadurch k:

$$f'(0) = k \cdot (S - f(0)) \Leftrightarrow 0{,}15 = k \cdot (0{,}8 - 0{,}5) = k \cdot 0{,}3 \Rightarrow k = \frac{1}{2}$$

Wir haben nun insgesamt $S = 0,8$, $c = 0,3$ und $k = \frac{1}{2}$.
Dies setzen wir in I. ein und bekommen die Funktionsgleichung für das Wachstum.

Ergebnis: Die Funktionsgleichung für das Wachstum eines Individuums lautet
$f(t) = 0,8 - 0,3 \cdot e^{-0,5t}$.

Wie viele Jahre nach Beobachtungsbeginn hat die Körpergröße des Individuums um 50% zugenommen?
Bei Beobachtungsbeginn war die Größe 0,5m. Nach einem 50%-igen Zuwachs hat das Individuum eine Größe von sind 0,75m, d.h. wir suchen einen Zeitpunkt t so dass $f(t) = 0,75$ gilt. Eingesetzt in das Wachstumsgesetz und Auflösen nach t liefert:

$$0,75 = 0,8 - 0,3 \cdot e^{-0,5t} \quad | -0,8$$
$$\Rightarrow \quad -0,05 = -0,3 \cdot e^{-0,5t} \quad | : -0,3$$
$$\Rightarrow \quad \frac{1}{6} = e^{-0,5t} \quad | \ln$$
$$\Rightarrow \quad \ln\left(\frac{1}{6}\right) = -0,5t \quad | : \left(-\frac{1}{2}\right)$$
$$\Rightarrow \quad t = -2 \cdot \ln\left(\frac{1}{6}\right) \approx 3,58$$

Ergebnis: Etwa 3,6 Jahre nach Beobachtungsbeginn hat das Größenwachstum des Individuums um 50% zugenommen.

Lösung Aufgabe A 2.2

Anzahl gemeinsamer Punkte in Abhängigkeit von r
Der Abstand eines Punktes $P\big(u|f(u)\big)$ auf dem Graphen von f zum Ursprung ist gegeben durch

$$d(u) = \sqrt{u^2 + f(u)^2} = \sqrt{u^2 + \frac{16}{(u^2+1)^2}}$$

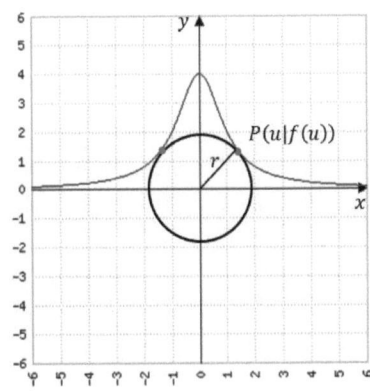

Geben Sie diesen Ausdruck bei Y_1 im GTR ein und bestimmen Sie mit {2ND CALC minimum} den minimalen Abstand. Sie erhalten $d_{min} \approx 1,94$.

Ein Kreis im Ursprung mit Radius $r = d_{min} = 1,94$ berührt somit den Graphen von f an zwei Punkten.

Für $r < 1,94$ ist der Kreis zu klein und es gibt keine Schnittpunkte.

Berührt der Kreis den Hochpunkt $H(0|4)$ des Graphen von f, so hat der Kreis den Radius $r = 4$ und es gibt nur drei Schnittpunkte, siehe Abb. rechts.

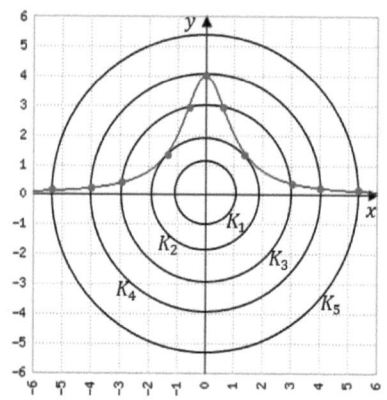

Für $r > 4$ gibt es nur noch zwei Schnittpunkte.

Für $1,94 < r < 4$ erhalten wir vier Schnittpunkte. Wir fassen das Ergebnis tabellarisch zusammen.

Ergebnis:

Kreis	Radius r	Anzahl Schnittpunkte
K_1	$r < 1,94$	0
K_2	$r = 1,94$	2
K_3	$1,94 < r < 4$	4
K_4	$r = 4$	3
K_5	$r > 4$	2

5.60 Wahlteil 2015 – Analytische Geometrie / Stochastik Aufgabe B 1

Aufgabe B 1.1

Über einer Terrasse ist als Sonnenschutz eine Markise an einer Hauswand befestigt. In einem Koordinatensystem stellen die Punkte $P(0|0|0)$, $Q(5|0|0)$, $R(5|4|0)$, $S(0|4|0)$ die Eckpunkte der Terrasse dar. Die Markise wird durch das Rechteck mit den Eckpunkten $A(0|0|4)$, $B(5|0|4)$, $C(5|3,9|2,7)$, $D(0|3,9|2,7)$ beschrieben (alle Koordinatenangaben in Meter). Die Lage der Hauswand wird durch die $x_1 x_3$-Ebene beschrieben.

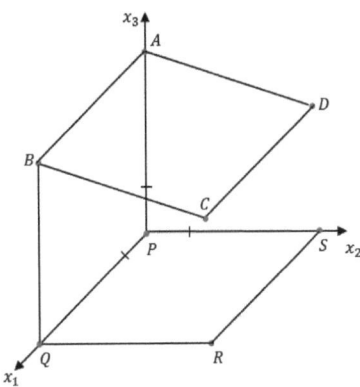

a) Bestimmen Sie eine Koordinatengleichung der Ebene, welche die Lage der Markise beschreibt.
Berechnen Sie den Winkel zwischen Markise und Hauswand. (3 VP)

b) In der Mitte zwischen Q und R steht eine 30 cm hohe Stablampe. Am Markisenrand CD wird ein senkrecht nach unten hängender Regenschutz angebracht, der genau bis auf die Terrasse reicht. Bei starkem Wind schwingt er frei um CD.
Kann der Regenschutz dabei die Stablampe berühren?
Welchen Abstand von der Hauswand darf die Stablampe auf der Terrasse höchstens haben, damit dies nicht passiert? (4 VP)

c) Die Sonne scheint und der Regenschutz wird entfernt. Die Richtung der Sonnenstrahlen wird durch den Vektor $\vec{v} = \begin{pmatrix} 1 \\ -1 \\ -3 \end{pmatrix}$ beschrieben.
Begründen Sie ohne Rechnung, dass die Terrasse nicht vollständig beschattet wird.
Die Markise kann ein- und ausgefahren werden. Dabei bewegen sich die äußeren Eckpunkte der Markise längs der Geraden BC und AD. Die Markise wird nun so weit eingefahren, dass der Terrassenrand zwischen Q und R genau zur Hälfte im Schatten liegt.
Bestimmen Sie die neuen Koordinaten der äußeren Eckpunkte der Markise. (4 VP)

Aufgabe B 1.2

Ein Großhändler gibt an, dass sein Weizensaatgut eine Keimfähigkeit von mindestens 80% hat. Mehrere Kunden vermuten, dass die Keimfähigkeit in Wirklichkeit kleiner ist. Deswegen wird die Aussage des Großhändlers mit Hilfe eines Tests auf einem Signifikanzniveau von 10% überprüft, indem 500 Weizenkörner untersucht werden.

Als Nullhypothese wird die Angabe des Großhändlers verwendet.

Formulieren Sie die zugehörige Entscheidungsregel in Worten.

Die tatsächliche Keimfähigkeit des Saatguts beträgt 82%.

Wie groß ist in diesem Fall die Wahrscheinlichkeit dafür, dass bei obigem Test die Nullhypothese fälschlicherweise verworfen wird?

(4 VP)

5.61 Lösung Wahlteil 2015 – Analytische Geometrie / Stochastik Aufgabe B 1

Lösung B 1.1 a)

Koordinatengleichung der Ebene

Mit Hilf der Punkte A, B und D berechnen wir zunächst zwei Richtungsvektoren und daraus einen Normalenvektor der Ebene.

Mit $\overrightarrow{AB} = \begin{pmatrix} 5 \\ 0 \\ 0 \end{pmatrix}$ und $\overrightarrow{AD} = \begin{pmatrix} 0 \\ 3{,}9 \\ -1{,}3 \end{pmatrix}$ ergibt sich das Vektorprodukt

$$
\begin{matrix}
5 & 0 \\
0 & 3{,}9 \\
0 & -1{,}3 \\
5 & 0 \\
0 & 3{,}9 \\
0 & -1{,}3
\end{matrix}
\qquad
\overrightarrow{AB} \times \overrightarrow{AD} = \begin{pmatrix} 0 \\ 0 \\ 19{,}5 \end{pmatrix} - \begin{pmatrix} 0 \\ -6{,}5 \\ 0 \end{pmatrix} = \begin{pmatrix} 0 \\ 6{,}5 \\ 19{,}5 \end{pmatrix} = \vec{n'}
$$

Da es bei einem Normalenvektor nicht auf die Länge ankommt und wir „schönere" Zahlen bekommen wollen, multiplizieren wir nochmal mit $\frac{2}{13}$.

Wir erhalten $\vec{n} = \frac{2}{13} \cdot \vec{n'} = \begin{pmatrix} 0 \\ 1 \\ 3 \end{pmatrix}$. Damit ergibt sich $E: x_2 + 3x_3 = d$ mit einem noch unbekannten d. Da z.B. A auf E liegt erhalten wir d durch Einsetzen $0 + 3 \cdot 4 = 12 = d$.

Ergebnis: Die gesuchte Koordinatenform lautet $E: x_2 + 3x_3 = 12$.

Winkel zwischen Markise und Hauswand

Als Normalenvektor für die Hauswand kann jeder Vektor entlang der x_2-Achse verwendet werden, also z.B. $\vec{n}_H = \begin{pmatrix} 0 \\ 1 \\ 0 \end{pmatrix}$.

Das Skalarprodukt ist $|\vec{n}_H \cdot \vec{n}| = |0 \cdot 0 + 1 \cdot 1 + 0 \cdot 3| = 1$ und die Längen sind $|\vec{n}_H| = 1$ und $|\vec{n}| = \sqrt{0^2 + 1^2 + 3^2} = \sqrt{10}$. Einsetzen in die Winkelformel liefert:

$$
\cos(\alpha) = \frac{|\vec{n}_H \cdot \vec{n}|}{|\vec{n}_H| \cdot |\vec{n}|} = \frac{1}{\sqrt{10}} \implies \alpha \approx 71{,}6°
$$

Ergebnis: Der Winkel zwischen Markise und Hauswand beträgt ca. 71,6°.

Lösung B 1.1 b)

Kann der Regenschutz die Stablampe berühren?
Die Mitte zwischen Q und R lässt sich anhand der
Koordinaten ablesen mit $M(5|2|0)$.
Folglich hat die Lampe die Koordinaten $L(5|2|0,3)$.
Wenn der Regenschutz senkrecht hängt und den
Boden berührt, liegt C' direkt unter C und hat die
Koordinaten $C'(5|3,9|0)$.
Wenn der Regenschutz bei Wind nach innen
schwingt, beschreibt der Punkt C' einen Kreisbogen
(siehe Abbildung).
Anhand des Höhenunterschieds zwischen C und C'
lässt sich der Radius dieses Kreisbogens mit $r = 2,7$
ablesen.

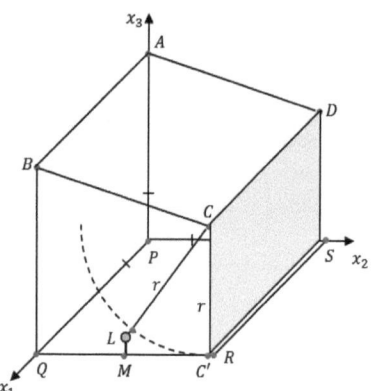

Wenn nun $|\overrightarrow{CL}| > r = 2,7$ ist, dann kann der Regenschutz die Lampe nicht erreichen.

Nun gilt: $|\overrightarrow{CL}| = \left|\begin{pmatrix} 0 \\ -1,9 \\ -2,4 \end{pmatrix}\right| = \sqrt{(-1,9)^2 + (-2,4)^2} = 3,06$

Somit gilt tatsächlich $|\overrightarrow{CL}| = 3,06 > 2,7$.

Ergebnis: Der Regenschutz kann die Stablampe nicht erreichen.

Größtmöglicher Abstand der Stablampe von der Hauswand
Wir müssen die Lampe in so lange in x_2-Richtung
verschieben, bis sie den eingezeichneten Kreisbogen
berührt, d.h. bis $|\overrightarrow{CL}| = r = 2,7$ gilt.
Wir wählen somit eine variable x_2-Koordinate
von L und erhalten $L(5|t|0,3)$.

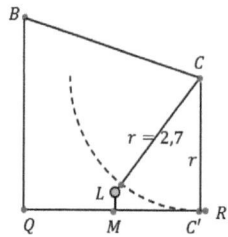

Damit folgt $|\overrightarrow{CL}| = \left|\begin{pmatrix} 0 \\ t - 3,9 \\ -2,4 \end{pmatrix}\right| = \sqrt{(t - 3,9)^2 + (-2,4)^2} = 2,7$

$\Rightarrow (t - 3,9)^2 = 2,7^2 - (-2,4)^2 = 1,53 \Rightarrow t - 3,9 = \pm 1,24$

$\Rightarrow t_1 = 1,24 + 3,9 = 5,14$ oder $t_2 = -1,24 + 3,9 = 2,66$

Mit $t_1 = 5{,}14$ stünde die Stablampe rechts des Punktes R, somit kommt nur noch $t_2 = 2{,}66$ als Lösung in Frage.

Ergebnis: Die Stablampe darf höchstens 2,66 m von der Hauswand entfernt sein, damit der Regenschutz diese beim Schwingen nicht berühren kann.

Lösung B 1.1 c)

Behauptung: Die Terrasse wird nicht vollständig beschattet
Man kann die (ggf. verlängerten) Richtungsvektoren der Sonnenstrahlen in die Abbildung einzeichnen und „sieht" somit, dass die Terrasse nicht vollständig beschattet wird.
Man kann auch mit Koordinaten argumentieren:
Da die Endpunkte C und D der Markise auf der x_2-Achse noch vor den Endpunkten R und S der Terrasse liegen, würde selbst bei senkrecht einfallendem Licht die Terrasse nicht komplett beschattet. Die x_2- und x_3-Koordinaten des Richtungsvektors sind aber negativ, d.h. die Sonnenstrahlen kommen von seitlich rechts und können somit erst recht nicht die Terrasse komplett beschatten!

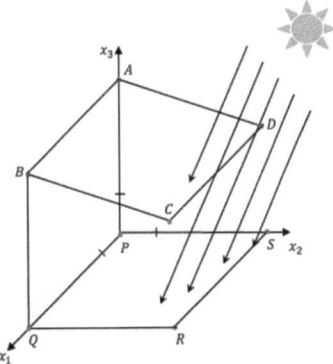

Lösung B 1.1 c)

Neue Koordinaten der Eckpunkte der Markise
Der Richtungsvektor $\vec{v}$ muss am Punkt M ankommen. Daraus bilden wir eine Gerade g und anschließend den Schnittpunkt S mit der Ebene E, in der die Markise liegt. Aus S bestimmen wir dann die neuen Eckpunkte C' und D'.
Aus M und $\vec{v}$ ergibt sich die Gerade

$$g: \vec{x} = \begin{pmatrix} 5 \\ 2 \\ 0 \end{pmatrix} + t \begin{pmatrix} 1 \\ -1 \\ -3 \end{pmatrix}.$$

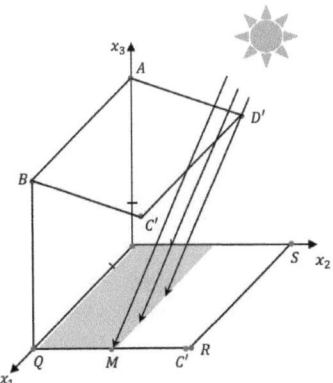

g wird nun in $E: x_2 + 3x_3 = 12$ eingesetzt:

$$(2 - t) + 3(-3t) = 12 \;\Rightarrow\; 2 - 10t = 12 \;\Rightarrow\; t = -1$$

Eingesetzt in g bekommen wir den Schnittpunkt S von g mit E:

$$\begin{pmatrix} 5 \\ 2 \\ 0 \end{pmatrix} - 1 \begin{pmatrix} 1 \\ -1 \\ -3 \end{pmatrix} = \begin{pmatrix} 4 \\ 3 \\ 3 \end{pmatrix}, \text{ also } S(4|3|3).$$

Die x_2- und x_3-Koordinaten der neuen Eckpunkte der Markise sind dieselben wie die von S. Lediglich die x_1-Koordinaten unterscheiden sich. C' liegt bei $x_1 = 5$ und D' bei $x_1 = 0$.

Ergebnis: Die neuen Eckpunkte der Markise sind $C'(5|3|3)$ und $D'(0|3|3)$.

Lösung B 1.2

Entscheidungsregel
Wir halten zunächst die „Eckdaten" der Aufgabe fest:

H_0: $p \geq 0{,}8$ ($= 80\%$) ist die Keimfähigkeit des Weizens.
$n = 500$ ist der Umfang der Stichprobe.
$\alpha = 0{,}1$ ($= 10\%$) ist die Irrtumswahrscheinlichkeit (bzw. Signifikanzniveau).

Mit der Zufallsvariablen X beschreiben wir nun die Anzahl der gekeimten Weizenkörner in der Stichprobe. Da ein Weizensamen entweder keimt oder nicht, handelt es sich um ein Bernoulli-Experiment und X ist somit binomialverteilt.

Wenn die Anzahl der nicht gekeimten Weizenkörner kleiner als ein gewisser Wert T ist, wird H_0 abgelehnt, d.h. wir haben einen linksseitigen Test mit einem Ablehnungsbereich der Gestalt $[0, ..., T]$.
Gesucht ist folglich ein Wert T so dass $P(X \leq T) \leq 0{,}1$.
Über $\{\text{binomcdf}(500{,}0.8{,}X)\}$ kann man sich mit dem GTR über $\{\text{2ND TABLE}\}$ eine Wertetabelle ausgeben und liest ab $P(X = 387) = 0{,}0826$ und $P(X = 388) = 0{,}1004$.
Dies liefert nun die

X	Y1
384	.04341
385	.05431
386	.0673
387	.08261
388	.10044
389	.12098
390	.14435

X=387

Entscheidungsregel: Falls in der Stichprobe höchstens 387 gekeimte Weizenkörner beobachtet werden, so wird H_0 bei einem Signifikanzniveau von 10% abgelehnt.

Wahrscheinlichkeit für fälschlicherweise verworfene Nullhypothese?

Die Zufallsvariable X stelle wieder die Anzahl der gekeimtem Weizenkörner dar. Mit $p = 0{,}82$ und den Werten $T = 387$, $n = 500$ aus dem vorherigen Aufgabenteil bestimmen wir $P(X \le 387)$ mit dem GTR über {binomcdf(500,0.82,387)} und erhalten damit die Irrtumswahrscheinlichkeit $\alpha \approx 0{,}0053$.

Ergebnis: Die Wahrscheinlichkeit, dass H_0 fälschlicherweise abgelehnt wird liegt bei etwa 0,53%.

5.62 Wahlteil 2015 –
Analytische Geometrie / Stochastik
Aufgabe B 2

Aufgabe B 2.1

Gegeben sind die Ebne E: $3x_1 + 6x_2 + 4x_3 = 16$ und eine Geradenschar durch

$$g_a: \vec{x} = \begin{pmatrix} 5 \\ 1 \\ 1 \end{pmatrix} + t \cdot \begin{pmatrix} a \\ 1 \\ 0 \end{pmatrix}; \ a \in \mathbb{R}.$$

a) Bestimmen Sie den Schnittpunkt der Geraden g_4 mit der Ebene E.
Welche Gerade der Schar ist orthogonal zu g_4?

(3 VP)

b) Berechnen Sie den Schnittwinkel von g_4 und E.
Für welche Werte von a mit $-10 \leq a \leq 10$ hat der Schnittwinkel von g_a und E die
Weite 10°?

(3 VP)

c) Begründen Sie, dass alle Geraden g_a in der Ebene F: $x_3 = 1$ liegen.
Es gibt eine Gerade h, die durch den Punkt $P(5|1|1)$ geht und in F liegt, aber nicht zu
der Schar gehört.
Bestimmen Sie eine Gleichung der Geraden h.

(3 VP)

Aufgabe B 2.2

Bei einem Biathlonwettbewerb läuft ein Athlet eine 2,5 km lange Runde, dann schießt er liegend fünf Mal; anschließend läuft er eine zweite Runde und schießt stehend fünf Mal; nach einer dritten Runde erreicht er das Ziel. Für jeden Fehlschuss muss er direkt nach dem Schießen eine 200 m lange Strafrunde laufen. Aufgrund der bisherigen Schießleistungen geht der Trainer davon aus, dass der Athlet stehend mit 88% und liegend mit 93% Wahrscheinlichkeit trifft. Es wird vereinfachend davon ausgegangen, dass die Ergebnisse der einzelnen Schüsse voneinander unabhängig sind.

a) Bestimmen Sie die Wahrscheinlichkeit dafür, dass der Athlet stehend bei fünf Schüssen genau viermal trifft.

(1 VP)

b) Bestimmen Sie die Wahrscheinlichkeit dafür, dass der Athlet im gesamten Wettbewerb höchstens einmal eine Strafrunde laufen muss.

(3 VP)

c) Der Athlet möchte seine Leistungen im Stehendschießen verbessern und künftig mit über 95% Wahrscheinlichkeit bei fünf Schüssen mindestens vier Mal treffen. Welche Trefferwahrscheinlichkeit muss er dafür mindestens erreichen?

(2 VP)

5.63 Lösung Wahlteil 2015 – Analytische Geometrie / Stochastik Aufgabe B 2

Lösung Aufgabe B 2.1 a)

Schnittpunkt von g_4 mit E

Setze die Koordinaten von g_4: $\vec{x} = \begin{pmatrix} 5 \\ 1 \\ 1 \end{pmatrix} + t \cdot \begin{pmatrix} 4 \\ 1 \\ 0 \end{pmatrix}$ in E ein und löse nach t auf. Es folgt

$$3 \cdot (5 + 4t) + 6 \cdot (1 + t) + 4 \cdot 1 = 16 \Leftrightarrow 25 + 18t = 16 \Leftrightarrow 18t = -9 \Leftrightarrow t = -\frac{1}{2}.$$

Einsetzen in g_4 folgt $\begin{pmatrix} 5 \\ 1 \\ 1 \end{pmatrix} - \frac{1}{2} \cdot \begin{pmatrix} 4 \\ 1 \\ 0 \end{pmatrix} = \begin{pmatrix} 3 \\ 0{,}5 \\ 1 \end{pmatrix}$.

Ergebnis: Der Schnittpunkt von g_4 mit E liegt bei $S(3|0{,}5|1)$.

Gerade die orthogonal zu g_4 ist

Wenn Geraden g_a und g_4 orthogonal sein sollen, muss das Skalarprodukt der Richtungsvektoren 0 sein. Es folgt: $\begin{pmatrix} a \\ 1 \\ 0 \end{pmatrix} \cdot \begin{pmatrix} 4 \\ 1 \\ 0 \end{pmatrix} = 4a + 1 = 0$ also $a = -\frac{1}{4}$.

Ergebnis: Die Gerade $g_{-\frac{1}{4}}$ ist orthogonal g_4.

Lösung Aufgabe B 2.1 b)

Schnittwinkel von g_4 mit E

Formel: $\sin(\alpha) = \frac{|\vec{u} \cdot \vec{n}|}{|\vec{u}| \cdot |\vec{n}|}$ wobei $\vec{u}$ der Richtungsvektor von g_4 und $\vec{n}$ der Nor-malenvektor von E ist.

Mit $\vec{u} = \begin{pmatrix} 4 \\ 1 \\ 0 \end{pmatrix}$ und $\vec{n} = \begin{pmatrix} 3 \\ 6 \\ 4 \end{pmatrix}$ folgt $|\vec{u} \cdot \vec{n}| = |4 \cdot 3 + 1 \cdot 6| = 18$, $|\vec{u}| = \sqrt{4^2 + 1^2} = \sqrt{17}$ und

$|\vec{n}| = \sqrt{3^2 + 6^2 + 4^2} = \sqrt{61}$ und mit dem GTR $\sin(\alpha) = \frac{18}{\sqrt{17} \cdot \sqrt{61}} \approx 0{,}5589 \Rightarrow \alpha \approx 34°$.

Ergebnis: Der Schnittwinkel zwischen g_4 und E beträgt etwa 34°.

Werte von a mit $-10 \le a \le 10$, so dass $\alpha = 10°$

Mit $\sin(10°) \approx 0{,}174$, $\vec{u} = \begin{pmatrix} a \\ 1 \\ 0 \end{pmatrix}$ und $\vec{n} = \begin{pmatrix} 3 \\ 6 \\ 4 \end{pmatrix}$ folgt $|\vec{u} \cdot \vec{n}| = |3a + 6|$, $|\vec{u}| = \sqrt{a^2 + 1}$ und

$|\vec{n}| = \sqrt{61}$. Einsetzen liefert $0{,}174 = \dfrac{|3a+6|}{\sqrt{a^2+1}\cdot\sqrt{61}}$.

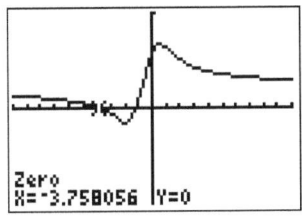

Geben Sie nun den Ausdruck $\dfrac{|3a+6|}{\sqrt{a^2+1}\cdot\sqrt{61}} - 0{,}174$ bei Y$_1$ im

GTR ein und lassen Sie sich den Grap hen im
x-Intervall $[-10; 10]$ und im y-Intervall $[-1; 1]$ zeichnen.
Mit {2ND CALC zero} erhalten Sie die beiden Nullstellen
$a_1 = -3{,}76$ und $a_2 = -1{,}27$.

Ergebnis:
Für $a = -3{,}76$ bzw. $a = -1{,}27$ hat der Winkel zwischen g_a und E den Wert $\alpha = 10°$.

Lösung Aufgabe B 2.1 c)

Behauptung: Alle Geraden g_a liegen in der Ebene $F: x_3 = 1$
Alle Punkte der Geraden g_a haben dieselbe x_3-Koordinate, nämlich $x_3 = 1$. Somit liegen
alle Punkte von g_a, also die gesamte Gerade, in F.

Gleichung der Geraden h durch $P(5|1|1)$, die in F liegt
Eine Gerade h durch $P(5|1|1)$, die in F liegt hat die feste x_3-Koordinate $x_3 = 1$ und damit

die Form $h: \vec{x} = \begin{pmatrix} 5 \\ 1 \\ 1 \end{pmatrix} + s \cdot \begin{pmatrix} u_1 \\ u_2 \\ 0 \end{pmatrix}$. Damit h nicht zu der Schar g_a gehört, müssen die beiden

Richtungsvektoren linear unabhängig sein, d.h. sie dürfen keine Vielfache voneinander sein.

Demnach müssen wir Koordinaten u_1 und u_2 so finden, dass $\begin{pmatrix} a \\ 1 \\ 0 \end{pmatrix} = k \cdot \begin{pmatrix} u_1 \\ u_2 \\ 0 \end{pmatrix}$ zu einem

Widerspruch führt. Dazu wählen wir $u_2 = 0$, denn dadurch verhindern wir, dass die zweite
Koordinatengleichung $1 = k \cdot u_2$ erfüllt werden kann. u_1 können wir nun frei wählen z.B.
$u_1 = 1$. Damit haben wir bereits eine Parameterform für h.

Ergebnis: Eine mögliche Gleichung für h ist gegeben durch $h: \vec{x} = \begin{pmatrix} 5 \\ 1 \\ 1 \end{pmatrix} + s \cdot \begin{pmatrix} 1 \\ 0 \\ 0 \end{pmatrix}$, $s \in \mathbb{R}$.

Lösung Aufgabe B 2.2 a)

Die Trefferwahrscheinlichkeit für „stehend schießen" ist laut Aufgabenstellung $p_s = 0{,}88$. Entsprechend ist die Wahrscheinlichkeit für „nicht getroffen" $1 - p_s = 0{,}12$. Bei 5 Schüssen gibt es genau 5 Möglichkeiten für „genau 4 Treffer", nämlich (N,T,T,T,T), (T,N,T,T,T) bis (T,T,T,T,N). Damit ergibt sich die WS für genau 4 Treffer zu:

$$P(\text{„genau 4 Treffer"}) = 5 \cdot 0{,}88^4 \cdot 0{,}12 \approx 0{,}36 = 36\%$$

Ergebnis: Die WS beim „stehend Schießen" genau 4mal zu treffen, liegt bei 36%.

Lösung Aufgabe B 2.2 b)

WS für höchstens eine Strafrunde
Wir notieren zunächst noch einmal die Gegebenheiten:
Es wird 10mal geschossen, 5mal stehend und 5mal liegend.
Es gilt $p_s = 0{,}88$, $\bar{p}_s = 0{,}12$, $p_l = 0{,}93$, $\bar{p}_l = 0{,}07$.
Gesucht ist die WS für höchstens eine Strafrunde, also die WS für höchstens einen Fehlschuss. Die Zufallsvariable X bezeichne die Anzahl der Fehlschüsse.
Folglich ist $P(X \le 1)$ gesucht. Es gilt $P(X \le 1) = P(X = 0) + P(X = 1)$.
Wir berechnen die beiden Einzelwahrscheinlichkeiten für „kein Fehlschuss" bzw. für „genau ein Fehlschuss" wie folgt:

$P(X = 0)$:
„Kein Fehlschuss" bedeutet 5 Treffer stehend und 5 Treffer liegend.
Damit ist $P(X = 0) = 0{,}88^5 \cdot 0{,}93^5 \approx 0{,}367$.

$P(X = 1)$:
„Genau ein Fehlschuss" bedeutet „5 Treffer stehend und 4 Treffer liegend" ODER „ 4 Treffer stehend und 5 Treffer liegend".
Damit ist $P(X = 1) = 0{,}88^5 \cdot 0{,}93^4 \cdot 0{,}07 \cdot 5 + 0{,}88^4 \cdot 0{,}12 \cdot 5 \cdot 0{,}93^5 \approx 0{,}388$.

Insgesamt haben wir nun
$$P(X \le 1) = P(X = 0) + P(X = 1) = 0{,}367 + 0{,}388 = 0{,}755 = 75{,}5\%$$

Ergebnis: Die WS für „höchstens eine Strafrunde" beträgt etwa 75,5%.

Lösung Aufgabe B 2.2 c)

Neue Trefferwahrscheinlichkeit beim Stehendschießen

Die noch unbekannte Trefferwahrscheinlichkeit sei p. Die Zufallsvariable X bezeichne wieder die Anzahl der Treffer. Gesucht ist folglich p so, dass $P(X \geq 4) > 0{,}95$ gilt. Nun ist $P(X \geq 4) = P(X = 4) + P(X = 5)$. Mit $P(X = 4) = p^4 \cdot (1 - p) \cdot 5$ und $P(X = 5) = p^5$ folgt nun $P(X \geq 4) = p^4 \cdot (1 - p) \cdot 5 + p^5 > 0{,}95$. Nach Ausklammern von p^4 erhalten wir

$$p^4 \cdot \big((1 - p) \cdot 5 + p\big) > 0{,}95 \quad \Leftrightarrow \quad p^4 \cdot (5 - 4p) > 0{,}95$$

Geben Sie nun den Ausdruck $X^4 * (5 - 4X)$ bei Y_1 und 0.95 bei Y_2 im GTR ein und lassen Sie sich beide Kurven im x-Intervall $[0; 1]$ und im y-Intervall $[0; 1{,}5]$ zeichnen. Mit {2ND CALC intersect} ermitteln Sie den Schnittpunkt bei $X \approx 0{,}924$.
Sie erkennen in der Abbildung, dass für $X > 0{,}924$ der Ausdruck $P(X \geq 4) > 0{,}95$ wird.

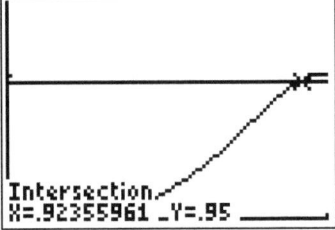

Ergebnis: Der Athlet muss seine Trefferwahrscheinlichkeit im Stehendschießen auf über 92,4% erhöhen, damit er bei 5 Schüssen mit einer Wahrscheinlichkeit von mehr als 95% mindestens 4 Treffer erzielt.

5.64 Pflichtteil 2014

Aufgabe 1:

Bilden Sie die Ableitung der Funktion f mit $f(x) = \sqrt{x} \cdot e^{2x}$.

(2 VP)

Aufgabe 2:

Berechnen Sie das Integral $\int_0^1 \frac{4}{(2x+1)^3}\,dx$.

(2 VP)

Aufgabe 3:

Lösen Sie die Gleichung $x^4 = 4 + 3x^2$.

(3 VP)

Aufgabe 4:

Gegeben sind die Funktionen f und g mit $f(x) = \cos(x)$ und $g(x) = 2\cos\left(\frac{\pi}{2}x\right) - 2$.

a) Beschreiben Sie, wie man den Graphen von g aus dem Graphen von f erhält.
b) Bestimmen Sie die Nullstellen von g für $0 \le x \le 4$.

(4 VP)

Aufgabe 5:

Die Abbildung zeigt die Graphen K_f und K_g zweier Funktionen f und g.

a) Bestimmen Sie $f\big(g(3)\big)$.
   Bestimmen Sie einen Wert für x so, dass $f\big(g(x)\big) = 0$ ist.
b) Die Funktion h ist gegeben durch $h(x) = f(x) \cdot g(x)$.
   Bestimmen Sie $h'(2)$

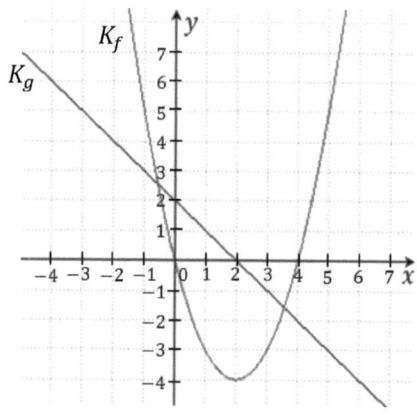

(5 VP)

Aufgabe 6:

Gegeben sind die Ebenen $E: x_1 + x_2 = 4$ und $F: x_1 + x_2 + 2x_3 = 4$.

a) Stellen Sie die beiden Ebenen in einem gemeinsamen Koordinatensystem dar.
Geben Sie eine Gleichung der Schnittgeraden von E und F an.

b) Die Ebene G ist parallel zur x_1-Achse und schneidet die x_2x_3-Ebene in derselben Spurgeraden wie die Ebene F.
Geben Sie eine Gleichung der Ebene G an.

(5 VP)

Aufgabe 7:

Gegeben sind die Punkte $A(1|10|1)$, $B(-3|13|1)$ und $C(2|3|1)$.
Die Gerade g verläuft durch A und B.
Bestimmen Sie den Abstand des Punktes C von der Geraden g.

(4 VP)

Aufgabe 8:

An einem Spielautomaten verliert man durchschnittlich zwei Drittel aller Spiele.

a) Formulieren Sie ein Ereignis A, für das gilt:
$$P(A) = \binom{10}{8} \cdot \left(\frac{2}{3}\right)^8 \cdot \left(\frac{1}{3}\right)^2 + 10 \cdot \left(\frac{2}{3}\right)^9 \cdot \frac{1}{3} + \left(\frac{2}{3}\right)^{10}$$

b) Jemand spielt vier Spiele an dem Automaten.
Mit welcher Wahrscheinlichkeit verliert er dabei genau zwei Mal?

(3 VP)

Aufgabe 9:

Gegeben sind der Mittelpunkt einer Kugel sowie eine Ebene.
Die Kugel berührt diese Ebene.
Beschreiben Sie, wie man den Kugelradius und den Berührpunkt bestimmen kann.

(3 VP)

5.65 Lösung Pflichtteil 2014

Aufgabe 1:

Für $f(x) = x^{1/2} \cdot e^{2x}$ verwende die Produkt- und Kettenregel:

$$f'(x) = \frac{1}{2}x^{-\frac{1}{2}} \cdot e^{2x} + x^{\frac{1}{2}} \cdot 2e^{2x} = e^{2x}\left(\frac{1}{2\sqrt{x}} + 2\sqrt{x}\right)$$

Aufgabe 2:

$$\int_0^1 \frac{4}{(2x+1)^3}\,dx = \int_0^1 4(2x+1)^{-3}\,dx$$

$$= \left[4 \cdot \left(\frac{1}{-2}\right)(2x+1)^{-2} \cdot \frac{1}{2}\right]_0^1 = \left[-\frac{1}{(2x+1)^2}\right]_0^1$$

$$= \left(-\frac{1}{9}\right) - (-1) = \frac{8}{9}$$

Aufgabe 3:

$$\begin{array}{ll}
x^4 = 4 + 3x^2 & | -3x^2 - 4 \\
x^4 - 3x^2 - 4 = 0 & | \text{ Substitution } z := x^2 \\
z^2 - 3z - 4 = 0 & | \text{ p-q-Formel} \\
z_{1,2} = \frac{3}{2} \pm \sqrt{\frac{9}{4} + \frac{16}{4}} \Rightarrow z_1 = 4,\, z_2 = -1 & | \text{ Rücksubstitution} \\
x^2 = 4 \Rightarrow x_1 = 2;\, x_2 = -2 \quad \text{bzw.} \quad x^2 = -1 \not{} &
\end{array}$$

Ergebnis: $\mathbb{L} = \{2; -2\}$.

Aufgabe 4:

a) Wie erhält man den Graphen von g aus demjenigen von f?

- Verdopple die Amplitude, d.h. aus $\cos(x)$ wird $2\cos(x)$.
- Ändere die Frequenz, d.h. aus $2\cos(x)$ wird $2\cos\left(\frac{\pi}{2}x\right)$.
- Verschiebe den Graphen um 2 Einheiten nach unten und erhalte $g(x)$.

b) Nullstellen von g für $0 \leq x \leq 4$

$$2\cos\left(\frac{\pi}{2}x\right) - 2 = 0 \overset{+2}{\Rightarrow} 2\cos\left(\frac{\pi}{2}x\right) = 2 \overset{:2}{\Rightarrow} \cos\left(\frac{\pi}{2}x\right) = 1$$

Wegen $\cos(0) = 1 \Rightarrow \frac{\pi}{2}x = 0 \Rightarrow x = 0$

Wegen $\cos(2\pi) = 1 \Rightarrow \frac{\pi}{2}x = 2\pi \Rightarrow x = 4$

Ergebnis: Die Nullstellen von g für $0 \le x \le 4$ sind $x = 0$ bzw. $x = 4$.

Aufgabe 5:

a) Wert für $f\big(g(3)\big)$

Ergebnis: Wegen $g(3) = -1$ und $f(-1) = 5$ ist $f\big(g(3)\big) = 5$.

Wert für x, so dass $f\big(g(x)\big) = 0$ ist
Für $f(x) = 0$ liest man $x = 0$ und $x = 4$ ab.
Wir suchen also Werte für x, so dass $g(x) = 0$
oder $g(x) = 4$ ist. Für $x = 2$ ist $g(x) = 0$
und für $x = -2$ ist $g(x) = 4$.

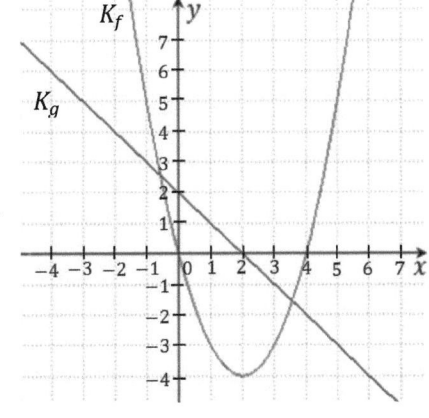

Ergebnis: Für $x = 2$ und $x = -2$ ist $f\big(g(x)\big) = 0$.

b) Für $h(x) = f(x) \cdot g(x)$ bestimme $h'(2)$

Mit der Produktregel gilt
$h'(x) = f'(x) \cdot g(x) + f(x) \cdot g'(x)$
und damit
$h'(2) = f'(2) \cdot g(2) + f(2) \cdot g'(2)$

Durch Ablesen erhält man $f(2) = -4$, $g(2) = 0$.

Da die Ableitung nichts anderes als die Steigung ist, liest man weiterhin ab: $f'(2) = 0$, denn an der Stelle $x = 2$ hat K_f eine waagrechte Tangente und $g'(2) = -1$, denn die Steigung der Geraden g ist überall gleich -1.

Ergebnis: $h'(2) = 0 \cdot 0 + (-4) \cdot (-1) = 4$.

Aufgabe 6:

a) Darstellung der Ebenen in einem Koordinatensystem

Die Ebenengleichungen sind gegeben durch $E: x_1 + x_2 = 4$ und $F: x_1 + x_2 + 2x_3 = 4$.
Zunächst bestimmt man die Spurpunkte (= Schnittpunkte mit den Achsen) der beiden
Ebenen. Für E erhält man, indem man $x_2 = 0$ setzt und nach x_1 auflöst, den Spurpunkt
$E_1(4|0|0)$ bzw. indem man $x_1 = 0$ setzt und nach x_2 auflöst den Spurpunkt $E_2(0|4|0)$.
Einen Schnittpunkt mit der x_3-Achse gibt es nicht, d.h. E verläuft parallel zur x_3-Achse.
Analog erhält man die Spurpunkte für F (durch Nullsetzen zweier Koordinaten und Auflösen
nach der dritten Koordinate), nämlich $F_1(4|0|0)$, $F_2(0|4|0)$ und $F_3(0|0|2)$.

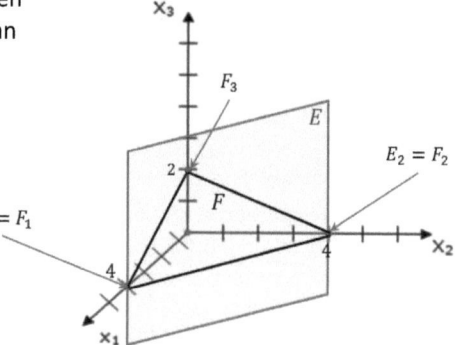

Durch Einzeichnen und Verbinden der jeweiligen
Spurpunkte im Koordinatensystem erkennt man
die Lage der beiden Ebenen.
Die Schnittgerade erhält man durch Lösen
des LGS (oder durch einfaches Ablesen)
I. $x_1 + x_2 = 4$ und II. $x_1 + x_2 + 2x_3 = 4$
II. $-$ I. liefert $x_3 = 0$.
Übrig bleibt die Gleichung
$x_1 + x_2 = 4$ in der man z.B. x_2 frei wählen
kann, etwa $x_2 = t \in \mathbb{R}$. Dadurch erhält
man $x_1 = 4 - t$. Somit ergibt sich das

Ergebnis: Die Schnittgerade ist gegeben durch

$$g: \vec{x} = \begin{pmatrix} x_1 \\ x_2 \\ x_3 \end{pmatrix} = \begin{pmatrix} 4 - t \\ t \\ 0 \end{pmatrix} = \begin{pmatrix} 4 \\ 0 \\ 0 \end{pmatrix} + t \begin{pmatrix} -1 \\ 1 \\ 0 \end{pmatrix}; \quad t \in \mathbb{R}$$

b) Gleichung für die Ebene G

Wir nehmen $\vec{u} = \overrightarrow{F_2 F_3} = \begin{pmatrix} 0 \\ 0 \\ 2 \end{pmatrix} - \begin{pmatrix} 0 \\ 4 \\ 0 \end{pmatrix} = \begin{pmatrix} 0 \\ -4 \\ 2 \end{pmatrix}$

als einen Richtungsvektor für G. Da G parallel zur
x_1-Achse verläuft, können wir $\vec{v} = \begin{pmatrix} 1 \\ 0 \\ 0 \end{pmatrix}$ als

zweiten Richtungsvektor verwenden. Der Punkt
$F_3(0|0|2)$ liegt auf G und kann somit als
Stützvektor dienen.

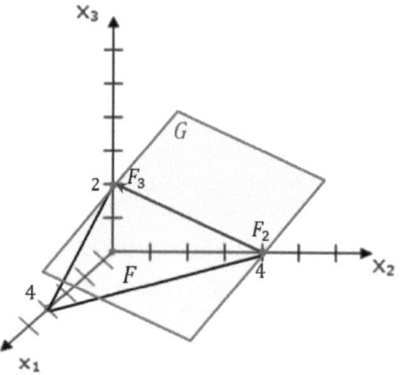

Ergebnis: Eine Parameterform für G lautet

$$G: \vec{x} = \begin{pmatrix} 0 \\ 0 \\ 2 \end{pmatrix} + s \begin{pmatrix} 0 \\ -4 \\ 2 \end{pmatrix} + t \begin{pmatrix} 1 \\ 0 \\ 0 \end{pmatrix}; \quad s, t \in \mathbb{R}.$$

Aufgabe 7:

Für die Geradengleichung von g verwende z.B. $\vec{a} = \begin{pmatrix} 1 \\ 10 \\ 1 \end{pmatrix}$ als Stützvektor und

$$\vec{u} = \overrightarrow{AB} = \begin{pmatrix} -3 \\ 13 \\ 1 \end{pmatrix} - \begin{pmatrix} 1 \\ 10 \\ 1 \end{pmatrix} = \begin{pmatrix} -4 \\ 3 \\ 0 \end{pmatrix} \text{ als Richtungsvektor.}$$

Somit haben wir g: $\vec{x} = \begin{pmatrix} 1 \\ 10 \\ 1 \end{pmatrix} + t \begin{pmatrix} -4 \\ 3 \\ 0 \end{pmatrix}$ mit $t \in \mathbb{R}$ als Geradengleichung.

Im nächsten Schritt bilden wir eine Hilfsebene E, die senkrecht zu g steht, so dass C in E liegt.

Als Normalenvektor für E nehmen wir den Richtungsvektor $\vec{u}$ von g und erhalten damit zunächst $E: -4x_1 + 3x_2 = d$ mit einem noch unbekannten d.

Da C in E liegt, setzen wir die Koordinaten von C ein und erhalten: $E: -4 \cdot 2 + 3 \cdot 3 = 1 = d$ und damit die vollständige Ebenengleichung:

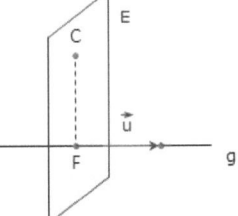

$$E: -4x_1 + 3x_2 = 1$$

Durch Einsetzen von g in die Ebenengleichung von E bestimmen wir den Schnittpunkt F.

$$-4(1 - 4t) + 3(10 + 3t) = 1 \Rightarrow 25t = -25 \Rightarrow t = -1$$

Den soeben gefundenen Wert $t = -1$ setzen wir in g ein und erhalten

$$\vec{x} = \begin{pmatrix} 1 \\ 10 \\ 1 \end{pmatrix} - 1 \begin{pmatrix} -4 \\ 3 \\ 0 \end{pmatrix} = \begin{pmatrix} 5 \\ 7 \\ 1 \end{pmatrix},$$

somit ist $F(5|7|1)$ der Schnittpunkt von g mit E. Der Abstand von C zu g ist dann gegeben durch:

$$d(C, g) = |\overrightarrow{CF}| = \left| \begin{pmatrix} 5 \\ 7 \\ 1 \end{pmatrix} - \begin{pmatrix} 2 \\ 3 \\ 1 \end{pmatrix} \right| = \left| \begin{pmatrix} 3 \\ 4 \\ 0 \end{pmatrix} \right| = \sqrt{3^2 + 4^2 + 0^2} = 5$$

Ergebnis: Der Abstand von C zu g beträgt 5 LE.

Aufgabe 8:

a) Ereignis A mit $P(A) = \binom{10}{8} \cdot \left(\frac{2}{3}\right)^8 \cdot \left(\frac{1}{3}\right)^2 + 10 \cdot \left(\frac{2}{3}\right)^9 \cdot \frac{1}{3} + \left(\frac{2}{3}\right)^{10}$

Laut Aufgabe ist die WS für „verlieren" $\frac{2}{3}$, also für „gewinnen" $\frac{1}{3}$. Der Teilausdruck $\binom{10}{8} \cdot$

$\left(\frac{2}{3}\right)^8 \cdot \left(\frac{1}{3}\right)^2$ gibt somit die WS an, in 10 Spielen 2mal zu gewinnen und 8mal zu verlieren.

Entsprechend ist $\binom{10}{1} \cdot \left(\frac{2}{3}\right)^9 \cdot \left(\frac{1}{3}\right)^1 = 10 \cdot \left(\frac{2}{3}\right)^9 \cdot \frac{1}{3}$ die WS, in 10 Spielen 1mal zu gewinnen

und 9mal zu verlieren. Ebenso ist $\binom{10}{0} \cdot \left(\frac{2}{3}\right)^{10} \cdot \left(\frac{1}{3}\right)^0 = \left(\frac{2}{3}\right)^{10}$ die WS für 10mal verlieren in

10 Spielen. Alle Teilergebnisse zusammen führen zu folgendem

Ergebnis: Der angegebene Ausdruck beschreibt die Wahrscheinlichkeit des Ereignisses $A = $ „In 10 Spielen höchstens 2mal gewinnen".

b) WS für genau 2mal verlieren bei 4 Spielen

Die WS für „verlieren" ist $\frac{2}{3}$, die WS für „gewinnen" ist $\frac{1}{3}$. Damit gibt der Ausdruck $\binom{4}{2} \cdot \left(\frac{2}{3}\right)^2 \cdot$

$\left(\frac{1}{3}\right)^2$ die gesuchte WS an, wobei $\binom{4}{2}$ beschreibt auf wie viele Arten sich die 2 Gewinne (G)

und die 2 Niederlagen (N) in den 4 Spielen verteilen können, nämlich auf diese 6 Arten:
GGNN, GNGN, GNNG, NGGN, NGNG, NNGG.

Damit ist $P(\text{„2mal verlieren"}) = 6 \cdot \left(\frac{2}{3}\right)^2 \cdot \left(\frac{1}{3}\right)^2 = 6 \cdot \frac{4}{9} \cdot \frac{1}{9} = \frac{8}{27}$

Ergebnis: $P(\text{„2mal verlieren"}) = \frac{8}{27}$

Aufgabe 9:

Bilde eine Gerade g senkrecht zur Ebene E durch den
Mittelpunkt M der Kugel. M dient dabei als Stützvektor
von g und der Normalenvektor von E als Richtungsvektor.
Bestimme den Schnittpunkt F von g mit E.
Dies ist der Berührungspunkt der Kugel mit der Ebene.
Der Abstand $d = \left|\overrightarrow{MF}\right|$ ist schließlich der Radius der Kugel.

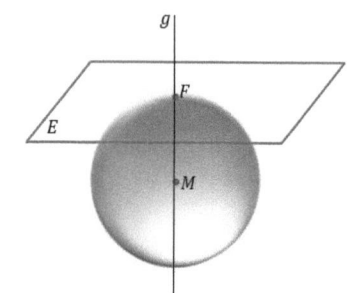

5.66 Wahlteil 2014 – Analysis A 1

Aufgabe A 1.1

Gegeben ist die Funktion f mit $f(x) = 10x \cdot e^{-0,5x}$. Ihr Graph ist K.

a) K besitzt einen Extrempunkt und einen Wendepunkt.
   Geben Sie deren Koordinaten an.
   Geben Sie eine Gleichung der Asymptote von K an.
   Skizzieren Sie K.

   (4 VP)

b) Für jedes $u > 0$ sind $O(0|0)$, $P(u|0)$ und $Q(u|f(u))$ die Eckpunkte eines Dreiecks.
   Bestimmen Sie einen Wert für u so, dass dieses Dreieck den Flächeninhalt 8 hat.
   Für welchen Wert von u ist das Dreieck OPQ gleichschenklig?

   (4 VP)

c) Auf der x-Achse gibt es Intervalle der Länge 3, auf denen die Funktion den Mittelwert 2,2 besitzt.
   Bestimmen Sie die Grenzen eines solchen Intervalls.

   (3 VP)

Aufgabe A 1.2

Gegeben ist für jedes $t > 0$ eine Funktion f_t durch $f_t(x) = \frac{1}{3}x^3 - t^2x$.
Bestimmen Sie t so, dass die beiden Extrempunkte des Graphen von f_t den Abstand 13 voneinander haben.

(4 VP)

5.67 Lösung Wahlteil 2014 – Analysis A 1

Aufgabe A 1.1

a) Skizze / Schaubild von K und Extrempunkt

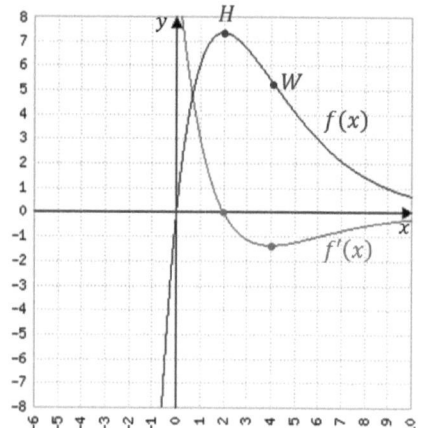

Im GTR geben Sie bei Y_1 den Funktionsterm von $f(x)$ ein und bei Y_2 den Ausdruck {nDeriv(Y_1,X,X)} der die Ableitung von $f(x)$ darstellt. Mit {GRAPH} lässt man sich beide Kurven zeichnen z.B. im x-Intervall $[-5; 5]$ und im y-Intervall $[-10; 10]$.
Mit {2ND CALC zero} bestimmt man die Nullstelle von f' und findet diese bei $x = 2$. Nun wechselt man zum Schaubild K und liest dort die y-Koordinate mit $y = 7,36$ ab.

Ergebnis: $f(x)$ besitzt bei $H(2|7,36)$ einen Hochpunkt.

Wendepunkt von K

Der Wendepunkt von K befindet sich an der Stelle, an der f' einen Extrempunkt (in unserem Fall einen Tiefpunkt) hat. Diesen findet man mit {2ND CALC minimum} bei $x = 4$ und liest nach dem Wechsel zum Schaubild K die y-Koordinate $y = 5,41$ ab.

Ergebnis: $f(x)$ besitzt bei $W(4|5,41)$ einen Wendepunkt.

Asymptote von K

Aus dem Schaubild können wir vermuten, dass die x-Achse die waagrechte Asymptote von $f(x)$ ist. Dies müssen wir aber nachweisen! Es gilt: $\lim\limits_{x\to\infty} 10x \cdot e^{-0,5x} = \lim\limits_{x\to\infty} \dfrac{10x}{e^{0,5x}} = 0$, da hier der Nenner viel schneller wächst als der Zähler. Somit haben wir das

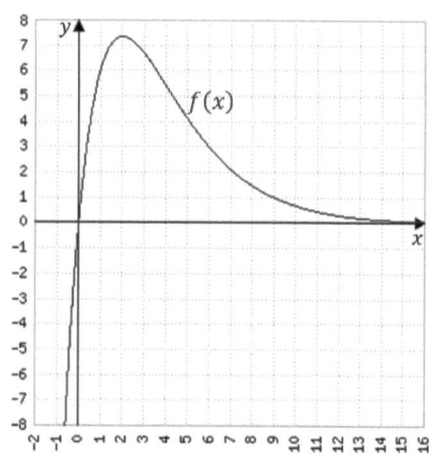

Ergebnis:
Die Gerade $y = 0$ (also die x-Achse) ist die waagrechte Asymptote von $f(x)$. Da $f(x)$ keine Polstellen besitzt, ist dies auch die einzige Asymptote.

b) Wert für u, so dass $A_{OPQ} = 8$ gilt

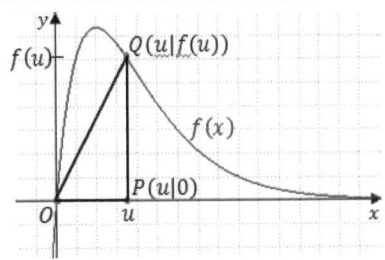

Das Dreieck OPQ hat den Flächeninhalt
$A = \frac{1}{2}u \cdot f(u)$. Gesucht ist demnach ein u,
so dass $8 = \frac{1}{2}u \cdot f(u) = \frac{1}{2}u \cdot 10u \cdot e^{-0,5u}$
$= 5u^2 \cdot e^{-0,5u}$ bzw. $5u^2 \cdot e^{-0,5u} - 8 = 0$ gilt.
Mit dem GTR lässt man sich diese Funktion
zeichnen und bestimmt mit {2ND CALC zero}
die Nullstellen bei $x_1 = -0,99$, $x_2 = 2,18$
und $x_3 = 6,62$.

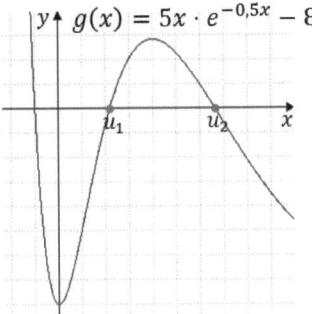

Ergebnis: Bei den Werten $u_1 = 2,18$ bzw. $u_2 = 6,62$ hat
das Dreieck OPQ den Flächeninhalt 8 LE².

Wert für u, so dass das Dreieck OPQ gleichschenklig ist

Damit das Dreieck OPQ gleichschenklig wird,
müssen wir einen Wert für u finden, so dass
$u = f(u)$ gilt. Es folgt:

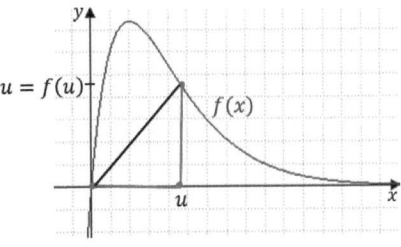

$$u = 10u \cdot e^{-0,5u} \qquad |:10u$$
$$\frac{1}{10} = e^{-0,5u} \qquad | \ln$$
$$\ln\left(\frac{1}{10}\right) = -0,5u \qquad |:-0,5$$
$$u = -2 \cdot \ln\left(\frac{1}{10}\right) \approx 4,61$$

Ergebnis: Für den Wert $u = 4,61$ ist das Dreieck OPQ gleichschenklig.

c) Intervallgrenzen

Die Mittelwertsformel lautet $m = \frac{1}{b-a}\int_a^b f(x)dx$, in unserem Fall also: $2,2 = \frac{1}{3}\int_x^{x+3} f(t)dt$.
Beachte, dass das Intervall bei einem noch unbekannten Wert x beginnt, 3 Einheiten lang
ist und somit bei $x + 3$ endet. Um die Lösung mit dem GTR zu bestimmen, geben Sie bei Y₁
den Funktionsterm von $f(x)$ ein. Bei Y₂ geben Sie den Ausdruck {fnInt(Y₁,X,X,X+3)/3} und
bei Y₃ den Wert 2,2 ein. Lassen Sie sich die Graphen von Y₂ und Y₃ zeichnen z.B. im x-Intervall
$[-8; 8]$ und im y-Intervall $[-10,10]$.

Mit {2ND CALC intersect} bestimmen Sie die beiden Schnittpunkte der Graphen bei $x_1 = -0,86$ und $x_2 = 5,5$. Dies sind die beiden möglichen Startpunkte der gesuchten Intervalle (in der Aufgabe war nur ein Intervall gefragt).

Ergebnis: $I_1 = [-0,86; 2,14]$ und $I_2 = [5,5; 8,5]$ sind die einzigen Intervalle der Länge 3, auf denen $f(x)$ den Mittelwert 2,2 besitzt.

Aufgabe A 1.2

Extrempunkte

Wir bilden zunächst die ersten beiden Ableitungen und erhalten $f_t'(x) = x^2 - t^2$ und
$f_t''(x) = 2x$. Mit $f_t'(x) = 0$ folgt $x^2 - t^2 = 0 \Rightarrow x^2 = t^2 \Rightarrow x_1 = t, x_2 = -t$.
Einsetzen von x_1 bzw. x_2 in f_t'' liefert $f_t''(t) = 2t \neq 0$ bzw. $f_t''(-t) = -2t \neq 0$ wegen $t >$
0. Daher liegen bei x_1 und x_2 tatsächlich Extrempunkte vor.
Einsetzen in $f_t(x)$ liefert die jeweiligen y-Koordinaten der Extrempunkte.

$$f_t(t) = \frac{1}{3}t^3 - t^2 \cdot t = -\frac{2}{3}t^3 \text{ bzw. } f_t(-t) = \frac{1}{3}(-t)^3 - t^2 \cdot (-t) = \frac{2}{3}t^3$$

Damit haben wir beide Extrempunkte: $E_1\left(t\left|-\frac{2}{3}t^3\right.\right)$ und $E_2\left(-t\left|\frac{2}{3}t^3\right.\right)$

Abstand der Extrempunkte

Der Abstand zweier Punkte $A(x_1|y_1)$ und $B(x_2|y_2)$ ist gegeben durch die Formel
$d(A,B) = \sqrt{(x_2 - x_1)^2 + (y_2 - y_1)^2}$ (Pythagoras). In unserem Fall gilt demnach:

$$d(E_1, E_2) = \sqrt{(-t-t)^2 + \left(\frac{2}{3}t^3 - \left(-\frac{2}{3}t^3\right)\right)^2} = \sqrt{4t^2 + \frac{16}{9}t^6}$$

Wert für t, so dass $d(E_1, E_2) = 13$ wird

$$13 = \sqrt{4t^2 + \frac{16}{9}t^6} \Rightarrow 169 = 4t^2 + \frac{16}{9}t^6 \Rightarrow \frac{16}{9}t^6 + 4t^2 - 169 = 0$$

Dies gibt man im GTR z.B. bei Y_1 ein, lässt sich den Graphen zeichnen und bestimmt mit
{2ND CALC zero} die Nullstellen bei $t_1 \approx -2,1$ und $t_2 \approx 2,1$. Da t>0 vorausgesetzt war, ist
$t_2 \approx 2,1$ unsere einzige Lösung.

Ergebnis: Für $t = 2,1$ haben die Extrempunkte $E_1\left(t\left|-\frac{2}{3}t^3\right.\right)$ und $E_2\left(-t\left|\frac{2}{3}t^3\right.\right)$ den
Abstand 13 zueinander.

5.68 Wahlteil 2014 – Analysis A 2

Aufgabe A 2.1

Die Anzahl ankommender Fahrzeuge vor einem Grenzübergang soll modelliert werden. Dabei wird die momentane Ankunftsrate beschrieben durch die Funktion f mit

$$f(t) = \frac{1300000 \cdot t}{t^4 + 30000}; \quad 0 \le t \le 30$$

(t in Stunden nach Beobachtungsbeginn; $f(t)$ in Fahrzeuge pro Stunde).

a) Skizzieren Sie den Graphen von f.
    Wann ist die momentane Ankunftsrate maximal?
    Bestimmen Sie die Anzahl der Fahrzeuge, die in den ersten 6 Stunden ankommen.

    (4 VP)

b) Am Grenzübergang werden die Fahrzeuge möglichst schnell abgefertigt, jedoch ist die momentane Abfertigungsrate durch 110 Fahrzeuge pro Stunde begrenzt.
    Wann beginnen sich die Fahrzeuge vor dem Grenzübergang zu stauen? Wie viele Fahrzeuge stauen sich maximal vor dem Grenzübergang?
    Welches Ergebnis erhielte man, wenn die momentane Abfertigungsrate 12 Stunden nach Beobachtungsbeginn auf konstant 220 Fahrzeuge pro Stunde erhöht würde?

    (6 VP)

Aufgabe A 2.2

Für jedes $a > 0$ ist eine Funktion f_a gegeben durch

$$f_a(x) = a \cdot \cos(x) - a^2; \quad -\pi < x < \pi.$$

Der Graph von f_a ist G_a.

a) G_a besitzt einen Extrempunkt.
    Bestimmen Sie dessen Koordinaten.

    (2 VP)

b) Durch welche Punkte der y-Achse verläuft kein Graph G_a?

    (4 VP)

5.69 Lösung Wahlteil 2014 – Analysis A 2

Aufgabe A 2.1

a) Graph von f ... siehe rechts

Zeitpunkt für maximale momentane Ankunftsrate

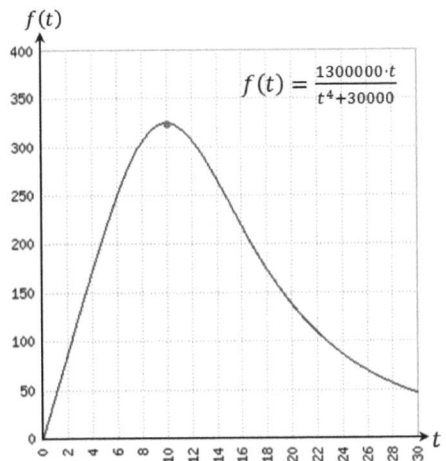

$$f(t) = \frac{1300000 \cdot t}{t^4 + 30000}$$

Geben Sie den Funktionsterm von $f(t)$ im GTR ein und lassen Sie sich den Graphen z.B. im x-Intervall $[0; 30]$ und im y-Intervall $[0; 400]$ zeichnen. Mit {2ND CALC maximum} bestimmen Sie das Maximum bei $t = 10$ mit einem Wert von 325 Fahrzeugen.

Ergebnis: Nach 10 Stunden ist die maximale Ankunftsrate erreicht.

Anzahl der ankommenden Fahrzeuge in den ersten 6 Stunden

Die betreffende Anzahl ist gegeben durch $n = \int_0^6 f(t)dt$. Eingabe des Ausdrucks {fnInt(Y₁,X,0,6)} im GTR liefert den Wert 769,05.

Ergebnis: In den ersten 6 Stunden kommen 770 Fahrzeuge an.

b) Wann beginnt der Stau?

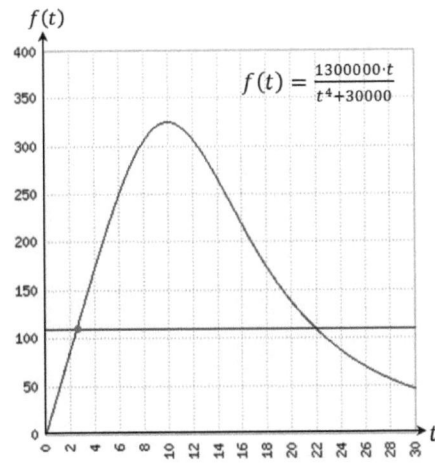

$$f(t) = \frac{1300000 \cdot t}{t^4 + 30000}$$

Ein Stau beginnt, wenn mehr Fahrzeuge ankommen als abgefertigt werden. Demnach suchen wir einen Zeitpunkt t, ab dem $f(t) > 110$ (110 ist die maximale Abfertigungsrate) ist. Geben Sie im GTR bei Y₂ den Wert 110 ein und lassen Sie sich beide Graphen nochmal zeichnen. Mit {2ND CALC intersect} bestimmen Sie den Schnittpunkt beider Kurven bei $t = 2,54$.

Ergebnis: Ab dem Zeitpunkt $t = 2,54$ (also etwa nach 2,5 Stunden) beginnen sich die Fahrzeuge zu stauen.

Maximale Anzahl von Fahrzeugen im Stau

Solange $f(t) > 110$, also die maximale Abfertigungsrate ist, so lange nimmt die Anzahl der Fahrzeuge im Stau zu. Bei t_2 wird $f(t)$ erstmals wieder kleiner als 110, d.h. bei t_2 haben wir die maximale Anzahl von Fahrzeugen im Stau.
Mit dem GTR ergibt sich t_2 über {2ND CALC intersect} zu $t_2 = 21{,}86$. Die gesuchte Anzahl an Fahrzeugen im Stau ist dann gegeben durch $n = \int_{t_1}^{t_2}(f(t) - 110)dt$, also „ankommende Fahrzeuge minus abgefertigte im Zeitraum von t_1 bis t_2".
Den Ausdruck $n = \int_{t_1}^{t_2}(f(t) - 110)dt$ gibt man im GTR über {fnInt(Y₁,X,2.54,21.86)} und erhält den Wert 2314,97.

Ergebnis: Es befinden sich maximal 2315 Fahrzeuge im Stau.

Neue maximale Anzahl von Fahrzeugen im Stau

Hier haben wir zwei getrennte Zeiträume zu betrachten. Im ersten Zeitraum von $t_1 = 2{,}54$ bis $t_2 = 12$ werden 110 Fahrzeuge pro Stunde abgefertigt.

Der Endpunkt des zweiten Zeitraums wird durch die neue Abfertigungsrate von 220 Fahrzeugen pro Stunde bestimmt. Diesen erhalten wir mit dem GTR über {2ND CALC intersect} mit $t_3 = 15{,}9$.

Die gesuchte Anzahl ist somit gegeben durch den Ausdruck

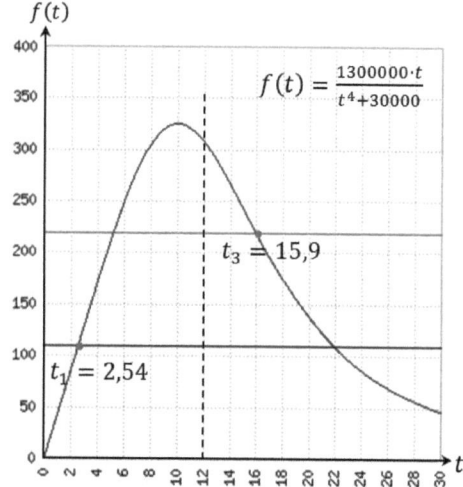

$$n = \int_{2,54}^{12} (f(t) - 110)dt + \int_{12}^{15,9} (f(t) - 220)dt$$

Eingabe des Ausdrucks im GTR {fnInt(Y₁-110,X,2.54,12)+fnInt(Y₁-220,X,12,15.9)} liefert den Wert 1602,35.

Ergebnis: Mit der neuen Abfertigungsrate stauen sich maximal 1602 Fahrzeuge.

Aufgabe A 2.2

a) Extrempunkt von f_a für $a > 0$

Wir bestimmen zunächst die ersten beiden Ableitungen: $f_a'(x) = -a \cdot \sin(x)$ und $f_a''(x) = -a \cdot \cos(x)$.

Nullsetzen der ersten Ableitung liefert: $f_a'(x) = 0 \Rightarrow -a \cdot \sin(x) = 0 \Rightarrow \sin(x) = 0$

Für $-\pi < x < \pi$ hat $\sin(x)$ nur bei $x = 0$ eine Nullstelle. Eingesetzt in f_a ergibt sich $f_a(0) = a \cdot \cos(0) - a^2 = a - a^2$. Eingesetzt in f_a'' folgt $f_a''(0) = -a < 0$ für $a > 0$. Somit haben wir bei $x = 0$ einen Hochpunkt.

Ergebnis: $f_a(x)$ hat bei $H(0|a - a^2)$ einen Hochpunkt.

b) Durch welche Punkte der y-Achse verläuft kein Graph G_a?

In $f_a(x)$ setze $x = 0$ und erhalte $f_a(0) = a \cdot \cos(0) - a^2 = a - a^2$. Gesucht sind somit Werte für $a > 0$, so dass $a - a^2$ keinem Wert auf der y-Achse entspricht. Wir fragen uns daher, wir groß oder klein die Funktion $g(a) = a - a^2$ höchstens werden kann.

Es gilt $g'(a) = 1 - 2a$ und $1 - 2a = 0$ für $a = \frac{1}{2}$. Weiterhin folgt $g''(a) = -2$. Somit haben wir bei $a = \frac{1}{2}$ ein Maximum mit $g\left(\frac{1}{2}\right) = \frac{1}{2} - \left(\frac{1}{2}\right)^2 = \frac{1}{4}$. Der Ausdruck $g(a) = a - a^2$ ist eine nach unten geöffnete Parabel und besitzt somit kein Minimum. Daher ist der Wert $y = \frac{1}{4}$ der höchste Wert, der auf der y-Achse erreicht werden kann.

Ergebnis: Durch den Punkt $P(0|y)$ verläuft für $y > \frac{1}{4}$ keiner der Graphen G_a.

5.70 Wahlteil 2014 –
Analytische Geometrie / Stochastik
Aufgabe B 1

Aufgabe B 1.1

Gegeben sind die Punkte $A(5|-5|0)$, $B(5|5|0)$, $C(-5|5|0)$ und $D(-5|-5|0)$.
Das Quadrat $ABCD$ ist die Grundfläche einer Pyramide mit der Spitze $S(0|0|12)$.

a) Die Seitenfläche BCS liegt in der Ebene E.
    Bestimmen Sie eine Koordinatengleichung von E.
    Berechnen Sie den Winkel, der von der Seitenfläche BCS und der Grundfläche der
    Pyramide eingeschlossen ist.
    Berechnen Sie den Flächeninhalt des Dreiecks BCS.

    (4 VP)

b) Betrachtet werden nun Quader, die jeweils vier Eckpunkte auf den Pyramidenkanten
    und vier Eckpunkte in der Grundfläche der Pyramide haben.
    Einer dieser Quader hat den Eckpunkt $Q(2,5|2,5|0)$.
    Berechnen Sie sein Volumen.
    Bei einem anderen dieser Quader handelt es sich um einen Würfel.
    Welche Koordinaten hat dessen Eckpunkt auf der Kante BS?

    (4 VP)

Aufgabe B 1.2

In einem Gefäß $G1$ sind 6 schwarze und 4 weiße Kugeln.
In einem Gefäß $G2$ sind 3 schwarze und 7 weiße Kugeln.

a) Aus Gefäß $G1$ wird 20 Mal eine Kugel mit Zurücklegen gezogen.
    Bestimmen Sie die Wahrscheinlichkeit, dass mindestens 12 Mal eine schwarze Kugel
    gezogen wird.
    Aus Gefäß $G2$ wird 8 Mal eine Kugel mit Zurücklegen gezogen.
    Bestimmen Sie die Wahrscheinlichkeit, dass genau 2 schwarze Kugeln gezogen werden
    und zwar bei direkt aufeinander folgenden Zügen.

    (4 VP)

b) Nun werden aus $G1$ zwei Kugeln ohne Zurücklegen gezogen und in das Gefäß $G2$ gelegt.
    Anschließend wird eine Kugel aus $G2$ gezogen.
    Mit welcher Wahrscheinlichkeit ist diese Kugel schwarz?

    (3 VP)

5.71 Lösung Wahlteil 2014 – Analytische Geometrie / Stochastik Aufgabe B 1

Aufgabe B 1.1

a) Koordinatengleichung von E

Mit den Punkten $B(5|5|0)$, $C(-5|5|0)$ und $S(0|0|12)$ ergeben sich beiden

Richtungsvektoren $\overrightarrow{SB} = \begin{pmatrix} 5 \\ 5 \\ -12 \end{pmatrix}$ und $\overrightarrow{SC} = \begin{pmatrix} -5 \\ 5 \\ -12 \end{pmatrix}$ der Ebene E. Daraus bestimmen wir

zunächst mit dem Vektorprodukt einen Normalenvektor $\vec{n}_E$ von E.

$$\overrightarrow{SB} \times \overrightarrow{SC} = \begin{pmatrix} 5 \cdot (-12) \\ (-12) \cdot (-5) \\ 5 \cdot 5 \end{pmatrix} - \begin{pmatrix} (-12) \cdot 5 \\ 5 \cdot (-12) \\ 5 \cdot (-5) \end{pmatrix} = \begin{pmatrix} 0 \\ 120 \\ 50 \end{pmatrix}$$

Da es auf die Länge des Normalenvektors nicht ankommt, teilen wir noch durch 10 und

erhalten $\vec{n}_E = \begin{pmatrix} 0 \\ 12 \\ 5 \end{pmatrix}$ und daraus die Koordinatengleichung $E: 12x_2 + 5x_3 = d$ mit einem

noch unbekannten d. Da die Spitze S der Pyramide in E liegt, können wir $S(0|0|12)$ einsetzen und erhalten $12 \cdot 0 + 5 \cdot 12 = 60 = d$.

Ergebnis: Die Koordinatengleichung von E lautet $E: 12x_2 + 5x_3 = 60$.

Winkel zwischen der Seitenfläche BCS und der Grundfläche der Pyramide

Zunächst bestimmen wir einen Normalenvektor $\vec{n}_F$ der Ebene F, in der die Grundfläche der Pyramide liegt. Mit $A(5|-5|0)$ erhalten wir die beiden Richtungsvektoren

$\overrightarrow{CA} = \begin{pmatrix} 10 \\ -10 \\ 0 \end{pmatrix}$ und $\overrightarrow{CB} = \begin{pmatrix} 10 \\ 0 \\ 0 \end{pmatrix}$ und bilden wieder das Vektorprodukt:

$$\begin{array}{cc} 10 & 10 \\ \hline -10 & 0 \\ 0 & 0 \\ 10 & 10 \\ -10 & 0 \\ 0 & 0 \\ \hline \end{array}$$

$$\overrightarrow{CA} \times \overrightarrow{CB} = \begin{pmatrix} 0 \\ 0 \\ 0 \end{pmatrix} - \begin{pmatrix} 0 \\ 0 \\ -100 \end{pmatrix} = \begin{pmatrix} 0 \\ 0 \\ 100 \end{pmatrix}$$

Nach Division durch 100 ergibt sich $\vec{n}_F = \begin{pmatrix} 0 \\ 0 \\ 1 \end{pmatrix}$.

Der Winkel zwischen den beiden Ebenen E und F ist über die folgende Formel gegeben: $\cos(\alpha) = \frac{|\vec{n}_F \cdot \vec{n}_E|}{|\vec{n}_F||\vec{n}_E|}$. Es folgt $|\vec{n}_F \cdot \vec{n}_E| = |0 \cdot 12 + 0 \cdot 0 + 1 \cdot 5| = 5$ und $|\vec{n}_F| = \sqrt{1^2} = 1$ so wie $|\vec{n}_E| = \sqrt{12^2 + 5^2} = 13$. Somit haben wir $\cos(\alpha) = \frac{5}{1 \cdot 13}$, woraus sich mit dem GTR $\alpha \approx 67{,}38°$ ergibt.

Ergebnis: der Schnittwinkel zwischen der Grundfläche der Pyramide und der Seitenfläche BCS beträgt etwa $67{,}4°$.

Flächeninhalt des Dreiecks BCS

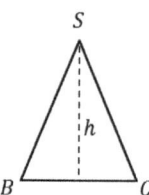

Es gilt $A = \frac{|\overrightarrow{BC}| \cdot h}{2}$. Hierbei ist h nichts anderes als der Abstand des Punktes S zur Geraden durch die Punkte B und C.

Berechnung von h:
Wie üblich konstruiert man eine Hilfsebene E, senkrecht zu der Geraden g durch B und C, so dass der Punkt S in E liegt.

Der Richtungsvektor von g ist $\overrightarrow{BC} = \begin{pmatrix} -10 \\ 0 \\ 0 \end{pmatrix}$.

Wir teilen durch -10 und nehmen das Ergebnis als Normalenvektor $\vec{n}$ für E.

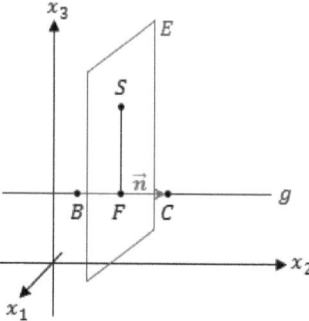

Nun haben wir $\vec{n} = \begin{pmatrix} 1 \\ 0 \\ 0 \end{pmatrix}$, was uns die Koordinaten-

gleichung $E: x_1 = d$ mit noch unbekanntem d liefert. Da S in E liegen soll, können wir S einsetzen und erhalten $d = 0$ und damit $E: x_1 = 0$.

Eine Parameterform der Geraden g ist gegeben durch $g: \vec{x} = \vec{b} + t\overrightarrow{BC}$, also konkret durch

$$g: \vec{x} = \begin{pmatrix} 5 \\ 5 \\ 0 \end{pmatrix} + t \begin{pmatrix} -10 \\ 0 \\ 0 \end{pmatrix}, \quad t \in \mathbb{R}.$$

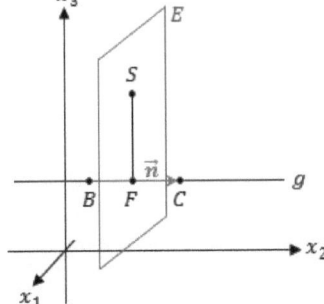

Als nächstes bestimmen wir den Schnittpunkt F von g mit E, indem wir g in die Koordinatengleichung von E einsetzen.

Wir erhalten $5 - 10t = 0$ und damit $t = \frac{1}{2}$.

Eingesetzt in g liefert dies den Schnittpunkt F

von g mit E: $\begin{pmatrix} 5 \\ 5 \\ 0 \end{pmatrix} + \frac{1}{2} \begin{pmatrix} -10 \\ 0 \\ 0 \end{pmatrix} = \begin{pmatrix} 0 \\ 5 \\ 0 \end{pmatrix}$ $\Rightarrow$ $F(0|5|0)$

Damit ist nun $h = |\overrightarrow{FS}| = \left| \begin{pmatrix} 0 \\ -5 \\ 12 \end{pmatrix} \right| = \sqrt{25 + 144} = 13$ die gesuchte Höhe im Dreieck BCS.

Berechnung von $|\overrightarrow{BC}|$:

$\overrightarrow{BC} = \begin{pmatrix} -10 \\ 0 \\ 0 \end{pmatrix}$ hatten wir bereits vorher bestimmt. Es folgt $|\overrightarrow{BC}| = \sqrt{(-10)^2} = 10$. Damit

können wir nun den Flächeninhalt des Dreiecks BCS bestimmen zu $A = \frac{10 \cdot 13}{2} = 65$.

Ergebnis: Das Dreieck BCS hat den Flächeninhalt $A = 65 \text{ LE}^2$.

b) Volumen des Quaders mit dem Eckpunkt $Q(2,5|2,5|0)$

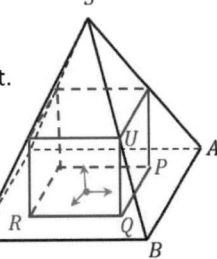

Aus den Koordinaten der Pyramide wird ersichtlich, dass der Ursprung des Koordinatensystems in der Mitte der Pyramidengrundfläche liegt. Aufgrund der Symmetrieeigenschaften haben dann die Eckpunkte P und R des Quaders die Koordinaten $R(2,5|-2,5|0)$ und $P(-2,5|2,5|0)$. Die Strecken $\overline{QP}$ und $\overline{QR}$ haben somit beide die Länge 5. Der Punkt U hat dieselbe x_1- und x_2-Koordinate wie Q und liegt auf der Geraden durch B und S. Wir suchen also einen Punkt auf der Geraden durch B und S mit $x_1 = 2,5$ und $x_2 = 2,5$.

Eine Parameterform der Geraden durch B und S ist gegeben durch

$g \colon \vec{x} = \vec{b} + t \cdot \overrightarrow{BS}$, $t \in \mathbb{R}$, also durch $g \colon \vec{x} = \begin{pmatrix} 5 \\ 5 \\ 0 \end{pmatrix} + t \cdot \begin{pmatrix} -5 \\ -5 \\ 12 \end{pmatrix}$, $t \in \mathbb{R}$.

Nun wissen wir von vorher, dass $x_1 = x_2 = 2{,}5$ gilt. Folglich ist $5 - 5t = 2{,}5$ und damit $-5t = -2{,}5$ also $t = 0{,}5$.

Durch Einsetzen in g ergibt sich $x_3 = 6$. Der Punkt U hat somit die Koordinaten

$U(2{,}5 \mid 2{,}5 \mid 6)$. Der Vektor $\overrightarrow{QU}$ hat die Länge $\left| \overrightarrow{QU} \right| = \left| \begin{pmatrix} 0 \\ 0 \\ 6 \end{pmatrix} \right| = 6$. Nun haben wir alle

Angaben, die wir zur Berechnung des Quadervolumens benötigen: $\left| \overrightarrow{QP} \right| = \left| \overrightarrow{QR} \right| = 5$ und $\left| \overrightarrow{QU} \right| = 6$. Damit folgt $V = \left| \overrightarrow{QP} \right| \cdot \left| \overrightarrow{QR} \right| \cdot \left| \overrightarrow{QU} \right| = 5 \cdot 5 \cdot 6 = 150$

Ergebnis: Der Quader mit dem Eckpunkt $Q(2{,}5 \mid 2{,}5 \mid 0)$ hat das Volumen $150 \, \text{LE}^3$.

Koordinaten des Eckpunkts auf der Kante BS bei einem Würfel

Eine Parameterform für die Gerade g durch die Punkte B und S hatten wir

bereits bestimmt mit $g \colon \vec{x} = \begin{pmatrix} 5 \\ 5 \\ 0 \end{pmatrix} + t \cdot \begin{pmatrix} -5 \\ -5 \\ 12 \end{pmatrix}$, $t \in \mathbb{R}$.

Ein Punkt U auf g zwischen B und S hat demnach die Koordinaten
$U(5 - 5t \mid 5 - 5t \mid 12t)$ mit $0 \le t \le 1$ (für $t = 0$ bekommt man
den Punkt B und für $t = 1$ den Punkt S). Da der Würfel mit
der Grundfläche zentriert um den Ursprung liegt,
ist die x_1-Koordinate die halbe Länge der Strecke $\overrightarrow{PQ}$. Somit gilt $\left| \overrightarrow{PQ} \right| = 2 \cdot (5 - 5t)$.

Entsprechend gilt $\left| \overrightarrow{QR} \right| = 2 \cdot (5 - 5t)$. U hat die Höhenkoordinate $x_3 = 12t$.

Da Q in der x_1, x_2-Ebene liegt gilt somit $\left| \overrightarrow{QU} \right| = 12t$.

In einem Würfel sind alle Kanten gleich lang, d.h. $\left| \overrightarrow{RQ} \right| = \left| \overrightarrow{QP} \right| = \left| \overrightarrow{QU} \right|$ also $2 \cdot (5 - 5t) =$
$12t$. Dies lösen wir nach t auf: $2 \cdot (5 - 5t) = 12t \Rightarrow 5 - 5t = 6t \Rightarrow t = \frac{5}{11}$

Einsetzen in U liefert $U\left(5 - 5 \cdot \frac{5}{11} \mid 5 - 5 \cdot \frac{5}{11} \mid 12 \cdot \frac{5}{11} \right)$ bzw. $U\left(\frac{30}{11} \mid \frac{30}{11} \mid \frac{60}{11} \right)$.

Ergebnis: Der gesuchte Eckpunkt hat die Koordinaten $U\left(\frac{30}{11} \mid \frac{30}{11} \mid \frac{60}{11} \right)$.

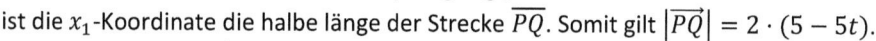

Aufgabe B 1.2

a) WS für mindestens 12 Mal schwarz aus G1

Die WS für eine schwarze Kugel bei einmaligem Ziehen beträgt $\frac{6}{10} = 0{,}6$. Die Zufallsvariable X gebe die Anzahl der gezogenen schwarzen Kugeln an. Da wir bei jedem Zug eine schwarze Kugel ziehen oder eben nicht, handelt es sich um ein Ja/Nein-Experiment (genauer: eine Bernoulli-Kette der Länge 20). Daher ist X binomialverteil und gesucht ist $P(X \geq 12)$. Diesen Ausdruck formen wir um zu $P(X \geq 12) = 1 - P(X \leq 11)$, so dass wir das Ergebnis bequem mit dem GTR bestimmen können: {1-binomcdf(20,0.6,11)} liefert den gerundeten Wert 0,5956.

Ergebnis: Die gesuchte WS beträgt 0,5956 bzw. 59,56%.

WS für 2 schwarze Kugeln hintereinander aus G2

Die WS für eine schwarze Kugel bei einmaligem Ziehen beträgt $\frac{3}{10} = 0{,}3$, für eine weiße Kugel $\frac{7}{10} = 0{,}7$. Die WS für 2 schwarze und 6 weiße Kugeln (in irgendeiner beliebigen Reihenfolge) beträgt somit $0{,}3^2 \cdot 0{,}7^6$. Es gibt 7 Möglichkeiten, zwei schwarze Kugeln hintereinander zu ziehen (im ersten und zweiten Zug, im zweiten und dritten Zug, …, im siebten und achten Zug). Die gesuchte WS beträgt somit $7 \cdot 0{,}3^2 \cdot 0{,}7^6 \approx 0{,}0741$

Ergebnis: Die gesuchte WS beträgt etwa 0,0741 bzw. 7,41%.

b) Wahrscheinlichkeit für schwarz

Darstellung als Baumdiagramm

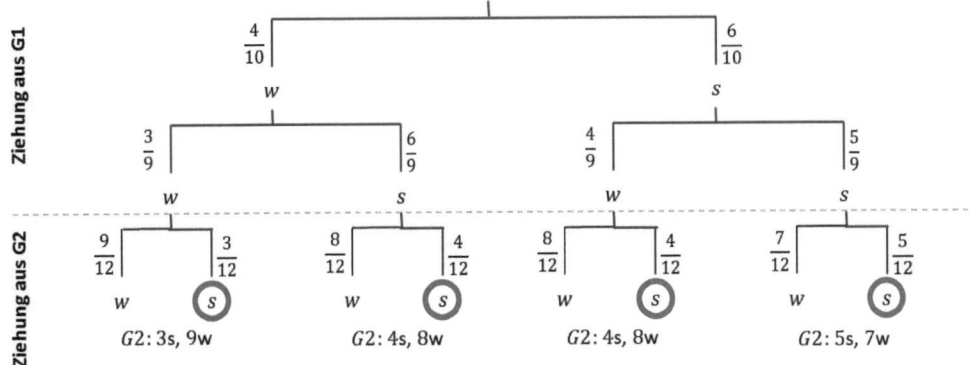

Beim Aufstellen des obigen Baumdiagramms ist darauf zu achten, dass aus Gefäß G1 zweimal ohne Zurücklegen gezogen wird. Nach dem ersten Ziehen haben wir in G1 somit nur noch 9 Kugeln, was den Nenner 9 in den angegebenen Wahrscheinlichkeiten erklärt.

Die zwei gezogenen Kugeln werden ins Gefäß G2 gelegt, wodurch anschließend 12 Kugeln in G2 liegen. Nun kann man alle Pfade, die zu einer schwarzen Kugel führen markieren und die Wahrscheinlichkeit gemäß der Pfadregel bestimmen. Es ergibt sich:

$$P(schwarz\ aus\ G2) = \frac{4}{10} \cdot \frac{3}{9} \cdot \frac{3}{12} + \frac{4}{10} \cdot \frac{6}{9} \cdot \frac{4}{12} + \frac{6}{10} \cdot \frac{4}{9} \cdot \frac{4}{12} + \frac{6}{10} \cdot \frac{5}{9} \cdot \frac{5}{12}$$

$$= \frac{36+96+96+150}{1080} = 0{,}35$$

Ergebnis: Die WS eine schwarze Kugel aus G2 zu ziehen beträgt 0,35 bzw. 35%.

5.72 Wahlteil 2014 –
Analytische Geometrie / Stochastik
Aufgabe B 2

Aufgabe B 2.1

An einer rechteckigen Platte mit den Eckpunkten $A(10|6|0)$, $B(0|6|0)$, $C(0|0|3)$ und $D(10|0|3)$ ist im Punkt $F(5|6|0)$ ein 2 m langer Stab befestigt, der in positive x_3-Richtung zeigt.
Eine punktförmige Lichtquelle befindet sich zunächst im Punkt $L(8|10|2)$
(Koordinatenangaben in m).

a) Bestimmen Sie eine Koordinatengleichung der Ebene E, in der die Platte liegt.
   Stellen Sie die Platte, den Stab und die Lichtquelle in einem Koordinatensystem dar.
   Berechnen Sie den Winkel zwischen dem Stab und der Platte.
   (Teilergebnis: $E\colon x_2 + 2x_3 = 6$)

   (3 VP)

b) Der Stab wirft einen Schatten auf die Platte.
   Bestimmen Sie den Schattenpunkt des oberen Endes des Stabes.
   Begründen Sie, dass der Schatten vollständig auf der Platte liegt.

   (3 VP)

c) Die Lichtquelle bewegt sich von L aus auf einer zur $x_1 x_2$-Ebene parallelen Kreisbahn, deren Mittelpunkt das obere Ende des Stabes ist. Dabei kollidiert die Lichtquelle mit der Platte.
   Berechnen Sie die Koordinaten der beiden möglichen Kollisionspunkte.

   (3 VP)

Aufgabe B 2.2

Bei der Produktion von Bleistiften beträgt der Anteil fehlerhafter Stifte erfahrungsgemäß 5%.

a) Ein Qualitätsprüfer entnimmt der Produktion zufällig 800 Bleistifte.
    Die Zufallsvariable X beschreibt die Anzahl der fehlerhaften Stifte in dieser Stichprobe.
    Berechnen Sie $P(X \leq 30)$.
    Mit welcher Wahrscheinlichkeit weicht der Wert von X um weniger als 10 vom
    Erwartungswert von X ab?

    (3 VP)

b) Der Betrieb erwirbt eine neue Maschine, von der behauptet wird, dass höchstens 2%
    der von ihr produzierten Bleistifte fehlerhaft sind.
    Diese Hypothese H_0 soll mithilfe eines Tests an 800 zufällig ausgewählten Stiften
    überprüft werden.
    Bei welchen Anzahlen fehlerhafter Stifte entscheidet man sich gegen die Hypothese,
    wenn die Irrtumswahrscheinlichkeit maximal 5% betragen soll?

    (3 VP)

5.73 Lösung Wahlteil 2014 – Analytische Geometrie / Stochastik Aufgabe B 2

Aufgabe B 2.1

a) Koordinatengleichung der Ebene E, in der die Platte liegt

Die Punkte $A(10|6|0)$, $B(0|6|0)$ und $C(0|0|3)$ liefern die beiden Richtungsvektoren $\overrightarrow{AB} = \begin{pmatrix} -10 \\ 0 \\ 0 \end{pmatrix}$ und $\overrightarrow{AC} = \begin{pmatrix} -10 \\ -6 \\ 3 \end{pmatrix}$. Wir mit dem Vektorprodukt einen Normalenvektor.

$$\overrightarrow{AB} \times \overrightarrow{AC} = \begin{pmatrix} 0 \\ 0 \\ 60 \end{pmatrix} - \begin{pmatrix} 0 \\ -30 \\ 0 \end{pmatrix} = \begin{pmatrix} 0 \\ 30 \\ 60 \end{pmatrix}$$

Da es auf die Länge des Normalenvektors nicht ankommt, teilen wir noch durch 30 und erhalten $\vec{n}_E = \begin{pmatrix} 0 \\ 1 \\ 2 \end{pmatrix}$ und daraus die Koordinatengleichung $E: x_2 + 2x_3 = d$ mit einem noch unbekannten d. Da z.B. der Punkt C in E liegt, können wir C einsetzen und erhalten $0 + 2 \cdot 3 = 6 = d$.

Ergebnis: Die Koordinatengleichung von E lautet $E: x_2 + 2x_3 = 6$.

Winkel zwischen Stab und Platte

Ein Richtungsvektor des Stabes lautet $\overrightarrow{FS} = \begin{pmatrix} 0 \\ 0 \\ 2 \end{pmatrix}$.

Der Normalenvektor der Ebene ist $\vec{n}_E = \begin{pmatrix} 0 \\ 1 \\ 2 \end{pmatrix}$.

Weiterhin gilt:
$|\overrightarrow{FS} \cdot \vec{n}_E| = |0 \cdot 0 + 0 \cdot 1 + 2 \cdot 2| = 4$ und $|\overrightarrow{FS}| = 2$
so wie $|\vec{n}_E| = \sqrt{1^2 + 2^2} = \sqrt{5}$

Winkel zwischen Stab und Platte

Darstellung im Koordinatensystem

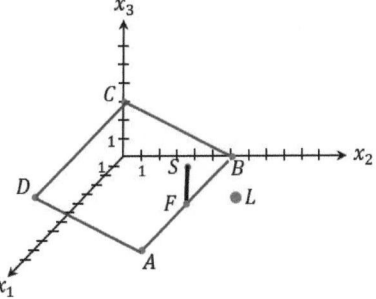

Diese Zwischenergebnisse setzen wir ein in die Winkelformel für den Winkel zwischen Gerade und Ebene: $\sin(\alpha) = \frac{|\vec{FS} \cdot \vec{n}_E|}{|\vec{FS}||\vec{n}_E|} = \frac{4}{2 \cdot \sqrt{5}} \approx 0{,}8944$. Daraus ergibt sich α zu $\alpha = 63{,}43°$.

Ergebnis: Der Winkel zwischen der Platte und dem Stab beträgt etwa $63{,}43°$.

b) Schattenpunkt des Stabes

Der Schattenpunkt T des Stabes befindet sich dort, wo die Gerade durch L und S die Ebene durchstößt.
Eine Parameterform der Geraden durch L und S ist

$$g: \vec{x} = \vec{l} + t\vec{LS} = \begin{pmatrix} 8 \\ 10 \\ 2 \end{pmatrix} + t \begin{pmatrix} -3 \\ -4 \\ 0 \end{pmatrix}, \ t \in \mathbb{R}$$

Durch Einsetzen von g in E bekommen wir den gesuchten Schnittpunkt T. Es folgt
$(10 - 4t) + 2 \cdot 2 = 6 \Rightarrow 10 - 4t = 2 \Rightarrow t = 2$

Eingesetzt in g ergibt sich: $\begin{pmatrix} 8 \\ 10 \\ 2 \end{pmatrix} + 2 \begin{pmatrix} -3 \\ -4 \\ 0 \end{pmatrix} = \begin{pmatrix} 2 \\ 2 \\ 2 \end{pmatrix}$.

Ergebnis: Der Schattenpunkt hat die Koordinaten $T(2|2|2)$.

Begründung für die Behauptung, dass der Schatten vollständig auf der Platte liegt

T liegt in der Ebene E, in der sich die Platte befindet. Aber liegt T auch auf der Platte selbst? Wenn wir überall die x_3-Koordinate einfach weglassen, haben wir die Platte mitsamt dem Schattenpunkt T in die x_1, x_2-Ebene projiziert. Die Projektionspunkte sind dann $A'(10|6)$, $B'(0|6)$, $C'(0|0)$, $D'(10|0)$ und $T'(2|2)$. Dadurch verringert sich unser „Problem" um eine Dimension und es ergibt sich folgende Abbildung:

Hier können wir direkt „sehen", dass T' innerhalb der projizierten Platte liegt, also liegt auch T auf der Platte. Da der Stab mit dem Fußpunkt F selbst auch auf der Platte steht liegt folglich der gesamte Schatten (nämlich die Strecke $\overline{FT}$) auf der Platte. Rechnerisch kann man den Nachweis dadurch führen, dass die x_1-Koordinate von T' zwischen

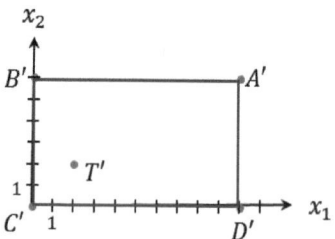

den x_1-Koordinaten von C' und D' liegt und ebenso die x_2-Koordinate von T' zwischen denjenigen von C' und B' liegt, aber das war nicht verlangt.

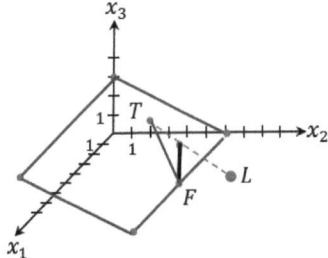

c) Koordinaten der Kollisionspunkte

Da L sich auf derselben Höhe wie S bewegt ist die Länge $\left|\overrightarrow{SL}\right| = \left|\begin{pmatrix} 3 \\ 4 \\ 0 \end{pmatrix}\right| = \sqrt{3^2 + 4^2} = 5$ der

Radius des Kreises, den die Lichtquelle beschreibt. Die Ebene H, in der die Kreisbahn liegt ist gegeben durch $H: x_3 = 2$, da es sich um eine parallele Ebene zur x_1, x_2-Ebene handelt. Wir bestimmen nun die Schnittgerade g der beiden Ebenen durch Lösen des entsprechenden linearen Gleichungssystems

$$\begin{aligned} I. \quad & x_2 + 2x_3 = 6 \\ II. \quad & x_3 = 2 \end{aligned}$$

Daraus ergibt sich durch Einsetzen von $II.$ in $I.$ sofort $x_2 = 2$. Da die x_1-Koordinate in dem LGS nicht vorkommt, können wir x_1 beliebig wählen, also $x_1 = t$ mit beliebigem $t \in \mathbb{R}$. Ein beliebiger Punkt auf der Schnittgeraden g hat somit die Koordinaten $P(t|2|2)$. Gesucht sind aber nur solche Punkte, die zum Stabende S den Abstand 5 haben, für die also $\left|\overrightarrow{PS}\right| = \left|\begin{pmatrix} 5-t \\ 4 \\ 0 \end{pmatrix}\right| = \sqrt{(5-t)^2 + 4^2} = 5$ gilt. Dies lösen wir nach t auf:

$$\sqrt{(5-t)^2 + 4^2} = 5 \Rightarrow (5-t)^2 + 16 = 25 \Rightarrow 5-t = \pm 3 \Rightarrow t_1 = 2, t_2 = 8$$

Durch einfaches Einsetzen erhalten wir nun das

Ergebnis: Die Kollisionspunkte sind $P_1(2|2|2)$ bzw. $P_2(8|2|2)$.

Aufgabe B 2.2

a)   Bestimmung von $P(X \leq 30)$

X ist binomialverteil (fehlerhaft bzw. nicht fehlerhaft) mit $n = 800$ und $p = 5\%$. Somit lässt sich $P(X \leq 30)$ mit dem GTR durch Eingabe von {binomcdf(800,0.05,30)} bestimmen. Man erhält den Wert 0,057.

Ergebnis: Die WS bei einer Stichprobe von 800 Bleistiften höchstens 30 fehlerhafte Bleistifte zu bekommen beträgt etwa 5,7%.

Mit welcher WS weicht der Wert von X um weniger als 10 vom Erwartungswert von X ab?

Der Erwartungswert eine binomialverteilten Zufallsvariable ist durch die Formel $E(X) = n \cdot p$ gegeben, wobei n die Anzahl der Bleistifte in der Stichprobe darstellt und p die WS für einen fehlerhaften Bleistift. Damit ist $E(X) = 800 \cdot 0,05 = 40$.
Bei einer Abweichung um weniger als 10 ist somit die WS für mindestens 31 aber höchstens 49 fehlerhafte Bleistifte gesucht, formal: $P(31 \leq X \leq 49)$.
Nun gilt $P(31 \leq X \leq 49) = P(X \leq 49) - P(X \leq 30)$. Über den Ausdruck {binomcdf(800,0.05,49)-binomcdf(800,0.05,30)} liefert der GTR den Wert 0,878.

Ergebnis: Die gesuchte WS beträgt etwa 0,878 bzw. 87,8%.

b)   Anzahl Stifte für Entscheidung gegen H_0

Wenn mehr Bleistifte als die angegebenen 2% fehlerhaft sind muss H_0 abgelehnt werden. Somit haben wir einen rechtsseitigen Test mit der Behauptung $p \leq 0,02$ (H_0) und dem Ablehnungsbereich $[k; 800]$. Gesucht ist also ein minimales k für das $P(X \geq k) \leq 0,05$ (die Irrtumswahrscheinlichkeit) gilt. Die Variable X ist binomialverteilt mit Trefferwahrscheinlichkeit $p = 0,02$ und Stichprobenumfang $n = 800$. Wegen $P(X \geq k) = 1 - P(X \leq k - 1)$ geben wir im GTR im Y-Editor den Ausdruck {1-binomcdf(800,0.02,X-1)} ein und zeigen uns mit {2ND TABLE} die Wertetabelle an. Wir lesen ab $P(X = 23) = 0,05637$ bzw. $P(X = 24) = 0,03518$. Somit ist für $k = 24$ zum ersten Mal $P(X \geq k) \leq 0,05$.

Ergebnis: Falls mindesten 24 fehlerhafte Stifte beobachten werden, muss H_0 abgelehnt werden.

5.74 Pflichtteil 2013

Aufgabe 1:
Bilden Sie die erste Ableitung der Funktion f mit $f(x) = (2x^2 + 5) \cdot e^{-2x}$. (2 VP)

Aufgabe 2:
Gegeben ist die Funktion f mit $f(x) = 4\sin(2x)$.
Bestimmen Sie diejenige Stammfunktion von f mit $F(\pi) = 7$. (2 VP)

Aufgabe 3:
Lösen Sie die Gleichung $2e^x - \frac{4}{e^x} = 0$.

(3 VP)

Aufgabe 4:
Gegeben sind die Funktionen f und g mit $f(x) = -x^2 + 3$ und $g(x) = 2x$.
Bestimmen Sie den Inhalt der Fläche, die von den Graphen der beiden Funktionen eingeschlossen wird.

(4 VP)

Aufgabe 5:
Eine Funktion f hat folgende Eigenschaften:
(1) $f(2) = 1$
(2) $f'(2) = 0$
(3) $f''(4) = 0$ und $f'''(4) \neq 0$
(4) Für $x \to +\infty$ und $x \to -\infty$ gilt $f(x) \to 5$
Beschreiben Sie für jede dieser vier Eigenschaften, welche Bedeutung sie für den Graphen von f hat.
Skizzieren Sie einen möglichen Verlauf des Graphen. (5 VP)

Aufgabe 6:
Die Gerade g verläuft durch die Punkte $A(1|-1|3)$ und $B(2|-3|0)$.
Die Ebene E wird von g orthogonal geschnitten und enthält den Punkt $C(4|3|-8)$.
Bestimmen Sie den Schnittpunkt S von g und E.
Untersuchen Sie, ob S zwischen A und B liegt. (4 VP)

Aufgabe 7:
Gegeben sind die beiden Ebenen

$$E_1: 2x_1 - 2x_2 + x_3 = -1 \text{ und } E_2: \vec{x} = \begin{pmatrix} 7 \\ 7 \\ 5 \end{pmatrix} + s \cdot \begin{pmatrix} 1 \\ 1 \\ 0 \end{pmatrix} + t \begin{pmatrix} 1 \\ 3 \\ 4 \end{pmatrix}.$$

Zeigen Sie, dass die beiden Ebenen parallel zueinander sind.
Die Ebene E_3 ist parallel zu E_1 und E_2 und hat von beiden Ebenen denselben Abstand.
Bestimmen Sie eine Gleichung der Ebene E_3. (4 VP)

Aufgabe 8:

a) Neun Spielkarten (vier Asse, drei Könige und zwei Damen) liegen verdeckt auf dem Tisch.
    Peter dreht zwei zufällig gewählte Karten um und lässt sie aufgedeckt liegen.
    Berechnen Sie die Wahrscheinlichkeit der folgenden Ereignisse:

    A: Es liegt kein Ass aufgedeckt auf dem Tisch.
    B: Eine Dame und ein Ass liegen aufgedeckt auf dem Tisch.

b) Die neun Spielkarten werden gemischt und erneut verdeckt ausgelegt. Laura dreht
    nun so lange Karten um und lässt sie aufgedeckt auf dem Tisch liegen, bis ein Ass
    erscheint. Die Zufallsvariable X gibt die Anzahl der aufgedeckten Spielkarten an.
    Welche Werte kann X annehmen?
    Berechnen Sie $P(X \leq 2)$.

                                                                        (4 VP)

Aufgabe 9:

Gibt es eine ganzrationale Funktion vierten Grades, deren Graph drei Wendepunkte besitzt?
Begründen Sie Ihre Antwort.

                                                                        (3 VP)

5.75 Lösung Pflichtteil 2013

Aufgabe 1:

$$f'(x) = 4x \cdot e^{-2x} + (2x^2 + 5) \cdot (-2) \cdot e^{-2x} = e^{-2x}(-4x^2 + 4x - 10)$$

Aufgabe 2:

$$F(x) = \int 4\sin(2x)dx = -4 \cdot \frac{1}{2}\cos(2x) + C = -2\cos(2x) + C$$

Wegen $F(\pi) = 7$ folgt $-2\cos(2\pi) + C = 7 \Leftrightarrow -2 + C = 7 \Leftrightarrow C = 9$

Ergebnis: Die gesuchte Stammfunktion lautet $F(\pi) = -2\cos(2x) + 9$.

Aufgabe 3:

$$2e^x - \frac{4}{e^x} = 0 \qquad | \cdot e^x$$
$$2(e^x)^2 - 4 = 0 \qquad | \text{ Substitution } z := e^x$$
$$2z^2 - 4 = 0 \qquad | +4 \ | \ :2$$
$$z^2 = 2 \Rightarrow z_1 = \sqrt{2}, z_2 = -\sqrt{2} \qquad | \text{ Rücksubstitution}$$
$$e^x = \sqrt{2} \Rightarrow x = \ln(\sqrt{2}) = \tfrac{1}{2}\ln(2) \qquad \text{bzw.} \qquad e^x = -\sqrt{2} \ ✗$$

Ergebnis: $\mathbb{L} = \left\{\frac{1}{2}\ln(2)\right\}$.

Aufgabe 4:

Es gilt $A = \int_a^b (f(x) - g(x))dx$, wobei a und b die Schnittpunkte der Funktionen f und g sind.

Schnittpunkte von f und g:

$$f(x) = g(x) \Rightarrow -x^2 + 3 = 2x \Rightarrow x^2 + 2x - 3 = 0 \Rightarrow x_1 = -3 = a, x_2 = 1 = b$$

Fläche zwischen f und g:

$$A = \int_a^b (f(x) - g(x))dx = \int_{-3}^{1} (-x^2 + 3 - 2x)dx = \left[-\frac{1}{3}x^3 - x^2 + 3x \right]_{-3}^{1}$$
$$= \left(-\frac{1}{3} - 1 + 3 \right) - (9 - 9 - 9) = \frac{5}{3} + 9 = \frac{32}{3} = 10\frac{2}{3}$$

Ergebnis: Die gesuchte Fläche beträgt $10\frac{2}{3}$ LE^2.

Aufgabe 5:

(1) $f(2) = 1$ bedeutet, dass der Graph von f durch den Punkt $(2|1)$ geht.

(2) $f'(2) = 0$ bedeutet, dass der Graph von f an der Stelle $x = 2$ (also im Punkt $(2|1)$) eine waagrechte Tangente besitzt.

(3) $f''(4) = 0$ und $f'''(4) \neq 0$ bedeutet, dass der Graph von f an der Stelle $x = 4$ einen Wendepunkt hat.

(4) Für $x \to +\infty$ und $x \to -\infty$ gilt $f(x) \to 5$

Dies bedeutet, dass die Gerade $y = 5$ eine waagrechte Asymptote des Graphen von f darstellt.

Skizze für den möglichen Kurvenverlauf

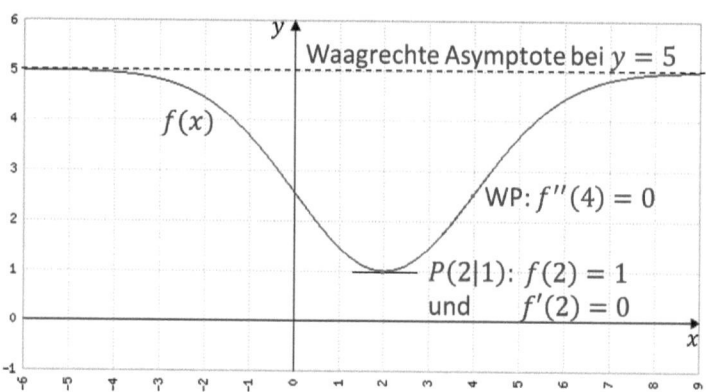

Für die Interessierten: Die Funktion $f(x) = -4e^{-\frac{1}{8}(x-2)^2} + 5$ erfüllt alle Bedingungen.

Aufgabe 6: $T(2|1)$

Geradengleichung für g durch die Punkte A und B:

$$g: \vec{x} = \begin{pmatrix} 1 \\ -1 \\ 3 \end{pmatrix} + t\left(\begin{pmatrix} 2 \\ -3 \\ 0 \end{pmatrix} - \begin{pmatrix} 1 \\ -1 \\ 3 \end{pmatrix}\right) = \begin{pmatrix} 1 \\ -1 \\ 3 \end{pmatrix} + t\begin{pmatrix} 1 \\ -2 \\ -3 \end{pmatrix}; t \in \mathbb{R}$$

Ebenengleichung für E durch den Punkte C orthogonal zu g:

Als Normalenvektor von E verwende den Richtungsvektor von g. Damit gilt für die Koordinatengleichung von E $x_1 - 2x_2 - 3x_3 = d$ mit noch unbekanntem d. Da C auf E liegt, setzen wir C ein und erhalten d:

$4 - 2 \cdot 3 - 3 \cdot (-8) = 22 = d.$

Ergebnis: Die Koordinatengleichung von E lautet somit: $E: x_1 - 2x_2 - 3x_3 = 22$.

Schnittpunkt S von g mit E:

S erhält man durch einsetzen von g in E. Hierzu liest man die Koordinaten aus der Geradengleichung ab und setzt diese ein:

$$(1 + t) - 2(-1 - 2t) - 3(3 - 3t) = 22$$

auflösen nach t liefert

$$-6 + 14t = 22 \Leftrightarrow 14t = 28 \Leftrightarrow t = 2$$

Der gefundene Wert von t wird nun in g eingesetzt: $\begin{pmatrix} 1 \\ -1 \\ 3 \end{pmatrix} + 2 \begin{pmatrix} 1 \\ -2 \\ -3 \end{pmatrix} = \begin{pmatrix} 3 \\ -5 \\ -3 \end{pmatrix}$

Ergebnis: Der Schnittpunkt S von g mit E ist $S(3|-5|-3)$.

Liegt S zwischen A und B?

Die Gerade g: $\vec{x} = \begin{pmatrix} 1 \\ -1 \\ 3 \end{pmatrix} + t \begin{pmatrix} 1 \\ -2 \\ -3 \end{pmatrix}$ geht für $t = 0$ durch den Punkt A und $t = 1$ durch den Punkt B. Falls S zwischen A und B auf g liegt, dann muss hierfür $0 < t < 1$ gelten. Dies prüfen wir:

$$\begin{pmatrix} 3 \\ -5 \\ -3 \end{pmatrix} = \begin{pmatrix} 1 \\ -1 \\ 3 \end{pmatrix} + t \begin{pmatrix} 1 \\ -2 \\ -3 \end{pmatrix} \Leftrightarrow \begin{pmatrix} 2 \\ -4 \\ -6 \end{pmatrix} = t \begin{pmatrix} 1 \\ -2 \\ -3 \end{pmatrix}$$

Hieraus ergibt sich $t = 2$, d.h. t liegt nicht zwischen 0 und 1.

Ergebnis: S liegt nicht zwischen A und B .

Aufgabe 7:

Parallelität der Ebenen E_1 und E_2:

Einen Normalenvektor von E_1 liest man direkt ab mit $\vec{n}_1 = \begin{pmatrix} 2 \\ -2 \\ 1 \end{pmatrix}$.

Den Normalenvektor für E_2 bestimmen wir mit dem Vektorprodukt:

$$\vec{n}_2 = \begin{pmatrix} 1 \cdot 4 \\ 0 \cdot 1 \\ 1 \cdot 3 \end{pmatrix} - \begin{pmatrix} 0 \cdot 3 \\ 1 \cdot 4 \\ 1 \cdot 1 \end{pmatrix} = \begin{pmatrix} 4 \\ -4 \\ 2 \end{pmatrix}$$

Nun gilt $\vec{n}_2 = 2 \cdot \vec{n}_1$, d.h. die Normalenvektoren sind linear abhängig.

E_1 und E_2 sind folglich parallel oder identisch. Nun wird getestet, ob der Stützvektor von E_2 in E_1 liegt. Falls dies nicht der Fall ist, wissen wir, dass E_1 und E_2 nicht identisch und damit parallel sind. Es gilt $2 \cdot 7 - 2 \cdot 7 + 5 = 5 \neq -1$.

Ergebnis: E_1 und E_2 sind parallel.

Ebenengleichung für E_3

Da E_3 parallel zu E_1 ist können wir den Normalenvektor von E_1 auch als Normalenvektor von E_3 verwenden und erhalten dadurch $E_3: 2x_1 - 2x_2 + x_3 = d$ mit einem noch unbekannten d. Da E_3 denselben Abstand von E_1 und E_2 hat, liegt E_3 genau in der Mitte von diesen beiden Ebenen. Die Gerade $g: \vec{x} = \begin{pmatrix} 7 \\ 7 \\ 5 \end{pmatrix} + t \begin{pmatrix} 2 \\ -2 \\ 1 \end{pmatrix}$ mit dem Stützvektor von E_2 und dem Normalenvektor von E_1 als Richtungsvektor geht senkrecht durch alle Ebenen. Den Punkt, den der Stützvektor von E_2 beschreibt, bezeichnen wir mit A. Wir bestimmen nun den Schnittpunkt S von g mit E_1 durch Einsetzen.

$$2(7 + 2t) - 2(7 - 2t) + (5 + t) = -1 \Leftrightarrow 5 + 9t = -1 \Leftrightarrow t = -\frac{2}{3}.$$

Einsetzen in g liefert $S: \begin{pmatrix} 7 \\ 7 \\ 5 \end{pmatrix} - \frac{2}{3} \cdot \begin{pmatrix} 2 \\ -2 \\ 1 \end{pmatrix} = \begin{pmatrix} 17/3 \\ 25/3 \\ 13/3 \end{pmatrix}$.

Mit $S\left(\frac{17}{3} \middle| \frac{25}{3} \middle| \frac{13}{3}\right)$ und $A(7|7|5)$ erhalten wir die Mitte M zwischen diesen beiden Punkten:

$$\vec{m} = \frac{1}{2}(\vec{s} + \vec{a}) \text{ also } M\left(\frac{19}{3} \middle| \frac{23}{3} \middle| \frac{14}{3}\right)$$

Da M auf E_3 liegt, setzen wir M ein und erhalten das noch fehlende d.

$$E_3: 2 \cdot \frac{19}{3} - 2 \cdot \frac{23}{3} + \frac{14}{3} = \frac{6}{3} = 2 = d$$

Ergebnis: E_3 hat die Gleichung $E_3: 2x_1 - 2x_2 + x_3 = 2$.

Aufgabe 8:

Lösung zu a)

4 Asse, 3 Könige, 2 Damen $\Rightarrow$ 9 Karten

A: Es liegt kein Ass aufgedeckt auf dem Tisch.

B: Eine Dame und ein Ass liegen aufgedeckt auf dem Tisch

$$P(A) = \frac{5}{9} \cdot \frac{4}{8} = \frac{5}{18} \approx 27{,}8\%$$
$$P(B) = 2 \cdot \frac{2}{9} \cdot \frac{4}{8} = \frac{2}{9} \approx 22{,}2\%$$

Lösung zu b)

Ein Ass wird frühestens beim ersten und spätestens beim sechsten Umdrehen aufgedeckt, daher kann X nur Werte zwischen 1 und 6 annehmen.

Es gilt $P(X = 1) = \frac{4}{9}$, $P(X = 2) = \frac{5}{9} \cdot \frac{4}{8} = \frac{5}{18}$ und somit $P(X \leq 2) = P(X = 1) + P(X = 2) = \frac{4}{9} + \frac{5}{18} = \frac{13}{18} \approx 72{,}2\%$.

Ergebnis: $X \in \{1,2,3,4,5,6\}$ und $P(X \leq 2) = \frac{13}{18} \approx 72{,}2\%$.

Aufgabe 9:

Die Kandidaten für die Wendepunkte bestimmt man über die Gleichung $f''(x) = 0$ (notwendiges Kriterium). Da bei jeder Ableitung der Grad von f um eins verringert wird, ist die zweite Ableitung einer ganzrationalen Funktion vierten Grades höchstens noch vom Grad 2 (also höchstens quadratisch). Eine quadratische Funktion besitzt aber höchstens zwei Nullstellen. Somit kann es keine ganzrationale Funktion vierten Grades mit drei Wendepunkten geben!

5.76 Wahlteil 2013 – Analysis A 1

Aufgabe A 1.1

Der Querschnitt eines 50 Meter langen Bergstollens wird beschrieben durch die x-Achse und den Graphen der Funktion f mit

$$f(x) = 0{,}02x^4 - 0{,}82x^2 + 8; \quad -4 \leq x \leq 4 \quad (x \text{ und } f(x) \text{ in Meter}).$$

a) An welchen Stellen verlaufen die Wände des Stollens am steilsten?
   Welchen Winkel schließen die Wände an diesen Stellen mit der Horizontalen ein?
   Nach einem Wassereinbruch steht das Wasser im Stollen 1,7 m hoch.
   Wie viel Wasser befindet sich im Stollen?

   (6 VP)

b) Im Stollen soll in 6 m Höhe eine Lampe aufgehängt werden.
   Aus Sicherheitsgründen muss die Lampe mindestens 1,4 m von den Wänden entfernt sein.
   Überprüfen Sie, ob dieser Abstand eingehalten werden kann.

   (3 VP)

c) Ein würfelförmiger Behälter soll so in den Stollen gestellt werden, dass er auf einer seiner Seitenflächen steht.
   Wie breit darf der Behälter höchstens sein?

   (3 VP)

Aufgabe A 1.2

Für jedes $t \neq 0$ ist eine Funktion gegeben durch $f_t(x) = (x - 1) \cdot \left(1 - \frac{1}{t} \cdot e^x\right)$.
Für welche Werte von t besitzt f_t mehr als eine Nullstelle?

   (3 VP)

5.77 Lösungen Wahlteil 2013 – Analysis A 1

a) Steilste Stellen des Stollens
Gesucht sind die Wendepunkte.
$f'(x) = 0{,}08x^3 - 1{,}64x$, $f''(x) = 0{,}24x^2 - 1{,}64$
und $f'''(x) = 0{,}48x$.
Mit $f''(x) = 0$ folgt $0{,}24x^2 = 1{,}64$.
Der GTR liefert hier die Lösungen $x_1 \approx -2{,}61$ und
$x_2 \approx 2{,}61$ mit $f(x_1) = f(x_2) \approx 2{,}86$.
Weiterhin gilt $f'''(x_1) \neq 0$ und $f'''(x_2) \neq 0$.

Ergebnis:
Die steilsten Stellen des Stollens liegen bei
$x_1 \approx -2{,}61$ und $x_2 \approx 2{,}61$.

Skizze des Graphen von $f(x)$

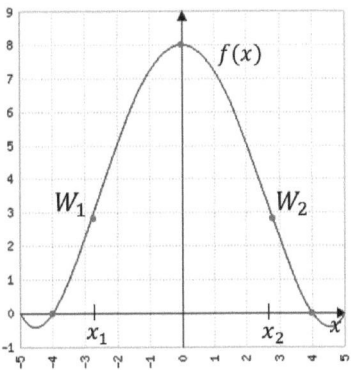

Winkel bei den Wendepunkten
$f'(x_1)$ gibt den Tangens des Steigungswinkels bei x_1 an.
Folglich gilt $tan(\alpha) = f'(-2{,}61) \approx 2{,}86$.
Der GTR liefert mit {2ND TAN} $\alpha \approx 70{,}72°$.
Wegen der Achsensymmetrie zur y-Achse gilt dann
auch $\beta = 70{,}72°$.

Ergebnis:
An den steilsten Stellen des Stollens beträgt
Neigungswinkel etwa $70{,}72°$.

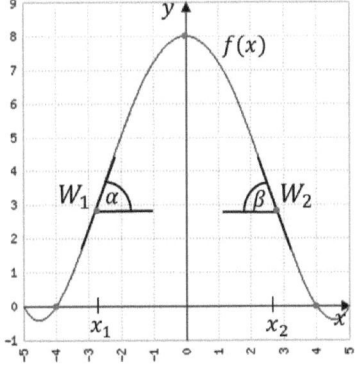

Wassermenge im Stollen
Die Wasserstandslinie ist gegeben durch die Gerade $g(x) = 1{,}7$. Mit dem GTR bestimmt man die Schnittpunkte a und b mit $f(x)$ über {2ND CALC intersect} und erhält $a = -3{,}2$ und $b = 3{,}2$. Die Nullstellen von $f(x)$ erhält man über {2ND CALC zero} bei $N_1 = -4$ und $N_2 = 4$. Die Fläche zwischen dem Graphen von $f(x)$ und der x-Achse ist gegeben durch $A_1 = \int_{-4}^{4} f(x)dx$. Mit dem GTR erhält man $A_1 \approx 37{,}205$.
Die Fläche zwischen den beiden Kurven ist gegeben durch $A_2 = \int_{-3{,}2}^{3{,}2}(f(x) - g(x))dx$.

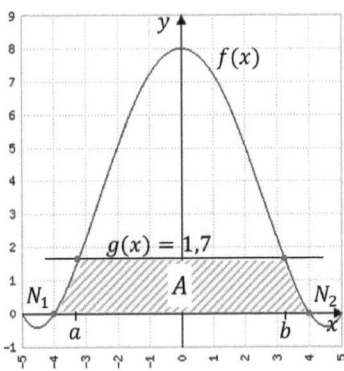

Wenn Sie $f(x)$ bei Y_1 und $g(x)$ bei Y_2 im Y-Editor eingegeben haben, so können Sie den Ausdruck $\int_{-3,2}^{3,2}(f(x) - g(x))dx$ durch Eingabe von {fnInt(Y₁-Y₂,X,-3.2,3.2)} bestimmen. Hier liefert der GTR den Wert $A_2 \approx 25{,}091$.

Die Querschnittsfläche, die wir für die Berechnung der Wassermenge brauchen ist dann $A = A_1 - A_2 = 12{,}114$. Das Wasservolumen ergibt sich durch $V = A \cdot$ Stollenlänge also $V = 12{,}114m^2 \cdot 50m = 605{,}7m^3$. $1m^3$ entspricht 1.000 Liter.

Ergebnis: Die Wassermenge im Stollen beträgt 605.700 Liter.

b) Abstand zu den Stollenwänden

Es sei $P(x|f(x))$ ein beliebiger Punkt auf dem Graphen von f. Die Lampe hat die Koordinaten $L(0|6)$. Der Abstand d von L zu P berechnet sich mit Pythagoras zu

$$d(x) = \sqrt{(x-0)^2 + (f(x)-6)^2}$$

Geben Sie diese Funktion bei Y_2 im Y-Editor ein, lassen Sie sich die Kurve zeichnen. Mit {2ND CALC minimum} ergibt sich der minimale Abstand bei $x_1 = -1{,}3$ bzw. bei $x_2 = 1{,}3$ zu $d(x_1) = d(x_2) = 1{,}46$.

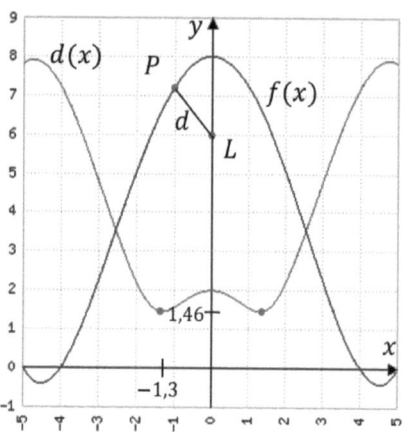

Ergebnis: Die Lampe hat überall mehr als 1,4 m Abstand zur Stollenwand.

c) Breite des Behälters

Am breitesten kann der Behälter werden, wenn er mittig aufgestellt wird. Seine Breite sei x, dann ist die Höhe $f\left(\frac{x}{2}\right)$, siehe Abbildung. Da es sich um einen Würfel handelt, muss $x = f\left(\frac{x}{2}\right)$ also $x = 0{,}02\left(\frac{x}{2}\right)^4 - 0{,}82\left(\frac{x}{2}\right)^2 + 8$ gelten.

Geben Sie nun die linke Seite bei Y_1 und die rechte Seite bei Y_2 im GTR ein. Der Schnittpunkt ergibt sich mit {2ND CALC intersect} bei $x \approx 4{,}44$.

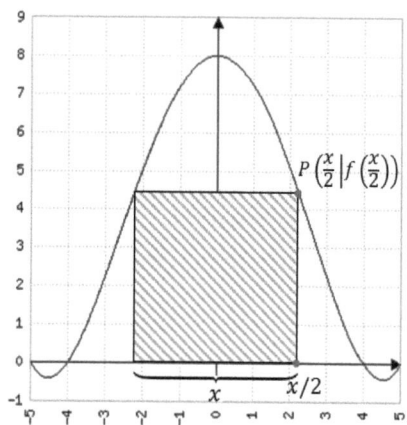

Ergebnis: Der Behälter darf höchstens 4,44 m breit sein.

Lösung Aufgabe A 1.2

$f_t(x) = (x - 1) \cdot \left(1 - \frac{1}{t} \cdot e^x\right), t \neq 0$

f_t besitzt bei $x = 1$ für alle t eine Nullstelle. Für den zweiten Faktor gilt:

$\left(1 - \frac{1}{t} \cdot e^x\right) = 0 \Leftrightarrow \frac{1}{t} \cdot e^x = 1 \Leftrightarrow e^x = t \Leftrightarrow x = \ln(t)$

$ln(t)$ ist nur für $t > 0$ definiert. Beachte, dass $f_t(x)$ für $t = e$ nur eine Nullstelle hat, nämlich bei $x = 1$.

Ergebnis: f_t hat für alle $t > 0$ und $t \neq e$ genau zwei Nullstellen.

5.78 Wahlteil 2013 – Analysis A 2

Aufgabe A 2.1

Ein zunächst leerer Wassertank einer Gärtnerei wird von Regenwasser gespeist.
Nach Beginn eines Regens wird die momentane Zuflussrate des Wassers durch die Funktion r mit

$$r(t) = 10000 \cdot (e^{-0,5t} - e^{-t}); \quad 0 \leq t \leq 12$$

beschrieben (t in Stunden seit Regenbeginn, $r(t)$ in Liter pro Stunde).

  a) Bestimmen Sie die maximale momentane Zuflussrate.
      In welchem Zeitraum ist diese Zuflussrate größer als 2000 Liter pro Stunde?
      Zu welchem Zeitpunkt nimmt die momentane Zuflussrate am stärksten ab?

      (6 VP)

  b) Wie viel Wasser befindet sich drei Stunden nach Regenbeginn im Tank?
      Zu welchem Zeitpunkt sind 5000 Liter im Tank?

      (3 VP)

  c) Zur Bewässerung von Gewächshäusern wird nach 3 Stunden begonnen, Wasser aus dem Tank zu entnehmen. Daher wird die momentane Änderungsrate des Wasservolumens im Tank ab diesem Zeitpunkt durch die Funktion w mit

      $$w(t) = r(t) - 400; \quad 3 \leq t \leq 12$$

      beschrieben (t in Stunden seit Regenbeginn, $w(t)$ in Liter pro Stunde).
      Wie viel Wasser wird in den ersten 12 Stunden nach Regenbeginn entnommen?
      Ab welchem Zeitpunkt nimmt die Wassermenge im Tank ab?
      Bestimmen Sie die maximale Wassermenge im Tank.

      (4 VP)

Aufgabe A 2.2

Gegeben sei die Funktion f mit $f(x) = \sin(\pi \cdot x)$ für $0 \leq x \leq 1$.
Der Graph von f begrenzt mit der x-Achse eine Fläche mit Inhalt A.
Berechnen Sie A exakt.
Der Graph einer ganzrationalen Funktion g zweiten Grades schneidet die x-Achse bei $x = 0$ und $x = 1$ und schließt mit der x-Achse eine Fläche ein, deren Inhalt halb so groß wie A ist.
Ermitteln Sie eine Funktionsgleichung von g.

(4 VP)

5.79 Lösungen Wahlteil 2013 – Analysis A 2

Aufgabe A 2.1 a)

Skizze des Graphen von
$r(t) = 10000 \cdot (e^{-0,5t} - e^{-t})$

Maximale momentane Zuflussrate
Geben Sie den Funktionsterms bei Y_1 im GTR ein und lassen Sie sich den Graphen im y-Intervall $[0; 3000]$ und im t-Intervall $[0; 12]$ zeichnen.
Mit {2ND CALC maximum} erhalten Sie die maximale Zuflussrate bei $t = 1{,}38$ mit einem Wert von $r(t) = 2500$ (Litern pro Stunde).

Ergebnis:
Nach ca. 1,38 Stunden erreicht die Zuflussrate ihren maximalen Wert von 2.500 Litern pro Stunde.

Zeitraum für Zuflussrate > 2000
Geben Sie bei Y_2 im GTR den Wert 2000 ein und lassen Sie sich damit zusätzlich zum Graphen von $r(t)$ die Gerade $y = 2000$ zeichnen. Mit {2ND CALC intersect} bestimmen Sie die beiden Schnittpunkte mit dem Graphen von $r(t)$ bei $t_1 = 0{,}647$ und $t_2 = 2{,}571$.

Ergebnis: Für $0{,}647 < t < 2{,}571$ liegt die Zuflussrate über 2.000 Litern pro Stunde.

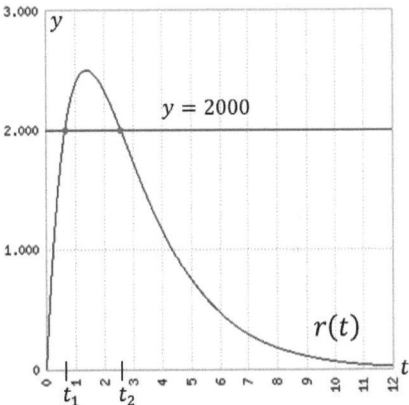

Zeitpunkt der stärksten Abnahme

Zu- und Abnahme der momentanen Zuflussrate wird durch die Funktion $r'(t)$ angegeben.

Geben Sie nun bei Y_2 im Y-Editor den Ausdruck {nDeriv(Y_1,X,X)} an und lassen Sie sich den Graphen der Ableitung im y-Intervall $[-700; 700]$ und im x-Intervall $[0; 12]$ zeichnen. Mit {2ND CALC minimum} bestimmen Sie den minimalen Wert bei $t = 2{,}77$.

Ergebnis: Etwa beim Zeitpunkt $t = 2{,}77$ nimmt die Zuflussrate am stärksten ab.

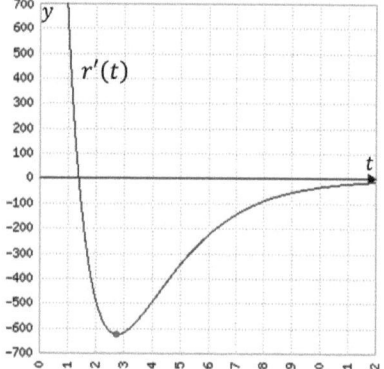

Skizze des Graphen von $r'(t)$

b) Wassermenge nach drei Stunden

Die gesuchte Wassermenge ist gegeben durch

$$V = \int_0^3 r(t)\,dt$$

Diesen Ausdruck geben Sie im GTR im Berechnungsmodus in der Form {fnInt(Y_1,X,0,3)} ein und erhalten den gerundeten Wert 6.035.

Ergebnis: Nach 3 Stunden befinden sich etwa 6.035 Liter Wasser im Tank.

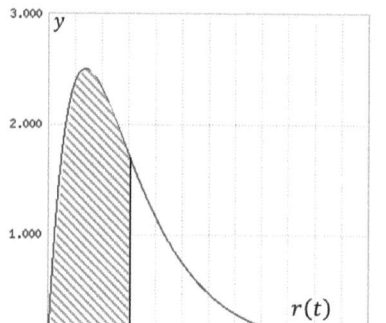

Skizze des Graphen von
$r(t) = 10000 \cdot (e^{-0{,}5t} - e^{-t})$

Zu welchem Zeitpunkt sind 5.000 Liter im Tank?

Die Wassermenge zum Zeitpunkt T im Tank ist, gegeben durch $V(T) = \int_0^T r(t)\,dt$. Gesucht ist also ein T mit $V(T) = 5000$.

Geben Sie hierzu den Ausdruck {fnInt(Y_1,X,0,X)} bei Y_2 und 5000 bei Y_3 im GTR ein und lassen Sie sich die Graphen Y_2 und Y_3 zeichnen. Y_2 gibt die Wassermenge zum Zeitpunkt T an. Mit {2ND CALC intersect} bestimmen Sie den Schnittpunkt der beiden Kurven und erhalten $T = 2{,}46$.

Ergebnis: Nach etwa 2,46 Stunden befinden sich 5.000 Liter Wasser im Tank.

c) Wasserentnahme in den ersten 12 Stunden

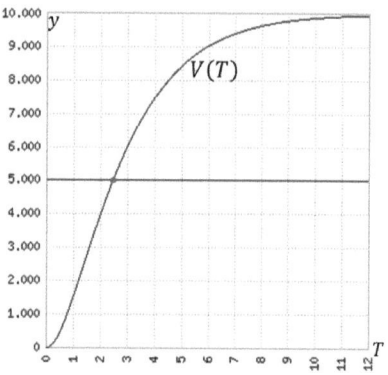

Skizze des Graphen von $V(T)$

Die Funktion $w(t)$ gilt drei Stunden nach Regenbeginn und beschreibt die momentane Änderungsrate bestehend aus der Zuflussrate $r(t)$ und einem konstanten Abfluss von 400 Litern pro Stunde.

In den ersten 3 Stunden nach Regenbeginn gibt es noch keinen Abfluss.

Von der dritten bis zur zwölften Stunde, also neun Stunden lang, fließen 400 Liter Wasser pro Stunde ab, das sind dann $9 \cdot 400 = 3.600$ Liter Wasser.

Ergebnis: Nach den ersten 12 Stunden sind 3.600 Liter Wasser abgeflossen.

Ab welchem Zeitpunkt nimmt die Wassermenge im Tank ab?

Die Funktion $w(t)$ beschreibt die Änderungsrate der Wassermenge. Positive Werte bedeuten Zufluss, negative Werte bedeuten Abfluss.

Gesucht ist also die erste Nullstelle von $w(t)$ im Bereich $3 \leq t \leq 12$ bei der positive Werte in negative Werte übergehen.

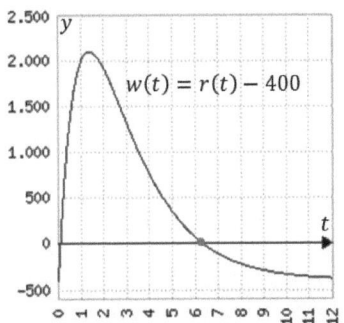

Geben Sie hierzu den Funktionsterm von $w(t)$ im GTR z.B. bei Y_2 ein und lassen Sie sich den Graphen im x-Intervall $[1; 12]$ und y-Intervall $[-600; 2500]$ zeichnen. Mit {2ND CLAC zero} erhält man die Nullstelle bei $x = 6{,}35$.

Ergebnis: Nach etwa 6,35 Stunden nimmt die Wassermenge im Tank ab.

Maximale Wassermenge im Tank

Wie in der vorigen Teilaufgabe gezeigt, nimmt die Wassermenge zum Zeitpunkt $t = 6{,}35$ erstmals ab, d.h. dass sich zum Zeitpunkt $t = 6{,}35$ das meiste Wasser im Tank befindet. Damit ist die Wassermenge gegeben durch:

$$V_{max} = \int_0^3 r(t)dt + \int_3^{6{,}35} w(t)dt$$

Wenn man $r(t)$ bei Y_1 und $w(t)$ bei Y_2 einträgt liefert der GTR nach Eingabe des Ausdrucks {fnInt(Y_1,X,0,3)+ fnInt(Y_2,X,3,6.35)} den Wert 7.841,59.

Ergebnis: Die maximale Wassermenge im Tank beträgt etwa 7.842 Liter.

Aufgabe A 2.2

Flächeninhalt

Es gilt:

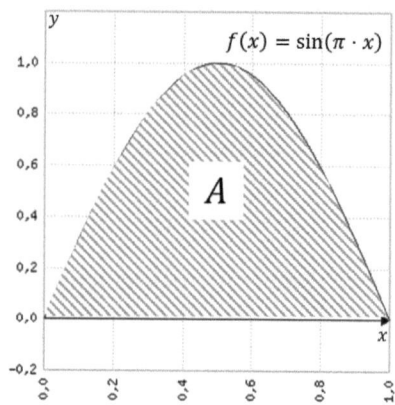

$f(x) = \sin(\pi \cdot x)$

$$A = \int_0^1 \sin(\pi x)\, dx = \left[-\frac{1}{\pi}\cos(\pi x) \right]_0^1$$

$$= \left(-\frac{1}{\pi}\cos(\pi) \right) - \left(-\frac{1}{\pi}\cos(0) \right)$$

$$= \frac{1}{\pi} - \left(-\frac{1}{\pi} \right) = \frac{2}{\pi}$$

Ergebnis: Die gesuchte Fläche beträgt exakt $\frac{2}{\pi}$ FE.

Funktionsgleichung für g

Eine ganzrationale Funktion zweiten Grades hat die allgemeine Form
$g(x) = ax^2 + bx + c$.
Die x-Achse wird bei $x = 0$ und $x = 1$ geschnitten, d.h. es gilt $g(0) = 0$ und $g(1) = 0$. Aus
$g(0) = 0$ erhält man $c = 0$.
Aus $g(1) = 0$ erhält man $I.\ a + b = 0$.
Die Fläche zwischen $x = 0$ und $x = 1$ ist gegeben durch

$$A_2 = \int_0^1 (ax^2 + bx)dx = \left[\frac{1}{3}ax^3 + \frac{1}{2}bx^2 \right]_0^1 = \left(\frac{1}{3}a + \frac{1}{2}b \right)$$

Laut Aufgabenstellung soll A_2 halb so groß sein, wie die Fläche A aus dem vorangehenden
Aufgabenteil. Somit gilt $II.\ \frac{1}{3}a + \frac{1}{2}b = \frac{1}{\pi}$.
Aus $I.\ a + b = 0$ folgt $b = -a$. Eingesetzt in Gleich $II.$ folgt $\frac{1}{3}a - \frac{1}{2}a = -\frac{1}{6}a = \frac{1}{\pi}$ und
damit $a = -\frac{6}{\pi}$ sowie $b = \frac{6}{\pi}$.

Ergebnis: Der Funktionsterm von g lautet $g(x) = -\frac{6}{\pi}x^2 + \frac{6}{\pi}x$.

5.80 Wahlteil 2013 –
Analytische Geometrie / Stochastik B 1

Aufgabe B 1.1

Ein Würfel besitzt die Eckpunkte $O(0|0|0)$ und $R(0|0|6)$.
Gegeben ist außerdem die Ebene $E: 3x_2 + x_3 = 8$.

a) Stellen Sie den Würfel und die Ebene E in einem Koordinatensystem dar.
Berechnen Sie den Winkel, den die Ebene E mit der $x_1 x_2$-Ebene einschließt.
Bestimmen Sie den Abstand von E zur x_1-Achse?

(5 VP)

b) Die Ebene E gehört zu einer Ebenenschar. Diese Schar ist gegeben durch

$$E_a: 3x_2 + x_3 = a; \qquad a \in \mathbb{R}.$$

Welche Lage haben die Ebenen der Schar zueinander?
Für welche Werte von a hat der Punkt $S(6|6|6)$ den Abstand $\sqrt{10}$ von der Ebene E_a?
Für welche Werte von a hat die Ebene E_a gemeinsame Punkte mit dem Würfel?

(6 VP)

Aufgabe B 1.2

Bei einer Lotterie sind 10% der Lose Gewinnlose.
Jemand kauft drei Lose.
Mit welcher Wahrscheinlichkeit sind darunter mindestens zwei Gewinnlose?
Wie viele Lose hätte man mindestens kaufen müssen, damit die Wahrscheinlichkeit für mindestens zwei Gewinnlose über 50% liegt?

(4 VP)

5.81 Lösungen Wahlteil 2013
Analytische Geometrie / Stochastik B 1

Aufgabe B 1.1

a) Darstellung des Würfels und der Ebene E

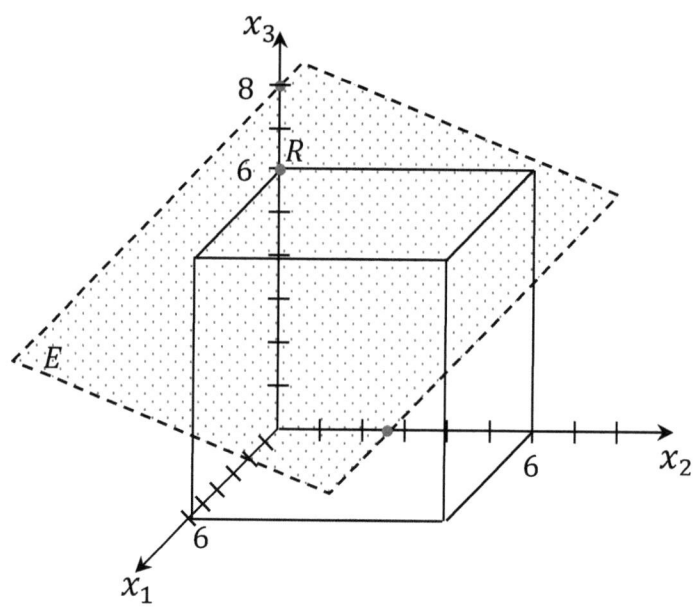

Winkel zwischen E und der x_1x_2-Ebene

Der Winkel zwischen zwei Ebenen ist gegeben durch $\cos(\alpha) = \frac{\vec{n}_1 \cdot \vec{n}_2}{|\vec{n}_1| \cdot |\vec{n}_2|}$, wobei $\vec{n}_1$ und $\vec{n}_2$ die

Normalenvektoren der beiden Ebene sind. Für E lesen wir ab $\vec{n}_1 = \begin{pmatrix} 0 \\ 3 \\ 1 \end{pmatrix}$ und die x_1x_2-Ebene

hat $\vec{n}_2 = \begin{pmatrix} 0 \\ 0 \\ 1 \end{pmatrix}$. Mit $\vec{n}_1 \cdot \vec{n}_2 = 0 \cdot 0 + 0 \cdot 3 + 1 \cdot 1 = 1$, $|\vec{n}_1| = \sqrt{0^2 + 3^2 + 1^2} = \sqrt{10}$ und

$|\vec{n}_2| = 1$ folgt $\cos(\alpha) = \frac{1}{\sqrt{10}} \approx 0{,}31623$ woraus sich mit dem GTR der Winkel α ergibt zu

$\alpha \approx 71{,}56°$.

Ergebnis: der Winkel zwischen E und der x_1x_2-Ebene beträgt etwa 71,56°.

Abstand von E zur x_1-Achse

Zunächst wird die Hesse'sche Normalenform von E gebildet:

$HNF\ E: \frac{3x_2+x_3-8}{\sqrt{10}} = 0$. Der Abstand eines beliebigen Punktes $P(a|b|c)$ zu E ist dann

gegeben durch $d = \frac{|3b+c-8|}{\sqrt{10}}$. Der Ursprung $O(0|0|0)$ liegt auf der x_1-Achse. Somit können

wir die Koordinaten des Ursprungs in die Abstandsformel einsetzen und erhalten: $d = \frac{|3\cdot 0+0-8|}{\sqrt{10}} = \frac{8}{\sqrt{10}} \approx 2{,}53$.

Ergebnis: Der Abstand von E zur x_1-Achse beträgt etwa 2,53 LE.

b) Welche Lage haben die Ebenen der Schar zueinander?

Alle Ebenen der Schar haben denselben Normalenvektor. Da keine Ebene mit einer anderen identisch ist, sind alle Ebenen parallel zueinander. Darüber hinaus verlaufen alle Ebenen parallel zur x_1-Achse.

Für welche Werte von a hat der Punkt $S(6|6|6)$ den Abstand $\sqrt{10}$ von der Ebene E_a?

Die HNF für E_a lautet $\frac{3x_2+x_3-a}{\sqrt{10}} = 0$. Für den Abstand S zu E_a gilt dann $d = \frac{|3\cdot 6+6-a|}{\sqrt{10}} = \sqrt{10}$
also $|24 - a| = 10$.
Falls $24 - a > 0$ ist, erhält man $24 - a = 10$, also $a = 14$.
Falls $24 - a \leq 0$ ist, erhält man $-24 + a = 10$, also $a = 34$.

Ergebnis: Für $a = 14$ bzw. $a = 34$ hat S zu E_a den Abstand $\sqrt{10}$.

Für welche Werte von a hat die Ebene E_a gemeinsame Punkte mit dem Würfel?

Alle Ebenen sind parallel zur x_1-Achse und damit auch parallel zu den Kanten AB und CD des Würfels.
Wir suchen nun einen Wert α so dass die Kante AB in E_α liegt.
Weiterhin suchen wir einen Wert β, so dass die Kante CD in E_β liegt.
Somit hat E_a für alle Werte zwischen α und β, genauer für $\alpha \leq a \leq \beta$, gemeinsame Punkte mit dem Würfel.

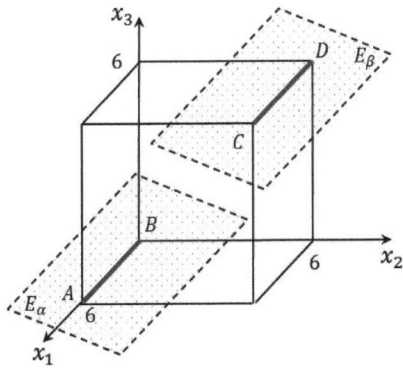

Im ersten Fall setzen wir einfach den Punkt $A(6|0|0)$ in E_α ein und erhalten
$3 \cdot 0 + 0 = 0 = \alpha$.
Im zweiten Fall setzen wir den Punkt $C(6|6|6)$ in E_β ein und erhalten $3 \cdot 6 + 6 = 24 = \beta$.

Ergebnis: Für $0 \leq a \leq 24$ hat die Ebene E_a gemeinsame Punkte mit dem Würfel.

Aufgabe B 1.2

Wahrscheinlichkeit für „mindestens zwei Gewinnlose"

Variante 1: Berechnung „von Hand".
Die Zufallsvariable X beschreibe die Anzahl der Gewinnlose bei dreimaligem ziehen. Gesucht ist somit $P(X \geq 2) = P(X = 2) + P(X = 3)$.
Zwei Gewinnlose können auf drei Arten realisiert werden $(N;G;G)$, $(G;N;G)$ oder $(G;G;N)$. Folglich ist $P(X = 2) = 3 \cdot 0{,}1^2 \cdot 0{,}9 = 0{,}027$. Weiterhin gilt $P(X = 3) = 0{,}1^3 = 0{,}001$ und somit $P(X \geq 2) = 0{,}001 + 0{,}027 = 0{,}028 = 2{,}8\%$.

Ergebnis: Die Wahrscheinlichkeit für mindestens zwei Gewinnlose beträgt 2,8%.

Variante 2: Berechnung mit dem GTR.
Die Zufallsvariable X beschreibe die Anzahl der Gewinnlose bei dreimaligem ziehen. Es handelt sich um einen Versuch der nur die Ausgänge *Gewinn* oder *Nicht Gewinn* hat. Daher ist X binomialverteilt mit $n = 3, p = 0{,}1$.
$P(X \geq 2) = 1 - P(X \leq 1)$ kann man nun leicht mit dem GTR über den Ausdruck 1-binomcdf(3,0.1,1) bestimmen und erhält wieder den Wert 0,028.

Ergebnis: Die Wahrscheinlichkeit für mindestens zwei Gewinnlose beträgt 2,8%.

Anzahl der Lose
Die Zufallsvariable X bezeichnet wie vorher die Anzahl der Gewinnlose. Somit ist X binomialverteilt mit $p = 0{,}1$. Die Wahrscheinlichkeit für mindestens zwei Gewinnlose soll größer als 50% sein. Dies wird durch den Ausdruck $P(X \geq 2) = 1 - P(X \leq 1) > 0{,}5$ dargestellt. Nun gibt man bei Y_1 im GTR den Ausdruck 1-binomcdf(X,0.1,1) ein und lässt sich über 2ND TABLE die Werteliste anzeigen. Wenn man sich der Liste entlang bewegt, stellt man fest, dass erstmals bei $X = 17$ die Wahrscheinlichkeit größer als 50% ist.

Ergebnis: Man muss mindestens 17 Lose ziehen, damit unter den genannten Bedingungen die Wahrscheinlichkeit für zwei Gewinnlose größer als 50% ist.

5.82 Wahlteil 2013 – Analytische Geometrie / Stochastik B 2

Aufgabe B 2.1

In einem würfelförmigen Ausstellungsraum mit der Kantenlänge 8 Meter ist ein dreieckiges Segeltuch aufgespannt.
Es ist im Punkt F sowie in den Kantenmitten M_1 und M_2 befestigt (siehe Abbildung).
Es wird angenommen, dass das Segeltuch nicht durchhängt.

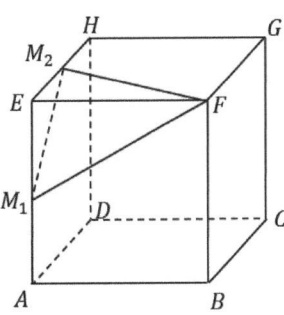

In einem Koordinatensystem stellen die Punkte $A(8|0|0)$, $C(0|8|0)$ und $H(0|0|8)$ die entsprechenden Ecken des Raumes dar.

a) Bestimmen Sie eine Koordinatengleichung der Ebene S, in der das Segeltuch liegt.
   Zeigen Sie, dass das Segeltuch die Form eines gleichschenkligen Dreiecks hat.
   Berechnen Sie den Flächeninhalt des Segeltuchs.
   Welchen Abstand hat das Segeltuch von der Ecke E?
   (Teilergebnis: $S: 2x_1 - x_2 + 2x_3 = 24$)

   (6 VP)

b) Auf der Diagonalen AC steht eine 6 Meter hohe Stange senkrecht auf dem Boden.
   Das obere Ende der Stange berührt das Segeltuch.
   In welchem Punkt befindet sich das untere Ende der Stange?

   (3 VP)

Aufgabe B 2.2

Auf zwei Glücksrädern befinden sich jeweils
sechs gleich große Felder. Bei jedem Spiel
werden die Räder einmal in Drehung
versetzt. Sie laufen dann unabhängig
voneinander aus und bleiben so stehen,
dass von jedem Rad genau ein Feld im Rahmen
sichtbar ist.

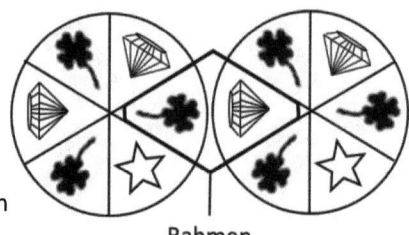

Rahmen

a) Zunächst werden die Räder als ideal angenommen.
   Bei einem Einsatz von 0,20 € sind folgende Auszahlungen vorgesehen:

Stern – Stern	2,00 €
Diamant – Diamant	0,85 €
Kleeblatt – Kleeblatt	0,20 €

   In allen anderen Fällen wird nichts ausbezahlt.

   Weisen Sie nach, dass das Spiel fair ist.

   Nun möchte der Veranstalter auf lange Sicht pro Spiel 5 Cent Gewinn erzielen.
   Dazu soll nur der Auszahlungsbetrag für „Diamant - Diamant" geändert werden.
   Berechnen Sie diesen neuen Auszahlungsbetrag.

   (3 VP)

b) Es besteht der Verdacht, dass die Wahrscheinlichkeit p für „Stern - Stern" geringer
   als $\frac{1}{36}$ ist. Daher soll ein Test mit 500 Spielen durchgeführt werden.
   Formulieren Sie die Entscheidungsregel für die Nullhypothese H_0: $p \geq \frac{1}{36}$,
   wenn die Irrtumswahrscheinlichkeit höchstens 5% betragen soll.

   (3 VP)

5.83 Lösungen Wahlteil 2013
Analytische Geometrie / Stochastik B 2

Aufgabe B 2.1

$A(8|0|0),\ C(0|8|0),\ H(0|0|8)$

a) Koordinatengleichung der Ebene S

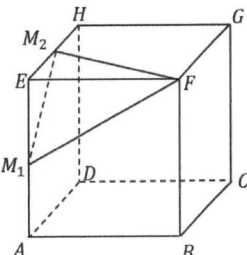

Mit $M_1(8|0|4)$, $M_2(4|0|8)$ und $F(8|8|8)$ bilden wir zunächst die zwei Richtungsvektoren $\overrightarrow{FM_1}$ und $\overrightarrow{FM_2}$ und erhalten

$$\overrightarrow{FM_1} = \begin{pmatrix} 8 \\ 0 \\ 4 \end{pmatrix} - \begin{pmatrix} 8 \\ 8 \\ 8 \end{pmatrix} = \begin{pmatrix} 0 \\ -8 \\ -4 \end{pmatrix} \text{ sowie } \overrightarrow{FM_2} = \begin{pmatrix} 4 \\ 0 \\ 8 \end{pmatrix} - \begin{pmatrix} 8 \\ 8 \\ 8 \end{pmatrix} = \begin{pmatrix} -4 \\ -8 \\ 0 \end{pmatrix}.$$

Mit Hilfe des Vektorprodukts erhält man daraus einen Normalenvektor:

$$\vec{n'} = \begin{pmatrix} (-8)\cdot 0 \\ (-4)\cdot(-4) \\ 0\cdot(-8) \end{pmatrix} - \begin{pmatrix} (-4)\cdot(-8) \\ 0\cdot 0 \\ (-8)\cdot(-4) \end{pmatrix} = \begin{pmatrix} -32 \\ 16 \\ -32 \end{pmatrix}$$

Da es auf die Länge des Normalenvektors nicht ankommt, teilen wir $\vec{n'}$ durch -16 und erhalten $\vec{n} = \begin{pmatrix} 2 \\ -1 \\ 2 \end{pmatrix}$. Daraus ergibt sich die Koordinatenform $S: 2x_1 - x_2 + 2x_3 = d$ mit noch unbekanntem d. Da F in S liegt folgt durch Einsetzen $2 \cdot 8 - 8 + 2 \cdot 8 = 24 = d$.

Ergebnis: Die Ebene S hat die Koordinatengleichung $S: 2x_1 - x_2 + 2x_3 = 24$.

Nachweis der Gleichschenkligkeit des Segeltuchs

$M_1(8|0|4)$
$M_2(4|0|8)$
$F(8|8|8)$

Aus der vorherigen Aufgabe wissen wir

$$\overrightarrow{FM_1} = \begin{pmatrix} 0 \\ -8 \\ -4 \end{pmatrix} \text{ und } \overrightarrow{FM_2} = \begin{pmatrix} -4 \\ -8 \\ 0 \end{pmatrix}.$$

Für die Längen gilt:

$$|\overrightarrow{FM_1}| = \sqrt{0^2 + (-8)^2 + (-4)^2} = \sqrt{80} \text{ und } |\overrightarrow{FM_2}| = \sqrt{(-8)^2 + (-4)^2 + 0^2} = \sqrt{80}$$

Wie man sieht gilt $|\overrightarrow{FM_1}| = |\overrightarrow{FM_2}|$ und damit ist das Segeltuch gleichschenklig!

Flächeninhalt des Segeltuchs

In einem gleichschenkligen Dreieck steht die Höhe

$M_1(8|0|4)$
$M_2(4|0|8)$
$F(8|8|8)$

h auf der Mitte der Grundseite. Mit $M_3(6|0|6)$

folgt $h = |\overrightarrow{M_3F}| = \left|\begin{pmatrix} 2 \\ 8 \\ 2 \end{pmatrix}\right| = \sqrt{2^2 + 8^2 + 2^2} = \sqrt{72}$.

Die Länge der Grundseite ist gegeben durch $|\overrightarrow{M_1M_2}| = \left|\begin{pmatrix} -4 \\ 0 \\ 4 \end{pmatrix}\right| = \sqrt{32}$.

Schließlich folgt $A = \frac{1}{2} \cdot h \cdot |\overrightarrow{M_1M_2}| = \frac{1}{2} \cdot \sqrt{72} \cdot \sqrt{32} = 24$.

Ergebnis: Das Segeltuch hat einen Flächeninhalt von 24 m^2.

Abstand hat das Segeltuch von der Ecke E
Aus Teilaufgabe a) kennen wir eine Koordinatengleichung
des Segeltuchs S: $2x_1 - x_2 + 2x_3 = 24$.
Daraus ergibt sich die HNF S: $\frac{2x_1 - x_2 + 2x_3 - 24}{3} = 0$.
Den Abstand des Punktes $H(8|0|8)$ zu S erhält man durch
Einsetzen wie folgt:

$$d(E,S) = \frac{|2 \cdot 8 - 0 + 2 \cdot 8 - 24|}{3} = \frac{8}{3} \approx 2{,}67$$

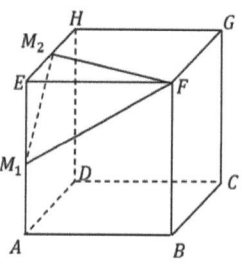

Ergebnis: Das Segeltuch ist etwa 2,67 m von der Ecke E entfernt.

$A(8|0|0), C(0|8|0)$

b) Bestimmung des unteren Punktes der Stange

Die Gerade durch A und C ist gegeben durch

$g: \vec{x} = \vec{a} + t(\vec{c} - \vec{a}) = \begin{pmatrix} 8 \\ 0 \\ 0 \end{pmatrix} + t\begin{pmatrix} -8 \\ 8 \\ 0 \end{pmatrix}$

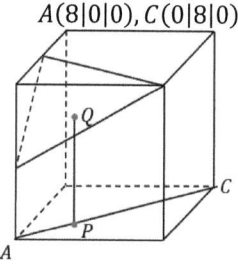

Ein Punkt P auf g hat somit die Koordinaten $P(8 - 8t|8t|0)$.
Ein Punkt Q, 6 Meter senkrecht über P hat die Koordinaten
$Q(8 - 8t|8t|6)$.
Da Q in S liegen soll muss Q der Koordinatengleichung von S genügen, d.h.
$2 \cdot (8 - 8t) - (8t) + 2 \cdot 6 = 24$. Damit erhält man $t = \frac{1}{6}$. In P eingesetzt liefert dies

$P\left(8 - 8 \cdot \frac{1}{6}\middle|8 \cdot \frac{1}{6}\middle|0\right)$ also $P\left(\frac{20}{3}\middle|\frac{4}{6}\middle|0\right)$.

Ergebnis: Die Stange ist am Punkt $P\left(\frac{20}{3}\middle|\frac{4}{6}\middle|0\right)$ verankert.

Aufgabe B 2.2

a) Nachweis, dass das Spiel fair ist

Einsatz	0,20 €
S,S	2,00 €
D,D	0,85 €
K,K	0,20 €

Es seien K=Kleeblatt, S=Stern und D=Diamant.

Die Wahrscheinlichkeiten für ein Glücksrad sind: $P(K) = \frac{3}{6}, P(S) = \frac{1}{6}, P(D) = \frac{2}{6}$

Bei zwei identischen Glücksrädern und unabhängigen Drehungen gilt dann:

$$P(S,S) = \frac{1}{6} \cdot \frac{1}{6} = \frac{1}{36}, P(D,D) = \frac{2}{6} \cdot \frac{2}{6} = \frac{4}{36}, P(K,K) = \frac{3}{6} \cdot \frac{3}{6} = \frac{9}{36} \text{ und}$$

$$P(alle\ anderen\ Kombinationen) = 1 - \left(\frac{1}{36} + \frac{4}{36} + \frac{9}{36}\right) = \frac{22}{36}$$

Die Zufallsvariable X stehe nachfolgend für die verschiedenen möglichen Gewinne. Somit kann X die Werte 2; 0,85; 0,2 oder 0 annehmen.

Es folgt: $P(X = 2) = P(S,S) = \frac{1}{36}, \ P(X = 0,85) = P(D,D) = \frac{4}{36},$

$P(X = 0,2) = P(K,K) = \frac{9}{36}$ und $P(X = 0) = P(andere) = \frac{22}{36}$.

Damit lässt sich nun der Erwartungswert bestimmen:

$$E(X) = 2 \cdot P(X = 2) + 0,85 \cdot P(X = 0,85) + 0,2 \cdot P(X = 0,2) + 0 \cdot P(X = 0)$$

$$= 2 \cdot \frac{1}{36} + 0,85 \cdot \frac{4}{36} + 0,2 \cdot \frac{9}{36} + 0 = 0,2$$

Ergebnis: Auf lange Sicht kann man einen Gewinn von 20 Cent pro Spiel erwarten. Dies entspricht aber genau dem Einsatz, d.h. das Spiel ist fair!

Neuer Auszahlungsbetrag für „Diamant - Diamant"

Der Veranstalter möchte auf lange Sicht 5 Cent pro Spiel gewinnen. Da der Einsatz nach wie vor 0,20 € beträgt, muss nun der Erwartungswert, also der erwartete Gewinn pro Spiel, auf 0,15 € zurückgesetzt werden. Wir setzen, wie verlangt, den Gewinn für „Diamant-Diamant" neu an und nennen diesen a. Damit gilt:

$$E(X) = 2 \cdot P(X = 2) + a \cdot P(X = a) + 0,2 \cdot P(X = 0,2)$$

$$= 2 \cdot \frac{1}{36} + a \cdot \frac{4}{36} + 0,2 \cdot \frac{9}{36} = 0,15$$

Auflösen nach a liefert $a = 0,4$.

Ergebnis: Der neue Auszahlbetrag für „Diamant-Diamant" liegt bei 0,40 €.

b) Entscheidungsregel für die Nullhypothese

Gegeben sind folgende Daten: Irrtumswahrscheinlichkeit $\alpha \leq 0{,}05$, Anzahl Versuche $n = 500$, Trefferwahrscheinlichkeit $p = \frac{1}{36}$ und die Nullhypothese $H_0 \colon p \geq \frac{1}{36}$.

Die Zufallsvariable X stehe nun für die Anzahl der Treffer (also für die Anzahl „Stern-Stern"). Dann ist X $B_{500;\frac{1}{36}}$ verteilt.

H_0 wird abgelehnt, wenn die Anzahl der tatsächlichen Treffer in der Versuchsreihe <u>kleiner</u> als erwartet ist. Somit führen wir einen <u>linksseitigen</u> Test durch und das Ablehnungsintervall hat die Gestalt $[0 \ldots k]$.

Gesucht wird also ein k für das $P(X \leq k) \leq 0{,}05$ ist. Um dieses k zu finden, geben Sie bei Y_1 im GTR den Ausdruck {binomcdf(500,1/36,X)} ein und lassen sich über {2ND TABLE} die Wertetabelle anzeigen. Man liest ab $P(X <= 7) = 0{,}032 < 0{,}05$ und $P(X \leq 8) = 0{,}063 > 0{,}05$. Mit dem Wert $k = 7$ liegt man also noch unter der Irrtumswahrscheinlichkeit mit $k = 8$ liegt man erstmals darüber.

Entscheidungsregel: Die Nullhypothese wird abgelehnt, wenn bei 500 Spielen höchstens sieben Mal die Kombination „Stern-Stern" beobachtet wird.

5.84 Pflichtteil 2012

Aufgabe 1

Bilden Sie die erste Ableitung der Funktion f mit $f(x) = (\sin(x) + 7)^5$. (2 VP)

Aufgabe 2

Bestimmen Sie eine Stammfunktion der Funktion f mit $f(x) = 2e^{4x} + \frac{3}{x^2}$. (2 VP)

Aufgabe 3

Lösen Sie für $0 \leq x \leq 2\pi$ die Gleichung $\sin(x) \cdot \cos(x) - 2\cos(x) = 0$. (3 VP)

Aufgabe 4

Gegeben sind die Funktionen f mit $f(x) = \frac{2}{x}$ und g mit $g(x) = 2x - 3$.

Bestimmen Sie die gemeinsamen Punkte der zugehörigen Graphen.
Untersuchen Sie, ob sich die beiden Graphen senkrecht schneiden. (4 VP)

Aufgabe 5

Eine der folgenden Abbildungen zeigt den Graphen der Funktion f mit
$f(x) = x^3 - 3x - 2$.

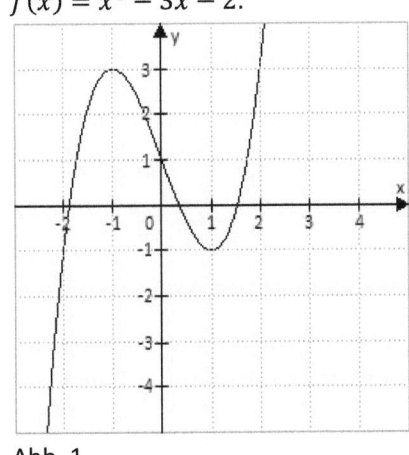

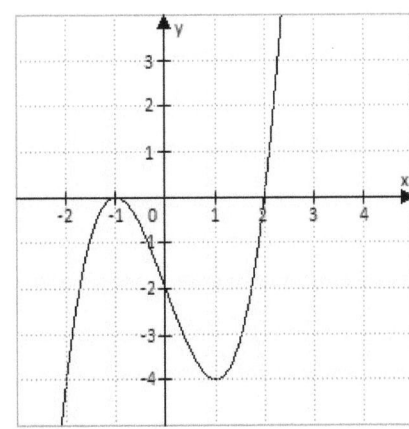

Abb. 1   Abb. 2

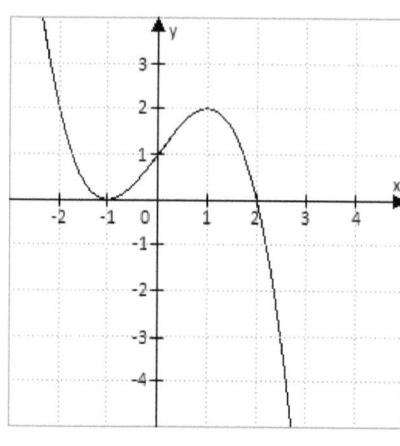 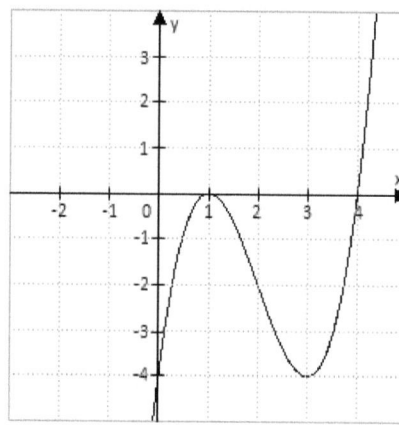

Abb. 3　　　　　　　　　　　Abb. 4

a) Begründen Sie, dass die Abbildung 2 den Graphen von f zeigt.

b) Von den anderen drei Abbildungen gehört eine zur Funktion g mit
$g(x) = f(x - a)$ und eine zur Funktion h mit $h(x) = b \cdot f(x)$.
Ordnen Sie diesen beiden Funktionen die zugehörigen Abbildungen zu
und begründen Sie Ihre Entscheidung.
Geben Sie die Werte für a und b an.

c) Die bis jetzt nicht zugeordnete Abbildung zeigt den Graphen einer Funktion k.
Geben Sie ohne Rechnung einen Funktionsterm für k an.

(5 VP)

Aufgabe 6

Gegeben sind die Ebenen E: $\left[\vec{x} - \begin{pmatrix} 1 \\ 2 \\ 1 \end{pmatrix}\right] \cdot \begin{pmatrix} 4 \\ -1 \\ 2 \end{pmatrix} = 0$ und F: $x_2 + 2x_3 = 8$.

Bestimmen Sie eine Gleichung der Schnittgeraden. (3 VP)

Aufgabe 7

Gegeben sind der Punkt $A(1|1|3)$ und die Ebene E: $x_1 - x_3 - 4 = 0$.

a) Welche besondere Lage hat E im Koordinatensystem?

b) Der Punkt A wird an der Ebene E gespiegelt.
Bestimmen Sie die Koordinaten des Bildpunktes.

(4 VP)

Aufgabe 8

Gegeben sind eine Ebene E und eine Gerade g, die in E liegt.
Beschreiben Sie ein Verfahren, mit dem man eine Gleichung der Geraden h
ermitteln kann, die orthogonal zu g ist und ebenfalls in E liegt.   (3 VP)

5.85 Lösung Pflichtteil 2012

Aufgabe 1

$$f'(x) = 5(\sin(x) + 7)^4 \cdot \cos(x)$$

Aufgabe 2

$$F(x) = \int \left(2e^{4x} + \frac{3}{x^2}\right) dx = \int (2e^{4x} + 3x^{-2}) dx$$
$$= 2 \cdot \frac{1}{4} e^{4x} + 3 \cdot \frac{1}{-1} x^{-1} = \frac{1}{2} e^{4x} - \frac{3}{x}$$

Dies ist eine mögliche Stammfunktion. Andere mögliche Stammfunktionen bekommt man durch Addition einer beliebigen Konstanten $C \in \mathbb{R}$.

Aufgabe 3

Es gilt $\sin(x) \cdot \cos(x) - 2\cos(x) = 0 \Leftrightarrow \cos(x) \cdot (\sin(x) - 2) = 0$. Somit ist $\cos(x) = 0$ oder $\sin(x) - 2 = 0$. Da $\sin(x)$ nur Werte zwischen -1 und 1 annimmt, gilt in jedem Fall $(\sin(x) - 2) \neq 0$. $\cos(x)$ wird im Bereich $0 \leq x \leq 2\pi$ nur bei $x_1 = \frac{\pi}{2}$ und $x_2 = \frac{3\pi}{2}$ Null.

Ergebnis: $\mathbb{L} = \left\{\frac{\pi}{2}, \frac{3\pi}{2}\right\}$

Aufgabe 4

Gemeinsame Punkte von $f(x)$ und $g(x)$

Gleichsetzen und umformen liefert eine quadratische Gleichung:

$$\begin{aligned}
\frac{2}{x} &= 2x - 3 & &| \cdot x, \text{dann} - 2 \\
0 &= 2x^2 - 3x - 2 & &|:2 \\
0 &= x^2 - \frac{3}{2}x - 1
\end{aligned}$$

Die p-q-Formel liefert $x_{1,2} = \frac{3}{4} \pm \sqrt{\frac{9}{16} + \frac{16}{16}} \Rightarrow x_1 = \frac{3}{4} + \frac{5}{4} = 2$ und $x_2 = \frac{3}{4} - \frac{5}{4} = -\frac{1}{2}$.

Einsetzen in f liefert $f(x_1) = 1$ und $f(x_2) = -4$.

Ergebnis: Die gemeinsamen Punkte von $f(x)$ und $g(x)$ sind $P_1(2|1)$ und $P_2\left(-\frac{1}{2}\Big|-4\right)$.

Stehen die Graphen senkrecht aufeinander?

Allgemein stehen die Graphen zweier Funktionen $f(x)$ und $g(x)$ genau dann senkrecht zueinander, wenn $f'(x) \cdot g'(x) = -1$ gilt. Dies haben wir für x_1 und x_2 zu prüfen. Es gilt zunächst $f'(x) = -\frac{2}{x^2}$ und $g'(x) = 2$.

Für $x_1 = 2$ haben wir $f'(2) = -\frac{1}{2}$ und $g'(2) = 2$ also $f'(2) \cdot g'(2) = -1$. Für $x_2 = -1/2$ folgt $f'\left(-\frac{1}{2}\right) = -8$ und $g'\left(-\frac{1}{2}\right) = 2$, also $f'\left(-\frac{1}{2}\right) \cdot g'\left(-\frac{1}{2}\right) \neq -1$.

Ergebnis: $f(x)$ und $g(x)$ stehen nur im Punkt $P_1(2|1)$ senkrecht zueinander.

Aufgabe 5

a) Wegen $f(0) = -2$, kann nur Abb. 2 den Graphen von f darstellen.

b) $f(x - a)$ ist, geometrisch gedeutet, eine Verschiebung des Graphen von $f(x)$ auf der x-Achse um a Einheiten. In Abb. 4 ist der Graph von $f(x)$ um 2 Einheiten nach rechts verschoben. Somit stellt Abb. 4 den Graphen von g dar und es gilt $a = 2$ (nicht etwa $a = -2$).
$b \cdot f(x)$ stellt eine Streckung oder Stauchung des Graphen von $f(x)$ um den Faktor b dar. Abb. 1 verschiebt $f(x)$ lediglich in y-Richtung, folglich kann der Graph von $b \cdot f(x)$ nur noch durch Abb. 3 dargestellt werden. Dabei wird der Funktionswert $f(1) = -4$ auf den neuen Funktionswert $h(1) = 2$ abgebildet. Wegen $h(1) = b \cdot f(1)$ also $2 = b \cdot (-4)$ folgt sofort $b = -\frac{1}{2}$.

c) Abb. 1 verschiebt $f(x)$ um 3 Einheiten nach oben, also gilt $k(x) = f(x) + 3 = x^3 - 3x + 1$.

Aufgabe 6

Bestimmung der Schnittgeraden

Umwandlung der Normalenform von E in die Koordinatenform.

$$\left[\vec{x} - \begin{pmatrix} 1 \\ 2 \\ 1 \end{pmatrix}\right] \cdot \begin{pmatrix} 4 \\ -1 \\ 2 \end{pmatrix} = 0 \Leftrightarrow \left[\begin{pmatrix} x_1 \\ x_2 \\ x_3 \end{pmatrix} - \begin{pmatrix} 1 \\ 2 \\ 1 \end{pmatrix}\right] \cdot \begin{pmatrix} 4 \\ -1 \\ 2 \end{pmatrix} = 0 \Leftrightarrow \begin{pmatrix} x_1 - 1 \\ x_2 - 2 \\ x_3 - 1 \end{pmatrix} \cdot \begin{pmatrix} 4 \\ -1 \\ 2 \end{pmatrix} = 0$$

$$\Rightarrow 4(x_1 - 1) - (x_2 - 2) + 2(x_3 - 1) = 0 \Rightarrow 4x_1 - x_2 + 2x_3 = 4.$$

Nun haben wir das folgende lineare Gleichungssystem:

$$\begin{array}{llll} \text{I.} & 4x_1 - x_2 + 2x_3 &=& 4 \quad \text{Gleichung für } E \\ \text{II.} & x_2 + 2x_3 &=& 8 \quad \text{Gleichung für } F \end{array}$$

In der Situation „mehr Variablen als Gleichungen" kann eine der Variablen frei gewählt werden, z.B. $x_3 = t$, wobei $t \in \mathbb{R}$. Damit lösen wir II. nach x_2 auf: $x_2 = 8 - 2t$. In I. eingesetzt folgt $4x_1 - (8 - 2t) + 2t = 4 \Rightarrow 4x_1 = 12 - 4t$ also $x_1 = 3 - t$. Wenn wir nun x_1, x_2 und x_3 als Vektor schreiben, lässt sich daraus die Parameterform einer Geraden, der Schnittgeraden, gewinnen.

$$\vec{x} = \begin{pmatrix} x_1 \\ x_2 \\ x_3 \end{pmatrix} = \begin{pmatrix} 3 - t \\ 8 - 2t \\ t \end{pmatrix} = \begin{pmatrix} 3 \\ 8 \\ 0 \end{pmatrix} + t \begin{pmatrix} -1 \\ -2 \\ 1 \end{pmatrix}; \quad t \in \mathbb{R}$$

Dies ist die gesuchte Schnittgerade.

Aufgabe 7

a)   Besondere Lage von E

In der Koordinatengleichung fehlt x_2. Dies bedeutet, dass E parallel zur x_2-Achse verläuft. Die Schnittpunkte mit den verbleibenden Achsen (Spurpunkte) sind $S_1(4|0|0)$ und $S_3(0|0|-4)$. Dies war zwar nicht gefragt, doch dadurch lässt sich die Ebene sehr einfach in einem Koordinatensystem darstellen.

b) Bestimmung des Spiegelungspunktes A'

Wir bilden eine Hilfsgerade h, senkrecht zu E, so dass A auf h liegt. Dadurch können wir den Schnittpunkt von h mit E bestimmen und später den Spiegelungspunkt A'. Den

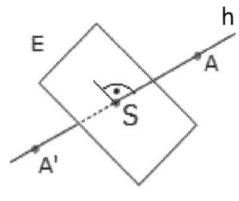

Normalenvektor von E lesen wir mit $\vec{n} = \begin{pmatrix} 1 \\ 0 \\ -1 \end{pmatrix}$ aus der

Koordinatengleichung ab. Damit ist $\vec{a} = \begin{pmatrix} 1 \\ 1 \\ 3 \end{pmatrix}$ der Stützvektor der Hilfsgeraden h und

$\vec{n}$ deren Richtungsvektor. Wir erhalten $h: \vec{x} = \begin{pmatrix} 1 \\ 1 \\ 3 \end{pmatrix} + t \begin{pmatrix} 1 \\ 0 \\ -1 \end{pmatrix}$ mit $t \in \mathbb{R}$. Hieraus

lesen wir die Koordinatengleichungen ab mit $x_1 = 1 + t, x_2 = 1$ und $x_3 = 3 - t$. Diese setzen wir in die Koordinatengleichung von E ein:

$$(1 + t) - (3 - t) - 4 = 0.$$

Auflösen nach t liefert $t = 3$. Einsetzen in h ergibt den Schnittpunkt S (genauer

gesagt den zugehörigen Ortsvektor): $\vec{s} = \begin{pmatrix} 1 \\ 1 \\ 3 \end{pmatrix} + 3 \begin{pmatrix} 1 \\ 0 \\ -1 \end{pmatrix} = \begin{pmatrix} 4 \\ 1 \\ 0 \end{pmatrix}$.

Mit $\overrightarrow{AA'} = 2 \cdot \overrightarrow{AS} \Rightarrow \vec{a'} - \vec{a} = 2(\vec{s} - \vec{a}) \Rightarrow \vec{a'} = 2\vec{s} - \vec{a} = 2 \begin{pmatrix} 4 \\ 1 \\ 0 \end{pmatrix} - \begin{pmatrix} 1 \\ 1 \\ 3 \end{pmatrix} = \begin{pmatrix} 7 \\ 1 \\ -3 \end{pmatrix}$.

Ergebnis: Der Spiegelungspunkt A' ist gegeben mit $A'(7|1|-3)$.

Aufgabe 8

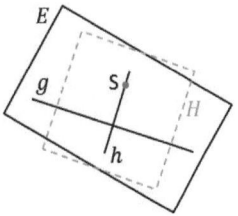

- Wähle einen beliebigen Punkt S auf E, der aber nicht auf g liegt.
- Konstruiere eine Hilfsebene H, orthogonal zu g, so dass S in H liegt. Als Stützvektor verwende $\vec{s}$ und als Normalenvektor verwende den Richtungsvektor $\vec{u}$ der Geraden g.
- Aus dem Schnitt der beiden Ebenen E und H ergibt sich die gesuchte Schnittgerade h, die senkrecht zu g ist und in E liegt.

5.86 Wahlteil 2012 – Analysis I 1

Aufgabe I 1

Die Abbildung zeigt den Verlauf einer Umgehungsstraße zur Entlastung der Ortsdurchfahrt AB einer Gemeinde. Das Gemeindegebiet ist kreisförmig mit dem Mittelpunkt M und dem Radius 1,5km. Die Umgehungsstraße verläuft durch die Punkte A und B und wird beschrieben durch die Funktion f mit
$$f(x) = -0,1x^3 - 0,3x^2 + 0,4x + 3,2.$$
1 LE entspricht 1 km.

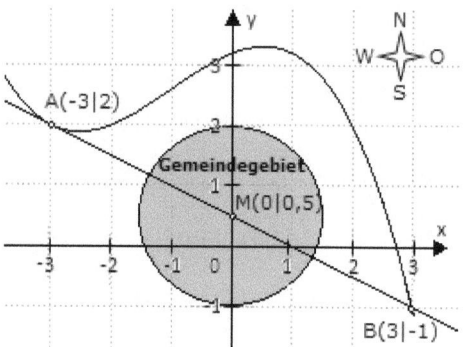

a) Welche Koordinaten hat der nördlichste Punkt der Umgehungsstraße? Wie weit ist dieser Punkt vom Ortsmittelpunkt M entfernt?
Die Umgehungsstraße beschreibt eine Linkskurve und eine Rechtskurve. Bestimmen Sie den Punkt, in dem diese beiden Abschnitte ineinander übergehen.
Zeigen Sie, dass die Umgehungsstraße im Punkt A ohne Knick in die Ortsdurchfahrt einmündet.

(6 VP)

b) Zur Bewertung von Grundstücken wird die Fläche zwischen der Ortsdurchfahrt und der Umgehungsstraße vermessen.
Wie viel Prozent dieser Fläche liegen außerhalb des Gemeindegebiets?

(4 VP)

c) Im Punkt $P(1,5|3)$ befindet sich eine Windkraftanlage.
Ein Fahrzeug fährt von B aus auf der Umgehungsstraße.
Von welchem Punkt der Umgehungsstraße aus sieht der Fahrer die Windkraftanlage genau in Fahrtrichtung vor sich?

(4 VP)

d) In welchem Punkt der Umgehungsstraße fährt ein Fahrzeug parallel zur Ortsdurchfahrt AB?
Welchen Abstand hat ein Fahrzeug auf der Umgehungsstraße höchstens von der Ortsdurchfahrt?

(4 VP)

5.87 Lösung Wahlteil 2012 – Analysis I 1

Aufgabe I 1

a) Nördlichster Punkt der Umgehungsstraße

Geben Sie den Funktionsterm von $f(x)$ bei Y$_1$ im Y-Editor Ihres GTR ein und lassen Sie sich den Graphen im Bereich $x_{min} = -4$, $x_{max} = 4$, $y_{min} = -2$, $y_{max} = 4$ zeichnen. Den maximalen Funktionswert bestimmen Sie mit {2nd CALC maximum} im Intervall [0;2]. Sie erhalten $x = 0{,}528$ und $y = 3{,}313$.

Ergebnis: Der nördlichste Punkt der Umgehungsstraße hat die Koordinaten $N(0{,}528|3{,}313)$.

Entfernung von N zum Ortsmittelpunkt M

Die Entfernung zweier Punkte bestimmt man anhand der Koordinatenunterschiede mit dem Satz des Pythagoras. Es gilt $\Delta x = 0{,}528 - 0 = 0{,}528$ und $\Delta y = 3{,}313 - 0{,}5 = 2{,}813$. Damit ist die Entfernung von N zu M gegeben durch

$$d = \sqrt{\Delta x^2 + \Delta y^2} = \sqrt{0{,}528^2 + 2{,}813^2} = 2{,}862.$$

Ergebnis: Die Entfernung des nördlichsten Punkts der Umgehungsstraße zum Ortsmittelpunkt beträgt 2,862km.

Bestimmung des Punktes W in dem die Linkskurve in eine Rechtskurve übergeht

Gesucht ist der Wendepunkt W von f. Es gilt $f'(x) = -0{,}3x^2 - 0{,}6x + 0{,}4$, $f''(x) = -0{,}6x - 0{,}6$ und $f'''(x) = -0{,}6$. Mit $f''(x) = 0$ folgt $-0{,}6x - 0{,}6 = 0$ also $x = -1$. Da $f'''(-1) = -0{,}6 \neq 0$ ist liegt tatsächlich ein Wendepunkt vor. $x = -1$ in f eingesetzt liefert die y-Koordinate $y = f(-1) = 2{,}6$. (Sie können dies mit dem GTR durch Eingabe von {Y$_1$(-1)} relativ schnell berechnen).

Ergebnis: Der Punkt W, in dem die Linkskurve auf der Umgehungsstraße in eine Rechtskurve übergeht lautet $W(-1|2{,}6)$.

Knickfreie Einmündung

Ein knickfreier Übergang ist dann gegeben, wenn die Ortsdurchfahrt (genauer: der zugehörige Funktionsterm) im Punkt $A(-3|2)$ dieselbe Steigung hat wie die Umgehungsstraße. Wir müssen also prüfen, ob $f'(-3) = m$ gilt, wobei m die Steigung der Geraden ist, welche die Ortsdurchfahrt beschreibt. m bestimmen wir durch das Steigungsdreieck in den Punkten A und B. Es gilt $m = \frac{y_2-y_1}{x_2-x_1} = \frac{-1-2}{3-(-3)} = -\frac{3}{6} = -0{,}5$. Durch Eingabe von {nDeriv(Y₁,X,-3)} bestimmen wir $f'(-3)$ und erhalten ebenfalls den Wert $-0{,}5$. Damit ist die knickfreie Einmündung gezeigt.

b) Prozentanteil der Fläche zwischen Umgehungsstraße und Ortsdurchfahrt außerhalb des Gemeindegebiets

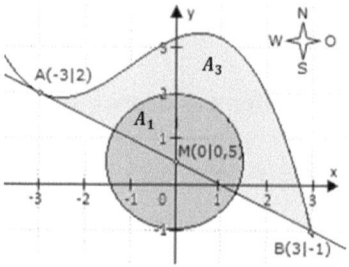

Zunächst bestimmen wir die Fläche A_1 des Gemeindegebiets, die zwischen der Ortsdurchfahrt und der Umgehungsstraße liegt. Die Abbildung legt nahe, dass die Ortsdurchfahrt genau durch den Mittelpunkt des Ortes geht. Da dies aber nirgendwo in der Aufgabe beschrieben ist, müssen wir dies rechnerisch nachweisen. Durch die vorherige Aufgabe ist $g(x) = -0{,}5x + b$ bereits teilweise gegeben. Da A auf g liegt setzen wir A ein und erhalten $2 = -0{,}5(-3) + b$ und damit $b = 0{,}5$. Die Ortsdurchfahrt geht also tatsächlich exakt durch den Ortsmittelpunkt und halbiert somit die Gemeindefläche. Daher gilt $A_1 = \frac{r^2\pi}{2} = \frac{1{,}5^2\pi}{2} \approx 3{,}534$. Die Fläche A_2 zwischen den beiden Kurven f und g wird bestimmt durch den Ausdruck

$$A_2 = \int\limits_{-3}^{3} \big(f(x) - g(x)\big)\,dx.$$

Geben Sie nun den Funktionsterm für $g(x)$ bei Y₂ im GTR ein. Im Berechnungsmodus geben Sie nun {fnInt(Y₁-Y₂,X,-3,3)} ein und erhalten für A_2 den Wert 10,8. Die Restfläche außerhalb des Gemeindegebiets beträgt dann $A_3 = A_2 - A_1 = 7{,}266$. Der prozentuelle Anteil von A_3 an A_2 ergibt sich durch

$$p = \frac{A_3}{A_2} \cdot 100 = \frac{7{,}266}{10{,}8} \cdot 100 = 67{,}2\%.$$

Ergebnis: Der gesuchte Flächenanteil außerhalb des Gemeindegebiets beträgt 67,2%.

c) Geradlinige Sicht auf die Windkraftanlage

Gesucht ist eine Tangente an f, so dass diese durch den Punkt P geht. Die Tangente berührt f im Punkt $Q(u|f(u))$. Die Tangentengleichung lautet allgemein $y = f'(x_0)(x - x_0) + f(x_0)$. In unserem Fall ist $x_0 = u$, also ist $y = f'(u)(x - u) + f(u)$. Da der Punkt $P(1,5|3)$ auf der Tangente liegt, setzen wir dessen Koordinaten ein und erhalten:

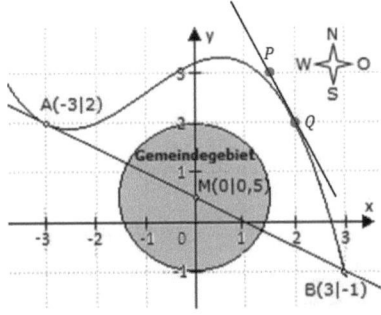

$$3 = f'(u)\,(1,5 - u) + f(u)$$

Nun ist $f(u) = -0,1u^3 - 0,3u^2 + 0,4u + 3,2$ und $f'(u) = -0,3u^2 - 0,6u + 0,4$. Auch dies setzen wir ein und erhalten eine Gleichung, aus der wir u bestimmen können:

$$3 = (-0,3u^2 - 0,6u + 0,4)\,(1,5 - u) + (-0,1u^3 - 0,3u^2 + 0,4u + 3,2)$$

Ausmultiplizieren und zusammenfassen liefert: $0,2u^3 - 0,15u^2 - 0,9u + 0,8 = 0$. Geben Sie diesen Ausdruck bei Y₃ Ihres GTR ein und bestimmen Sie die Nullstellen z.B. mit dem Gleichungslöser (Taste {MATH}, dann {B: Solver}). Alternativ können Sie sich den Graphen zeichnen lassen und mit {2nd CALC zero} die Nullstellen im graphischen Modus bestimmen. Sie erhalten $u_1 \approx -2,17$, $u_2 \approx 0,92$ und $u_3 = 2$. Die ersten beiden Lösungen kommen hier nicht in Frage, da der Fahrer im Punkt B also bei $x = 3$ startet und sich die Windkraftanlage an der Stelle $x = 1,5$ befindet. Somit können wir jetzt mit $u = 2$ die endgültigen Koordinaten des Berührpunktes Q bestimmen. Mit $f(2) = 2$ (Eingabe im GTR: Y₁(2)) folgt $Q(2|2)$.

Ergebnis: Vom Punkt $Q(2|2)$ aus sieht der Fahrer die Windkraftanlage direkt vor sich.

d) Stelle an der ein Fahrzeug parallel zur Ortsdurchfahrt fährt

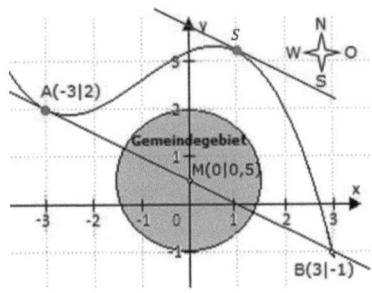

Aus Teilaufgabe a) wissen wir, dass die Gerade, welche die Ortsdurchfahrt darstellt, die Steigung $-0,5$ hat. Gesucht ist demnach eine Stelle $x = u$ auf der Umgehungsstraße an der $f'(u) = -0,5$ gilt. Ersetzen Sie Ihre bisherige Eingabe bei Y₃ im GTR durch den Funktionsterm von $f'(x) + 0,5$ also durch $-0,3x^2 - 0,6x + 0,9$. Lassen Sie sich den Graphen zeichnen und bestimmen Sie mit {2nd CALC zero} die erste Nullstelle im Intervall $[0; 2]$. Sie erhalten $x_1 = 1$. Einsetzen in f liefert die y-Koordinate $y = f(1) = 3{,}2$. Somit ist $S(1|3{,}2)$ der gesuchte Punkt. Ein zweite Nullstelle findet sich bei $x_2 = -3$, doch dies ist die Stelle, an der die Umgehungsstraße (knickfrei) in die Ortsdurchfahrt übergeht.

Ergebnis: Im Punkt $S(1|3{,}2)$ auf der Umgehungsstraße fährt man parallel zur Ortsdurchfahrt.

Maximaler Abstand eines Fahrzeugs auf der Umgehungsstraße zur Ortsdurchfahrt

Achtung Stolperfalle: Den maximalen Abstand können Sie nicht anhand der Funktionsunterschiede, also durch $f(x) - g(x)$, bestimmen!

Der größte Abstand zur Ortsdurchfahrt g ist im Punkt S gegeben. Wir müssen zuerst die Normale n zur Ortsdurchfahrt bestimmen, danach den Schnittpunkt T von n mit g. Der gesuchte Abstand ist schließlich derjenige zwischen S und T.

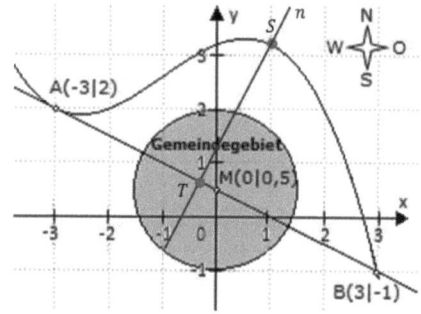

Schritt 1: Bestimmung der Normalen n

Die Steigung von g ist $m_g = -\frac{1}{2}$. Wegen $m_g \cdot m_n = -1$ muss $m_n = 2$ sein. Damit folgt zunächst $y = 2x + b$. S in n eingesetzt liefert $3{,}2 = 2 \cdot 1 + b$ und damit $b = 1{,}2$. Es folgt n: $y = 2x + 1{,}2$

Schritt 2: Schnittpunkt von n mit g

Geben Sie die Geradengleichungen für g und n im GTR ein und lassen Sie sich die Graphen zeichnen. Mit {2nd CALC intersect} liefert der GTR den Schnittpunkt bei $x \approx -0{,}28$ und $y \approx 0{,}64$, somit ist $T(-0{,}28|0{,}64)$.

Schritt 3: Abstand zwischen S und T mit Pythagoras

$$d(S, T) = \sqrt{(-0{,}28 - 1)^2 + (0{,}64 - 3{,}2)^2} = 2{,}86$$

Ergebnis: Der größtmögliche Abstand eines Fahrzeugs auf der Umgehungsstraße zur Ortsdurchfahrt beträgt 2,86km.

5.88 Wahlteil 2012 – Analysis I 2

Aufgabe I 2

Gegeben sind die Funktion f und für jedes $t > 0$ die Funktion g_t durch

$$f(x) = (\sin(x))^2 \quad \text{bzw.} \quad g_t(x) = t \cdot \sin(x) \quad ; \quad x \in \mathbb{R}.$$

a) Skizzieren Sie die Graphen von f und g_1 für $0 \leq x \leq \pi$ in einem
   gemeinsamen Koordinatensystem.
   Geben Sie die Periode und Amplitude der Funktion f an.
   An welchen Stellen unterscheiden sich die Funktionswerte von f und g_1
   im skizzierten Bereich am stärksten?
   Wie groß ist dieser Unterschied?

   (6 VP)

b) Für welchen Wert von t schneiden sich die Graphen von f und g_t im
   Ursprung unter einem Winkel von $45°$?
   Der Graph der Funktion f schließt im Bereich $0 \leq x \leq \pi$ mit der x-Achse
   eine Fläche ein.
   Für welchen Wert von t hat die Fläche, die der Graph von g_t im gleichen
   Bereich mit der x-Achse einschließt, den gleichen Inhalt?

   (6 VP)

c) K ist der Graph der Funktion g_1.
   Durch Spiegelung von K an der Gerad//en h: $y = 2$ entsteht der Graph $\overline{K}$.
   Geben Sie eine zu $\overline{K}$ gehörende Gleichung an.

   K rotiert um die Gerade h.
   Dadurch entsteht im Bereich $0,5 \leq x \leq 5,2$ das Modell eines Pokals, dessen
   Standfläche den Mittelpunkt $M(0,5|2)$hat.
   Der massive Boden des Pokals reicht von der Standfläche bis zur engsten Stelle.
   Untersuchen Sie, ob ein Liter Flüssigkeit in den Pokal passt.
   (1 LE entspricht 2,5cm.)

   (6 VP)

5.89 Lösung Wahlteil 2012 – Analysis I 2

Aufgabe I 2

a) Graphen von f und g_1

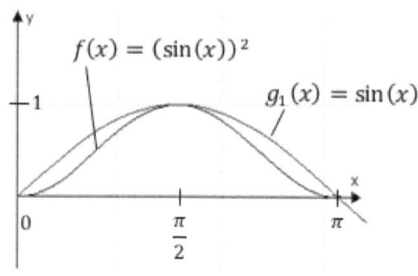

Periode und Amplitude von f

Durch das Quadrieren der Sinus-Funktion ändern sich die Nullstellen nicht, jedoch wird die untere Halbwelle nach oben „geklappt" und dabei deformiert. Daher vollzieht f eine komplette Schwingung nun im Intervall $[0; \pi]$ und nicht, wie bei Sinus im Intervall $[0; 2\pi]$. f nimmt minimal den Wert 0 und maximal den Wert 1 an. Die maximale Auslenkung von f hat demnach den Wert 1. Für den rechnerischen Nachweis der Periode müsste man testen, ob $f(x) = f(x + \pi)$ für $x \in \mathbb{R}$ gilt. Dies war nicht verlangt, aber wir zeigen den Nachweis dennoch. Es gilt:

$$f(x + \pi) = (\sin(x + \pi))^2 = (-\sin(x))^2 = (\sin(x))^2 = f(x) \text{ für } x \in \mathbb{R}.$$

Ergebnis: Die Periode von f ist $p = \pi$, die Amplitude ist 1.

Größter Unterschied zwischen f und g_1

Geben Sie den Ausdruck {sin(x)-(sin(x))^2} im Y-Editor Ihres GTR bei Y_1 ein. Dies stellt den Unterschied zwischen f und g_1 dar. Lassen Sie sich den Graphen in einem geeigneten Bereich zeichnen. Sie erkennen, dass der maximale Unterschied an zwei verschiedenen Stellen angenommen wird. Durch Eingabe von {2nd CALC maximum} einmal im Intervall $[0; 1]$ und einmal im Intervall $[2; 3]$ erhalten Sie im ersten Fall $x_1 = 0{,}523$ und im zweiten Fall $x_2 = 2{,}618$ jeweils mit demselben Wert $y = 0{,}25$.

Ergebnis: Der größte Unterschied zwischen f und g_1 beträgt 0,25 und wird an den Stellen $x_1 = 0{,}523$ und $x_2 = 2{,}618$ angenommen.

b) Schnitt der Graphen von f und g_t im Ursprung

Da es in der Aufgabe um Schnittwinkel geht bilden wir zunächst die erste Ableitung beider Funktionen. Es gilt $f'(x) = 2\sin(x)\cos(x)$ und $g_t'(x) = t \cdot \cos(x)$. Im Ursprung, also bei $x = 0$, erhalten wir $f'(0) = 0$ und $g_t'(0) = t$. Die erste Ableitung einer Funktion an der Stelle x_0 stellt bekanntlich deren Steigung in x_0 dar. Folglich hat f im Ursprung eine waagrechte Tangente (Steigung=0), so dass der Schnittwinkel zwischen f und g_t nur noch durch den Steigungswinkel von g_t (im Ursprung) bestimmt wird. Es muss also $t = 1$ gelten, da dann $g_1'(0) = 1$ ist und die Steigung 1 dem Steigungswinkel $45°$ entspricht.

Ergebnis: Für $t = 1$ schneiden sich f und g_t im Ursprung im Winkel von $45°$.

Bestimmung von t für die Flächengleichheit der beiden Graphen

Im Intervall $[0; \pi]$ ist die Fläche unterhalb des Graphen von f gegeben durch $A = \int_0^\pi (\sin(x))^2 dx$. Durch Eingabe von {fnInt((sin(X))^2,X,0,π)} im GTR erhalten Sie den Wert $A = 1{,}571$. Es muss also ebenfalls $A_t = 1{,}571$ gelten. Mit

$$A_t = \int_0^\pi t \cdot \sin(x)\, dx = t \cdot \int_0^\pi \sin(x)\, dx = 2t$$

folgt $1{,}571 = 2t$ und damit $t = 0{,}785$.

Ergebnis: Für $t = 0{,}785$ haben die Flächen unterhalb der Graphen von f und g_t im Intervall $[0; \pi]$ den selben Wert (nämlich $A = 1{,}571$).

c) Funktionsterm für $\overline{K}$

Wir verschieben die Gerade h zusammen mit der Funktion g_1 um zwei Einheiten nach unten. Dadurch wird h zur x-Achse und aus g_1 entsteht die neue Funktion $k(x) = \sin(x) - 2$. Durch Multiplikation mit -1 wird $k(x)$ an der x-Achse gespiegelt wodurch $l(x) = 2 - \sin(x)$ entsteht. Schließlich schieben wir $l(x)$ wieder um zwei Einheiten zurück nach oben und erhalten $s(x) = 4 - \sin(x)$. Dadurch haben wir g_1 an h gespiegelt.

Ergebnis: Der Funktionsterm für $\overline{K}$ lautet $s(x) = 4 - \sin(x)$.

Passt 1l Flüssigkeit in den Pokal?

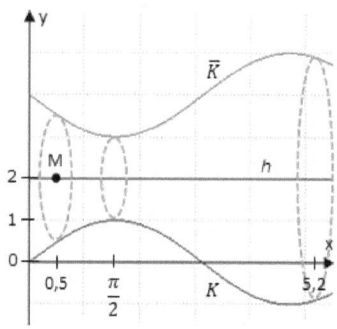

Die engste Stelle des Pokals liegt bei $x = \frac{\pi}{2}$ weil dort $g_1(x)$ maximal (und $s(x)$ minimal) wird. Gesucht ist demnach das Rotationsvolumen von $g_1(x)$ im Intervall $\left[\frac{\pi}{2}; 5{,}2\right]$ bei Rotation um die Gerade h. Wir verschieben hierzu $g_1(x)$ um zwei Einheiten nach unten, so dass die neue Funktion $k(x) = \sin(x) - 2$ nunmehr um die x-Achse rotiert. Nun können wir die übliche Integralformel für das Rotationsvolumen bei Rotation um die x-Achse verwenden. Es gilt:

$$V_x = \pi \int\limits_{\frac{\pi}{2}}^{5,2} [k(x)]^2 dx = \pi \int\limits_{\frac{\pi}{2}}^{5,2} (\sin(x) - 2)^2 dx \approx 57{,}844 \text{ LE}^3$$

Den Wert des obigen Integrals erhalten Sie mit dem GTR nach Eingabe von {fnInt((sin(X)-2)^2,X, π /2,5.2)}. Laut Aufgabenstellung hat eine Längeneinheit eine Länge von 2,5cm. Somit gilt: $V_x = 57{,}844 \cdot (2{,}5\text{cm})^3 \approx 904\text{cm}^3$.

Ergebnis: Das Füllvolumen des Pokals beträgt etwa 904cm^3. Ein Liter Flüssigkeit passt somit nicht hinein, denn dies entspricht 1000cm^3.

5.90 Wahlteil 2012 – Analysis I 3

Aufgabe I 3

Ein Medikament kann mithilfe einer Spritze oder durch Tropfinfusion verabreicht werden.

a) Bei Verabreichung des Medikaments mithilfe einer Spritze wird die Wirkstoffmenge im Blut des Patienten beschrieben durch die Funktion f mit

$$f(t) = 130 \cdot (e^{-0,2 \cdot t} - e^{-0,8 \cdot t}); \; 0 \le t \le 24$$

(t in Stunden nach der Injektion, $f(t)$ in mg).

Skizzieren Sie den Graphen von f.
Das Medikament wirkt nur dann, wenn mindestens 36mg des Wirkstoffs im Blut vorhanden sind.
Bestimmen Sie den Zeitraum, in dem das Medikament wirkt.
Zu welchen Zeitpunkten nimmt die Wirkstoffmenge im Blut am stärksten zu bzw. ab?
Berechnen Sie die mittlere Wirkstoffmenge im Blut während der ersten 12 Stunden.

(7 VP)

Wenn das Medikament stattdessen durch Tropfinfusion zugeführt wird, lässt sich die Wirkstoffmenge im Blut beschreiben durch die Funktion g mit

$$g(t) = 80 \cdot (1 - e^{-0,05 \cdot t}); \; t \ge 0$$

(t in Minuten nach Infusionsbeginn, $g(t)$ in mg).

b) Welche Wirkstoffmenge wird sich langfristig im Blut befinden?
Zeigen Sie, dass die Wirkstoffmenge im Blut ständig zunimmt.
Zu welchem Zeitpunkt beträgt die momentane Änderungsrate der Wirkstoffmenge im Blut $1 \frac{\text{mg}}{\text{min}}$?
In welchem 15-Minuten-Zeitraum ändert sich die Wirkstoffmenge um 30mg?

(7 VP)

c) Geben Sie eine Differenzialgleichung des beschränkten Wachstums an, die von
    der Funktion g erfüllt wird.
    Bei der Tropfinfusion wird dem Patienten pro Minute eine konstante
    Wirkstoffmenge zugeführt. Die Abbaurate ist dabei stets proportional zur
    Wirkstoffmenge im Blut.
    Wie groß ist die konstante Zufuhr der Wirkstoffmenge pro Minute?
    Welche Wirkstoffmenge müsste man pro Minute zuführen, damit sich
    langfristig 90 mg im Blut befinden?

                                                                      (4 VP)

5.91 Lösung Wahlteil 2012 – Analysis I 3

Aufgabe I 3

a) **Graph von** f

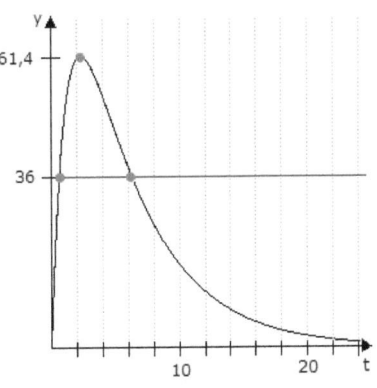

Wirkzeitraum des Medikaments

Geben Sie den Funktionsterm von f bei Y_1 und den Wert 36 bei Y_2 im GTR ein und lassen Sie sich die Graphen im x-Intervall $[0; 24]$ und im y-Intervall $[0; 70]$ zeichnen. Das Ergebnis sollte in etwa der nebenstehenden Abbildung entsprechen. Da das Medikament erst ab 36mg Wirkstoffmenge wirkt suchen wir die Schnittpunkte der Geraden $y = 36$ mit f. Diese berechnen Sie mit dem GTR durch Eingabe von {2nd CALC intersect}. Sie erhalten im ersten Fall $t \approx 0{,}628$ und im zweiten Fall $t \approx 6{,}305$.

Ergebnis: Das Medikament wirkt im Zeitraum von 0,63 bis 6,3 Stunden nach der Einnahme.

Stärkste Zu- bzw. Abnahme der Wirkstoffmenge

Die stärkste Zunahme der Wirkstoffmenge kann man bei $t = 0$ direkt an der Grafik erkennen. Man nennt dies ein Randmaximum. Für die Bestimmung mit dem GTR geben Sie bei Y_3 den Ausdruck nDeriv{Y_1,X,X} ein und lassen sich den Graphen im x-Intervall $[0; 24]$ und y-Intervall $[-20; 70]$ zeichnen. Das Maximum von f' sehen Sie auch hier am Rand bei $t = 0$. Das Minimum

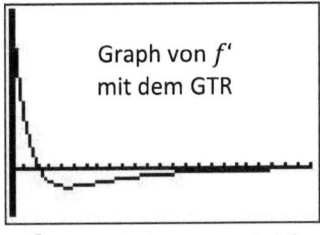

Graph von f'
mit dem GTR

bestimmen Sie mit {2nd CALC minimum} im Intervall $[2; 10]$. Sie erhalten $x = 4{,}62$.

Ergebnis: Die stärkste Zunahme der Wirkstoffmenge findet zu Beginn der Einnahme, die stärkste Abnahme findet nach 4,62 Stunden nach Einnahme statt.

Mittlere Wirkstoffmenge während der ersten zwölf Stunden

Der gesuchte Mittelwert berechnet sich mit dem Integral $m = \frac{1}{12}\int_0^{12} f(x)dx$. Sie berechnen diesen Ausdruck mit dem GTR durch Eingabe von $\{(1\div12)*\text{fnInt}(Y_1,X,0,12)\}$. Sie erhalten $m = 35{,}71$.

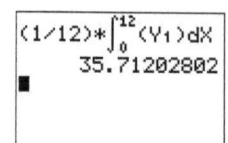

Ergebnis: Die mittlere Wirkstoffmenge während der ersten zwölf Stunden beträgt 35,71mg.

b) Langfristige Wirkstoffmenge im Blut

Gesucht ist der Grenzwert $\lim_{t\to\infty} g(t)$. Es gilt

$$\lim_{t\to\infty} 80 \cdot (1 - e^{-0,05\cdot t}) = 80 \cdot \lim_{t\to\infty}\left(1 - \frac{1}{e^{0,05\cdot t}}\right) = 80,$$

da für $t \to \infty$ der Ausdruck $\frac{1}{e^{0,05\cdot t}}$ gegen 0 geht.

Ergebnis: Langfristig befinden sich 80mg Wirkstoff im Blut.

Zunahme der Wirkstoffmenge

Wir müssen prüfen, ob der Graph von $g(t)$ monoton wachsend ist. Dies ist der Fall, wenn stets $g'(t) > 0$ gilt. Mit $g'(t) = 80 \cdot (0,05e^{-0,05\cdot t}) = 4e^{-0,05\cdot t}$ folgt tatsächlich $g'(t) > 0$ da die e-Funktion stets positiv ist. Damit ist die langfristige Zunahme der Wirkstoffmenge im Blut gezeigt.

Momentane Änderungsrate von $1\frac{\text{mg}}{\text{min}}$

Gesucht ist der Zeitpunkt t an dem $g'(t) = 1$ ist. Wir lösen die entsprechende Gleichung nach t auf und erhalten: $4e^{-0,05\cdot t} = 1 \Rightarrow e^{-0,05\cdot t} = \frac{1}{4}$ und nach Logarithmieren $-0{,}05t = \ln\left(\frac{1}{4}\right) \Rightarrow t = -\frac{1}{0,05}\ln\left(\frac{1}{4}\right) = -20\ln\left(\frac{1}{4}\right) \approx 27{,}73$.

Ergebnis: Nach etwa 28 Minuten beträgt die momentane Änderungsrate der Wirkstoffmenge im Blut $1\frac{\text{mg}}{\text{min}}$.

Bestimmung des 15-Minuten-Zeitraums

Wenn t ein beliebiger Zeitpunkt ist, dann wird 15 Minuten später durch $t + 15$ ausgedrückt. Es muss also $g(t + 15) - g(t) = 30$ gelten. Löschen Sie nun Ihre bisherigen Eingaben im Y-Editor und geben Sie bei Y_1 den Funktionsterm von g ein, bei Y_2 den Ausdruck $\{Y_1(X+15)-Y_1(X)\}$ und bei Y_3 den Wert 30 und lassen Sie sich die Graphen von Y_2 und Y_3 im x-Intervall $[0; 24]$ zeichnen. Mit {2nd CALC intersect} bestimmen Sie den Schnittpunkt beider Kurven bei $x = 6{,}83$.

Ergebnis: Im Zeitraum zwischen 6,83 Minuten und 21,83 Minuten nach Infusionsbeginn ändert sich die Wirkstoffmenge im Blut um 30mg.

c) Differenzialgleichung für g

Die DGL für beschränktes Wachstum lautet allgemein $g'(t) = k\big(S - g(t)\big)$. $g'(t) = 4e^{-0{,}05 \cdot t}$ kennen wir bereits aus Teilaufgabe b). Damit haben wir:

$$4e^{-0{,}05 \cdot t} = k\big(S - 80 \cdot (1 - e^{-0{,}05 \cdot t})\big)$$

Ausmultiplizieren liefert $4e^{-0{,}05 \cdot t} = kS - 80k + 80ke^{-0{,}05 \cdot t}$. Durch einen Vergleich der Term links und rechts sieht man, dass offenbar $kS - 80k = 0$ und $80k = 4$ gelten muss. Aus der letzten Gleichung erhalten wir $k = 0{,}05$. In die erste Gleichung eingesetzt folgt $0{,}05S - 4 = 0$ und damit wieder $S = 80$.

Ergebnis: Die Differenzialgleichung für g lautet $g'(t) = 0{,}05\big(80 - g(t)\big)$.

Bestimmung der konstanten Zufuhr

Ausmultiplizieren der soeben ermittelten DGL liefert $g'(t) = 4 - 0{,}05g(t)$. Diesen Ausdruck kann man lesen als „Änderungsrate zum Zeitpunkt t ist Zufluss minus Abfluss". Daran erkennen Sie, dass der konstante Wert 4 den Zufluss angibt.

Ergebnis: Pro Minute werden konstant 4mg Wirkstoffmenge zugeführt.

Bestimmung der neuen Wirkstoffzufuhr

In der DGL $g'(t) = k\big(S - g(t)\big)$ ist S die obere Schranke der das Wachstum zustrebt. Diese soll nun den Wert $S = 90$ annehmen. Durch Ausmultiplizieren der DGL erhält man $g'(t) = k \cdot S - k \cdot g(t)$. Hier stellt $k \cdot S$ den (konstanten) Zufluss und $k \cdot g(t)$ die Abnahme dar. Da k unverändert den Wert 0,05 hat ist $k \cdot S = 0,05 \cdot 90 = 4,5$ der konstante Zufluss.

Ergebnis: Die konstante Wirkstoffzufuhr muss 4,5mg pro Minute betragen, damit sich langfristig 90mg Wirkstoff im Blut befinden.

5.92 Wahlteil 2012 – Geometrie II 1

Aufgabe II 1

Die Ebene E enthält die Punkte $A(6|1|0)$, $B(2|3|0)$ und $P(3|0|2{,}5)$.

a) Bestimmen Sie eine Koordinatengleichung von E.
   Stellen Sie die Ebene E in einem Koordinatensystem dar.
   Unter welchem Winkel schneidet E die x_1-Achse?
   (Teilergebnis: $E: x_1 + 2x_2 + 2x_3 = 8$)

   (4 VP)

b) Zeigen Sie, dass das Dreieck ABP gleichschenklig ist.

   Das Viereck $ABCD$ ist ein Rechteck mit Diagonalenschnittpunkt P.
   Bestimmen Sie die Koordinaten der Punkte C und D.

   Es gibt senkrechte Pyramiden mit Grundfläche $ABCD$ und Höhe 12.
   Berechnen Sie die Koordinaten der Spitzen dieser Pyramiden.

   (6 VP)

c) Welche Punkte der x_1-Achse bilden jeweils mit A und B ein rechtwinkliges
   Dreieck mit Hypotenuse AB?

   (3 VP)

d) Gegeben ist ein senkrechter Kegel mit Grundkreismittelpunkt $M(0|0|0)$,
   Grundkreisradius 4 und Spitze $S(0|0|12)$.
   Untersuchen Sie, ob der Punkt $R(2|2|3)$ innerhalb des Kegels liegt.

   (3 VP)

5.93 Lösung Wahlteil 2012 – Geometrie II 1

Aufgabe II 1

a) Bestimmung einer Koordinatengleichung für E

Aus den Punkten A, B und P können wir zwei Richtungsvektoren bilden. Es folgt $\vec{u} =$
$\overrightarrow{AB} = \begin{pmatrix} 2 \\ 3 \\ 0 \end{pmatrix} - \begin{pmatrix} 6 \\ 1 \\ 0 \end{pmatrix} = \begin{pmatrix} -4 \\ 2 \\ 0 \end{pmatrix}$ und $\vec{v} = \overrightarrow{AP} = \begin{pmatrix} 3 \\ 0 \\ 2,5 \end{pmatrix} - \begin{pmatrix} 6 \\ 1 \\ 0 \end{pmatrix} = \begin{pmatrix} -3 \\ -1 \\ 2,5 \end{pmatrix}$. Mit dem
Vektorprodukt $\vec{u} \times \vec{v}$ bestimmen wir einen Normalenvektor:

$$
\begin{array}{cc}
-4 & -3 \\
2 & -1 \\
0 & 2,5 \\
-4 & -3 \\
2 & -1 \\
0 & 2,5
\end{array}
\qquad
\Rightarrow \quad \vec{u} \times \vec{v} = \begin{pmatrix} 5 \\ 0 \\ 4 \end{pmatrix} - \begin{pmatrix} 0 \\ -10 \\ -6 \end{pmatrix} = \begin{pmatrix} 5 \\ 10 \\ 10 \end{pmatrix}
$$

Da es beim Normalenvektor nicht auf die Länge ankommt dividieren wir durch 5 und
erhalten $\vec{n} = \begin{pmatrix} 1 \\ 2 \\ 2 \end{pmatrix}$. Damit folgt $E: x_1 + 2x_2 + 2x_3 = d$ mit einem noch unbekannten
$d \in \mathbb{R}$. Da A in E liegt erhalten wir d durch Einsetzen von A. Es folgt $6 + 2 \cdot 1 + 0 = 8 = d$.

Ergebnis: Die Koordinatengleichung von E lautet $E: x_1 + 2x_2 + 2x_3 = 8$.

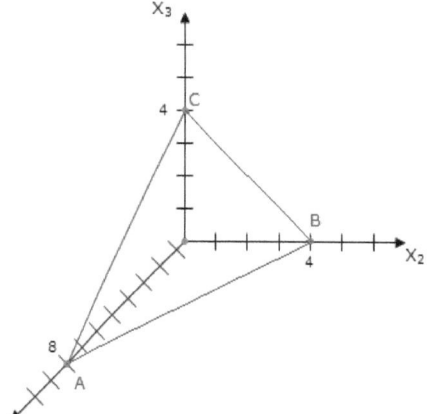

Darstellung im Koordinatensystem

Aus der Koordinatengleichung ermittelt man die Spurpunkte nach Division durch 8 und anschließender Kehrwertbildung der Koeffizienten (also $\frac{8}{1}, \frac{8}{2}$ und $\frac{8}{2}$). Damit sind die Spurpunkte gegeben mit $S_1(8|0|0)$, $S_2(0|4|0)$ und $S_3(0|0|4)$ und wir können die Ebene wie links abgebildet zeichnen.

Winkel zwischen E und der x_1-Achse

Die Winkelformel für den Schnittwinkel zwischen einer Geraden und einer Ebene lautet $\sin(\alpha) = \frac{|\vec{n}\cdot\vec{u}|}{|\vec{n}|\cdot|\vec{u}|}$. In unserem Fall ist $\vec{n} = \begin{pmatrix} 1 \\ 2 \\ 2 \end{pmatrix}$ der Normalenvektor der Ebene und $\vec{u} = \begin{pmatrix} 1 \\ 0 \\ 0 \end{pmatrix}$ der Richtungsvektor der x_1-Achse. Wir erhalten $|\vec{n}\cdot\vec{u}| = |1\cdot 1 + 2\cdot 0 + 2\cdot 0| = 1$, $|\vec{n}| = \sqrt{1^2+2^2+2^2} = 3$ und $|\vec{u}| = \sqrt{1^2+0^2+0^2} = 1$. Eingesetzt in die Winkelformel folgt $\sin(\alpha) = \frac{1}{3}$. Nach Eingabe von {2nd SIN(1÷3)} erhält man schließlich $\alpha \approx 19{,}47°$.

Ergebnis: Der Winkel zwischen E und der x_1-Achse beträgt etwa $19{,}5°$.

b) Gleichschenkligkeit des Dreiecks ABP

Die Vektoren $\overrightarrow{AB} = \begin{pmatrix} -4 \\ 2 \\ 0 \end{pmatrix}$ und $\overrightarrow{AP} = \begin{pmatrix} -3 \\ -1 \\ 2{,}5 \end{pmatrix}$ haben wir bereits in Teilaufgabe a) berechnet. Es gilt weiter $\overrightarrow{BP} = \begin{pmatrix} 3 \\ 0 \\ 2{,}5 \end{pmatrix} - \begin{pmatrix} 2 \\ 3 \\ 0 \end{pmatrix} = \begin{pmatrix} 1 \\ -3 \\ 2{,}5 \end{pmatrix}$. Damit bestimmen wir die Längen der jeweiligen Dreiecksseiten zu $|\overrightarrow{AB}| = \sqrt{(-4)^2+2^2+0^2} = \sqrt{20}$, $|\overrightarrow{AP}| = \sqrt{(-3)^2+(-1)^2+2{,}5^2} = \sqrt{16{,}25}$ und $|\overrightarrow{BP}| = \sqrt{1^2+(-3)^2+2{,}5^2} = \sqrt{16{,}25}$. Wie man sieht haben die Seiten AP und BP dieselbe Länge. Das Dreieck ist somit gleichschenklig.

Bestimmung der Eckpunkte C und D

Mit $\vec{a} + 2\cdot\overrightarrow{AP} = \vec{c}$ folgt

$$\begin{pmatrix} 6 \\ 1 \\ 0 \end{pmatrix} + 2\cdot\begin{pmatrix} -3 \\ -1 \\ 2{,}5 \end{pmatrix} = \begin{pmatrix} 0 \\ -1 \\ 5 \end{pmatrix} = \vec{c}.$$

Mit $\vec{b} + 2\cdot\overrightarrow{BP} = \vec{d}$ folgt $\begin{pmatrix} 2 \\ 3 \\ 0 \end{pmatrix} + 2\cdot\begin{pmatrix} 1 \\ -3 \\ 2{,}5 \end{pmatrix} = \begin{pmatrix} 4 \\ -3 \\ 5 \end{pmatrix} = \vec{d}.$

Ergebnis: Die Punkte C und D sind gegeben mit $C(0|-1|5)$ und $D(4|-3|5)$.

Bestimmung der Pyramidenspitzen

Möglichkeit 1: Verwendung der Abstandsformel Punkt-Ebene

Überlegung: Die Spitze einer senkrechten Pyramide liegt immer senkrecht über dem Mittelpunkt (in unserem Fall ist dies P) der Grundfläche. Wir suchen also eine Gerade g, senkrecht zu E, die den Mittelpunkt P enthält. Als Richtungsvektor von g nehmen wir den Normalenvektor von E und als Stützvektor den Ortsvektor des Punktes P.

Wir erhalten g: $\vec{x} = \begin{pmatrix} 3 \\ 0 \\ 2{,}5 \end{pmatrix} + t \cdot \begin{pmatrix} 1 \\ 2 \\ 2 \end{pmatrix} ; t \in \mathbb{R}$. Die Gleichung der Ebene wurde in Teilaufgabe a) bestimmt mit $E: x_1 + 2x_2 + 2x_3 = 8$. Wir überführen diese in die Hesse'sche Normalenform. Es folgt

$$\text{HNF } E: \frac{x_1 + 2x_2 + 2x_3 - 8}{3} = 0$$

Der Abstand eines beliebigen Punktes $S(x_1|x_2|x_3)$ zu E ist folglich gegeben mit

$$d(S,E) = \frac{|x_1 + 2x_2 + 2x_3 - 8|}{3}$$

Da S auf unserer Geraden liegt sind die Koordinaten gegeben mit $x_1 = 3 + t$, $x_2 = 2t$ und $x_3 = 2{,}5 + 2t$ was man aus der Geradengleichung ablesen kann. Diese Koordinaten setzen wir in die Abstandsformel ein und erhalten unter Beachtung, dass dieser Abstand den Wert 12 haben soll:

$$\frac{|(3 + t) + 2(2t) + 2(2{,}5 + 2t) - 8|}{3} = 12$$

Ausmultiplizieren und Zusammenfassen liefert $|9t| = 36$. Falls $t \geq 0$ ist können wir die Betragsstriche einfach weglassen und erhalten $t = 4$. Falls $t < 0$ ist können wir die Betragsstriche nur weglassen, wenn wir den Term zwischen den Betragsstrichen nochmal mit -1 multiplizieren. Es folgt $-9t = 36$ und damit $t = -4$. Beide Werte setzen wir in die Geradengleichung ein und erhalten dadurch erstens $\vec{s} = \begin{pmatrix} 3 \\ 0 \\ 2{,}5 \end{pmatrix} + 4 \cdot \begin{pmatrix} 1 \\ 2 \\ 2 \end{pmatrix} = \begin{pmatrix} 7 \\ 8 \\ 10{,}5 \end{pmatrix}$ und zweitens $\vec{s} = \begin{pmatrix} 3 \\ 0 \\ 2{,}5 \end{pmatrix} - 4 \cdot \begin{pmatrix} 1 \\ 2 \\ 2 \end{pmatrix} = \begin{pmatrix} -1 \\ -8 \\ -5{,}5 \end{pmatrix}$.

Ergebnis: Es gibt zwei mögliche Pyramidenspitzen mit der Höhe 12, nämlich $S_1(7|8|10{,}5)$ und $S_2(-1|-8| - 5{,}5)$.

Möglichkeit 2: Einfache Argumentation mit dem Normalenvektor

Aus Teilaufgabe a) wissen wir, dass der Normalenvektor $\vec{n}$ die Länge 3 hat. Mit 4 multipliziert hat er dann die Länge 12 und es gilt $\vec{n}_{neu} = 4 \cdot \vec{n} = \begin{pmatrix} 4 \\ 8 \\ 8 \end{pmatrix}$. Nun setzen wir $\vec{n}_{neu}$ auf den Mittelpunkt P, so dass er einmal in die eine und einmal in die andere Richtung zeigt. Dadurch erhalten wir ebenfalls die beiden Spitzen der Pyramide. Es gilt: $\vec{s}_1 = \vec{p} + \vec{n}_{neu} = \begin{pmatrix} 3 \\ 0 \\ 2,5 \end{pmatrix} + \begin{pmatrix} 4 \\ 8 \\ 8 \end{pmatrix} = \begin{pmatrix} 7 \\ 8 \\ 10,5 \end{pmatrix}$ und $\vec{s}_2 = \vec{p} - \vec{n}_{neu} = \begin{pmatrix} 3 \\ 0 \\ 2,5 \end{pmatrix} - \begin{pmatrix} 4 \\ 8 \\ 8 \end{pmatrix} = \begin{pmatrix} -1 \\ -8 \\ -5,5 \end{pmatrix}$. Diese Lösung ist viel eleganter und deutlich einfacher als die erste Variante!

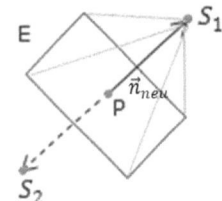

Ergebnis: Es gibt zwei mögliche Pyramidenspitzen mit der Höhe 12, nämlich $S_1(7|8|10,5)$ und $S_2(-1|-8|-5,5)$.

c) **Rechtwinkliges Dreieck**

Wenn das durch Q gebildete Dreieck rechtwinklig in Q sein soll, so muss ganz allgemein $\overrightarrow{QA} \cdot \overrightarrow{QB} = 0$ gelten. Wir wissen, dass Q auf der x_1-Achse liegt, daher hat Q die Koordinaten $Q(t|0|0)$ mit noch unbekanntem $t \in \mathbb{R}$. Zusammen mit dem Skalarprodukt gewinnen wir hieraus eine Bestimmungsgleichung für t:

$$\overrightarrow{QA} \cdot \overrightarrow{QB} = \left(\begin{pmatrix} 6 \\ 1 \\ 0 \end{pmatrix} - \begin{pmatrix} t \\ 0 \\ 0 \end{pmatrix} \right) \cdot \left(\begin{pmatrix} 2 \\ 3 \\ 0 \end{pmatrix} - \begin{pmatrix} t \\ 0 \\ 0 \end{pmatrix} \right) = \begin{pmatrix} 6-t \\ 1 \\ 0 \end{pmatrix} \cdot \begin{pmatrix} 2-t \\ 3 \\ 0 \end{pmatrix} = 0$$

$$\Leftrightarrow (6-t)(2-t) + 3 = 0 \Leftrightarrow t^2 - 8t + 15 = 0$$

Mit der p-q-Formel ergibt sich daraus $t_1 = 3$ und $t_2 = 5$.

Ergebnis: Für die Punkte $Q_1(3|0|0)$ und $Q_2(5|0|0)$ auf der x_1-Achse ist das Dreieck AQB rechtwinklig.

www.elearning-freiburg.de

d) Liegt R innerhalb des Kegels?

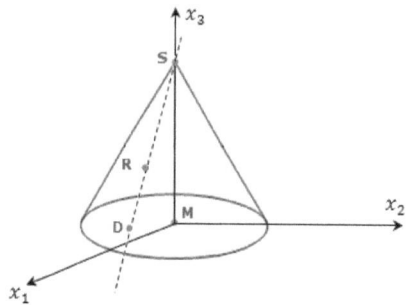

Für den Test konstruieren wir eine Gerade g durch S und R und stellen den Durchstoßpunkt D durch die x_1x_2-Ebene fest. Dann prüfen wir mit einer einfachen Abstandberechnung, ob D innerhalb des Grundkreises liegt. Ist dies der Fall, so liegt R innerhalb des Kegels.

Mit $S(0|0|12)$ und $R(2|2|3)$ ist $\vec{u} = \overrightarrow{SR} = \begin{pmatrix} 2 \\ 2 \\ -9 \end{pmatrix}$ ein Richtungsvektor von g. Als

Stützvektor verwenden wir $\vec{s} = \begin{pmatrix} 0 \\ 0 \\ 12 \end{pmatrix}$. Es folgt $g: \vec{x} = \begin{pmatrix} 0 \\ 0 \\ 12 \end{pmatrix} + t \cdot \begin{pmatrix} 2 \\ 2 \\ -9 \end{pmatrix}$. In der x_1x_2-

Ebene muss jede x_3-Koordinate den Wert 0 haben. Also ist die x_3-Koordinate von g dort ebenfalls 0, d.h. $12 - 9t = 0$ woraus $t = \frac{4}{3}$ folgt. Eingesetzt in g erhalten wir den Schnittpunkt $D\left(\frac{8}{3} \middle| \frac{8}{3} \middle| 0\right)$. Der Abstand von D zum Ursprung ist dann gegeben mit

$$d = \sqrt{\left(\frac{8}{3}\right)^2 + \left(\frac{8}{3}\right)^2 + 0^2} = \sqrt{\frac{128}{9}} \approx 3{,}77.$$ Der Abstand von D zum Ursprung ist also

kleiner als 4, dem Grundkreisradius, folglich liegt D innerhalb des Grundkreises und damit R innerhalb des Kegels.

Ergebnis: Der Punkt R liegt innerhalb des Kegels.

Variante 2:

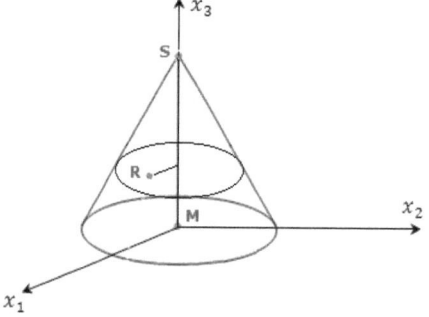

R hat die Höhenkoordinate 3 und man kann mit Hilfe des Strahlensatzes den Radius des Schnittkreises bei Höhe 3 des Kegels bestimmen. Dieser Radius beträgt $r = 3$. Der Punkt R liegt innerhalb dieses Kreises, denn der Abstand zu dessen Mittelpunkt $M'(0|0|3)$ ist gegeben durch

$$d = \sqrt{(2-0)^2 + (2-0)^2 + (3-3)^2} =$$

$\sqrt{8} < 3 = r$. Folglich liegt R im Inneren des Kegels.

5.94 Wahlteil 2012 – Geometrie II 2

Aufgabe II 2

In einem Koordinatensystem beschreibt die x_1x_2-Ebene die Meeresoberfläche (1 LE entspricht 1 m).
Zwei U-Boote U_1 und U_2 bewegen sich geradlinig jeweils mit konstanter Geschwindigkeit. Die Position von U_1 zum Zeitpunkt t ist gegeben durch

$$\vec{x} = \begin{pmatrix} 104 \\ 105 \\ -170 \end{pmatrix} + t \cdot \begin{pmatrix} -60 \\ -90 \\ -30 \end{pmatrix} \quad (t \text{ in Minuten seit Beginn der Beobachtung}).$$

U_2 befindet sich zu Beobachtungsbeginn im Punkt $A(68|135|-68)$ und erreicht nach drei Minuten den Punkt $B(-202|-405|-248)$.

a) Wie weit bewegt sich U_1 in einer Minute?
   Woran erkennen Sie, dass sich U_1 von der Meeresoberfläche weg bewegt?
   Welchen Winkel bildet die Route von U_1 mit der Meeresoberfläche?

   (4 VP)

b) Berechnen Sie die Geschwindigkeit von U_2 in $\frac{\text{m}}{\text{min}}$.
   Begründen Sie, dass sich die Position von U_2 zum Zeitpunkt t beschreiben lässt durch

   $$\vec{x} = \begin{pmatrix} 68 \\ 135 \\ -68 \end{pmatrix} + t \cdot \begin{pmatrix} -90 \\ -180 \\ -60 \end{pmatrix}.$$

   Zu welchem Zeitpunkt befinden sich beide U-Boote in gleicher Tiefe?

   (4 VP)

c) Welchen Abstand haben die beiden U-Boote zu Beobachtungsbeginn?
   Aus Sicherheitsgründen dürfen sich die beiden U-Boote zu keinem Zeitpunkt näher als 100 m kommen.
   Wird dieser Sicherheitsabstand eingehalten?

   (4 VP)

d) Die Routen der beiden U-Boote werden von einem Satelliten ohne Berücksichtigung der Tiefe als Strecken aufgezeichnet. Diese beiden Strecken schneiden sich.
   Wie groß ist der Höhenunterschied der zwei Routen an dieser Stelle? (4 VP)

5.95 Lösung Wahlteil 2012 – Geometrie II 2

Aufgabe II 2

a) Wie weit bewegt sich U_1 in einer Minute

In einer Minute legt U_1 genau einmal die Länge des Richtungsvektors zurück. Es folgt

$$\left| \begin{pmatrix} -60 \\ -90 \\ -30 \end{pmatrix} \right| = \sqrt{(-60)^2 + (-90)^2 + (-30)^2} = \sqrt{12600} \approx 112{,}25.$$

Ergebnis: U_1 legt in einer Minute etwa 112,25m zurück.

Wegbewegung von der Meeresoberfläche

Die Höhenkoordinate ist für jede Minute t gegeben durch $x_3 = -170 - 30t$. Mit größer werdendem t nimmt x_3 immer mehr ab, d.h. U_1 entfernt sich von der Meeresoberfläche (nach unten).

Winkel zwischen der Route von U_1 und der Meeresoberfläche

Da die $x_1 x_2$-Ebene die Meeresoberfläche darstellt ist eine Koordinatengleichung gegeben durch $E: x_3 = 0$. Die Winkelformel für den Winkel zwischen Ebene und Gerade lautet $\sin(\alpha) = \frac{|\vec{n} \cdot \vec{u}|}{|\vec{n}| \cdot |\vec{u}|}$ wobei $\vec{u}$ der Richtungsvektor der Geraden und $\vec{n}$ der Normalenvektor der Ebene ist. In unserem Fall gilt $\vec{n} = \begin{pmatrix} 0 \\ 0 \\ 1 \end{pmatrix}$ und $\vec{u} = \begin{pmatrix} -60 \\ -90 \\ -30 \end{pmatrix}$ und somit $|\vec{n} \cdot \vec{u}| = |0 \cdot (-60) + 0 \cdot (-90) + 1 \cdot (-30)| = 30$, $|\vec{u}| = 112{,}25$ (wie oben berechnet) und $|\vec{n}| = 1$. Eingesetzt in die Winkelformel folgt $\sin(\alpha) = \frac{30}{112{,}25} \approx 0{,}267$. Nach Eingabe von {2ND SIN(0.267)} im GTR liefert dies $\alpha \approx 15{,}5°$. (Beachten Sie wie immer, dass der GTR dazu im Modus DEGREE eingestellt sein muss).

Ergebnis: Der Winkel zwischen der Route von U_1 und dem Meeresspiegel beträgt etwa 15,5°.

b) Geschwindigkeit von U_2

In drei Minuten legt U_2 die Strecke von A nach B zurück. Es gilt

$$\left| \overrightarrow{AB} \right| = \left| \begin{pmatrix} -202 \\ -405 \\ -248 \end{pmatrix} - \begin{pmatrix} 68 \\ 135 \\ -68 \end{pmatrix} \right| = \left| \begin{pmatrix} -270 \\ -540 \\ -180 \end{pmatrix} \right|$$

$$= \sqrt{(-270)^2 + (-540)^2 + (-180)^2} = 630$$

In drei Minuten werden 630m zurückgelegt, in einer Minute sind es dann 210m.

Ergebnis: U_2 hat eine Geschwindigkeit von $210\,\frac{m}{min}$.

Begründung für die Geradengleichung von U_2

In der Geradengleichung ist der Ortsvektor von A der Stützvektor. Einen Richtungsvektor haben wir oben mit $\overrightarrow{AB} = \begin{pmatrix} -270 \\ -540 \\ -180 \end{pmatrix}$ bestimmt. Wenn wir durch 3 teilen, ändert sich dadurch lediglich die Länge des Richtungsvektors aber nicht die Richtung. Daher ist $\vec{u} = \begin{pmatrix} -90 \\ -180 \\ -60 \end{pmatrix}$ wie in der Geradengleichung ebenfalls ein möglicher Richtungsvektor.

Zeitpunkt für gleiche Tiefe

Die Höhenkoordinaten der beiden U-Boote sind gegeben mit $x_3 = -170 - 30t$ (bei U_1) und $x_3 = -68 - 60t$ (bei U_2). Gleichsetzen liefert $-170 - 30t = -68 - 60t$ also $30t = 102$ und damit $t = 3{,}4$.

Ergebnis: Nach 3,4 Minuten befinden sich U_1 und U_2 in gleicher Tiefe.

c) Abstand der beiden U-Boote zu Beobachtungsbeginn

Zu Beobachtungsbeginn befindet sich U_1 im Punkt $C(140|105|-170)$ und U_2 im Punkt $A(68|135|-68)$. Der Abstand dieser beiden Punkte ist

$$\begin{aligned}
|\overrightarrow{AC}| &= \left| \begin{pmatrix} 140 \\ 105 \\ -170 \end{pmatrix} - \begin{pmatrix} 68 \\ 135 \\ -68 \end{pmatrix} \right| = \left| \begin{pmatrix} 72 \\ -30 \\ -102 \end{pmatrix} \right| \\
&= \sqrt{(72)^2 + (-30)^2 + (-102)^2} \approx 128{,}4
\end{aligned}$$

Ergebnis: Bei Beobachtungsbeginn haben die U-Boote einen Abstand von etwa 128,4m.

Werden die Sicherheitsbestimmungen eingehalten?

Aus der Geradengleichung liest man ab, dass U_1 sich zum Zeitpunkt t im Punkt $P_t(140 - 60t|105 - 90t| - 170 - 30t)$ und U_2 im Punkt $Q_t(68 - 90t|135 - 180t| - 68 - 60t)$ befindet. Der Abstand ist

$$d(t) = |\overrightarrow{PQ}| = \left| \begin{pmatrix} 68 - 90t \\ 135 - 180t \\ -68 - 60t \end{pmatrix} - \begin{pmatrix} 140 - 60t \\ 105 - 90t \\ -170 - 30t \end{pmatrix} \right| = \left| \begin{pmatrix} -72 - 30t \\ 30 - 90t \\ 102 - 30t \end{pmatrix} \right|$$

$$= \sqrt{(-72 - 30t)^2 + (30 - 90t)^2 + (102 - 30t)^2}$$

Geben Sie diesen Ausdruck bei Y₁ im GTR ein uns lassen Sie sich den Graphen im x-Intervall $[0; 10]$ und im y-Intervall $[0; 300]$ zeichnen. Mit {2ND CALC minimum} bestimmen Sie im Intervall $[0; 100]$ den minimalen Abstand der beiden U-Boote. Sie erhalten bei $t = 0{,}32$ den Wert $123{,}28$. Streng genommen ist dies noch kein Beweis dafür, dass die Sicherheitsbestimmungen eingehalten werden, da wir mit dem GTR nur den Zeitabschnitt zwischen 0 und 100 Minuten untersucht haben. Formal müssten wir $d'(t) = 0$ setzen und damit das Minimum finden. Das Ergebnis ist dasselbe, wir ersparen uns aber hier die Details.

Ergebnis: Der minimale Abstand zwischen den beiden U-Booten beträgt 123,28m, d.h. die Sicherheitsbestimmungen werden eingehalten.

d) Höhenunterschied

Ohne Berücksichtigung der Tiefenkoordinate sind die Geradengleichungen für die U-Boote wie folgt gegeben:

$$U_1 : \vec{x} = \begin{pmatrix} 140 \\ 105 \end{pmatrix} + s \cdot \begin{pmatrix} -60 \\ -90 \end{pmatrix} \text{ und } U_2 : \vec{x} = \begin{pmatrix} 68 \\ 135 \end{pmatrix} + t \cdot \begin{pmatrix} -90 \\ -180 \end{pmatrix}; \ s, t \in \mathbb{R}$$

Gleichsetzen der Geraden liefert

$$\begin{pmatrix} 140 \\ 105 \end{pmatrix} + s \cdot \begin{pmatrix} -60 \\ -90 \end{pmatrix} = \begin{pmatrix} 68 \\ 135 \end{pmatrix} + t \cdot \begin{pmatrix} -90 \\ -180 \end{pmatrix}$$

$$\Leftrightarrow \begin{pmatrix} 72 \\ -30 \end{pmatrix} = s \cdot \begin{pmatrix} 60 \\ 90 \end{pmatrix} + t \cdot \begin{pmatrix} -90 \\ -180 \end{pmatrix}$$

Dies führt zu einem linearen Gleichungssystem:

$$\begin{array}{llll} \text{I.} & 60s - 90t & = & 72 \\ \text{II.} & 90s - 180t & = & -30 \end{array}$$

Die Lösung ist $s = 5{,}8$ und $t = 3{,}067$ (ermittelt mit dem GTR). Die x_3-Koordinate von U_1 erhalten Sie, indem Sie den Wert 5,8 in die Geradengleichung einsetzen. Es gilt $x_3 = -344$. Analog erhalten Sie die x_3-Koordinate für U_2 mit $x_3 = -252$. Der Höhenunterschied beträgt dann $-252 - (-344) = 92$.

Ergebnis: Der Höhenunterschied der beiden U-Boote beträgt 92m.

5.96 Pflichtteil 2011

Aufgabe 1:

Bilden Sie die erste Ableitung der Funktion f mit $f(x) = \frac{\sin(2x)}{x}$.   (2 VP)

Aufgabe 2:

Berechnen Sie das Integral $\int_0^1 (2x - 1)^4 dx$.   (2 VP)

Aufgabe 3:

Lösen Sie die Gleichung $4e^{2x} + 6e^x = 4$.   (3 VP)

Aufgabe 4:

Gegeben sind die Funktionen f und g mit $f(x) = e^x$ und $g(x) = -e^{-x} + 2$.

a) Beschreiben Sie, wie das Schaubild von g aus dem Schaubild von f entsteht.

b) Zeigen Sie, dass sich die Schaubilder von f und g im Punkt $P(0|1)$ berühren.

      (4 VP)

Aufgabe 5:

Die Abbildung zeigt das Schaubild einer Funktion f.

F ist eine Stammfunktion von f.

Begründen Sie, dass folgende Aussagen wahr sind:

(1) F ist im Bereich $-3 \leq x \leq 1$ monoton wachsend.

(2) f' hat im Bereich $-3{,}5 \leq x \leq 3{,}5$ drei Nullstellen.

(3) $\int_0^3 f'(x)dx = -1$

(4) $O(0|0)$ ist Hochpunkt des Schaubilds von f'.

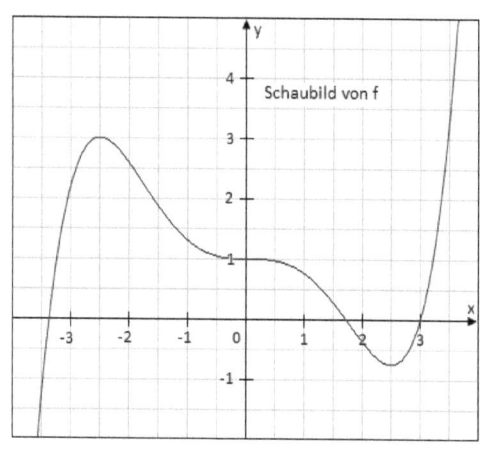

Schaubild von f

      (5 VP)

Aufgabe 6:

Lösen Sie das lineare Gleichungssystem:

$$\begin{array}{rrrcr} -5x_1 & +x_2 & -3x_3 & = & 7 \\ 5x_1 & -3x_2 & -x_3 & = & -11 \\ x_1 & & +x_3 & = & -1 \end{array}$$

Interpretieren Sie das Gleichungssystem und seine Lösungsmenge geometrisch.

(4 VP)

Aufgabe 7:

Gegeben sind die Ebenen E: $\left[\vec{x} - \begin{pmatrix} -1 \\ 4 \\ -3 \end{pmatrix} \right] \cdot \begin{pmatrix} 8 \\ 1 \\ -4 \end{pmatrix} = 0$

und die Gerade g: $\vec{x} = \begin{pmatrix} 7 \\ 5 \\ -7 \end{pmatrix} + t \cdot \begin{pmatrix} 1 \\ -4 \\ 1 \end{pmatrix}$.

a) Zeigen Sie, dass E und g zueinander parallel sind.
b) Bestimmen Sie den Abstand von E und g.

(3 VP)

Aufgabe 8:

Gegeben sind eine Gerade g und ein Punkt A, der nicht auf g liegt.

Beschreiben Sie ein Verfahren, mit dem man denjenigen Punkt B auf g

bestimmt, der den kleinsten Abstand von A hat.

(3 VP)

5.97 Lösung Pflichtteil 2011

Aufgabe 1:

$$f'(x) = \frac{2x\cos(2x) - \sin(2x)}{x^2}$$

Aufgabe 2:

$$\int_0^1 (2x-1)^4 dx = \left[\frac{1}{5}(2x-1)^5 \cdot \frac{1}{2}\right]_0^1 = \frac{1}{10} - \frac{-1}{10} = \frac{1}{5}$$

Aufgabe 3:

$$4e^{2x} + 6e^x = 4 \quad |-4 \;|:4$$

$$e^{2x} + \frac{3}{2}e^x - 1 = 0 \quad |\text{Substitution } z := e^x$$

$$z^2 + \frac{3}{2}z - 1 = 0 \quad |p - q - \text{Formel}$$

$z_{1,2} = -\frac{3}{4} \pm \sqrt{\frac{9}{16} + \frac{16}{16}} = -\frac{3}{4} \pm \frac{5}{4}$. Es folgt $z_1 = \frac{1}{2}$ und nach Rücksubstitution $e^x = \frac{1}{2} \Rightarrow x = $
$\ln\left(\frac{1}{2}\right)$. Weiterhin gilt $z_2 = -2$ und nach Rücksubstitution $e^x = -2$. Da die e-Funktion aber immer positiv ist, führt dies zu keiner weiteren Lösung und es bleibt bei der ersten Lösung.

Ergebnis: $\mathbb{L} = \left\{\ln\left(\frac{1}{2}\right)\right\}$.

Aufgabe 4:

a) Zuerst wird f an der y-Achse gespiegelt und es entsteht $g_1(x) = e^{-x}$. g_1 wird an der x-Achse gespiegelt wodurch $g_2(x) = -e^{-x}$ entsteht. g_2 wird schließlich in y-Richtung um 2 Einheiten nach oben geschoben. Dies liefert $g(x) = -e^{-x} + 2$.

b) Wenn f und g sich im Punkt $P(0|1)$ berühren, so müssen zwei Bedingungen erfüllt sein, nämlich $f(0) = g(0)$ (weil P gemeinsamer Punkt ist) und $f'(0) = g'(0)$ (weil f und g sich nicht schneiden sondern „nur" berühren).
Mit $f(0) = 1$ und $g(0) = -1 + 2 = 1$ haben wir den ersten Nachweis. Mit $f'(x) = e^x \Rightarrow f'(0) = e^0 = 1$ und mit $g'(x) = e^{-x} \Rightarrow g'(0) = e^0 = 1$ folgt auch der zweite Nachweis.

Aufgabe 5:

(1) Wegen $f(x) = F'(x)$ gibt f die Steigung von F wieder. In $-3 \leq x \leq 1$ ist $f \geq 0$, also F monoton wachsend.

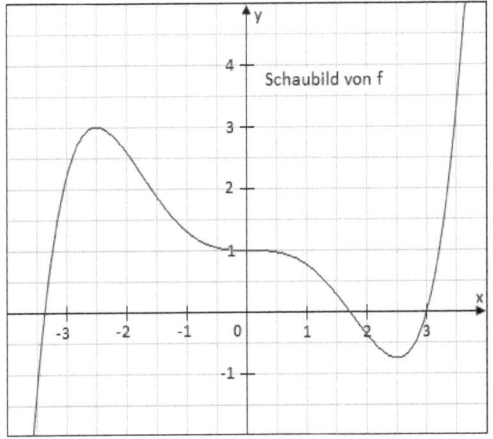

Schaubild von f

(2) Die Nullstellen von f' sind die Stellen mit waagrechter Tangente im Graphen von f. Im Bereich $-3{,}5 \leq x \leq 3{,}5$ hat f drei waagrechte Tangenten, also hat f' in diesem Bereich drei Nullstellen.

(3) $\int_0^3 f'(x)\,dx = [f(x)]_0^3 = f(3) - f(0) = 0 - 1 = -1$.

(4) f hat nahe links und nahe rechts von $x = 0$ absteigende Tangenten, somit gilt dort $f'(x) < 0$. In $x = 0$ verläuft die Tangente an f waagrecht, d.h. $f'(x) = 0$. Somit ist wie behauptet der Punkt $O(0|0)$ der(!) Hochpunkt des Schaubildes von f', denn die genannte Situation tritt an keiner Stelle im Graphen von f noch ein zweites Mal auf.

Aufgabe 6:

	x_1	x_2	x_3		
I.	-5	1	-3	7	
II.	5	-3	-1	-11	II. $\leftarrow$ I. $+$ II.
III.	1	0	1	-1	III. $\leftarrow$ I. $+ 5 \cdot$ III.

	-5	1	-3	7	
I.	-5	1	-3	7	
II.	0	-2	-4	-4	II. $\leftarrow$ II. $: (-2)$
III.	0	1	2	2	III. $\leftarrow$ II. $-$ III.

	-5	1	-3	7
I.	-5	1	-3	7
II.	0	1	2	2
III.	0	0	0	0

Somit bleiben nur noch zwei Gleichungen mit drei Unbekannten übrig und wir können in Gleichung II. eine der Unbekannten frei wählen, z.B. $x_3 = s$ mit $s \in \mathbb{R}$. Es folgt $x_2 + 2s = 2$, also $x_2 = 2 - 2s$. Eingesetzt in I. ergibt $-5x_1 + (2 - 2s) = 7$ und nach Umstellung $x_1 = -1 - s$ liefert dies $\mathbb{L} = \{(-1 - s | 2 - 2s | s) | s \in \mathbb{R}\}$ die Lösungsmenge des LGS. $\mathbb{L}$ stellt eine Gerade im Raum dar, von der sich leicht eine Parameterform angeben lässt, nämlich

$$\vec{x} = \begin{pmatrix} x_1 \\ x_2 \\ x_3 \end{pmatrix} = \begin{pmatrix} -1-s \\ 2-2s \\ s \end{pmatrix} = \begin{pmatrix} -1 \\ 2 \\ 0 \end{pmatrix} + s \cdot \begin{pmatrix} -1 \\ -2 \\ 1 \end{pmatrix}; \quad s \in \mathbb{R}$$

Aufgabe 7:

a) Wir prüfen zunächst, ob der Normalenvektor $\vec{n}$ der Ebene und der Richtungsvektor $\vec{u}$ der Geraden senkrecht zueinander stehen. Wenn das Skalarprodukt von $\vec{n} \cdot \vec{u} = 0$ ist, so sind g und E entweder parallel oder g liegt in E. Es folgt

$$\vec{n} \cdot \vec{u} = \begin{pmatrix} 8 \\ 1 \\ -4 \end{pmatrix} \cdot \begin{pmatrix} 1 \\ -4 \\ 1 \end{pmatrix} = 8 - 4 - 4 = 0. \quad \text{Mit}$$

einer einfachen Punktprobe schließen wir aus,

dass g in E liegt und verwenden hierzu den Stützvektor $\begin{pmatrix} 7 \\ 5 \\ -7 \end{pmatrix}$ von g. Eingesetzt in E

folgt:

$$\left[\begin{pmatrix} 7 \\ 5 \\ -7 \end{pmatrix} - \begin{pmatrix} -1 \\ 4 \\ -3 \end{pmatrix} \right] \cdot \begin{pmatrix} 8 \\ 1 \\ -4 \end{pmatrix} = \begin{pmatrix} 8 \\ 1 \\ -4 \end{pmatrix} \cdot \begin{pmatrix} 8 \\ 1 \\ -4 \end{pmatrix} = 64 + 1 + 16 \neq 0$$

Ergebnis: g verläuft parallel zu E.

b) Zunächst bestimmen wir eine Koordinatengleichung von E, wandeln diese um in die Hesse'sche Normalenform und bestimmen damit den Abstand von g zu E. Mit dem Normalenvektor $\vec{n}$ von E ergibt sich $8x_1 + x_2 - 4x_3 = d$. Einsetzen des Stützvektors von E liefert $8 \cdot (-1) + 4 - 4 \cdot (-3) = 8 = d$. Also gilt $E: 8x_1 + x_2 - 4x_3 = 8$. Subtraktion von 8 und Division durch die Länge des Normalenvektors $|\vec{n}| = \sqrt{8^2 + 1^2 + (-4)^2} = 9$ führt zur HNF $E: \frac{8x_1 + x_2 - 4x_3 - 8}{9} = 0$. Den Abstand von g zu E bekommen wir, indem wir den Stützvektor von g wie folgt einsetzen:

$$d(g, E) = \frac{|8 \cdot 7 + 5 - 4 \cdot (-7) - 8|}{9} = \frac{|81|}{9} = 9$$

Ergebnis: Der Abstand von g zu E beträgt 9 LE.

Aufgabe 8:

Konstruiere eine Hilfsebene E senkrecht zu g, so dass $A \in E$.
Verwende den Richtungsvektor von g als Normalenvektor
von E und A (bzw. den zugehörigen Ortsvektor $\vec{a}$) als
Stützvektor von E.

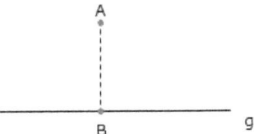

Bilde den Schnittpunkt von E mit g.

Dies liefert den gesuchten Punkt B mit der kürzesten
Entfernung zu A.

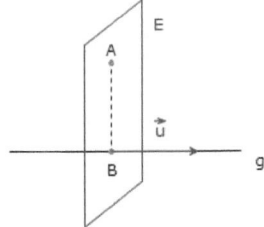

5.98 Wahlteil 2011 – Analysis I 1

Aufgabe I 1

Für jedes $a \neq 0$ ist eine Funktion f_a mit

$$f_a(x) = \frac{4}{x^3 + 4a} \text{ gegeben.}$$

a) Bestimmen Sie die maximale Definitionsmenge von f_2.
   Geben Sie die Asymptoten von K_2 an.
   Das Schaubild K_2 besitzt genau zwei Wendepunkte.
   Bestimmen Sie deren Koordinaten.
   Welcher Punkt $P(u|v)$ von K_2 mit $0 \leq u \leq 2$ hat vom Punkt $A(1|0)$ den kleinsten
   Abstand?

   (7 VP)

b) Zeigen Sie, dass K_2 mit keinem anderen Schaubild K_a einen gemeinsamen Punkt
   besitzt.
   Bestimmen Sie den Punkt Q_a, in dem K_a eine waagrechte Tangente besitzt.
   Wo liegen alle Punkte Q_a?

   (5 VP)

c) Die Schaubilder K_1 und K_2 schließen mit der y-Achse und der Geraden $x = 2$ eine
   Fläche ein.
   Bei Rotation dieser Fläche um die x-Achse entsteht ein Drehkörper, der als Düse
   benutzt wird (Längeneinheit 1cm).
   Berechnen Sie die Masse einer solchen Düse, die aus Titan mit einer Dichte von
   $4,5 \frac{g}{cm^3}$ besteht.
   Diese Düse wurde aus einem massiven Kegel mit der Höhe 3cm und der x-Achse als
   Rotationsachse ausgefräst.
   Welchen Radius hatte der Grundkreis dieses Kegels mindestens?

   (6 VP)

5.99 Lösung Wahlteil 2011 – Analysis I 1

a) Definitionsmenge

$f_2(x) = \frac{4}{x^3+8}$ ist nicht definiert für diejenigen x, bei denen der Nenner Null wird. Mit $x^3 + 8 = 0$ folgt $x = -2$.

Ergebnis: Die Definitionsmenge ist $\mathbb{D} = \mathbb{R}\backslash\{-2\}$.

Asymptoten

Es gilt $\lim\limits_{x\to\pm\infty} f_2(x) = 0$ und $\lim\limits_{x\to-\infty} f_2(x) = 0$, also ist die x-Achse die waagrechte Asymptote von f_2. Die Nullstellen des Nenners sind Kandidaten für Polstellen. Wir nähern uns der Nullstelle $x = -2$ einmal von links und einmal von rechts und betrachten das Verhalten der Funktionswerte. Für $x < -2$ hat der Nenner ein negatives Vorzeichen und es gilt $\lim\limits_{x\to-2} f_2(x) = -\infty$. Für $x > -2$ ist der Nenner positiv und es folgt $\lim\limits_{x\to-2} f_2(x) = \infty$. Somit haben wir in $x = -2$ eine Polstelle mit Vorzeichenwechsel.

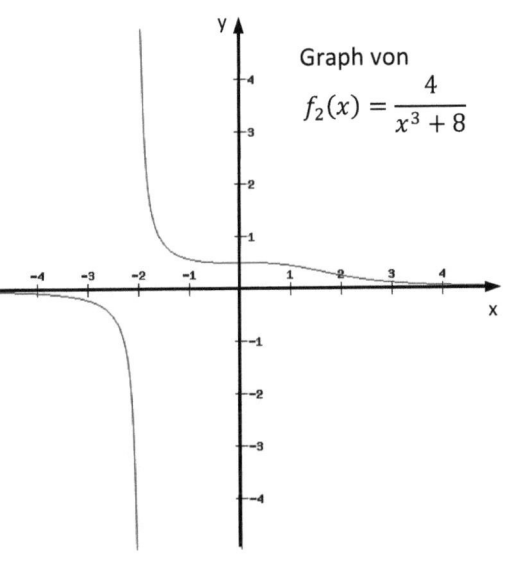

Graph von
$$f_2(x) = \frac{4}{x^3+8}$$

Ergebnis: Die x-Achse ist waagrechte Asymptote und die Gerade $x = -2$ ist eine Polstelle mit VZW.

Wendepunkte

Unter Verwendung der Quotientenregel erhält man

$$f'_2(x) = -\frac{12x^2}{(x^3+8)^2} \text{ und } f''_2(x) = \frac{-24x(x^3+8)^2 - (-12)x^2 \cdot 2(x^3+8) \cdot 3x^2}{(x^3+8)^4}$$

Letzteres lässt sich zusammenfassen zu $f''_2(x) = \frac{48x^4 - 192x}{(x^3+8)^3}$. Für $f''_2(x) = 0$ folgt

$48x^4 - 192x = x(48x^3 - 192) = 0 \Rightarrow x = 0$ oder $48x^3 - 192 = 0$ also $x = \sqrt[3]{4} \approx$ 1,587. Nun muss mit der dritten Ableitung noch getestet werden, ob dies wirklich zu Wendepunkten führt. Geben Sie hierzu den Funktionsterm von $f''_2(x)$ im Y-Editor des GTR bei {Y₁} ein. Im Berechnungsmodus geben Sie {nDeriv(Y₁,X,0)} bzw. {nDeriv(Y₁,X,1.587)} ein und stellen fest, dass die Ergebnisse jeweils ungleich Null sind. Das bedeutet, dass es sich tatsächlich um Wendepunkte handelt. Einsetzen der beiden Lösungen in f_2 liefert $f_2(0) = \frac{1}{2}$ und $f_2(\sqrt[3]{4}) = \frac{1}{3}$.

Ergebnis: Die Wendepunkte sind $W_1\left(0\Big|\frac{1}{2}\right)$ und $W_2\left(\sqrt[3]{4}\Big|\frac{1}{3}\right)$.

Abstand von $P(u|v)$ zu $A(1|0)$

Es gilt zunächst $v = f_2(u) = \frac{4}{u^3+8}$. Den Abstand zwischen zwei Punkten berechnet man wie üblich mit Pythagoras. Damit folgt

$$d(P,A) = \sqrt{(u-1)^2 + (v-0)^2} = \sqrt{(u-1)^2 + \left(\frac{4}{u^3+8}\right)^2}.$$

Diesen Term geben Sie nun bei Y₁ im Y-Editor Ihres GTR ein und lassen sich den Graphen anzeigen. Mit {2ND CALC minimum} bestimmen Sie das Minimum bei u=1,07. Durch Eingabe von {Y₁(1.07) ENTER} erhalten Sie den zugehörigen Funktionswert v also die y-Koordinate von P: $v = f_2(u) \approx 0,434$.

Ergebnis: Der Punkt $P(1,07|0,434)$ hat von $A(1|0)$ den geringsten Abstand.

b)   Gemeinsame Punkte K_2 mit K_a

Gleichsetzen beider Funktionsterme liefert $\frac{4}{x^3+8} = \frac{4}{x^3+4a}$. Division durch 4 und Bilden des Kehrwerts führt zu $x^3 + 8 = x^3 + 4a \Rightarrow 4a = 8 \Rightarrow a = 2$.

Ergebnis: Für kein $a \neq 2$ haben K_2 und K_a gemeinsame Punkte.

Bestimmung des Punktes Q_a auf K_a mit waagrechter Tangente

Mit $f'_a(x) = -\frac{12x^2}{(x^3+4a)^2} = 0$ folgt $x = 0$ und $f_a(0) = \frac{1}{a}$, also $Q_a\left(0\Big|\frac{1}{a}\right)$.

Ergebnis: Für alle $a \in \mathbb{R}$ ist $Q_a\left(0\Big|\frac{1}{a}\right)$ der einzige Punkt auf K_a mit waagrechter Tangente. Wegen $x = 0$ liegen alle Punkte Q_a auf der y-Achse.

c) Volumen und Gewicht der Düse

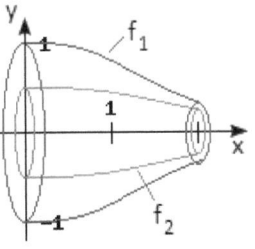

Zunächst müssen die Volumina des äußeren und inneren Rotationskörpers getrennt berechnet werden. Die Differenz liefert anschließend das Volumen der Düse. Für die Berechnungen geben Sie die Funktionsterme von $f_1(x) = \frac{4}{x^3+4}$ und $f_2(x) = \frac{4}{x^3+8}$ bei Y₁ und Y₂ im GTR ein. Das Rotationsvolumen des äußeren Graphen um die x-Achse ist gegeben durch $V_{x,K_1} = \pi \int_0^2 [f_1(x)]^2 dx$. Diesen Ausdruck berechnen Sie mit dem GTR durch Eingabe von {fnInt(Y₁²,X,0,2)*π}. Sie erhalten $V_{x,K_1} \approx$ 3,83. Analog erhalten Sie $V_{x,K_2} \approx 1,14$ nach Eingabe von {fnInt(Y₂²,X,0,2)*π}. Dann gilt $V_D = V_{x,K_1} - V_{x,K_2} = 2,69$ gemessen in cm³. Das Gewicht bzw. die Masse der Düse ist dann gegeben durch $M = V_D \cdot 4,5 \frac{g}{cm^3} = 12,13g$.

Ergebnis: Das Volumen der Düse beträgt $V_D = 2,69$ cm³, die Masse ist $M = 12,13g$.

Grundkreisradius des Kegels

Gesucht ist eine Tangente an K_1 so dass der Punkt $(3|0)$, also die Spitze des Kegels, auf dieser Tangente liegt. Der Schnittpunkt mit der y-Achse ist dann der gesuchte Radius des Kegels. Wir verwenden die übliche Tangentengleichung $y = f'_1(x_0)(x - x_0) + f_1(x_0)$. Da die Tangente durch den Punkt $(3|0)$ geht, können wir diese Koordinaten für x und y einsetzen. Zusammen mit $f'_1(x_0) = -\frac{12x_0^2}{(x_0^3+4)^2}$ erhält man $0 = -\frac{12x_0^2}{(x_0^3+4)^2} \cdot (3 - x_0) + \frac{4}{x_0^3+4}$ und nach einigen Umformungen ergibt sich die Gleichung $x_0^3 - 6x_0^2 + 4 = 0$. Diesen Ausdruck kann man im GTR eingeben und nach Anzeige des Graphen lassen sich mit {2ND CALC zero} die drei Nullstellen bestimmen. Sie erhalten die gerundeten Werte $x_{0,1} = -0,769$, $x_{0,2} = 0,884$ und $x_{0,3} = 5,884$. Da wir den Berührpunkt der Tangente mit K_1 im Intervall $[0; 3]$ suchen, kommt hierfür nur die zweite Lösung in Frage. Wir haben also $x_0 = 0,884$, setzen dies ein in f' und f und erhalten $f'(0,884) = -0,426$ sowie $f(0,884) = 0,853$. Alle gefundenen Werte werden nun in obige Tangentengleichung eingesetzt: $y = -0,426(x - 0,884) + 0,853$. Nach Ausmultiplizieren und Zusammenfassen erhält man die Tangentengleichung: $y = -0,426x + 1,23$. Der y-Achsenabschnitt dieser Geraden ist dann der Radius des gesuchten Kegels, den wir mit $r = 1,23$ ablesen.

Ergebnis: Der Grundkreisradius des Kegels beträgt $r = 1,23cm$.

5.100   Wahlteil 2011 – Analysis I 2

Aufgabe I 2.1

Ein Staubecken wird zur Zeit der Schneeschmelze gefüllt. Da die Schneeschmelze temperaturabhängig ist, kann die momentane Zuflussrate des Wassers durch die Funktion w mit

$$w(t) = 50 \cdot \sin\left(\frac{\pi}{12} \cdot t\right) + 60; \quad 0 \leq t \leq 24$$

beschrieben werden (t in Stunden seit Beobachtungsbeginn, $w(t)$ in $\frac{m^3}{h}$).

a) In welchem Zeitraum ist die momentane Zuflussrate größer als $100\,\frac{m^3}{h}$?
    Zu welchem Zeitpunkt nimmt die momentane Zuflussrate am stärksten ab?

                                                                              (4 VP)

b) Zu Beobachtungsbeginn enthält das Staubecken $5000 m^3$ Wasser.
    Wie viel Wasser enthält es nach 24 Stunden?
    Bestimmen Sie einen integralfreien Funktionsterm für die zum Zeitpunkt t im
    Staubecken enthaltene Wassermenge.
    Nach welcher Zeit sind $6000 m^3$ Wasser im Becken?

                                                                              (5 VP)

Aufgabe I 2.2

Für jedes $a > 0$ ist eine Funktion f_a gegeben durch

$$f_a(x) = a \cdot \sin(ax) + a; \quad x \in \mathbb{R}.$$

f_a hat das Schaubild K_a und die Periode p_a.

a) Bestimmen Sie die Koordinaten des Hochpunkts H_a von K_a für $0 \leq x \leq p_a$.
    Ermitteln Sie eine Gleichung der Kurve, auf der alle diese Hochpunkte H_a liegen.

                                                                              (4 VP)

b) Geben Sie in Abhängigkeit von a die Koordinaten des Wendepunktes W_a von K_a an,
    der den kleinsten positiven x-Wert hat.
    Die Tangente in W_a an K_a schließt mit den Koordinatenachsen eine Fläche ein.
    Zeigen Sie, dass der Inhalt dieser Fläche unabhängig von a ist.

                                                                              (5 VP)

5.101   Lösung Wahlteil 2011 – Analysis I 2

Aufgabe I 2.1

a) Zeitraum in dem die Zuflussrate größer als $100 \frac{m^3}{h}$ ist

Geben Sie den Funktionsterm von $w(t)$ bei Y₁ und die Gerade $y = 100$ bei Y₂ im GTR ein und lassen Sie sich den Graphen im Bereich $x_{min} = 0, x_{max} = 24, y_{min} = 0$ und $y_{max} = 120$ zeichnen. Mit {2ND CALC intersect} bestimmen Sie die beiden Schnittpunkte und erhalten $x_1 = 3{,}542$ und $x_2 = 8{,}458$.

Graph von
$$w(t) = 50 \cdot \sin\left(\frac{\pi}{12} \cdot t\right) + 60$$

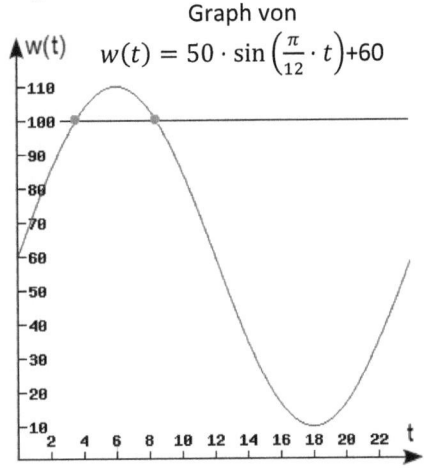

Ergebnis:
In der Zeit zwischen $t_1 = 3{,}54$h und $t_2 = 8{,}46$h liegt die Zuflussrate über $100 \frac{m^3}{h}$.

Stärkste Abnahme der Zuflussrate

Gesucht ist der Wendepunkt im Graphen von $w(t)$. Geben Sie hierzu bei Y₃ den Ausdruck {nDeriv(Y₁,X,X)} im Y-Editor ein und lassen Sie sich den Graphen der Ableitung im Bereich $y_{min} = -20$ und $y_{max} = 20$ zeichnen. Das Minimum auf diesem Graphen entspricht dem Wendepunkt im Graphen von $w(t)$. Sie bestimmen das Minimum mit {2ND CALC minimum} und erhalten $x = 12$.

Ergebnis: Nach 12 Stunden nimmt die Zuflussrate am stärksten ab.

b) Wassermenge nach 24 Stunden

Durch Integration erhält man aus der Zuflussrate die Zuflussmenge in einem bestimmten Zeitabschnitt. Unter Beachtung der anfänglichen Wassermenge gilt $V = 5000 + \int_0^{24} w(t)dt$. Nach Eingabe des Ausdrucks {5000+fnInt(Y₁,X,0,24)} im GTR ergibt sich die gesuchte Wassermenge zu $6440m^3$.

Ergebnis: Nach 24 Stunden enthält das Staubecken $6440m^3$ Wasser.

Integralfreier Term für die Wassermenge

Um einen integralfreien Term für die Wassermenge zum Zeitpunkt t zu finden, brauchen wir eine Stammfunktion von $w(t)$ und beachten wie vorher die bereits vorhandene Wassermenge zu Beginn der Beobachtung. Es gilt:

$$
\begin{aligned}
V(t) &= 5000 + \int_0^t \left(50 \cdot \sin\left(\frac{\pi}{12} \cdot x\right) + 60\right) dx \\
&= 5000 + 50 \int_0^t \sin\left(\frac{\pi}{12}x\right) dx + \int_0^t 60\, dx \\
&= 5000 + 50 \left[-\frac{12}{\pi}\cos\left(\frac{\pi}{12}x\right)\right]_0^t + \left[60x\right]_0^t \\
&= 5000 + 50 \left(-\frac{12}{\pi}\cos\left(\frac{\pi}{12}t\right) - \left(-\frac{12}{\pi}\right)\right) + 60t \\
&= 5000 + \frac{600}{\pi} - \frac{600}{\pi}\cos\left(\frac{\pi}{12}t\right) + 60t
\end{aligned}
$$

Sicherlich gewinnt dieser Ausdruck keinen Schönheitswettbewerb, aber er ist der gesuchte integralfreie Term.

Ergebnis: Der gesuchte integralfreie Term für die Wassermenge lautet

$$
V(t) = 5000 + \frac{600}{\pi} - \frac{600}{\pi}\cos\left(\frac{\pi}{12}t\right) + 60t
$$

Nach welcher Zeit sind 6000m³ im Wasserbecken?

Geben Sie den integralfreien Term von oben bei Y_1 im Y-Editor Ihres GTR ein. Bei Y_2 geben Sie zusätzlich die Gerade $y = 6000$ ein und lassen sich anschließend beide Graphen anzeigen. Mit {2ND CALC intersect} erhalten Sie den Schnittpunkt bei $x = 10{,}53$.

Ergebnis: Nach etwa 10,5 Stunden befinden sich 6000m³ Wasser im Becken.

Aufgabe I 2.2

a) Koordinaten des Hochpunkts H_a von K_a

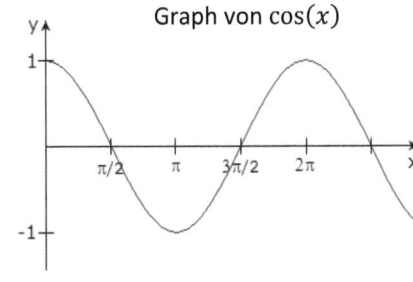

Graph von $\cos(x)$

Es gilt $f'_a(x) = a^2 \cos(ax) = 0$ genau dann, wenn $\cos(ax) = 0$. Nun hat $\cos(x)$ innerhalb einer Periode genau zwei Nullstellen, nämlich bei $x = \frac{\pi}{2}$ und $x = \frac{3\pi}{2}$. Demzufolge wird $\cos(ax) = 0$ wenn $ax = \frac{\pi}{2}$ oder $ax = \frac{3\pi}{2}$. Die Art des Nulldurchgangs (nämlich von + nach -) zeigt, dass nur die erste Lösung zu einem Hochpunkt führt und folglich ist $x = \frac{\pi}{2a}$ dessen x-Koordinate. Eingesetzt in f_a folgt $f_a\left(\frac{\pi}{2a}\right) = a \cdot \sin\left(a \cdot \frac{\pi}{2a}\right) + a = a + a = 2a$.

Ergebnis: Der gesuchte Hochpunkt liegt bei $H_a\left(\frac{\pi}{2a} \mid 2a\right)$.

Ortskurve der Hochpunkte H_a

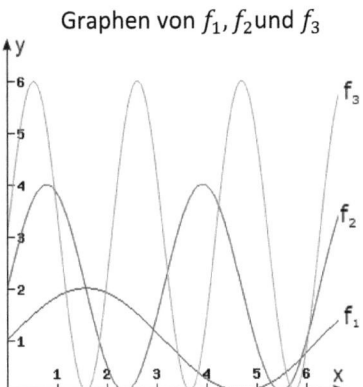

Graphen von f_1, f_2 und f_3

Die Kurve, auf der alle Hochpunkte H_a liegen, nennt man eine Ortskurve. Wir beginnen mit der y-Koordinate und sehen, dass $y = 2a$ von a abhängt. Gesucht ist aber eine Funktion, die von x abhängt. Um dies zu erreichen verwendet man einfach die x-Koordinate des Hochpunkts und stellt diese nach dem Parameter a um. Mit $x = \frac{\pi}{2a}$ folgt $a = \frac{\pi}{2x}$ was wir jetzt in die y-Koordinate einsetzen. Wir erhalten $y = 2 \cdot \frac{\pi}{2x} = \frac{\pi}{x}$ und dies ist schon die gesuchte Ortskurve!

Ergebnis: Die Ortskurve der Hochpunkte H_a lautet $y = \frac{\pi}{x}$.

b) Bestimmung des Wendepunkts W_a von K_a

Wir bilden zunächst die ersten drei Ableitungen von f_a. Es folgt:

$$f_a'(x) = a^2 \cos(ax), \quad f_a''(x) = -a^3 \sin(ax) \quad \text{und} \quad f_a'''(x) = -a^4 \cos(ax)$$

Es ist $f_a''(x) = 0$ genau dann, wenn $\sin(ax) = 0$. Innerhalb der ersten Periode ist dies nur bei $ax = \pi$, also $x = \frac{\pi}{a}$ der Fall. Einsetzen in f_a''' liefert $f_a''' \left(\frac{\pi}{a} \right) = -a^4 \cos \left(a \cdot \frac{\pi}{a} \right) = a^4 \neq 0$. Somit ist gesichert, dass bei $x = \frac{\pi}{a}$ wirklich ein Wendepunkt vorliegt. Einsetzen in $f_a(x)$ liefert $f_a \left(\frac{\pi}{a} \right) = a \cdot \sin \left(a \cdot \frac{\pi}{a} \right) + a = a$. Wir haben nun $W_a \left(\frac{\pi}{a} \Big| a \right)$.

Behauptung: Die von der Tangente in W_a mit den Koordinatenachsen gebildete Fläche ist unabhängig von a.

Die Tangente in W_a bekommen wir mit der Tangentenformel: $y = f_a' \left(\frac{\pi}{a} \right) \left(x - \frac{\pi}{a} \right) + f_a \left(\frac{\pi}{a} \right)$.

Mit $f_a' \left(\frac{\pi}{a} \right) = a^2 \cos \left(a \frac{\pi}{a} \right) = -a^2$ und $f_a \left(\frac{\pi}{a} \right) = a$ folgt

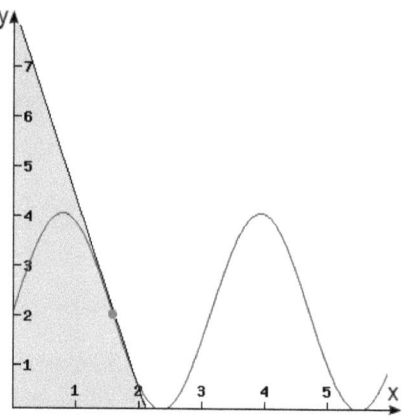

$$y = -a^2 \left(x - \frac{\pi}{a} \right) + a = -a^2 x + \pi \cdot a + a$$

Die Tangente bildet zusammen mit den Koordinatenachsen ein Dreieck und die Achsenabschnitte bilden die Grundseite g sowie die Höhe h. Den y-Achsenabschnitt liest man an der Tangentengleichung mit $h = \pi \cdot a + a$ ab. Für den x-Achsenabschnitt lösen wir $0 = -a^2 x + \pi \cdot a + a$ nach x auf. Es folgt $a^2 x = \pi \cdot a + a$ und damit $x = \frac{\pi}{a} + \frac{1}{a} = g$. Nun gilt für die Fläche des Dreiecks

$$A = \frac{1}{2} gh = \frac{1}{2} \left(\frac{\pi}{a} + \frac{1}{a} \right) (\pi a + a) = \frac{1}{2} \left(\pi^2 + 2\pi + 1 \right) = \frac{1}{2} (\pi + 1)^2$$

was, wie behauptet, unabhängig von a ist.

5.102   Wahlteil 2011 – Analysis I 3

Aufgabe I 3

In einer großen Stadt breitet sich eine Viruserkrankung aus.
Die momentane Erkrankungsrate wird modellhaft beschrieben durch die Funktion
f mit

$$f(t) = 150 \cdot t^2 \cdot e^{-0,2t} \; ; \; t \geq 0.$$

Dabei ist t die Zeit in Wochen seit Beobachtungsbeginn und $f(t)$ die Anzahl der
Neuerkrankungen pro Woche.

a) Skizzieren Sie das Schaubild von f.
    Wann erkranken die meisten Personen?
    Zeigen Sie, dass ab diesem Zeitpunkt die momentane Erkrankungsrate rückläufig ist.
    Wann nimmt sie am stärksten ab?

    (6 VP)

b) Alle Neuerkrankungen werden sofort dem Gesundheitsamt gemeldet.
    Bei Beobachtungsbeginn sind bereits 100 Personen gemeldet.
    Wie viele Personen sind nach 12 Wochen insgesamt gemeldet?
    Die Funktion F mit $F(t) = -750 \cdot (t^2 + 10t + 50) \cdot e^{-0,2t}$ ist eine Stammfunktion
    von f.
    Geben Sie eine Funktion für die Gesamtzahl der gemeldeten Personen nach t Wochen
    an.
    Wann wird die Zahl von 20 000 gemeldeten Personen erreicht?
    Weisen Sie nach, dass die Anzahl der Meldungen unter 40 000 bleiben wird.

    (6 VP)

In einer benachbarten Stadt mit 30 000 Einwohnern ist bei Beobachtungsbeginn bereits die Hälfte der Einwohner an dem Virus erkrankt. Es ist davon auszugehen, dass im Laufe der Zeit alle Einwohner von der Krankheit erfasst werden und dass dabei die momentane wöchentliche Erkrankungsrate proportional zur Anzahl der bisher noch nicht von der Krankheit erfassten Einwohner ist.

c) Man nimmt zur Modellierung zunächst den Proportionalitätsfaktor 0,1 an.
    Geben Sie eine zugehörige Differenzialgleichung an.
    Bestimmen Sie eine Funktion, welche die Anzahl der von der Krankheit erfassten Personen beschreibt.
    Wie viele Personen werden demzufolge nach 4 Wochen von der Krankheit erfasst sein?
    Tatsächlich sind es nach 4 Wochen bereits 22 000 Personen.
    Passen Sie die Funktion an die tatsächliche Situation an.

                                                                    (6 VP)

5.103 Lösung Wahlteil 2011 – Analysis I 3

Aufgabe I 3

a) Wann erkranken die meisten Personen?

Geben Sie den Funktionsterm bei Y₁ im Y-Editor Ihres GTR ein und lassen Sie sich den Graphen im Bereich $x_{min} = 0, x_{max} = 20, y_{min} = 0$ und $y_{max} = 2500$ anzeigen. Mit {2ND CALC maximum} ermitteln Sie die höchste Erkrankungsrate bei $x = 10$.

Ergebnis: Nach 10 Wochen erkranken die meisten Personen.

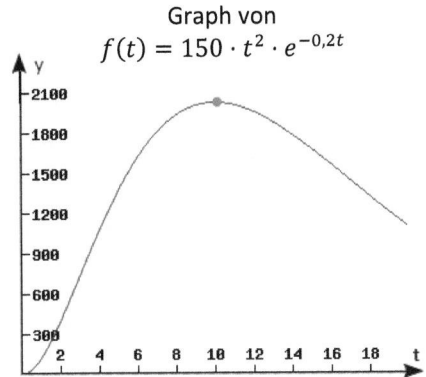

Graph von
$$f(t) = 150 \cdot t^2 \cdot e^{-0,2t}$$

Rückläufigkeit der Erkrankungsrate nach 10 Wochen

Es muss gezeigt werden, dass $f'(t) < 0$ für $t > 10$ gilt. Nun ist $f'(t) = 300te^{-0,2t} - 150t^2e^{-0,2t} \cdot 0,2 = e^{-0,2t}(300t - 30t^2)$. Somit ist $f'(t) = 0$ genau dann, wenn $300t - 30t^2 = 0$. Division durch 30 und Ausklammern von t liefert $t(10 - t) = 0$, also $t = 0$ oder $t = 10$. Für $t > 10$ wird der Ausdruck $t(10 - t)$ negativ und damit gilt auch $f'(t) < 0$.

Ergebnis: Nach 10 Wochen ist die Erkrankungsrate rückläufig.

Stärkste Abnahme der Erkrankungsrate

Gesucht ist der Wendepunkt, d.h. die Stelle an der $f''(t) = 0$ (und natürlich $f'''(t) \neq 0$) ist. Den Funktionsterm von $f'(t)$ geben Sie bei Y₂ im Y-Editor ein und lassen sich den Graphen im Bereich $x_{min} = 0, x_{max} = 50, y_{min} = -400$ und $y_{max} = 400$ anzeigen. Die Extrempunkte im Graphen der ersten Ableitung sind dann die Wendepunkte im Graphen der ursprünglichen Funktion.

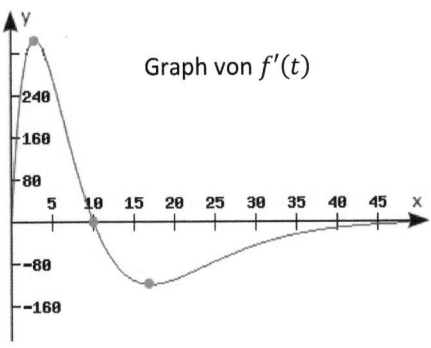

Graph von $f'(t)$

Sie ermitteln mit {2ND CALC minimum} den Wendepunkt nach der zehnten Woche bei $t = 17,07$ (der erste Wendepunkt bei $t = 2,92$ zeigt die Stelle der stärksten Zunahme, was ja nicht gefragt war).

Ergebnis: Nach etwa 17 Wochen nimmt die Erkrankungsrate am stärksten ab.

b)   Funktionsterm für die Gesamtzahl der Neuerkrankungen nach n Wochen

Die Gesamtzahl aller Neuerkrankungen bis zur Woche n kann auf verschiedene Arten berechnet werden. Der aufwändige aber genaue Weg besteht darin, die Anzahl der Neuerkrankungen für die Wochen 1 bis n zu bestimmen (durch Einsetzen der Werte 1 bis n in $f(t)$) und diese dann zu addieren, zuzüglich der 100 gemeldeten Personen bei Beginn der Beobachtung.

Der zweite Weg unter Verwendung des Integrals ist schneller, dafür aber ungenau, da wir mit dem Integral eine endliche Summe nur annähern können. Es sei nun $K(t)$ die Gesamtzahl aller erkrankten Personen bis zur Woche t. Dann gilt

$$
\begin{aligned}
K(t) &= 100 + \int_0^t f(x)dx = 100 + F(t) - F(0) \\
&= 100 - 750(t^2 + 10t + 50)e^{-0,2t} + 750 \cdot 50 \cdot 1 \\
&= 37600 - 750(t^2 + 10t + 50)e^{-0,2t}
\end{aligned}
$$

Ergebnis: Der Funktionsterm, der die Gesamtzahl der Erkrankungen bis zur Woche t wiedergibt lautet $K(t) = 37600 - 750(t^2 + 10t + 50)e^{-0,2t}$.

Anzahl der gemeldeten Personen nach 12 Wochen

Geben Sie den Funktionsterm von $K(t)$ bei Y$_2$ im GTR ein und bestimmen Sie $K(12)$ durch Eingabe von {Y$_2$(12)} im Berechnungsmodus. Sie erhalten den aufgerundeten Wert 16236.

Ergebnis: Die Gesamtzahl aller Erkrankungen nach 12 Wochen beträgt 16236.

Zeitpunkt zu dem 20000 Personen gemeldet sind

Geben Sie bei Y$_3$ im GTR die Gerade $y = 20000$ ein und lassen Sie sich die Graphen von Y$_2$ und Y$_3$ zeichnen. Mit {2ND CALC intersect} finden Sie den Schnittpunkt bei $t = 14$. Dies ist der gesuchte Zeitpunkt.

Ergebnis: Nach 14 Wochen waren 20000 Personen gemeldet.

Nachweis, dass die Anzahl der Meldungen unter 40000 bleibt

Wenn wir die Gesamtzahl der Erkrankungen auf lange Sicht erfahren wollen, haben wir den Grenzwert $\lim\limits_{t\to\infty} K(t)$ zu bestimmen. Es folgt $\lim\limits_{t\to\infty} -750 \cdot (t^2 + 10t + 50) \cdot e^{-0,2t} + 37600 = 37600$ da für $t \to \infty$ der Ausdruck $e^{-0,2t} \to 0$ geht (und zwar „schneller" als der Faktor $(t^2 + 10t + 50)$ gegen ∞). Somit ist stets $K(t) < 40000$.

c) Differenzialgleichung (DGL) für den Wachstumsprozess

Da im Laufe der Zeit alle 30000 Einwohner der Stadt erkranken, haben wir es mit einem größenbeschränkten Wachstumsprozess zu tun mit der oberen Schranke $S = 30000$. Die DGL eines größenbeschränkten Wachstumsprozesses lautet $f'(t) = k(S - f(t))$. Mit dem in der Aufgabe vorgegebenen Proportionalitätsfaktor $k = 0,1$ erhalten wir also die zugehörige DGL.

Ergebnis: Die DGL für den Wachstumsprozess lautet $f'(t) = 0,1(30000 - f(t))$.

Funktion für die Gesamtzahl der Erkrankungen

In der obigen DGL beschreibt $f(t)$ die Gesamtzahl der bis zum Zeitpunkt t erkrankten Personen. Die allgemeine Lösung der DGL ist $f(t) = S - ce^{-kt}$, wobei c den Wert zu Beobachtungsbeginn darstellt. Mit $c = 15000$ (die Hälfte der Bevölkerung) folgt $f(t) = 30000 - 15000e^{-0,1t}$.

Ergebnis: Die gesuchte Funktion lautet $f(t) = 30000 - 15000e^{-0,1t}$.

Gesamtzahl der Erkrankungen nach 4 Wochen

Es gilt $f(4) = 19945$.

Ergebnis: Nach 4 Wochen sind 19945 Personen erkrankt.

Anpassung von $f(t)$

Tatsächlich gilt nach 4 Wochen $f(4) = 22000$. Da die obere Schranke S und die Gesamtzahl der Erkrankten bei Beobachtungsbeginn feststeht, kann sich in $f(t)$ nur noch der Proportionalitätsfaktor k ändern. Diesen setzen wir also neu an und erhalten $f(4) = 30000 - 15000 \cdot e^{-k\cdot 4} = 22000$. Abziehen von 30000 und Division durch -15000 liefert nach Kürzen $\frac{8}{15} = e^{-4k}$. Nach Logarithmieren folgt $-4k \approx -0,6286$ also $k \approx 0,157$.

Ergebnis: Die angepasste Funktion lautet $f(t) = 30000 - 15000e^{-0,157t}$.

5.104   Wahlteil 2011 – Geometrie II 1

Aufgabe II 1

Eine prismenförmige Truhe ist durch ihre Eckpunkte $A(6|4|0)$, $B(6|8|0)$, $C(-4|8|0)$, $D(-4|4|0)$, $P(6|4|4)$, $Q(6|8|6)$, $R(-4|8|6)$ und $S(-4|4|4)$ gegeben.
Das Viereck $PQRS$ beschreibt den Deckel der Truhe.

a)   Stellen Sie die Truhe in einem Koordinatensystem dar.
     Berechnen Sie das Volumen der Truhe.
     Bestimmen Sie eine Koordinatengleichung der Ebene, in welcher der Deckel der Truhe
     liegt.
     (Teilergebnis: $E_{Deckel}: x_2 - 2x_3 = -4$)

                                                                                (5 VP)

Gegeben ist eine Ebenenschar durch $E_a: x_2 - ax_3 = 8 - 6a;\ a \in \mathbb{R}$.

b)   Zeigen Sie, dass die Ebene, in der der Deckel liegt, und die Ebene, in der die Rückwand
     $BCRQ$ liegt, zur Ebenenschar gehören.
     Zeigen Sie, dass es eine Gerade gibt, die in allen Ebenen E_a der Schar liegt.
     Berechnen Sie den Schnittwinkel φ von E_0 und E_2.
     Welche andere Ebene E_a schließt mit der Ebene E_2 ebenfalls den Winkel φ ein?

                                                                                (7 VP)

c)   Der Deckel der Truhe ist um die Kante QR drehbar.
     Durch Drehung des Deckels um 90° wird die Truhe geöffnet.
     In welcher Ebene E_a liegt der Deckel dann?
     Der Punkt P geht bei dieser Drehung in den Punkt P* über.
     Bestimmen Sie die Koordinaten von P*.

                                                                                (4 VP)

5.105   Lösung Wahlteil 2011 – Geometrie II 1

Aufgabe II 1

a)   Darstellung der Truhe im Koordinatensystem

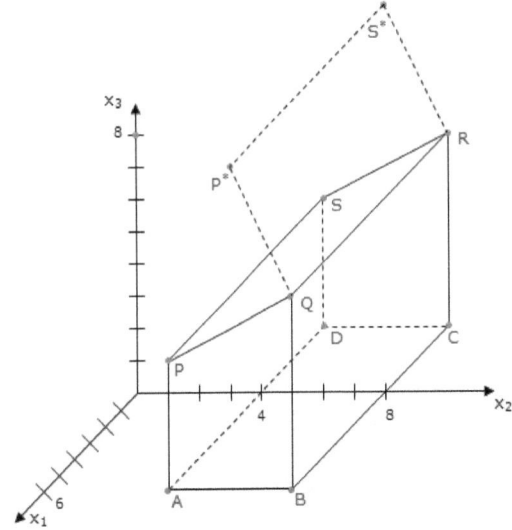

Volumen der Truhe

Für das Volumen der Truhe gilt $V = A_{Trapez} \cdot |BC|$, wobei das Trapez durch das Viereck $ABQP$ gebildet wird und $A_{Trapez} = \frac{|AP|+|BQ|}{2} \cdot |AB|$ gilt. Wir haben daher nur die Länge der jeweiligen Kanten zu berechnen. Es folgt $|AP|=4$, $|BQ|=6$ (Unterschied zwischen den x_3-Koordinaten), $|AB| = 4$ (Unterschied der x_2-Koordinaten) und $|BC| = 10$ (Unterschied der x_1-Koordinaten).

Damit folgt $V = \frac{(4+6)}{2} \cdot 4 \cdot 10 = 200$.

Ergebnis: Die Truhe hat ein Volumen von 200 LE^3.

Koordinatengleichung der Ebene des Deckels

Aus den zwei Richtungsvektoren $\overrightarrow{PQ} = \vec{q} - \vec{p} = \begin{pmatrix} 0 \\ 4 \\ 2 \end{pmatrix}$ und $\overrightarrow{PS} = \vec{s} - \vec{p} = \begin{pmatrix} -10 \\ 0 \\ 0 \end{pmatrix}$ berechnen wir mit dem Vektorprodukt zunächst einen Normalenvektor:

$$\overrightarrow{PQ} \times \overrightarrow{PS} = \begin{pmatrix} 4 \cdot 0 \\ 2 \cdot 10 \\ 0 \cdot 0 \end{pmatrix} - \begin{pmatrix} 2 \cdot 0 \\ 0 \cdot 0 \\ 4 \cdot (-10) \end{pmatrix} = \begin{pmatrix} 0 \\ -20 \\ 40 \end{pmatrix}$$

Da es auf die Länge des Normalenvektors nicht ankommt, teilen wir durch 20 und erhalten

$\vec{n} = \begin{pmatrix} 0 \\ -1 \\ 2 \end{pmatrix}$, woraus sich die Koordinatengleichung $-x_2 + 2x_3 = d$ ergibt. Da $P(6|4|4)$ in der Ebene des Deckels liegt, können wir dessen Koordinaten einsetzen und damit d bestimmen: $-4 + 2 \cdot 4 = 4 = d$.

Ergebnis: Die Koordinatengleichung der Ebene des Deckels lautet $E_D: -x_2 + 2x_3 = 4$.

b) Zugehörigkeit von Deckel und Rückwand $BCRQ$ zu E_a

In $E_a: x_2 - ax_3 = 8 - 6a$ setzen wir $a = 2$, teilen durch -1 und erhalten die Ebenengleichung des Deckels, also liegt der Deckel in der Ebenenschar. Für die Rückwand $BCRQ$ brauchen wir zunächst eine Koordinatengleichung. Da die x_2-Achse senkrecht zur Rückwand steht, können wir $\vec{n} = \begin{pmatrix} 0 \\ 1 \\ 0 \end{pmatrix}$ als Normalenvektor nehmen und erhalten $0x_1 + 1x_2 + 0x_3 = d$ also $x_2 = d$ als vorläufige Ebenengleichung. Da B in der Ebene liegt setzen wir dessen x_2-Koordinate ein und erhalten $E_R: x_2 = 8$. Somit müssen wir in E_a lediglich $a = 0$ wählen, erhalten $E_0 = E_R$ und sehen dadurch, dass die Ebene der Rückwand ebenfalls zur Ebenenschar gehört.

Gemeinsame Gerade aller Ebenen aus E_a

Die Gerade g auf der die Kante QR liegt ist die Schnittgerade von E_D und E_R, was ja ohne Rechnung sofort durch die Zeichnung ersichtlich ist. Also kann nur diese als gemeinsame Gerade aller E_a in Frage kommen. Eine Parameterdarstellung lautet:

$g: \vec{x} = \vec{q} + t(\vec{r} - \vec{q})$, also $g: \vec{x} = \begin{pmatrix} 6 \\ 8 \\ 6 \end{pmatrix} + t \begin{pmatrix} -10 \\ 0 \\ 0 \end{pmatrix}$

Um zu prüfen, ob g in E_a liegt, müssen wir lediglich die Koordinaten von $\vec{x}$, nämlich $x_1 = 6 - 10t$, $x_2 = 8$ und $x_3 = 6$ in die Ebenengleichung von E_a einsetzen und testen, ob die Gleichung dadurch erfüllt wird. Es folgt $8 - a \cdot 6 = 8 - a \cdot 6$ was offenbar für jedes $a \in \mathbb{R}$ gilt.

Ergebnis: Die Gerade, die in allen E_a liegt lautet $g: \vec{x} = \begin{pmatrix} 6 \\ 8 \\ 6 \end{pmatrix} + t \begin{pmatrix} -10 \\ 0 \\ 0 \end{pmatrix}$.

Winkel zwischen E_0 und E_2

Aus den Ebenengleichungen $E_0: x_2 = 8$ und $E_2: x_2 - 2x_3 = -4$ liest man die beiden Normalenvektoren $\vec{n}_0 = \begin{pmatrix} 0 \\ 1 \\ 0 \end{pmatrix}$ und $\vec{n}_2 = \begin{pmatrix} 0 \\ 1 \\ -2 \end{pmatrix}$ ab. Der Winkel zwischen E_0 und E_2 ist gegeben durch $\cos(\varphi) = \frac{\vec{n}_0 \cdot \vec{n}_2}{|\vec{n}_0| \cdot |\vec{n}_2|}$.

Es gilt $\vec{n}_0 \cdot \vec{n}_2 = 1$, $|\vec{n}_0| = 1$ und $|\vec{n}_2| = \sqrt{1^2 + (-2)^2} = \sqrt{5}$. Einsetzen ergibt $\cos(\varphi) = \frac{1}{\sqrt{5}}$. Der GTR liefert dann $\varphi = 63{,}43°$. Beachten Sie, dass der GTR hierbei im Modus {DEGREE} arbeitet.

Ergebnis: Die Ebenen E_0 und E_2 schneiden sich im Winkel $\varphi = 63{,}43°$.

Weitere Ebenen E_a, die mit E_2 den Winkel φ einschließen

Nun müssen wir obige Berechnung allgemein mit $E_a: x_2 - ax_3 = 8 - 6a$ durchführen.

Den Normalenvektor lesen wir ab mit $\vec{n}_a = \begin{pmatrix} 0 \\ 1 \\ -a \end{pmatrix}$ mit einer Länge von $|\vec{n}_a| = \sqrt{1 + a^2}$.

Außerdem gilt $\vec{n}_2 \cdot \vec{n}_a = \begin{pmatrix} 0 \\ 1 \\ -2 \end{pmatrix} \cdot \begin{pmatrix} 0 \\ 1 \\ -a \end{pmatrix} = 1 + 2a$. Zwischen beiden Ebenen soll der Winkel

$\varphi = 63{,}43°$ liegen, somit ist $\cos(\varphi) = \frac{1}{\sqrt{5}}$ (siehe obige Aufgabe). Diese Zwischenergebnisse

setzen wir in die Winkelformel $\cos(\varphi) = \frac{\vec{n}_2 \cdot \vec{n}_a}{|\vec{n}_2| \cdot |\vec{n}_a|}$ ein und erhalten $\frac{1}{\sqrt{5}} = \frac{1+2a}{\sqrt{5} \cdot \sqrt{1+a^2}}$.

Multiplikation mit $\sqrt{5}$ und Quadrieren auf beiden Seiten liefert $1 = \frac{(1+2a)^2}{1+a^2}$, also $1 + a^2 = (1 + 2a)^2$ was uns nach einigen Umstellungen zur quadratischen Gleichung $3a^2 + 4a = 0$ führt. Nach Ausklammern von a können wir die beiden Nullstellen direkt ablesen, denn $a(3a + 4) = 0$ liefert $a_1 = 0$ und $a_2 = -\frac{4}{3}$.

Ergebnis: $E_{-4/3}$ ist neben E_0 die einzige Ebene die mit E_2 den Winkel $\varphi = 63{,}43°$ einschließt.

c) Bestimmung der Ebene in der der geöffnete Deckel liegt

Der geschlossene Deckel liegt in der Ebene E_2 von der wir bereits den Normalenvektor kennen. Der geöffnete Deckel liegt in einer Ebene $E_k (k \in \mathbb{R})$ mit dem Normalenvektor

$\vec{n}_k = \begin{pmatrix} 0 \\ 1 \\ -k \end{pmatrix}$. Aufgrund der Vorgabe, dass E_2 und E_k senkrecht zueinander stehen, gilt $\vec{n}_2 \cdot$

$\vec{n}_k = 0$ woraus sich k bestimmen lässt. Es folgt $\begin{pmatrix} 0 \\ 1 \\ -2 \end{pmatrix} \cdot \begin{pmatrix} 0 \\ 1 \\ -k \end{pmatrix} = 0 \Leftrightarrow 0 + 1 + 2k = 0$, also

$k = -\frac{1}{2}$

Ergebnis: Der um 90° geöffnete Deckel liegt in der Ebene $E_{-1/2}$.

Bestimmung des Punktes P^* nach der Drehung

Der Punkt P bewegt sich beim Öffnen des Deckels in einer zur $x_2 x_3$ -Ebene parallelen Ebene (nämlich in der Ebene $x_1 = 6$). Daher hat P^* dieselbe x_1-Koordinate wie P, also gilt $P^*(6|s|t)$. Da P um Q gedreht wird sind die Längen der Strecken PQ und P^*Q dieselben.

Daraus bekommen wir eine erste Bestimmungsgleichung. Mit $\left|\overrightarrow{PQ}\right| = \left|\begin{pmatrix} 0 \\ 4 \\ 2 \end{pmatrix}\right| = \sqrt{4^2 + 2^2} =$

$\sqrt{20}$ und $\left|\overrightarrow{P^*Q}\right| = \left|\begin{pmatrix} 0 \\ 8-s \\ 6-t \end{pmatrix}\right| = \sqrt{(8-s)^2 + (6-t)^2}$ und wegen $\left|\overrightarrow{PQ}\right| = \left|\overrightarrow{P^*Q}\right|$ folgt

$\sqrt{20} = \sqrt{(8-s)^2 + (6-t)^2}$. Wir quadrieren und erhalten I. $20 = (8-s)^2 + (6-t)^2$. Die zweite Bestimmungsgleichung erhalten wir aus der Tatsache, dass P^* im geöffneten Deckel liegt, dass also $P^* \in E_{-1/2}$ gilt. Die Koordinatengleichung lautet $E_{-1/2}: x_2 + \frac{1}{2}x_3 =$ 11. Einsetzen von P^* liefert $s + \frac{1}{2}t = 11$ also II. $s = 11 - \frac{1}{2}t$. Einsetzen in I. ergibt $20 = \left(8 - 11 + \frac{1}{2}t\right)^2 + (6-t)^2$, was nach Ausmultiplizieren und Zusammenfassen zur quadratischen Gleichung $t^2 - 12t + 20 = 0$ führt. Mit der p-q-Formel folgt $t_1 = 10$ und $t_2 = 2$. Aus t_1 gewinnen wir $s_1 = 6$ und aus t_2 folgt $s_2 = 10$. Beide Lösungen setzen wir in P^* ein und erhalten $P_1(6|6|10)$ bzw. $P_2(6|10|2)$. Die zweite Lösung können wir wegstreichen, denn hier wäre der Deckel um 270° aufgeklappt (das wäre ebenfalls eine Drehung um 90° aber im entgegengesetzten Uhrzeigersinn, was ja physikalisch nicht möglich ist).

Ergebnis: Nach der Drehung geht der Punkt $P(6|4|4)$ über in den Punkt $P^*(6|6|10)$.

5.106 Wahlteil 2011 – Geometrie II 2

Aufgabe II 2

Ein Gebäude hat als Grundfläche das Rechteck $ABCD$ mit $A(4|0|0)$, $B(4|6|0)$, $C(0|6|0)$, $D(0|0|0)$ und als Dachfläche das Viereck $EFGH$ mit $E(4|0|4)$, $F(4|6|1)$, $G(0|6|5)$ und $H(0|0|8)$ (Koordinatenangaben in Meter).

a) Stellen Sie das Gebäude in einem Koordinatensystem dar.
   Bestimmen Sie eine Koordinatengleichung der Ebene, in der die Dachfläche $EFGH$ liegt.
   Welchen Neigungswinkel besitzt die Dachfläche?
   Zeigen Sie, dass die Dachfläche ein Parallelogramm ist.
   Berechnen Sie den Inhalt der Dachfläche.
   (Zwischenergebnis: E_{Dach}: $2x_1 + x_2 + 2x_3 = 16$)

   (8 VP)

b) Im Inneren des Gebäudes soll eine Lampe im Punkt $L(d|d|d)$ angebracht werden.
   Die Lampe soll von der Bodenfläche und der Dachfläche des Gebäudes den gleichen Abstand haben.
   Bestimmen Sie d.

   (4 VP)

c) Eine Person mit 1,7m Augenhöhe bewegt sich vom Punkt $P(5|1|0)$ aus in positiver x_2-Richtung.
   Wie weit muss sie mindestens gehen, damit sie die Ecke H sehen kann?

   (4 VP)

5.107   Lösung Wahlteil 2011 – Geometrie II 2

Aufgabe II 2

a)   Darstellung im Koordinatensystem

Abb. 1: Teilaufgabe a)   Abb. 2: Teilaufgabe c)

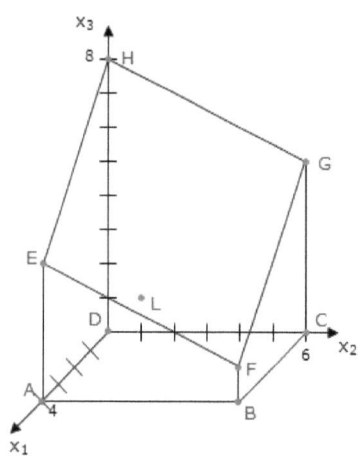
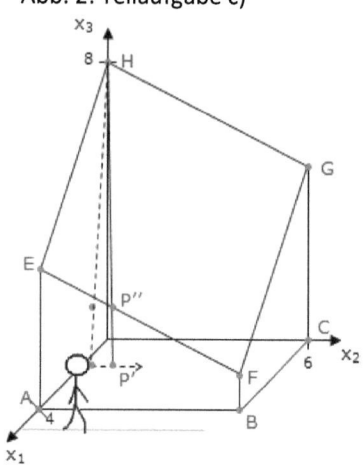

Koordinatengleichung der Ebene der Dachfläche

Für die Koordinatengleichung benötigen wir einen Normalenvektor, den wir aus zwei beliebigen Kanten der Dachfläche durch Bilden des Vektorprodukts erhalten. Mit $\overrightarrow{HG} = \vec{g} - \vec{h} = \begin{pmatrix} 0 \\ 6 \\ -3 \end{pmatrix}$ und $\overrightarrow{HE} = \vec{e} - \vec{h} = \begin{pmatrix} 4 \\ 0 \\ -4 \end{pmatrix}$ folgt

$$\overrightarrow{HG} \times \overrightarrow{HE} = \begin{pmatrix} 6 \cdot (-4) \\ -3 \cdot 4 \\ 0 \cdot 0 \end{pmatrix} - \begin{pmatrix} -3 \cdot 0 \\ 0 \cdot (-4) \\ 6 \cdot 4 \end{pmatrix} = \begin{pmatrix} -24 \\ -12 \\ -24 \end{pmatrix}.$$

Da die Länge des Normalenvektors keine Rolle spielt teilen wir noch durch -12 und erhalten $\vec{n}_D = \begin{pmatrix} 2 \\ 1 \\ 2 \end{pmatrix}$ und damit $E_D: 2x_1 + x_2 + 2x_3 = d$. Durch Einsetzen des Punktes H, der zur Dachfläche gehört, erhalten wir $d: 2 \cdot 0 + 0 + 2 \cdot 8 = 16 = d$.

Ergebnis: Die gesuchte Koordinatengleichung lautet $E_D: 2x_1 + x_2 + 2x_3 = 16$.

Neigungswinkel der Dachfläche

Der Winkel zwischen zwei Ebenen ist gegeben durch $\cos(\varphi) = \frac{\vec{n}_1 \cdot \vec{n}_2}{|\vec{n}_1| \cdot |\vec{n}_2|}$, wobei $\vec{n}_1$ und $\vec{n}_2$ die beiden Normalenvektoren der Ebenen sind. Wir haben nun den Neigungswinkel zwischen E_D und der x_1x_2-Ebene zu bestimmen. Als Normalenvektor für die x_1x_2-Ebene nehmen wir $\vec{n} = \begin{pmatrix} 0 \\ 0 \\ 1 \end{pmatrix}$. Es gilt weiter $|\vec{n}| = 1$ und $|\vec{n}_D| = \sqrt{2^2 + 1^2 + 2^2} = 3$ und $\vec{n} \cdot \vec{n}_D = 0 + 0 + 2 = 2$. Diese Zwischenergebnisse setzen wir in die obige Winkelformel ein und erhalten $\cos(\varphi) = \frac{2}{1 \cdot 3}$. Mit dem GTR erhalten Sie hieraus $\varphi = 48{,}19°$.

Ergebnis: Die Dachfläche hat einen Neigungswinkel von $\varphi = 48{,}19°$.

Nachweis, dass die Dachfläche ein Parallelogramm ist

Wir zeigen, dass die Strecken EH und FG sowie EF und HG erstens jeweils parallel sind und zweitens jeweils dieselbe Länge haben. Es gilt $\overrightarrow{EH} = \begin{pmatrix} -4 \\ 0 \\ 4 \end{pmatrix}$ und $\overrightarrow{FG} = \begin{pmatrix} -4 \\ 0 \\ 4 \end{pmatrix}$, woraus sofort ersichtlich ist, dass beide Strecken dieselbe Länge haben. Es könnte nun theoretisch sein, dass beide Strecken identisch sind. Da aber beispielsweise E nicht auf FG liegt, ist dies nicht der Fall, d.h. EH und FG sind parallel. Weiterhin gilt $\overrightarrow{EF} = \begin{pmatrix} 0 \\ 6 \\ -3 \end{pmatrix}$ und $\overrightarrow{HG} = \begin{pmatrix} 0 \\ 6 \\ -3 \end{pmatrix}$ und somit ist $|\overrightarrow{EF}| = |\overrightarrow{HG}|$. E liegt nicht auf HG, folglich sind beide Strecken nicht identisch, d.h. EF und HG sind parallel. Damit sind alle Nachweise erbracht!

Inhalt der Dachfläche

Im Parallelogramm gilt die Flächenformel $A = g \cdot h$, wobei g die Grundseite und h die Höhe ist. In unserem Fall verwenden wir die Kante EH als Grundseite und den Abstand des Punktes G zur Geraden k durch E und H als Höhe h. Es gilt zunächst $g = |\overrightarrow{EH}| = \left| \begin{pmatrix} -4 \\ 0 \\ 4 \end{pmatrix} \right| = \sqrt{32}$. Eine Parameterform der Geraden durch E und H ist gegeben durch

$$k: \vec{x} = \vec{e} + t \cdot \overrightarrow{EH} = \begin{pmatrix} 4 \\ 0 \\ 4 \end{pmatrix} + t \begin{pmatrix} -4 \\ 0 \\ 4 \end{pmatrix}$$

Wir konstruieren eine Hilfsebene K senkrecht zu k, so dass G auf K liegt. Den Richtungsvektor von k nehmen wir als Normalenvektor. Dann ist $K: -4x_1 + 4x_3 = d$. Einsetzen von G liefert d mit $-4 \cdot 0 + 4 \cdot 5 = d = 20$. Es folgt $K: -4x_1 + 4x_3 = 20$. Nun bestimmen wir den Schnittpunkt von K mit k. Aus der Geradengleichung für k liest man ab $x_1 = 4 - 4t, x_2 = 0$ und $x_3 = 4 + 4t$. Einsetzen in K liefert

$$-4(4 - 4t) + 4(4 + 4t) = 20 \iff 32t = 20 \iff t = \frac{5}{8}$$

Eingesetzt in k erhalten wir den Schnittpunkt S von k mit $K: S(1,5|0|6,5)$. Der Abstand von S zu G ist dann unsere Höhe h des Parallelogramms. Es gilt:

$$h = |\overrightarrow{GS}| = \left| \begin{pmatrix} 1,5 \\ -6 \\ 1,5 \end{pmatrix} \right| = \sqrt{40,5}$$

Schließlich erhalten wir die Dachfläche mit $A = g \cdot h = \sqrt{32} \cdot \sqrt{40,5} = 36$.

Ergebnis: Die Dachfläche hat einen Flächeninhalt von 36LE^2.

b)   Koordinaten der Lampe

Der Abstand der Lampe von der Bodenfläche, also von der $x_1 x_2$-Ebene ist gegeben durch die x_3-Koordinate von L, somit ist $D(L, Boden) = d$, also auch $D(L, Dach) = d$, dabei bezeichnen wir die Abstandsfunktion mit einem großen D, um sie vom zahlenmäßigen Wert des Abstands d zu unterscheiden. Für den Abstand von L zum Dach benötigen wir die HNF der Ebene, in der das Dach liegt. In $E_D: 2x_1 + x_2 + 2x_3 = 16$ ziehen wir 16 ab, teilen durch die Länge des Normalenvektors und erhalten HNF $E_D: \frac{2x_1 + x_2 + 2x_3 - 16}{3} = 0$. Damit folgt nach Einsetzen der Koordinaten von $L: D(L, Dach) = \frac{|2d + d + 2d - 16|}{3} = d$ also $|5d - 16| = 3d$. Für die Lösung dieser Betragsgleichung müssen zwei Fälle unterschieden werden. Falls $5d - 16 \geq 0$ ist können wird die Betragsstriche weglassen und erhalten $5d - 16 = 3d$ mit der Lösung $d = 8$. Falls aber $5d - 16 < 0$, müssen wir den Ausdruck innerhalb der Betragsstriche mit -1 multiplizieren und können erst dann die Betragsstriche weglassen. Wir erhalten $-5d + 16 = 3d$ mit der Lösung $d = 2$. Der erste Fall führt also zu $L(8|8|8)$, der zweite Fall zu $L(2|2|2)$. Im ersten Fall hinge die Lampe aber außerhalb des Gebäudes, also kann nur $L(2|2|2)$ die korrekte Lösung sein.

Ergebnis: Es gilt $d = 2$, d.h. die Lampe hängt an der Position $L(2|2|2)$.

c) Wie weit muss die Person gehen, um die Ecke H zu sehen?

Die Person startet im Punkt $P(5|1|0)$ und bewegt sich in positiver x_2-Richtung zum Punkt $P(5|u|0)$. Die Augen befinden sich dann an der Position $P'(5|u|1{,}7)$ und dies sei die Stelle an der die Ecke H, die vorher von der vorderen Hauswand verdeckt wurde, erstmals sichtbar ist. Betrachten wir nun die Gerade durch H und P' während die Person sich bewegt. Solange die Augen die Position $P'(5|u|1{,}7)$ noch nicht erreicht haben, durchstößt diese Gerade die Hauswand. Im Punkt P' aber schneidet sie sich mit der Geraden durch die Punkte E und F. Wenn wir nun beide Geradengleichungen aufstellen, können wir deren Schnittpunkt bestimmen und erhalten dadurch einen Wert für u. Es sei also g_1 die Gerade durch H und P' und g_2 die Gerade durch E und F. Dann gilt

$$g_1: \ \vec{x} = \vec{h} + t(\vec{p} - \vec{h}) = \begin{pmatrix} 0 \\ 0 \\ 8 \end{pmatrix} + t \begin{pmatrix} 5 \\ u \\ -3{,}6 \end{pmatrix} = \begin{pmatrix} 5t \\ ut \\ 8 - 6{,}3t \end{pmatrix}$$

und

$$g_2: \ \vec{x} = \vec{e} + s(\vec{f} - \vec{e}) = \begin{pmatrix} 4 \\ 0 \\ 4 \end{pmatrix} + s \begin{pmatrix} 0 \\ 6 \\ -3 \end{pmatrix} = \begin{pmatrix} 4 \\ 6s \\ 4 - 3s \end{pmatrix}$$

Gleichsetzen liefert die drei Koordinatengleichungen I. $5t = 4$, II. $ut = 6s$ und III. $8 - 6{,}3t = 4 - 3s$. Aus I. folgt $t = \frac{4}{5}$, eingesetzt in III. liefert dies $s = 0{,}347$, eingesetzt in II. führt schließlich zu $u = 2{,}6$. Die Augen der Person bewegen sich folglich von $P''(5|1|1{,}7)$ nach $P'(5|2{,}6|1{,}7)$, somit legt die Person einen Weg von $2{,}6\text{m} - 1\text{m} = 1{,}6\text{m}$ in positiver x_2-Richtung zurück.

Ergebnis: Eine Person mit 1,7m Augenhöhe, die in $P(5|1|0)$ startet, muss mindestens 1,6m in positiver x_2-Richtung gehen, damit sie die Ecke H des Dachs sehen kann.